信息与计算科学丛书　97

辐射流体动力学
若干新的数值方法

Some New Numerical Methods for Radiation Fluid Dynamics

李寿佛　著

科学出版社

北　京

内 容 简 介

本书系统地论述作者最近二十余年从事辐射流体动力学方程组初边值问题数值解法研究及辐射驱动内爆压缩过程数值模拟研究所获得的若干创新成果.

第 1 至 4 章论述理想流体动力学的基本概念与理论、高阶数值方法及流体界面计算方法. 作为重点, 系统地论述了多介质理想流体问题通用的高阶守恒型 WENO-FMT 方法, 这是作者的一项原创性科研成果, 已成功地用于求解各种复杂的多介质流体问题及辐射驱动内爆压缩过程数值模拟所涉及的含有三个能量方程的多介质理想流体动力学方程组初边值问题.

第 5 至 7 章主要论述非线性复合刚性多尺度问题的自适应正则分裂方法(简记为 ACS), 这是作者的另一项原创性科研成果, 已成功地用于求解各种强非线性扩散占优高维偏微分方程组初边值问题及辐射扩散与电子、离子热传导耦合方程组初边值问题, 可在确保计算精度的基础上成倍地大幅度地提高计算速度. 将 ACS 方法与高阶 WENO-FMT 方法相结合, 已成功地用于辐射驱动内爆压缩过程数值模拟.

本书可供从事相关领域研究与计算的科学工作者参考使用, 也可作为相关专业研究生的教材或课外阅读资料.

图书在版编目(CIP)数据

辐射流体动力学若干新的数值方法/李寿佛著. —北京：科学出版社, 2024.2
（信息与计算科学丛书；97）
ISBN 978-7-03-077947-2

Ⅰ. ①辐… Ⅱ. ①李… Ⅲ. ①辐射–流体动力学–数值方法 Ⅳ. ①O351.2

中国国家版本馆 CIP 数据核字(2024)第 023887 号

责任编辑：胡庆家 贾晓瑞／责任校对：彭珍珍
责任印制：吴兆东／封面设计：陈 敬

科 学 出 版 社 出版
北京东黄城根北街 16 号
邮政编码：100717
http://www.sciencep.com

涿州市般润文化传播有限公司印刷
科学出版社发行 各地新华书店经销

*

2024 年 2 月第 一 版 开本：720 × 1000 1/16
2024 年 9 月第二次印刷 印张：23
字数：464 000
定价：168.00 元
(如有印装质量问题, 我社负责调换)

《信息与计算科学丛书》序

20 世纪 70 年代末, 由著名数学家冯康先生任主编、科学出版社出版的一套《计算方法丛书》, 至今已逾 30 册. 这套丛书以介绍计算数学的前沿方向和科研成果为主旨, 学术水平高、社会影响大, 对计算数学的发展、学术交流及人才培养起到了重要的作用.

1998 年教育部进行学科调整, 将计算数学及其应用软件、信息科学、运筹控制等专业合并, 定名为"信息与计算科学专业". 为适应新形势下学科发展的需要, 科学出版社将《计算方法丛书》更名为《信息与计算科学丛书》, 组建了新的编委会, 并于 2004 年 9 月在北京召开了第一次会议, 讨论并确定了丛书的宗旨、定位及方向等问题.

新的《信息与计算科学丛书》的宗旨是面向高等学校信息与计算科学专业的高年级学生、研究生以及从事这一行业的科技工作者, 针对当前的学科前沿, 介绍国内外优秀的科研成果. 强调科学性、系统性及学科交叉性, 体现新的研究方向. 内容力求深入浅出, 简明扼要.

原《计算方法丛书》的编委和编辑人员以及多位数学家曾为丛书的出版做了大量工作, 在学术界赢得了很好的声誉, 在此表示衷心的感谢. 我们诚挚地希望大家一如既往地关心和支持新丛书的出版, 以期为信息与计算科学在新世纪的发展起到积极的推动作用.

石钟慈

2005 年 7 月

前　　言

辐射流体动力学是电磁辐射与强异质材料相互作用的多介质流体动力学, 在天体物理、地球物理、武器物理、核物理及惯性约束聚变等许多科学工程领域均有重要应用. 因此探索求解辐射流体动力学方程组初边值问题的高效数值方法具有毋庸置疑的重要理论意义和实用价值, 受到世界各国重视, 一直是国内外研究的热点.

聚变核能是人类未来赖以生存和发展的干净安全的重要能源. 惯性约束聚变是实现热核聚变的重要途径和迫切需要解决的关键科技问题. 因此惯性约束聚变数值模拟研究, 包括辐射驱动内爆压缩过程数值模拟研究等, 对于推进我国国防和现代化建设具有十分重要的意义.

辐射驱动内爆压缩过程可用辐射流体动力学方程组初边值问题来描述 (参见式 (1.1.1)). 当在 Euler 坐标下进行计算时, 由于该问题过于复杂, 长期以来, 人们一直不得不在没有严格理论依据的情况下, 把该问题分解成两个子问题用分裂算法来进行计算, 其中第一个子问题是包含三个能量方程的多介质理想流体动力学方程组初边值问题 (参见式 (1.1.2)), 第二个子问题是辐射扩散与电子、离子热传导耦合方程组初边值问题 (参见式 (1.1.3)).

最近二十余年, 本书作者一直从事辐射流体动力学方程组初边值问题数值解法研究及辐射驱动内爆压缩过程数值模拟研究. 本书主要目的是介绍和小结作者在该领域研究中所获得的若干创新成果, 以供从事该领域研究与计算的科学工作者参考使用, 也可作为相关专业研究生的教材或课外阅读资料.

本书共分七章. 第 1 章讲述多介质辐射流体动力学及单介质理想流体动力学的基本概念与理论. 第 2 章简单介绍双曲守恒律方程组的高阶数值方法, 重点是介绍高阶 WENO 方法以及我们使用高阶 WENO 方法在流体界面不稳定性数值模拟研究中所获得的若干成果.

尽管目前单介质理想流体问题数值方法研究已经比较成熟, 高效数值方法已经很多, 例如高阶 FD-WENO 格式、FV-WENO 格式及 DG 格式等, 但多介质理想流体问题数值方法研究却进展缓慢, 仍然存在一系列有待解决的十分困难的问题.

为了克服目前国际上已有的多介质流体问题数值方法的不足之处, 针对辐射驱动内爆压缩过程数值模拟及求解辐射流体动力学方程组初边值问题的需要, 我们在 2008—2011 年期间深入研究了多介质理想流体问题的流体混合型数值方法. 我们提出了具有普适性的 (η, ξ)-状态方程及含参 (η, ξ)-模型, 并构造了基于含参 (η, ξ)-模型的 FD-WENO-FMT 方法及 FV-WENO-FMT 方法, 统称为 WENO-FMT 方法.

多介质问题的基于含参 (η, ξ)-模型的 WENO-FMT 方法仅具有和处理单介质问题的 WENO 格式大体上相同的计算量, 而且无论对于高密度比、强激波、大变形、具有多个界面且界面拓扑结构变化十分复杂的问题及二维和三维问题均能顺利进行计算. 尤其重要的是 WENO-FMT 方法具有目前国际上已有的多介质流体问题的计算方法无法做到的如下三项特色和优势:

(1) 可达到任意高阶精度, 因而对于求解具有复杂流动结构的问题, 仍可确保数值解具有高分辨率.

(2) 可完全保持质量守恒、动量守恒和总能量守恒. 这一保守恒性质对于辐射流体动力学数值方法研究及辐射驱动内爆压缩过程数值模拟研究十分重要.

(3) 通用性强. 当用于求解各种不同类型的多介质理想流体问题时, 只需要修改数据而不必修改数学模型和计算方法. 因而当形成通用软件之后, 使用单位可在其状态方程和各种数据完全保密的情况下使用该软件进行计算.

以上新的科研成果将在第 3 章详细讲述. 此外请注意这里的 WENO-FMT 方法的英文全称是 "Weighted Essentially Non-Oscillatory schemes of Fluid Mixture Type", 中文名是 "流体混合型加权本质上无振荡方法".

第 4 章讲述与流体混合型数值方法相匹配的新的流体界面计算方法. 包括我们所研究和构造的改进的流体界面跟踪方法 (Improved Front Tracking method, IFT), 改进的流体体积方法 (Improved Volume of Fluid method, IVOF), 改进的水平集方法 (Improved Level Set method, ILS), 保质量守恒的水平集方法 (Mass Conservative Level Set method, MCLS), 以及一类新的高稳定高精度水平集函数重新初始化方法.

目前国际上已有的经典算子分裂方法都是以 Banach 空间中线性算子及算子半群理论和局部分裂误差分析为基础而构造的, 而且没有在一般情形下考虑问题的刚性, 因而不适用于求解一般的强非线性刚性问题, 更不可用于求解辐射流体动力学方程组初边值问题及辐射扩散与电子、离子热传导耦合方程组初边值问题 (参见式 (1.1.1) 及 (1.1.3)).

为了克服已有经典算子分裂方法的不足之处, 我们于 2016 年首次提出了 "非线性复合刚性问题", "刚性分解" 及 "正则分裂方法" 等新的基本概念, 并就数值求解一般的非线性复合刚性问题, 构造和深入研究了基于刚性分解的以及基于广义刚性分解和实用稳定性条件的正则 Euler 分裂方法 (Canonical Euler Splitting method, CES), 证明了 CES 方法是定量稳定的, 一阶定量相容且一阶定量收敛的.

最近几年, 又先后构造和研究了二阶正则中点分裂方法 (CMS)、二阶正则嵌入分裂方法 (CES-CMS) 以及各种可达到任意高阶精度的正则 Runge-Kutta 分裂方法 (CRKS). 理论分析和数值试验表明: 当用基于刚性分解的, 或者基于广义刚性分解和实用稳定性条件的上述各类正则分裂方法来求解任给的非线性复合刚性问题时, 的确都可以在确保数值解达到预期计算精度的基础上, 成倍地大幅度地提高计算速度.

注意这里所说的非线性复合刚性问题包括了辐射流体动力学方程组初边值问题, 辐射扩散与电子、离子热传导耦合方程组初边值问题, 任意的强非线性扩散占优高维偏微分方程组初边值问题以及任意的强非线性扩散占优高维 Volterra 偏泛函微分方程组初边值问题. 在上述基础上, 我们对于怎样正确地选择扩散占优偏微分方程问题时间离散化方法提出了新的建议.

以上科研成果将在第 5 章详细讲述.

第 6 章专门讨论在 Euler 坐标下求解高维辐射扩散与电子、离子热传导耦合方程组初边值问题的高效正则分裂方法. 由于这是一个十分复杂的多尺度问题, 其真解存在瞬态快变现象, 该问题经过空间离散以后所得到的半离散问题是一个强非线性复合刚性问题, 其真解同样存在瞬态快变现象, 而且其刚性是随着时间变量 t 而激烈变化的. 求解该半离散问题时, 为了在真解的瞬态快变阶段仍能使数值解自动保持预期计算精度, 我们构造了多种带有事后误差估计功能, 并以恰当的误差容限来自动控制时间步长的正则分裂方法, 称之为自适应正则分裂方法 (Adaptive Canonical Splitting method), 例如构造了自适应正则 Euler 分裂方法 (ACES)、自适应正则中点分裂方法 (ACMS) 以及自适应正则嵌入分裂方法 (ACES-CMS) 等. 更进一步, 为了解决该半离散问题的刚性随着时间变量 t 而激烈变化的问题, 我们不得不设计随时段而异的多种不同的广义刚性分解方案, 分别建立与其相应的正则分裂方法的实用稳定性条件, 并研究和构造了在整个计算过程中自动优选刚性分解方案的自适应正则分裂方法. 具体地说, 针对求解上述半离散问题, 我们构造了自动优选刚性分解方案的 ACES 方法、ACMS 方法以及 ACES-CMS 方法, 为方便计, 分别简记为 AACES、AACMS 及 AACES-CMS. 理论分析和数值试验表明: 当用 AACES、AACMS 或 AACES-CMS 方法来求解上述半离散问题时, 的确都可以在确保数值解达到预期计算精度的基础上成倍地大幅度地提高计算速度, 的确已较好地解决了 6.1 节中所指出的长期困扰我们的关键技术难题.

第 7 章专门讨论辐射驱动内爆压缩过程数值模拟方法及其理论.

2009 年至 2011 年, 在本书第 2, 3 两章所述的全部科研成果的基础上, 我们设计了专用于在 Euler 坐标下数值模拟辐射驱动内爆压缩过程的一类没有严格理论依据的分裂算法, 当时称之为 "解耦算法". 使用 "解耦算法", 我们先后研制了在 Euler 柱坐标下及 Euler 球坐标下数值模拟二维柱对称内爆压缩过程的两个实用程序, 数值试验表明, 用这两个实用程序所获得的数值结果定性地看均与物理过程保持一致, 未出现任何非物理振动, 而且达到了较高的收缩比. 此外, 由于上述分裂方法所需要求解的第一个子问题是包含三个能量方程的多介质理想流体动力学方程组初边值问题 (1.1.2), 其中的三个能量方程都是非守恒形式的, 会导致数值解出现能量守恒误差. 为了解决这一问题, 我们设计了一种特殊的技巧, 使得数值解仍然很好地保持了总能量守恒.

接着, 为了寻求 "解耦算法" 的理论依据, 我们把重点转向研究广义正则分裂方法. 我们提出了 "严格非线性复合刚性问题", "严格刚性分解" 以及基于严格刚性分解的 "广义正则分裂方法" 等新的基本概念, 证明了广义正则分裂方法 (Generalized Canonical Splitting method, GCS) 是定量稳定的, 而且至少可达到不低于一阶的定量收敛精度, 构造了可用于辐射驱动内爆压缩过程数值模拟的四种新的具有严格理论依据的高效广义正则分裂方法, 即 GCS(TVDRK3, ImEulr) 方法、GCS(TVDRK3, ImMid) 方法、GCS(TVDRK3, CES) 方法以及 GCS(TVDRK3, CES-CMS) 方法, 并发现 GCS(TVDRK3, ImEulr) 方法可视为从实质上改进了的 "解耦算法".

更进一步, 为了解决在辐射驱动内爆压缩过程数值模拟中, 原问题及半离散问题的真解都会出现瞬态快变现象的问题, 我们仿照于第 6 章中的做法, 构造了自适应广义正则分裂方法及带有实用稳定性条件的自适应广义正则分裂方法, 简记为 AGCS, 为了解决半离散问题的刚性随着时间变量 t 而激烈变化的问题, 我们仿照于第 6 章中的做法, 构造了自动优选严格刚性分解方案的带有实用稳定性条件的自适应广义正则分裂方法, 简记为 AAGCS. 可以预期, 当用 AAGCS 方法, 尤其是 AAGCS(TVDRK3, CES-CMS) 方法, 对辐射驱动内爆压缩过程进行数值模拟时, 不仅可以大幅度地提高数值模拟的精度, 而且可以成倍地大幅度地提高计算速度.

此外, 在研究 Lagrange 坐标下内爆压缩过程数值模拟期间, 我们构造了一类逼近二维热传导项的十分灵活方便且至少具有一阶精度的无网格方法, 该方法也可用于在任何不规则多边形网格上对热传导项进行空间离散, 当在均匀矩形网格或均匀平行四边形网格上使用时具有二阶空间离散精度, 当在任意的不规则四边形网格上使用时至少具有一阶空间离散精度, 在这方面远优于已有的五点差分格式及九点差分格式, 因而十分有利于在 Lagrange 坐标下对二维问题进行数值模拟.

我们将上述无网格方法与自适应技术相结合, 研制了在 Lagrange 坐标下数值模拟二维柱对称辐射驱动内爆压缩过程的实用程序, 使用该程序对 Lagrange 坐标下的一维球对称及二维柱对称内爆压缩过程进行数值模拟, 均获得了比较理想的数值结果.

上述第 2 章和第 3 章的成果是在四个国家 863 高技术惯性约束聚变主题及一个国家 NSAF 联合基金课题 (批准号:10676031) 资助下完成的, 第 4 章的成果是在国家十二五专项数值方法研究课题资助下完成的, 第 5 章至第 7 章的成果是在国家十三五专项数值方法研究课题及三个国家自然科学基金课题 (批准号: 11171282, 11771060, 11971412) 资助下完成的. 如果没有这种支持和资助, 本书不可能问世. 因此在本书出版的时候, 首先我要深切感谢以上各项国家课题发布单位对上述研究的大力支持和长期资助.

长期以来, 中国科学院计算数学与科学工程计算研究所等国家科研院所和国内多所大学的老一辈著名科学家们、同行专家们、同行好友们和校友们在多方面给予了我大力支持、鼓舞和帮助, 我从他们那里学到了许多新的知识, 使我真正明白了计算数学研究必须与实际问题紧密结合的硬道理, 在此我向他们一并表示衷心感谢.

本书正文涉及的所有彩图都可以扫封底二维码查看.

由于本人学识水平有限, 书中疏漏之处在所难免, 欢迎批评指正, 不胜感激.

李寿佛

2022 年 4 月 15 日于湘潭大学

目　　录

第 1 章　基本概念与理论

1.1　多介质辐射流体动力学方程组

辐射驱动内爆压缩过程是十分复杂的多物理过程, 在忽略一些次要因素不计的前提下, 可用如下形式的多介质辐射流体动力学方程组

$$
\begin{cases}
\dfrac{\partial \rho}{\partial t} + \mathrm{div}(\rho U) = 0, \\[2mm]
\dfrac{\partial (\rho U)}{\partial t} + \mathrm{div}(\rho UU) + \mathrm{grad}(p) = 0, \\[2mm]
\dfrac{\partial E_e}{\partial t} + \mathrm{div}(E_e U) + p_e \mathrm{div}(U) = \mathrm{div}(K_e \mathrm{grad}(T_e)) - \rho w_{ei}(T_e - T_i) - c\kappa(aT_e^4 - E_r), \\[2mm]
\dfrac{\partial E_i}{\partial t} + \mathrm{div}(E_i U) + p_i \mathrm{div}(U) = \mathrm{div}(K_i \mathrm{grad}(T_i)) + \rho w_{ei}(T_e - T_i), \\[2mm]
\dfrac{\partial E_r}{\partial t} + \mathrm{div}(E_r U) + p_r \mathrm{div}(U) = \mathrm{div}(K_r \mathrm{grad}(E_r)) + c\kappa(aT_e^4 - E_r), \\[2mm]
p_j = p_j(\rho, T_j), \quad E_j = \rho \varepsilon_j, \quad \varepsilon_j = C_{vj} T_j, \quad j = e, i, \\[2mm]
E_r = aT_r^4, \quad p_r = \dfrac{E_r}{3}, \quad p = p_e + p_i + p_r
\end{cases}
$$

$$(1.1.1)$$

初边值问题来描述. 这里 t 表示时间, ρ 表示密度, 矢量 $U = [u, v, w]^\mathrm{T}$ 表示速度, p 表示总压强, p_e, p_i, p_r 分别表示电子、离子和光子的压强, E_e, E_i 和 E_r 分别表示单位体积中的电子内能、离子内能和光子能量, ε_e 和 ε_i 分别是电子和离子的比内能, C_{ve} 和 C_{vi} 分别是电子和离子的等容比热, T_e 和 T_i 分别是电子和离子的温度, T_r 是等效辐射温度, K_e, K_i 分别是电子和离子的热传导系数, K_r 是辐射扩散系数, w_{ei} 是电子与离子间的热交换系数, c 表示光速, κ 表示物质吸收/发射系数, 即光子自由程的导数, a 是辐射常数.

注意第二个方程中的符号 UU 表示并矢张量, 且恒有 (参见 [2])

$$\mathrm{div}(\rho UU) = [\mathrm{div}(\rho uU), \mathrm{div}(\rho vU), \mathrm{div}(\rho wU)]^\mathrm{T}.$$

必须强调指出: 这里我们省略了多介质流体的状态方程对于各种不同介质的

材料参数的依赖性, 是因为这种复杂的依赖关系是由使用单位根据自己的实际需要而确定的, 而且所使用的介质及其材料参数也都是由使用单位在保密的前提下, 不断研究和改进的, 而不是固定不变的. 我们的任务是提供通用的多介质流体状态方程及通用的求解多介质流体问题的软件以供用户使用 (参见本书第 3 章).

辐射驱动内爆压缩过程数值模拟所用到的多介质流体状态方程强烈依赖于靶丸结构中所用到的各种不同的异质材料, 例如氘氚 (DT)、玻璃 (SiO$_2$) 及塑料泡沫 (CH) 等, 由此导致在 Euler 坐标下求解这一多介质流体问题的一系列实质性困难. 尽管目前单介质 Euler 流体问题数值方法研究已经比较成熟, 求解单介质问题的高效高精度数值格式已经很多, 例如高阶 FV-WENO、FD-WENO 及 DG 格式等 (参见本书第 2 章), 已不存在任何实质困难, 但针对求解各种不同类型的多介质流体问题在 Euler 坐标下来构造高效高精度数值方法, 却仍然是一个有待解决的和需要不断深入研究的十分困难的问题.

描述多介质多物理过程的辐射流体动力学方程组 (1.1.1) 是由拟线性双曲型方程组、强非线性抛物型方程组及非线性代数方程组耦合而成, 迄今未见到任何单一的经典数值方法可直接用于在 Euler 坐标下求解这样复杂的问题. 因此长期以来, 人们一直不得不在没有严格理论依据的情况下, 把该问题解耦成两个子问题用分裂算法来进行计算, 其中第一个子问题是含有三个能量方程的多介质理想流体动力学方程组初边值问题

$$
\begin{cases}
\dfrac{\partial \rho}{\partial t} + \mathrm{div}(\rho U) = 0, \\[2mm]
\dfrac{\partial (\rho U)}{\partial t} + \mathrm{div}(\rho U U) + \mathrm{grad}(p) = 0, \\[2mm]
\dfrac{\partial E_e}{\partial t} + \mathrm{div}(E_e U) + p_e \mathrm{div}(U) = 0, \\[2mm]
\dfrac{\partial E_i}{\partial t} + \mathrm{div}(E_i U) + p_i \mathrm{div}(U) = 0, \\[2mm]
\dfrac{\partial E_r}{\partial t} + \mathrm{div}(E_r U) + p_r \mathrm{div}(U) = 0,
\end{cases}
\tag{1.1.2}
$$

第二个子问题是辐射扩散与电子、离子热传导耦合方程组初边值问题

$$
\begin{cases}
\dfrac{\partial E_e}{\partial t} = \mathrm{div}(K_e \mathrm{grad}(T_e)) - \rho w_{ei}(T_e - T_i) - c\kappa(a T_e^4 - E_r), \\[2mm]
\dfrac{\partial E_i}{\partial t} = \mathrm{div}(K_i \mathrm{grad}(T_i)) + \rho w_{ei}(T_e - T_i), \\[2mm]
\dfrac{\partial E_r}{\partial t} = \mathrm{div}(K_r \mathrm{grad}(E_r)) + c\kappa(a T_e^4 - E_r),
\end{cases}
\tag{1.1.3}
$$

注意这里省略了多介质状态方程和问题的初边值条件.

注意当用分裂算法从任给时刻 t_n 出发求解辐射流体动力学方程组初边值问题 (1.1.1) 时, 必须首先从时刻 t_n 出发求解第一个子问题 (1.1.2), 并以所获得的于时刻 t_{n+1} 的密度 $\tilde{\rho}^{(n+1)}$ 去取代方程组 (1.1.3) 中的密度 ρ, 这里的 $\tilde{\rho}^{(n+1)}$ 是一个仅依赖于空间变量而不依赖于时间变量 t 的已知的函数 (参见 7.1 节); 于是应用关系式

$$E_e = \rho c_{ve} T_e, \quad E_i = \rho c_{vi} T_i, \quad E_r = a T_r^4,$$

易将第二个子问题, 或即辐射扩散与电子、离子热传导耦合方程组初边值问题 (1.1.3), 等价地写成

$$\begin{cases} \rho c_{ve} \dfrac{\partial T_e}{\partial t} = \mathrm{div}(K_e \mathrm{grad} T_e) - \rho w_{ei}(T_e - T_i) - ac\kappa(T_e^4 - T_r^4), \\[2mm] \rho c_{vi} \dfrac{\partial T_i}{\partial t} = \mathrm{div}(K_i \mathrm{grad} T_i) + \rho w_{ei}(T_e - T_i), \\[2mm] 4a T_r^3 \dfrac{\partial T_r}{\partial t} = \mathrm{div}(4a T_r^3 K_r \mathrm{grad} T_r) + ac\kappa(T_e^4 - T_r^4), \end{cases}$$

或即

$$\begin{cases} \dfrac{\partial T_e}{\partial t} = \dfrac{1}{\rho c_{ve}} \mathrm{div}(K_e \mathrm{grad} T_e) - \dfrac{w_{ei}}{c_{ve}}(T_e - T_i) - \dfrac{ac\kappa}{\rho c_{ve}}(T_e^4 - T_r^4), \\[2mm] \dfrac{\partial T_i}{\partial t} = \dfrac{1}{\rho c_{vi}} \mathrm{div}(K_i \mathrm{grad} T_i) + \dfrac{w_{ei}}{c_{vi}}(T_e - T_i), \\[2mm] \dfrac{\partial T_r}{\partial t} = \dfrac{1}{T_r^3} \mathrm{div}(T_r^3 K_r \mathrm{grad} T_r) + \dfrac{c\kappa}{4T_r^3}(T_e^4 - T_r^4). \end{cases} \quad (1.1.3)'$$

通过以上讨论可见, 为了在 Euler 坐标下求解形如 (1.1.1) 的辐射流体动力学方程组, 必须首先解决以下三个关键技术难题.

第一个关键技术难题是怎样在 Euler 坐标下求解含有三个能量方程的多介质理想流体动力学方程组初边值问题 (1.1.2), 怎样构造求解该问题的高效数值方法, 并建立其严格理论. 这里有待解决的主要困难问题在于怎样为这类十分复杂的多介质问题构造通用的高效高精度数值方法, 此外的困难在于该问题所涉及的三个能量方程都是非守恒形式的, 在求解过程中需要采取特殊措施来保证总能量守恒.

第二个关键技术难题是怎样在 Euler 坐标下求解辐射扩散与电子、离子热传导耦合方程组初边值问题 (1.1.3) 或 (1.1.3)′, 怎样构造求解该问题的高效数值

方法, 并建立其严格理论. 这里第一方面困难在于使用通常数值方法求解该问题时计算速度太慢, 所花费计算时间太长; 尤其是对于三维问题, 即使用现代超级计算机进行计算, 计算时间也会长到使人无法承受, 第二方面困难在于该问题是多尺度强非线性复合刚性问题, 使用通常数值方法求解很难保证数值解达到预期精度.

第三个关键技术难题是怎样针对多介质辐射流体动力学方程组初边值问题的具体的十分复杂的特色, 来构造求解该问题的高效分裂算法, 并建立其严格理论, 以期今后不再盲目使用分裂算法, 而是使用所构造的具有严格科学理论依据的高效分裂算法, 并严格按照其计算流程进行计算.

作为解决上述第一个关键技术难题的基础, 本章其余部分专门讲述已有的单介质可压缩理想流体动力学的基本概念与理论. 相关内容可参见文献 [1—8].

1.2　单介质理想流体动力学方程组

流体通常是指气体或液体 (如空气或水). 气体是可压缩流体, 液体通常是不可压缩的. 但在高温高压下液体和固体也都可视为可压缩流体进行计算.

理想流体是指没有粘性的流体, 更加严格地说, 是指粘性小到可以忽略不计的流体. 理想流体内部没有摩擦, 故应力只能是正压力. 对于理想流体来说, 在任给时刻 t, 在流场中任给点 $M(x, y, z)$ 处 (用右旋直角坐标系), 与任给方向 $n(|n| = 1)$ 垂直的面元 $d\sigma$ 上, 在该面元负侧的单位面积上所受的内力可表示为 $pn(p \geqslant 0)$. 此式表明理想流体内部只有正应力 (或正压力), 剪应力恒为 0, 我们称 p 为压强, 它与方向 n 的选择无关, 仅与空间点的位置与时间 t 有关, 以使用直角坐标 (x, y, z) 为例, 我们有 $p = p(x, y, z, t)$.

刚才我们已经指出, 从本小节开始仅讨论通常的单介质可压缩理想流体动力学方程组, 或即由质量守恒方程、动量守恒方程、总能量守恒方程及单介质状态方程联立而成的 Euler 方程组. 然而为了叙述简单方便, 我们约定在不致引起误解时, 下文中一律省略 "单介质可压缩" 六个字不写, 简称其为理想流体动力学方程组.

1.2.1　流场中质点的运动

以直角坐标 (x, y, z) 下的三维流场为例, 流场中运动的质点 $M(x, y, z)$ (微质团) 与几何点 $P(x, y, z)$ 的实质区别是: 前者的空间坐标 (x, y, z) 都是时间 t 的函数, 而后者的空间坐标 (x, y, z) 是不依赖时间 t 的独立变量. 因此研究流场中运动的质点时, x, y, z 不能看作自变量而是中间变量, 各种相关的量都是时间 t 的复合函数.

例如分别以

$$
r = \begin{bmatrix} x \\ y \\ z \end{bmatrix} = \begin{bmatrix} x(t) \\ y(t) \\ z(t) \end{bmatrix}, \quad U = \begin{bmatrix} u \\ v \\ w \end{bmatrix} = \begin{bmatrix} u(x(t),y(t),z(t),t) \\ v(x(t),y(t),z(t),t) \\ w(x(t),y(t),z(t),t) \end{bmatrix} = \begin{bmatrix} \dfrac{\mathrm{d}x}{\mathrm{d}t} \\ \dfrac{\mathrm{d}y}{\mathrm{d}t} \\ \dfrac{\mathrm{d}z}{\mathrm{d}t} \end{bmatrix}
$$
(1.2.1a)

来表示运动流体质点 $M(x(t),y(t),z(t))$ 于时刻 t 的位置和速度. 则该质点运动的加速度的三个分量为

$$
\begin{cases}
\dfrac{\mathrm{d}u}{\mathrm{d}t} = \dfrac{\partial u}{\partial t} + \dfrac{\partial u}{\partial x}\dfrac{\mathrm{d}x}{\mathrm{d}t} + \dfrac{\partial u}{\partial y}\dfrac{\mathrm{d}y}{\mathrm{d}t} + \dfrac{\partial u}{\partial z}\dfrac{\mathrm{d}z}{\mathrm{d}t} = \dfrac{\partial u}{\partial t} + U \cdot \operatorname{grad}(u), \\[2mm]
\dfrac{\mathrm{d}v}{\mathrm{d}t} = \dfrac{\partial v}{\partial t} + \dfrac{\partial v}{\partial x}\dfrac{\mathrm{d}x}{\mathrm{d}t} + \dfrac{\partial v}{\partial y}\dfrac{\mathrm{d}y}{\mathrm{d}t} + \dfrac{\partial v}{\partial z}\dfrac{\mathrm{d}z}{\mathrm{d}t} = \dfrac{\partial v}{\partial t} + U \cdot \operatorname{grad}(v), \\[2mm]
\dfrac{\mathrm{d}w}{\mathrm{d}t} = \dfrac{\partial w}{\partial t} + \dfrac{\partial w}{\partial x}\dfrac{\mathrm{d}x}{\mathrm{d}t} + \dfrac{\partial w}{\partial y}\dfrac{\mathrm{d}y}{\mathrm{d}t} + \dfrac{\partial w}{\partial z}\dfrac{\mathrm{d}z}{\mathrm{d}t} = \dfrac{\partial w}{\partial t} + U \cdot \operatorname{grad}(w),
\end{cases}
$$
(1.2.1b)

其中符号 "·" 表示矢量的内积. 又如质点密度为 $\rho = \rho(x(t),y(t),z(t),t)$, 压强为 $p = p(x(t),y(t),z(t),t)$, 单位质点所携带的内能 (即比内能) 为 $e = e(x(t),y(t), z(t),t)$. 故有

$$
\begin{cases}
\dfrac{\mathrm{d}\rho}{\mathrm{d}t} = \dfrac{\partial \rho}{\partial t} + U \cdot \operatorname{grad}(\rho), \\[2mm]
\dfrac{\mathrm{d}p}{\mathrm{d}t} = \dfrac{\partial p}{\partial t} + U \cdot \operatorname{grad}(p), \\[2mm]
\dfrac{\mathrm{d}e}{\mathrm{d}t} = \dfrac{\partial e}{\partial t} + U \cdot \operatorname{grad}(e).
\end{cases}
$$
(1.2.1c)

更一般地, 对于任何与运动质点 $M(x(t),y(t),z(t))$ 有关的量 (下文中简称为随体量) $\vartheta = \vartheta(x(t),y(t),z(t),t)$, 我们有

$$
\dfrac{\mathrm{d}\vartheta}{\mathrm{d}t} = \dfrac{\partial \vartheta}{\partial t} + U \cdot \operatorname{grad}(\vartheta).
$$
(1.2.2)

这里 $\dfrac{\mathrm{d}\vartheta}{\mathrm{d}t}$ 称为随体导数, $\dfrac{\partial \vartheta}{\partial t}$ 是偏导数.

例 1.2.1 考虑在整个 X-轴上做匀速直线流动的一维流场. 设运动速度为常数 λ. 由于该流场中任意一个质点 $x = x(t)$ 的密度 ρ 是个不依赖于时间 t 的常

数, 故有 $\dfrac{\mathrm{d}\rho}{\mathrm{d}t} = 0$, 或即

$$\frac{\partial \rho}{\partial t} + \lambda \frac{\partial \rho}{\partial x} = 0, \quad \rho(x, 0) = \rho_0(x). \tag{1.2.3}$$

这是一个一维常系数对流方程初值问题, 初值用 $\rho_0(x)$ 表示, 易验证其真解为

$$\rho(x, t) = \rho_0(x - \lambda t). \tag{1.2.4}$$

对流方程初值问题 (1.2.3) 的数值解可用迎风格式计算.

1.2.2 输运量

这里及下文中, 恒以符号 Ω 表示任意给定的空间区域, $\partial\Omega$ 表示区域 Ω 的分片光滑边界. 对于任意给定时刻 t, 单位时间内通过区域 Ω 的边界 $\partial\Omega$ 流入该区域 Ω 内的流体质量 (动量或能量), 称为时刻 t 质量 (动量或能量) 的输运量. 易分别推出其计算公式如下:

(1) 质量输运量为

$$\int_{\partial\Omega} \rho U \cdot (-n)\mathrm{d}\sigma = -\int_{\partial\Omega} \rho U \cdot n\mathrm{d}\sigma = -\int_{\Omega} \mathrm{div}(\rho U)\mathrm{d}V. \tag{1.2.5}$$

(2) 动量输运量为

$$\int_{\partial\Omega} U(\rho U \cdot (-n)\mathrm{d}\sigma) = -\int_{\partial\Omega} \rho U(U \cdot n)\mathrm{d}\sigma = -\int_{\Omega} \mathrm{div}(\rho UU)\mathrm{d}V. \tag{1.2.6}$$

(3) 内能输运量为

$$\int_{\partial\Omega} e(\rho U \cdot (-n)\mathrm{d}\sigma) = -\int_{\partial\Omega} \rho e(U \cdot n)\mathrm{d}\sigma = -\int_{\Omega} \mathrm{div}(\rho eU)\mathrm{d}V. \tag{1.2.7}$$

(4) 总能量输运量为

$$\int_{\partial\Omega} E(\rho U \cdot (-n)\mathrm{d}\sigma) = -\int_{\partial\Omega} \rho E(U \cdot n)\mathrm{d}\sigma = -\int_{\Omega} \mathrm{div}(\rho EU)\mathrm{d}V. \tag{1.2.8}$$

这里符号 n 表示面元 $\mathrm{d}\sigma$ 的外法向单位矢量, $E = e + \dfrac{1}{2}U \cdot U$ 表示单位质点所携带的总能量.

1.2.3 质量守恒方程

质量守恒律可表述为: 对于任给时刻 t, 单位时间内区域 Ω 中质量的增加等于单位时间内通过边界 $\partial\Omega$ 流入该区域的质量, 或即等于质量输运量. 故有

$$\frac{\mathrm{d}}{\mathrm{d}t}\int_{\Omega}\rho\mathrm{d}V = -\int_{\Omega}\mathrm{div}(\rho U)\mathrm{d}V,$$

或即

$$\int_{\Omega}\left[\frac{\partial\rho}{\partial t} + \mathrm{div}(\rho U)\right]\mathrm{d}V = 0.$$

由于 Ω 的任意性, 由此立得质量守恒微分方程 (又称质量方程或连续性方程)

$$\frac{\partial\rho}{\partial t} + \mathrm{div}(\rho U) = 0. \tag{1.2.9}$$

又因

$$\frac{\partial\rho}{\partial t} + \mathrm{div}(\rho U) = \frac{\partial\rho}{\partial t} + \rho\mathrm{div}(U) + U\cdot\mathrm{grad}\rho = \frac{\mathrm{d}\rho}{\mathrm{d}t} + \rho\mathrm{div}(U),$$

故 (1.2.9) 可等价地写成

$$\frac{\mathrm{d}\rho}{\mathrm{d}t} + \rho\mathrm{div}(U) = 0. \tag{1.2.10}$$

注意对于任何随体量 $\vartheta = \vartheta(x(t), y(t), z(t), t)$, 从上式及式 (1.2.2) 易推出常用的关系式

$$\frac{\partial(\rho\vartheta)}{\partial t} + \mathrm{div}(\rho\vartheta U) = \rho\frac{\mathrm{d}\vartheta}{\mathrm{d}t}. \tag{1.2.11}$$

事实上, 我们有

$$\begin{aligned}
\frac{\partial(\rho\vartheta)}{\partial t} + \mathrm{div}(\rho\vartheta U) &= \frac{\partial(\rho\vartheta)}{\partial t} + \rho\vartheta\mathrm{div}(U) + U\cdot\mathrm{grad}(\rho\vartheta) \\
&= \frac{\mathrm{d}(\rho\vartheta)}{\mathrm{d}t} + \rho\vartheta\mathrm{div}(U) \\
&= \rho\frac{\mathrm{d}\vartheta}{\mathrm{d}t} + \vartheta\left(\frac{\mathrm{d}\rho}{\mathrm{d}t} + \rho\mathrm{div}(U)\right) = \rho\frac{\mathrm{d}\vartheta}{\mathrm{d}t}.
\end{aligned}$$

1.2.4 动量守恒方程

动量守恒律可表述为: 对于任给时刻 t, 单位时间内区域 Ω 中动量的增加等于单位时间内通过边界 $\partial\Omega$ 流入该区域的动量加上区域 Ω 中流体所受的各种力的合力, 或即等于动量输运量加上区域 Ω 中的介质所受外力的合力和在区域边界 $\partial\Omega$ 上所受内力的合力. 故有

$$\frac{\mathrm{d}}{\mathrm{d}t}\int_{\Omega}\rho U\mathrm{d}V = -\int_{\Omega}\mathrm{div}(\rho U U)\mathrm{d}V + \int_{\Omega}F\rho\mathrm{d}V + \int_{\partial\Omega}(-pn)\mathrm{d}\sigma,$$

或即

$$\int_{\Omega} \left[\frac{\partial(\rho U)}{\partial t} + \mathrm{div}(\rho UU) + \mathrm{grad}p - \rho F \right] \mathrm{d}V = 0.$$

这里符号 F 表示单位质点所受的外力, 又称质量力. 由于 Ω 的任意性, 由此立得动量守恒微分方程 (简称为动量方程)

$$\frac{\partial(\rho U)}{\partial t} + \mathrm{div}(\rho UU) + \mathrm{grad}p = \rho F. \tag{1.2.12}$$

易验证

$$\frac{\partial(\rho U)}{\partial t} + \mathrm{div}(\rho UU) = \rho \frac{\mathrm{d}U}{\mathrm{d}t},$$

故 (1.2.12) 可等价地写成

$$\frac{\mathrm{d}U}{\mathrm{d}t} + \frac{1}{\rho}\mathrm{grad}p = F. \tag{1.2.13}$$

1.2.5   总能量守恒方程

总能量守恒律可表述为: 对于任给时刻 t, 单位时间内区域 Ω 中总能量的增加等于总能量输运量加上单位时间内 Ω 中流体所受内力和外力所做的功以及单位时间内通过热传导及热源而导致的 Ω 中流体热能的增加. 即是

$$\frac{\mathrm{d}}{\mathrm{d}t}\int_{\Omega}\rho E\mathrm{d}V = -\int_{\Omega}\mathrm{div}(\rho EU)\mathrm{d}V + \int_{\partial\Omega}U\cdot(-pn)\mathrm{d}\sigma + \int_{\Omega}U\cdot F\rho\mathrm{d}V$$
$$+ \int_{\partial\Omega}(-K\mathrm{grad}T)\cdot(-n)\mathrm{d}\sigma + \int_{\Omega}Q\rho\mathrm{d}V,$$

故有

$$\int_{\Omega}\left[\frac{\partial(\rho E)}{\partial t} + \mathrm{div}(\rho EU) + \mathrm{div}(pU) - \rho U\cdot F\right]\mathrm{d}V = \int_{\Omega}[\mathrm{div}(K\mathrm{grad}T) + \rho Q]\mathrm{d}V,$$

这里 F 是质量力, T 是绝对温度, K 是热传导系数, Q 是热源, $E = e + \tilde{e}$ 是单位质量所携带的总能量, 其中 e 是比内能, $\tilde{e} = \frac{1}{2}U\cdot U$ 是单位质量所携带的外能.

由于 Ω 的任意性, 从上式立得总能量守恒方程 (又称能量方程)

$$\frac{\partial(\rho E)}{\partial t} + \mathrm{div}(\rho EU) + \mathrm{div}(pU) - \rho U\cdot F = \mathrm{div}(K\mathrm{grad}T) + \rho Q. \tag{1.2.14}$$

又因从式 (1.2.11) 和 (1.2.13) 可推出

$$\frac{\partial(\rho E)}{\partial t} + \mathrm{div}(\rho EU) + \mathrm{div}(pU) - \rho U\cdot F$$

$$= \frac{\partial(\rho e)}{\partial t} + \mathrm{div}(\rho e U) + \rho \frac{\mathrm{d}(\tilde{e})}{\mathrm{d}t} + p\,\mathrm{div}(U) + U \cdot \mathrm{grad}(p) - \rho U \cdot F$$

$$= \frac{\partial(\rho e)}{\partial t} + \mathrm{div}(\rho e U) + \rho U \cdot \frac{\mathrm{d}U}{\mathrm{d}t} + U \cdot \mathrm{grad}(p) - \rho U \cdot F + p\,\mathrm{div}(U)$$

$$= \frac{\partial(\rho e)}{\partial t} + \mathrm{div}(\rho e U) + \rho U \cdot \left(\frac{\mathrm{d}U}{\mathrm{d}t} + \frac{1}{\rho}\mathrm{grad}(p) - F \right) + p\,\mathrm{div}(U)$$

$$= \frac{\partial(\rho e)}{\partial t} + \mathrm{div}(\rho e U) + p\,\mathrm{div}(U),$$

故总能量守恒方程 (1.2.14) 又可等价地写成以内能 ρe 作状态变量的能量方程

$$\frac{\partial(\rho e)}{\partial t} + \mathrm{div}(\rho e U) + p\,\mathrm{div}U = \mathrm{div}(K\,\mathrm{grad}T) + \rho Q. \tag{1.2.15}$$

此外, 应用关系式 (1.2.11), 易将能量方程等价地写成随体导数的形式. 例如以内能 ρe 作状态变量的能量方程 (1.2.15) 可等价地写成

$$\rho \frac{\mathrm{d}e}{\mathrm{d}t} + p\,\mathrm{div}U = \mathrm{div}(K\,\mathrm{grad}T) + \rho Q,$$

或即

$$\frac{\mathrm{d}e}{\mathrm{d}t} + p\frac{\mathrm{d}\nu}{\mathrm{d}t} = \frac{1}{\rho}\mathrm{div}(K\,\mathrm{grad}T) + Q, \tag{1.2.16}$$

其中 $\nu = \dfrac{1}{\rho}$ 称为比容. 这是因为

$$p\frac{\mathrm{d}\nu}{\mathrm{d}t} = p\frac{\mathrm{d}(\rho^{-1})}{\mathrm{d}t} = -\frac{p}{\rho^2}\frac{\mathrm{d}\rho}{\mathrm{d}t} = \frac{p}{\rho^2}(\rho\,\mathrm{div}(U)) = \frac{p}{\rho}\mathrm{div}(U).$$

1.2.6 理想流体动力学方程组

将 1.2.3—1.2.5 小节中所导出的各种不同形式的质量方程、动量方程及能量方程与常用的形如

$$p = p(\rho, T), \quad e = e(\rho, T) \tag{1.2.17}$$

的单介质状态方程联立, 便可得到各种不同形式的封闭的理想流体动力学方程组, 或即 Euler 方程组:

(1) 采用总能量 ρE 作状态变量的守恒型理想流体动力学方程组

$$
\begin{cases}
\dfrac{\partial \rho}{\partial t} + \mathrm{div}(\rho U) = 0, & (1.2.18a) \\[2mm]
\dfrac{\partial (\rho U)}{\partial t} + \mathrm{div}(\rho U U) + \mathrm{grad}\,p = \rho F, & (1.2.18b) \\[2mm]
\dfrac{\partial (\rho E)}{\partial t} + \mathrm{div}(\rho E U) + \mathrm{div}(p U) = \mathrm{div}(K\,\mathrm{grad}\,T) + \rho Q + \rho U \cdot F, & (1.2.18c) \\[2mm]
p = p(\rho, T), \quad e = e(\rho, T), \quad E = e + \dfrac{1}{2} U \cdot U. & (1.2.18d)
\end{cases}
$$

(2) 采用内能 ρe 作状态变量的理想流体动力学方程组

$$
\begin{cases}
\dfrac{\partial \rho}{\partial t} + \mathrm{div}(\rho U) = 0, & (1.2.19a) \\[2mm]
\dfrac{\partial (\rho U)}{\partial t} + \mathrm{div}(\rho U U) + \mathrm{grad}\,p = \rho F, & (1.2.19b) \\[2mm]
\dfrac{\partial (\rho e)}{\partial t} + \mathrm{div}(\rho e U) + p\,\mathrm{div}\,U = \mathrm{div}(K\,\mathrm{grad}\,T) + \rho Q, & (1.2.19c) \\[2mm]
p = p(\rho, T), \quad e = e(\rho, T). & (1.2.19d)
\end{cases}
$$

(3) 当在 Lagrange 坐标下进行计算时, 人们常常将理想流体动力学方程组等价地写成随体导数形式. 例如理想流体动力学方程组 (1.2.19) 可等价地写成

$$
\begin{cases}
\dfrac{\mathrm{d}\rho}{\mathrm{d}t} + \rho\,\mathrm{div}(U) = 0, & (1.2.20a) \\[2mm]
\dfrac{\mathrm{d}U}{\mathrm{d}t} + \dfrac{1}{\rho}\mathrm{grad}\,p = F, & (1.2.20b) \\[2mm]
\dfrac{\mathrm{d}e}{\mathrm{d}t} + p\dfrac{\mathrm{d}\nu}{\mathrm{d}t} = \dfrac{1}{\rho}\mathrm{div}(K\,\mathrm{grad}\,T) + Q, & (1.2.20c) \\[2mm]
p = p(\rho, T), \quad e = e(\rho, T). & (1.2.20d)
\end{cases}
$$

注意在上述各个方程组中, 用于描述单介质流体状态方程的两个函数 $p = p(\rho, T)$ 及 $e = e(\rho, T)$ 通常都是充分光滑的函数. 特别, 如果所考虑的是完全气体, 则有

$$
p = R\rho T, \quad e = C_v T, \tag{1.2.21}
$$

或者等价地可写成

$$
p = (\gamma - 1)\rho e, \quad e = C_v T, \tag{1.2.22}
$$

这里气体常数 $R = C_p - C_v$, 绝热指数 $\gamma = C_p/C_v$, C_p 和 C_v 分别表示气体的定压比热和定容比热.

1.3 绝热过程与等熵过程

1.3.1 热力学关系式

理想流体动力学方程组中的密度 ρ, 比容 ν, 比内能 e, 温度 T 及压强 p 称为热力学量. 常用的热力学量还有热力学熵 s, 焓 i, 自由能 Ψ 及热力学势 G 等. 根据热力学理论, 在各种热力学量中, 最多只能有两个热力学量是独立的. 任取其中两个独立的热力学量, 则其他热力学量都是这两个热力学量的函数. 例如当我们取定熵 s 和密度 ρ 作为两个独立的热力学量时, 则其余所有的热力学量都是 s 和 ρ 的二元函数, 例如我们有 $p = p(s,\rho)$, 而且为了避免混淆, 通常用符号 $\left[\dfrac{\partial p}{\partial s}\right]_\rho$ 和 $\left[\dfrac{\partial p}{\partial \rho}\right]_s$ 来表示二元函数 $p(s,\rho)$ 的两个偏导数. 这是为了提醒你, 我们当前选用的自变量是 s 和 ρ.

在 1.2.6 小节所导出的各种不同形式的理想流体力学方程组中, 包含未知函数 ρ, U, p, e (或 $E = e + \dfrac{1}{2} U \cdot U$) 及 T, 其数目比流体方程个数多两个, 故我们通常补充形如

$$p = p(\rho, T), \quad e = e(\rho, T) \tag{1.3.1}$$

的两个热力学关系作为状态方程以获得封闭的方程组. 但须注意对于流场中没有热源且热传导可忽略不计的特殊情形, 理想流体动力学方程组中不包含温度 T, 未知函数的数目比流体方程个数仅多一个, 故此情形下我们通常补充一个形如

$$p = p(\rho, e) \tag{1.3.2}$$

的热力学关系作为状态方程便可得到封闭的方程组.

除了称之为状态方程的形如 (1.3.1) 和 (1.3.2) 的热力学关系之外, 重要而又常用的热力学关系式还有

$$T\mathrm{d}s = \mathrm{d}e + p\mathrm{d}\nu, \tag{1.3.3}$$

这里设 $T, s, e, p, \nu = 1/\rho$ 都是随体量, 即对于在流场中运动的流体质点 $M(x(t), y(t), z(t))$, 这些量都是单变量 t 的复合函数.

此外, 当选取 s 和 ρ 作为独立的热力学量时, 从物理学知恒有 $\left[\dfrac{\partial p}{\partial \rho}\right]_s > 0$, 且

p, ρ 与声速 c_s 有关系

$$c_s = \sqrt{\left[\frac{\partial p}{\partial \rho}\right]_s}. \tag{1.3.4}$$

式 (1.3.4) 可作为声速的定义, 它是流体力学中常用的一个量.

从热力学关系式 (1.3.3) 可推出

$$\mathrm{d}e = T\mathrm{d}s - p\mathrm{d}\nu = T\mathrm{d}s + \frac{p}{\rho^2}\mathrm{d}\rho,$$

故有

$$\left[\frac{\partial e}{\partial \rho}\right]_s = \frac{p}{\rho^2}, \tag{1.3.5}$$

由此及式 (1.3.2) 可推出声速的计算公式

$$c_s = \sqrt{\left[\frac{\partial p}{\partial \rho}\right]_e + \frac{p}{\rho^2}\left[\frac{\partial p}{\partial e}\right]_\rho}. \tag{1.3.6}$$

注意对于完全气体的重要特殊情形, 状态方程可用式 (1.2.21) 或 (1.2.22) 来表示.

应用状态方程 (1.2.22) 易推出

$$\mathrm{d}e + p\mathrm{d}\nu = \mathrm{d}e + (\gamma - 1)\rho e\left(-\frac{1}{\rho^2}\right)\mathrm{d}\rho = e\left[\frac{\mathrm{d}e}{e} - (\gamma - 1)\frac{\mathrm{d}\rho}{\rho}\right]$$

$$= e[\mathrm{d}(\ln e) - (\gamma - 1)\mathrm{d}(\ln\rho)]$$

$$= e\mathrm{d}\left(\ln\frac{\rho e}{\rho^\gamma}\right) = C_v T\mathrm{d}\left(\ln\frac{p}{\rho^\gamma}\right) = T\mathrm{d}s,$$

这里

$$s = C_v \ln\frac{p}{\rho^\gamma}. \tag{1.3.7}$$

由此可见, 对于完全气体, 热力学关系式 (1.3.3) 确实成立, 且熵 s 可由式 (1.3.7) 定义.

此外, 从式 (1.3.6) 及状态方程 (1.2.22) 易推出

$$c_s = \sqrt{(\gamma - 1)e + \frac{p}{\rho^2}(\gamma - 1)\rho} = \sqrt{(\gamma - 1)\left(e + \frac{p}{\rho}\right)}$$

$$= \sqrt{(\gamma - 1)(e + (\gamma - 1)e)} = \sqrt{\gamma(\gamma - 1)e} = \sqrt{\frac{\gamma p}{\rho}}. \tag{1.3.8}$$

这就是适用于完全气体的声速计算公式.

1.3.2 绝热条件及等熵条件下的流体方程

绝热过程是指流场中没有热源且热传导被忽略不计的流动过程.

在绝热条件下, 应用热力学关系式 (1.3.3), 易知理想流体动力学方程组 (1.2.20) 蜕化为

$$\begin{cases} \dfrac{\mathrm{d}\rho}{\mathrm{d}t} + \rho\,\mathrm{div}(U) = 0, & \text{(1.3.9a)} \\[2mm] \dfrac{\mathrm{d}U}{\mathrm{d}t} + \dfrac{1}{\rho}\mathrm{grad}p = F, & \text{(1.3.9b)} \\[2mm] \dfrac{\mathrm{d}s}{\mathrm{d}t} = 0, & \text{(1.3.9c)} \\[2mm] p = p(s, \rho). & \text{(1.3.9d)} \end{cases}$$

其中方程 (1.3.9c) 意味着

$$s(x(t), y(t), z(t), t) = s_0, \tag{1.3.10}$$

这里 s_0 是一个与时间 t 无关的常数. 详言之, 对于绝热过程来说, 在任意给定的流动质点 $M(x(t), y(t), z(t))$ 的光滑流动轨迹

$$x = x(t), \quad y = y(t), \quad z = z(t)$$

上 (要求问题的解在该轨迹上也是光滑变化的), 该质点的熵 s 恒保持为常值 s_0, 这里 s_0 等于该质点在初始时刻的熵值. 但须特别注意, 对于任意两个不同的流体质点 $M(x(t), y(t), z(t))$ 和 $\overline{M}(\overline{x}(t), \overline{y}(t), \overline{z}(t))$ 来说, 它们各自保持不变的熵值 s_0 和 $\overline{s}_0$, 但二者未必相等.

在绝热条件下, 若在问题的解光滑变化的任何区域 Ω 中, 所有流动质点均具有完全相同的初始熵值 s_0, 则在该区域 Ω 中, 熵 s 是一个与自变量 (x, y, z, t) 无关的常数, 或即

$$s(x, y, z, t) \equiv s_0. \tag{1.3.11}$$

具有上述特殊性质的绝热过程, 称为等熵过程.

在等熵条件下, 在问题的解光滑变化的任何区域 Ω 中, 理想流体力学方程组 (1.3.9) 进一步蜕化为

$$\begin{cases} \dfrac{\mathrm{d}\rho}{\mathrm{d}t} + \rho\,\mathrm{div}(U) = 0, & \text{(1.3.12a)} \\[2mm] \dfrac{\mathrm{d}U}{\mathrm{d}t} + \dfrac{1}{\rho}\mathrm{grad}p = F, & \text{(1.3.12b)} \\[2mm] p = p(s_0, \rho). & \text{(1.3.12c)} \end{cases}$$

特别, 对于等熵条件下的完全气体来说, 从式 (1.3.7) 及 (1.3.11) 可推出

$$p = C\rho^{\gamma}, \tag{1.3.13a}$$

这里常数

$$C = \frac{p(x_0, y_0, z_0, t_0)}{\rho^{\gamma}(x_0, y_0, z_0, t_0)}, \tag{1.3.13b}$$

其中 t_0 表示初始时刻, 点 $(x_0, y_0, z_0, t_0) \in \Omega$, 尽管这里的 (x_0, y_0, z_0) 的选择不是唯一的, 但它不会影响常数 C 的值. 由此可见, 对于等熵条件下的完全气体来说, 可用上式作为状态方程, 于是理想流体力学方程组 (1.3.12) 可进一步简化为

$$\begin{cases} \dfrac{\mathrm{d}\rho}{\mathrm{d}t} + \rho\,\mathrm{div}(U) = 0, \\[2mm] \dfrac{\mathrm{d}U}{\mathrm{d}t} + \dfrac{1}{\rho}\mathrm{grad}(C\rho^{\gamma}) = F, \end{cases} \tag{1.3.14}$$

或即 (当采用 Euler 坐标时)

$$\begin{cases} \dfrac{\partial \rho}{\partial t} + \mathrm{div}(\rho U) = 0, \\[2mm] \dfrac{\partial (\rho U)}{\partial t} + \mathrm{div}(\rho U U) + \mathrm{grad}(C\rho^{\gamma}) = \rho F. \end{cases} \tag{1.3.15}$$

1.3.3　特征线与特征关系

由于在绝热条件下, 从式 (1.3.9c) 及 (1.3.4) 易推出

$$\frac{\mathrm{d}p}{\mathrm{d}t} = \left[\frac{\partial p}{\partial \rho}\right]_s \frac{\mathrm{d}\rho}{\mathrm{d}t} + \left[\frac{\partial p}{\partial s}\right]_\rho \frac{\mathrm{d}s}{\mathrm{d}t} = c_s^2 \frac{\mathrm{d}\rho}{\mathrm{d}t},$$

故方程 (1.3.9a) 可等价地写成

$$\frac{\mathrm{d}p}{\mathrm{d}t} + c_s^2 \rho\,\mathrm{div}(U) = 0,$$

绝热条件下的整个理想流体力学方程组 (1.3.9) 可等价地写成

$$\begin{cases} \dfrac{\mathrm{d}p}{\mathrm{d}t} + c_s^2 \rho\,\mathrm{div}(U) = 0, & (1.3.16a) \\[3mm] \dfrac{\mathrm{d}U}{\mathrm{d}t} + \dfrac{1}{\rho}\mathrm{grad}\,p = F, & (1.3.16b) \\[3mm] \dfrac{\mathrm{d}s}{\mathrm{d}t} = 0, & (1.3.16c) \\[3mm] p = p(s, \rho). & (1.3.16d) \end{cases}$$

为简单计, 在本章的其余部分, 我们将以一维理想流体动力学这一重要而又比较简单的特殊情形为例进行讨论.

对于绝热条件下的不受外力作用的一维理想流体来说, 方程组 (1.3.16) 可简化为如下形式的一维理想流体动力学方程组

$$
\begin{cases}
\dfrac{\partial p}{\partial t} + u\dfrac{\partial p}{\partial x} + c_s^2 \rho \dfrac{\partial u}{\partial x} = 0, & (1.3.17\text{a}) \\[2mm]
\dfrac{\partial u}{\partial t} + \dfrac{1}{\rho}\dfrac{\partial p}{\partial x} + u\dfrac{\partial u}{\partial x} = 0, & (1.3.17\text{b}) \\[2mm]
\dfrac{\partial s}{\partial t} + u\dfrac{\partial s}{\partial x} = 0, & (1.3.17\text{c}) \\[2mm]
p = p(s, \rho), & (1.3.17\text{d})
\end{cases}
$$

记 $U = [p, u, s]^{\mathrm{T}}$. 则方程组 (1.3.17) 可等价地写成矩阵向量形式

$$
\frac{\partial U}{\partial t} + A\frac{\partial U}{\partial x} = 0, \tag{1.3.18a}
$$

其中

$$
\begin{cases}
A = \begin{bmatrix} u & \rho c_s^2 & 0 \\ \dfrac{1}{\rho} & u & 0 \\ 0 & 0 & u \end{bmatrix} = R\Lambda L, \\[6mm]
\Lambda = \mathrm{diag}\{\lambda_1, \lambda_2, \lambda_3\} = \mathrm{diag}\{u + c_s, u - c_s, u\}, \\[4mm]
R = [r_1, r_2, r_3] = \begin{bmatrix} 1 & 1 & 0 \\ \dfrac{1}{\rho c_s} & \dfrac{-1}{\rho c_s} & 0 \\ 0 & 0 & 1 \end{bmatrix}, \quad
L = \begin{bmatrix} l_1 \\ l_2 \\ l_3 \end{bmatrix} = \dfrac{1}{2}\begin{bmatrix} 1 & \rho c_s & 0 \\ 1 & -\rho c_s & 0 \\ 0 & 0 & 2 \end{bmatrix},
\end{cases}
$$

$$\tag{1.3.18b}$$

这里矩阵 L 与 R 互为逆矩阵, $\lambda_1, \lambda_2, \lambda_3$ 是矩阵 A 的特征值, r_1, r_2, r_3 是相应的特征矢量.

于方程组 (1.3.18) 两端左乘以 L, 得到

$$
L\frac{\partial U}{\partial t} + \Lambda L\frac{\partial U}{\partial x} = 0,
$$

上式可等价地写成分量形式

$$l_i \left(\frac{\partial U}{\partial t} + \lambda_i \frac{\partial U}{\partial x} \right) = 0, \quad i = 1, 2, 3, \tag{1.3.19}$$

或即

$$\begin{cases} \left[\dfrac{1}{2}, \dfrac{\rho c_s}{2}, 0 \right] \left(\dfrac{\partial U}{\partial t} + (u+c) \dfrac{\partial U}{\partial x} \right) = 0, \\[3mm] \left[\dfrac{1}{2}, \dfrac{-\rho c_s}{2}, 0 \right] \left(\dfrac{\partial U}{\partial t} + (u-c) \dfrac{\partial U}{\partial x} \right) = 0, \\[3mm] [0, 0, 1] \left(\dfrac{\partial U}{\partial t} + u \dfrac{\partial U}{\partial x} \right) = 0. \end{cases} \tag{1.3.19}'$$

与 (1.3.17) (或 (1.3.18)) 等价的方程组 (1.3.19) (或 (1.3.19)′) 称为绝热条件下特征形式的一维理想流体动力学方程组.

在 (x, t) 平面内, 由常微分方程 $\dfrac{\mathrm{d}x}{\mathrm{d}t} = \lambda_i, i = 1, 2, 3$, 或即

$$C_+ : \frac{\mathrm{d}x}{\mathrm{d}t} = u + c_s,$$

$$C_- : \frac{\mathrm{d}x}{\mathrm{d}t} = u - c_s,$$

$$C : \frac{\mathrm{d}x}{\mathrm{d}t} = u$$

所确定的三个曲线族 C_+, C_- 及 C 称为特征形式的流体方程组 (1.3.19) 或 (1.3.19)′ 的特征曲线族. 显然, 对于方程组 (1.3.17) 的解的光滑区域内的每个点 (x, t), 有且仅有三条特征线通过该点, 为简单计, 仍用符号 C_+, C_- 及 C 来表示, 它们的斜率依次为 $u + c_s, u - c_s$ 及 u. 注意特征线 C 刚好是流线 (流体质点运动的轨迹), 但特征线 C_+ 和 C_- 并不是流线.

从方程组 (1.3.19)′ 易知, 在三条不同的特征线 C_+, C_- 及 C 上, 分别满足不同的三种关系:

$$\begin{cases} \dfrac{\mathrm{d}x}{\mathrm{d}t} = u + c_s, \\[3mm] \dfrac{\mathrm{d}p}{\mathrm{d}t} + \rho c_s \dfrac{\mathrm{d}u}{\mathrm{d}t} = 0, \end{cases} \tag{1.3.20a}$$

$$\begin{cases} \dfrac{\mathrm{d}x}{\mathrm{d}t} = u - c_s, \\[3mm] \dfrac{\mathrm{d}p}{\mathrm{d}t} - \rho c_s \dfrac{\mathrm{d}u}{\mathrm{d}t} = 0, \end{cases} \tag{1.3.20b}$$

以及

$$\begin{cases} \dfrac{\mathrm{d}x}{\mathrm{d}t} = u, \\[2mm] \dfrac{\mathrm{d}s}{\mathrm{d}t} = 0. \end{cases} \qquad (1.3.20c)$$

我们称关系式 (1.3.20a), (1.3.20b) 和 (1.3.20c) 为绝热条件下的特征关系.

更进一步, 对于等熵过程, 由于在方程组 (1.3.17) 的解的任何光滑区域 Ω 中, 熵 $s(x,t) \equiv s_0$, 这里 s_0 是一个与 (x,t) 无关的常数, 故其他所有热力学量均可视为密度 ρ 的单变量函数. 故有

$$\frac{\mathrm{d}p}{\mathrm{d}t} = \left[\frac{\partial p}{\partial s}\right]_\rho \frac{\mathrm{d}s}{\mathrm{d}t} + \left[\frac{\partial p}{\partial \rho}\right]_s \frac{\mathrm{d}\rho}{\mathrm{d}t} = c_s^2 \frac{\mathrm{d}\rho}{\mathrm{d}t}$$

及

$$\frac{1}{\rho c_s} \frac{\mathrm{d}p}{\mathrm{d}t} = \frac{c_s}{\rho} \frac{\mathrm{d}\rho}{\mathrm{d}t} = \frac{\mathrm{d}\psi}{\mathrm{d}\rho} \frac{\mathrm{d}\rho}{\mathrm{d}t} = \frac{\mathrm{d}\psi}{\mathrm{d}t}, \qquad (1.3.21)$$

这里函数 $\psi(\rho)$ 可取为满足条件

$$\frac{\mathrm{d}\psi}{\mathrm{d}\rho} = \frac{c_s}{\rho}$$

的任何一个函数, 或即 (除了相差一个积分常数不计)

$$\psi(\rho) = \int \frac{c_s}{\rho} \mathrm{d}\rho. \qquad (1.3.22)$$

从式 (1.3.21) 易知, 在等熵条件下, 特征关系式 (1.3.20a) 及 (1.3.20b) 可分别等价地写为

$$\begin{cases} \dfrac{\mathrm{d}x}{\mathrm{d}t} = u + c_s, \\[2mm] \dfrac{\mathrm{d}(u + \psi(\rho))}{\mathrm{d}t} = 0 \end{cases} \qquad (1.3.23a)$$

及

$$\begin{cases} \dfrac{\mathrm{d}x}{\mathrm{d}t} = u - c_s, \\[2mm] \dfrac{\mathrm{d}(u - \psi(\rho))}{\mathrm{d}t} = 0. \end{cases} \qquad (1.3.23b)$$

式 (1.3.23a) 和 (1.3.23b) 表明, 在 C_+ 及 C_- 特征线上, 物理量

$$\alpha := u + \psi(\rho) = u + \int \frac{c_s}{\rho} \mathrm{d}\rho \tag{1.3.24a}$$

及

$$\beta := u - \psi(\rho) = u - \int \frac{c_s}{\rho} \mathrm{d}\rho \tag{1.3.24b}$$

分别保持为常数. 我们称物理量 α 及 β 为等熵过程中的 Riemann 不变量. 但须注意在不同的两条 C_+ (或 C_-) 特征线上, 常数 α (或 β) 的值通常是不相同的.

特别, 对于等熵条件下的完全气体, 从热力学关系式 (1.3.3) 易知

$$\mathrm{d}e = T\mathrm{d}s + \frac{p}{\rho^2}\mathrm{d}\rho = \frac{p}{\rho^2}\mathrm{d}\rho,$$

或即

$$\frac{\mathrm{d}e}{\mathrm{d}\rho} = \frac{p}{\rho^2}.$$

由此及式 (1.3.8) 易推出

$$2c_s\frac{\mathrm{d}c_s}{\mathrm{d}\rho} = \frac{\mathrm{d}c_s^2}{\mathrm{d}\rho} = \gamma(\gamma-1)\frac{\mathrm{d}e}{\mathrm{d}\rho} = \frac{\gamma(\gamma-1)p}{\rho^2} = \frac{(\gamma-1)c_s^2}{\rho}.$$

故有

$$\frac{\mathrm{d}}{\mathrm{d}\rho}\left(\frac{2c_s}{\gamma-1}\right) = \frac{c_s}{\rho},$$

或即

$$\int \frac{c_s}{\rho}\mathrm{d}\rho = \frac{2c_s}{\gamma-1}.$$

由此可见, 对于等熵条件下的完全气体, Riemann 不变量为

$$\alpha = u + \frac{2}{\gamma-1}c_s, \quad \beta = u - \frac{2}{\gamma-1}c_s. \tag{1.3.25}$$

1.3.4　稀疏波与压缩波

1.3.3 小节的结果表明, 对于一维理想流体的等熵运动, 通过 (x,t) 平面上等熵区域 Ω 中的每个点 $M(x,t) \in \Omega$, 有且仅有两条特征线 (即斜率为 $u+c_s$ 的 C_+ 特征线及斜率为 $u-c_s$ 的 C_- 特征线) 及一条流线 (即斜率为 u 的表示流体质点运动的曲线). 而且在 C_+ 和 C_- 特征线上分别有 Riemann 不变量 α 和 β, 它们分别由式 (1.3.24a) 和 (1.3.24b) 确定. 然而在一般情形下, 须注意在不同的两条 C_+ (或 C_-) 特征线上, 常数 α (或 β) 的值通常是不相同的.

本小节我们以一维完全气体的等熵运动为例, 就下面几种重要特殊情形进行讨论.

首先注意对于完全气体我们有

$$\alpha = u + \frac{2}{\gamma-1}c_s, \quad \beta = u - \frac{2}{\gamma-1}c_s, \quad p = C\rho^\gamma, \quad c_s^2 = \frac{\gamma p}{\rho} = \gamma C \rho^{\gamma-1}. \quad (1.3.26)$$

由此可推出

$$\begin{cases} u = \dfrac{\alpha+\beta}{2}, \quad c_s = \dfrac{(\gamma-1)(\alpha-\beta)}{4}, \\[3mm] \rho = \left(\dfrac{(\gamma-1)(\alpha-\beta)}{4\sqrt{\gamma C}} \right)^{\frac{2}{\gamma-1}}, \quad p = C \left(\dfrac{(\gamma-1)(\alpha-\beta)}{4\sqrt{\gamma C}} \right)^{\frac{2\gamma}{\gamma-1}}. \end{cases} \quad (1.3.27)$$

(I) 设在整个等熵区域 Ω 中, 恒有

$$\alpha = \alpha_0, \quad \beta = \beta_0, \quad\quad\quad (1.3.28a)$$

这里 α_0 和 β_0 都是不依赖于 x, t 的常数. 此情形下从式 (1.3.27) 易知在整个区域 Ω 中所有的物理量 u, ρ, p 及 c_s 都保持为常数. 我们称这样的等熵区域 Ω 为常数状态区.

(II) 设在整个等熵区域 Ω 中, 恒有

$$\alpha = \alpha_0, \quad\quad\quad (1.3.28b)$$

但 β 的值随 C_- 特征线而异. 此情形下在区域 Ω 中的任何一条 C_- 特征线上, 由于 β 的值保持不变, 故从式 (1.3.27) 易知所有的物理量 u, ρ, p 及 c_s 均保持为常数, 因而该 C_- 特征线的斜率 $u - c_s$ 也是一个常数. 由此可见任何一条 C_- 特征线必定是直线, 该直线表征着一个以相对于运动流体质点的速度为 $-c_s$ 的向左传播的简单波.

但另一方面, 由于在该区域 Ω 中任意两条不同的 C_- 特征线上 β 的值是不同的, 故上述诸物理量的值也不相同, 它们表征着两个不同的向左简单波. 上述情况表明, 区域 Ω 可视为由一族 C_- 类型的向左简单波所构成. 故此情形下我们称等熵区域 Ω 为向左简单波区.

为方便计, 下文中恒以符号 $C_-^{(a)}$ 和 $C_-^{(b)}$ 来表示向左简单波区域 Ω 中的任意两条不同的 C_- 特征线. 在这两条特征线上的上述诸物理量依次分别记为 $u_a, \rho_a, p_a, (c_s)_a$ 及 $u_b, \rho_b, p_b, (c_s)_b$, 注意它们都是不依赖于时间 t 的常数. 这两条特征线所表征的两个不同的向左简单波于任给时刻 t 在 X-轴上的位置依次分别

记为 $x_a(t)$ 和 $x_b(t)$. 不失一般性, 下文中我们恒设

$$x_b(t) > x_a(t). \tag{1.3.29}$$

于是这两个向左简单波之间的距离为 $l(t) = x_b(t) - x_a(t)$, 且恒有

$$\frac{\mathrm{d}l(t)}{\mathrm{d}t} = (u_b - (c_s)_b) - (u_a - (c_s)_a) = (u_b - u_a) - ((c_s)_b - (c_s)_a). \tag{1.3.30}$$

向左简单波区可区分为下面两种不同情形:

(IIa) 设在整个等熵区域 Ω 中, 恒有

$$\alpha = \alpha_0, \quad \frac{\partial u}{\partial x} > 0. \tag{1.3.28c}$$

式 (1.3.28c) 意味着 Ω 是向左简单波区, 而且在该区域中, 对于任意给定的 t, u 是 x 的严格递增函数. 由此及式 (1.3.29) 及 (1.3.27) 容易推出

$$u_b > u_a, \quad p_b < p_a, \quad \rho_b < \rho_a, \quad (c_s)_b < (c_s)_a. \tag{1.3.31}$$

注意流体质点相对于向左简单波的运动速度为 $c_s > 0$, 故流体质点总是从向左简单波的左侧穿越至其右侧. 于是, 从式 (1.3.29) 和 (1.3.31) 可知在区域 Ω 中, 流体质点的运动速度不断增大, 但其密度和压强则不断减小.

另一方面, 从式 (1.3.30) 及 (1.3.31) 可知, 此情形下恒有

$$\frac{\mathrm{d}l(t)}{\mathrm{d}t} > 0.$$

上式表明在区域 Ω 中, 当时间 t 不断增大时, 任意两个向左简单波之间的距离便会变得越来越大.

由于此情形下的向左简单波及流体质点的运动具有上述特殊性质, 我们称 Ω 中的向左简单波为向左稀疏波, 称区域 Ω 为向左稀疏波区.

(IIb) 设在整个等熵区域 Ω 中, 恒有

$$\alpha = \alpha_0, \quad \frac{\partial u}{\partial x} < 0. \tag{1.3.28d}$$

式 (1.3.28d) 意味着 Ω 是向左简单波区, 而且在该区域中, 对于任意给定的 t, u 是 x 的严格递减函数. 由此及式 (1.3.29) 及 (1.3.27) 容易推出

$$u_b < u_a, \quad p_b > p_a, \quad \rho_b > \rho_a, \quad (c_s)_b > (c_s)_a. \tag{1.3.32}$$

如上所述, 运动的流体质点总是从向左简单波的左侧穿越至其右侧的. 于是从式 (1.3.29) 和 (1.3.32) 可知在区域 Ω 中, 流体质点的运动速度不断减小, 但其密度和压强则不断增大.

另一方面, 从式 (1.3.30) 及 (1.3.32) 可知, 此情形下恒有

$$\frac{\mathrm{d}l(t)}{\mathrm{d}t} < 0.$$

上式表明在区域 Ω 中, 当时间 t 不断增大时, 任意两个向左简单波之间的距离便会变得越来越小, 最终将会因二者相交而出现间断.

由于此情形下的向左简单波及流体质点的运动具有上述特殊性质, 我们称 Ω 中的向左简单波为向左压缩波, 称区域 Ω 为向左压缩波区.

(III) 设在整个等熵区域 Ω 中, 恒有

$$\beta = \beta_0, \tag{1.3.28e}$$

但 α 的值随 C_+ 特征线而异.

此情形下在区域 Ω 中的任何一条 C_+ 特征线上, 由于 β 的值保持不变, 故从式 (1.3.27) 易知所有的物理量 u, ρ, p 及 c_s 均保持为常数, 因而该 C_+ 特征线的斜率 $u + c_s$ 也是一个常数. 由此可见任何一条 C_+ 特征线必定是直线, 该直线表征着一个以相对于运动流体质点的速度为 $+c_s$ 的向右传播的简单波. 但另一方面, 由于在该区域 Ω 中任意两条不同的 C_+ 特征线上 α 的值是不同的, 故上述诸物理量的值也不相同, 它们表征着两个不同的向右简单波. 上述情况表明, 区域 Ω 可视为由一族 C_+ 类型的向右简单波所构成. 故此情形下我们称等熵区域 Ω 为向右简单波区.

为方便计, 下文中恒以符号 $C_+^{(1)}$ 和 $C_+^{(2)}$ 来表示向右简单波区域 Ω 中的任意两条不同的 C_+ 特征线. 在这两条特征线上的上述诸物理量依次分别记为 $u_1, \rho_1, p_1, (c_s)_1$ 及 $u_2, \rho_2, p_2, (c_s)_2$, 注意它们都是不依赖于时间 t 的常数. 这两条特征线所表征的两个不同的向右简单波于任给时刻 t 在 X-轴上的位置依次分别记为 $x_1(t)$ 和 $x_2(t)$. 不失一般性, 下文中我们恒设

$$x_2(t) > x_1(t). \tag{1.3.33}$$

于是这两个向右简单波之间的距离为 $l(t) = x_2(t) - x_1(t)$, 且恒有

$$\frac{\mathrm{d}l(t)}{\mathrm{d}t} = (u_2 + (c_s)_2) - (u_1 + (c_s)_1) = (u_2 - u_1) + ((c_s)_2 - (c_s)_1). \tag{1.3.34}$$

向右简单波区同样可区分为两种不同情形:

(IIIa) 设在整个等熵区域 Ω 中, 恒有

$$\beta = \beta_0, \quad \frac{\partial u}{\partial x} > 0. \tag{1.3.28f}$$

式 (1.3.28f) 意味着 Ω 是向右简单波区, 而且在该区域中, 对于任意给定的 t, u 是 x 的严格递增函数. 由此及式 (1.3.33) 及 (1.3.27) 容易推出

$$u_2 > u_1, \quad p_2 > p_1, \quad \rho_2 > \rho_1, \quad (c_s)_2 > (c_s)_1. \tag{1.3.35}$$

注意流体质点相对于向右简单波的运动速度为 $-c_s < 0$, 故流体质点总是从向右简单波的右侧穿越至其左侧. 于是从式 (1.3.33) 和 (1.3.35) 可知在区域 Ω 中, 流体质点的运动速度不断减小, 其密度和压强也不断减小.

另一方面, 从式 (1.3.34) 及 (1.3.35) 可知, 此情形下恒有

$$\frac{\mathrm{d}l(t)}{\mathrm{d}t} > 0.$$

上式表明在区域 Ω 中, 当时间 t 不断增大时, 任意两个向右简单波之间的距离便会变得越来越大.

由于此情形下的向右简单波及流体质点的运动具有上述特殊性质, 我们称 Ω 中的向右简单波为向右稀疏波, 称区域 Ω 为向右稀疏波区.

(IIIb) 设在整个等熵区域 Ω 中, 恒有

$$\beta = \beta_0, \quad \frac{\partial u}{\partial x} < 0. \tag{1.3.28g}$$

式 (1.3.28g) 意味着 Ω 是向右简单波区, 而且在该区域中, 对于任意给定的 t, u 是 x 的严格递减函数. 由此及式 (1.3.33) 及 (1.3.27) 容易推出

$$u_2 < u_1, \quad p_2 < p_1, \quad \rho_2 < \rho_1, \quad (c_s)_2 < (c_s)_1. \tag{1.3.36}$$

如上所述, 流体质点总是从向右简单波的右侧穿越至其左侧. 于是从式 (1.3.33) 和 (1.3.36) 可知在区域 Ω 中, 流体质点的运动速度不断增加, 其密度和压强也不断增加.

另一方面, 从式 (1.3.34) 及 (1.3.36) 可知, 此情形下恒有

$$\frac{\mathrm{d}l(t)}{\mathrm{d}t} < 0.$$

上式表明在区域 Ω 中, 当时间 t 不断增大时, 任意两个向右简单波之间的距离便会变得越来越小, 最终将会因二者相交而出现间断.

由于此情形下的向右简单波及流体质点的运动具有上述特殊性质, 我们称 Ω 中的向右简单波为向右压缩波, 称区域 Ω 为向右压缩波区.

总括起来, 在一维完全气体等熵运动的任一等熵区域 Ω 中, 若 Riemann 不变量 α 和 β 都保持为常数, 则 Ω 是常数状态区; 若 α 保持为常数, 但 β 的值随 C_- 特征线而异, 则 Ω 是向左简单波区; 若 β 保持为常数, 但 α 的值随 C_+ 特征线而异, 则 Ω 是向右简单波区. 当 Ω 是向左 (或向右) 简单波区且在 Ω 中恒有 $\dfrac{\partial u}{\partial x} > 0$ 时, 则 Ω 是向左 (或向右) 稀疏波区; 当 Ω 是向左 (或向右) 简单波区且在 Ω 中恒有 $\dfrac{\partial u}{\partial x} < 0$ 时, 则 Ω 是向左 (或向右) 压缩波区.

1.4 双曲守恒律

1.4.1 双曲守恒律基本概念

为简单计, 我们以形如

$$\frac{\partial U}{\partial t} + \frac{\partial F(U)}{\partial x} = 0 \tag{1.4.1}$$

的一维 (指仅涉及一个空间变量 x) 偏微分方程组为例进行讨论, 其中未知函数 $U(x,t)$ 是 m 维矢量函数 $(m \geqslant 1)$:

$$U = [u_1, u_2, \cdots, u_m]^{\mathrm{T}}, \quad u_i = u_i(x,t), \quad i = 1, 2, \cdots, m,$$

$F(U)$ 是 U 的 m 维矢量函数 (通常称之为通量函数):

$$F(U) = [f_1(U), f_2(U), \cdots, f_m(U)]^{\mathrm{T}},$$

$$f_i(U) = f_i(u_1, u_2, \cdots, u_m), \quad i = 1, 2, \cdots, m.$$

在 U 的实际变化范围内, 恒设通量函数 $F(U)$ 关于 U 充分光滑, 其 Jacobi 矩阵记为 $\dfrac{\partial F}{\partial U}$ 或 $F'(U)$, 它是 $m \times m$ 方阵函数.

我们称 (1.4.1) 为守恒形式的 (或散度形式的) 偏微分方程组 (参见 [9,10]). 当 Jacobi 矩阵 $F'(U)$ 的 m 个特征值

$$\lambda_1(U), \ \lambda_2(U), \ \cdots, \ \lambda_m(U)$$

均为实数, 且相应地具有 m 个线性无关的实特征矢量

$$r_1(U), \ r_2(U), \ \cdots, \ r_m(U)$$

时, 我们称 (1.4.1) 为守恒形式的双曲型方程组, 或双曲守恒律方程组, 简称为双曲守恒律 (hyperbolic conservation laws). 此情形下显然有恒等式

$$
\begin{cases}
F'(U) = R(U)\Lambda(U)R^{-1}(U), \\
\Lambda(U) = \mathrm{diag}(\lambda_1(U), \lambda_2(U), \cdots, \lambda_m(U)), \\
R(U) = [r_1(U), r_2(U), \cdots, r_m(U)].
\end{cases}
\tag{1.4.2}
$$

我们称 (1.4.2) 为 Jacobi 矩阵 $F'(U)$ 的特征分解式. 特别, 当上述 m 个特征值两两互异时, 称 (1.4.1) 为严格双曲守恒律. 在 Jacobi 矩阵 $F'(U)$ 依赖于 U 的一般情形下, 称双曲守恒律 (1.4.1) 是拟线性的, 对于 $F'(U)$ 为不依赖于 U 的常数矩阵的特殊情形, 则称双曲守恒律 (1.4.1) 是线性的. 对于 $m = 1$ 的特殊情形, 称 (1.4.1) 为一维标量双曲守恒律方程.

双曲守恒律 (1.4.1) 亦可等价地写成如下非守恒形式:

$$
\frac{\partial U}{\partial t} + \frac{\partial F}{\partial U} \cdot \frac{\partial U}{\partial x} = 0,
$$

或即

$$
\frac{\partial U}{\partial t} + A(U)\frac{\partial U}{\partial x} = 0.
\tag{1.4.3}
$$

关于双曲型方程组的更为详细的定义请参见文献 [3]. 注意一维双曲型方程组及一维双曲守恒律的概念不难推广到高维情形 (参见 [2,3]).

必须强调指出, 我们在实际应用中所遇到的双曲型方程组及双曲守恒律方程组往往比模型方程 (1.4.1) 要复杂得多, 例如允许方程组带有各种不同的右端项, 而不要求其右端项恒为零; 允许流函数 F 除赖于未知函数 U 外, 还依赖于空间变量及时间变量; 等等.

例 1.4.1 考虑守恒形式的一维线性双曲型方程初值问题

$$
\begin{cases}
\dfrac{\partial u}{\partial t} + \dfrac{\partial(\lambda u)}{\partial x} = 0, \\
u(x, 0) = u_0(x),
\end{cases}
\tag{1.4.4}
$$

这里 λ 是实常数, $u = u(x, t)$ 是未知函数. 其初值为 $u_0(x)$. 按照 1.3.3 小节关于特征线和特征关系的讨论, 易知问题 (1.4.4) 可等价地写成特征形式

$$
\begin{cases}
\dfrac{\mathrm{d}x}{\mathrm{d}t} = \lambda, \\
\dfrac{\mathrm{d}u}{\mathrm{d}t} = 0,
\end{cases}
\tag{1.4.5}
$$

即沿着特征线 $x = x_0 + \lambda t$, 函数 $u(x,t)$ 取常数值 $u_0(x_0)$. 因此一维线性双曲型方程初值问题 (1.4.4) 的解析解为

$$u(x,t) = u_0(x - \lambda t). \tag{1.4.6}$$

注意这与例 1.2.1 中的计算结果是一致的.

例 1.4.2 考虑波动方程初值问题

$$\begin{cases} \dfrac{\partial^2 u}{\partial t^2} = a^2 \dfrac{\partial^2 u}{\partial x^2}, \\ u(x,0) = \varphi(x), \\ u_t(x,0) = \psi(x), \end{cases} \tag{1.4.7}$$

这里常数 $a > 0$. 令

$$v = u_t(x,t), \quad w = au_x(x,t). \tag{1.4.8}$$

则有

$$\begin{cases} \dfrac{\partial v}{\partial t} - a\dfrac{\partial w}{\partial x} = 0, \\ \dfrac{\partial w}{\partial t} - a\dfrac{\partial v}{\partial x} = 0, \end{cases}$$

或即

$$\begin{cases} \dfrac{\partial U}{\partial t} + \dfrac{\partial(AU)}{\partial x} = 0, \\ U = \begin{bmatrix} v \\ w \end{bmatrix}, \quad A = \begin{bmatrix} 0 & -a \\ -a & 0 \end{bmatrix} = R\Lambda L, \end{cases} \tag{1.4.9a}$$

这里

$$R = \begin{bmatrix} 1 & 1 \\ -1 & 1 \end{bmatrix}, \quad \Lambda = \begin{bmatrix} a & 0 \\ 0 & -a \end{bmatrix}, \quad L = \frac{1}{2}\begin{bmatrix} 1 & -1 \\ 1 & 1 \end{bmatrix}, \tag{1.4.10}$$

R 与 L 互为逆矩阵. 由此可见矩阵 A 的特征值是两个互异的实数 a 和 $-a$, 因而方程组 (1.4.9a) 是关于两个未知函数的一维线性严格双曲守恒律组, 其初值为

$$U(x,0) = \begin{bmatrix} v(x,0) \\ w(x,0) \end{bmatrix} = \begin{bmatrix} u_t(x,0) \\ au_x(x,0) \end{bmatrix} = \begin{bmatrix} \psi(x) \\ a\varphi'(x) \end{bmatrix}. \tag{1.4.9b}$$

令

$$Q = \begin{bmatrix} Q_1 \\ Q_2 \end{bmatrix} = LU = L \begin{bmatrix} v \\ w \end{bmatrix} = \begin{bmatrix} \dfrac{1}{2}(v - w) \\ \dfrac{1}{2}(v + w) \end{bmatrix}. \tag{1.4.11}$$

从 (1.4.9a) 得到

$$\frac{\partial Q}{\partial t} + \Lambda \frac{\partial Q}{\partial x} = 0,$$

或即

$$\begin{cases} \dfrac{\partial Q_1}{\partial t} + a \dfrac{\partial Q_1}{\partial x} = 0, & \tag{1.4.12a} \\[3mm] \dfrac{\partial Q_2}{\partial t} - a \dfrac{\partial Q_2}{\partial x} = 0, & \tag{1.4.12b} \end{cases}$$

从 v, w 及 Q 的定义易知

$$\begin{cases} Q_1(x, 0) = \dfrac{1}{2}[v(x,0) - w(x,0)] = \dfrac{1}{2}u_t(x,0) - \dfrac{a}{2}u_x(x,0) \\[3mm] \qquad\quad = \dfrac{1}{2}\psi(x) - \dfrac{a}{2}\varphi'(x), & \tag{1.4.13a} \\[3mm] Q_2(x, 0) = \dfrac{1}{2}\psi(x) + \dfrac{a}{2}\varphi'(x). & \tag{1.4.13b} \end{cases}$$

应用例 1.4.1 所得出的结论可知: 线性双曲型方程 (1.4.12a) 的初值由式 (1.4.13a) 确定的问题具有唯一真解

$$Q_1(x, t) = \frac{1}{2}\psi(x - at) - \frac{a}{2}\varphi'(x - at); \tag{1.4.14a}$$

类似地, 线性双曲型方程 (1.4.12b) 的初值由式 (1.4.13b) 确定的问题具有唯一真解

$$Q_2(x, t) = \frac{1}{2}\psi(x + at) + \frac{a}{2}\varphi'(x + at); \tag{1.4.14b}$$

从式 (1.4.14), (1.4.10) 及 (1.4.11) 立得一维线性双曲守恒律组初值问题 (1.4.9) 的解析解为

$$U = RQ = \begin{bmatrix} Q_2 + Q_1 \\ Q_2 - Q_1 \end{bmatrix}$$

$$= \begin{bmatrix} \frac{1}{2}[\psi(x+at)+\psi(x-at)] + \frac{a}{2}[\varphi'(x+at)-\varphi'(x-at)] \\ \frac{1}{2}[\psi(x+at)-\psi(x-at)] + \frac{a}{2}[\varphi'(x+at)+\varphi'(x-at)] \end{bmatrix}. \tag{1.4.15}$$

由于 U 的第一个分量为 $v = u_t(x,t)$, 从式 (1.4.15) 得到

$$u_t(x,t) = \frac{1}{2}[\psi(x+at)+\psi(x-at)] + \frac{a}{2}[\varphi'(x+at)-\varphi'(x-at)],$$

于上式两端从 0 到 t 对 t 积分, 进一步得到

$$u(x,t) - u(x,0) = \frac{a}{2}\int_0^t [\varphi'(x+at)-\varphi'(x-at)]\mathrm{d}t$$

$$+ \frac{1}{2}\int_0^t [\psi(x+at)+\psi(x-at)]\mathrm{d}t$$

$$= \frac{1}{2}[\varphi(x+at)+\varphi(x-at)-2\varphi(x)] + \frac{1}{2a}\int_{x-at}^{x+at}\psi(\xi)\mathrm{d}\xi,$$

或即

$$u(x,t) = \frac{1}{2}[\varphi(x+at)+\varphi(x-at)] + \frac{1}{2a}\int_{x-at}^{x+at}\psi(\xi)\mathrm{d}\xi. \tag{1.4.16}$$

波动方程初值问题 (1.4.7) 真解的计算公式 (1.4.16) 称为 D'Alembert 公式.

例 1.4.3 考虑一维拟线性双曲型方程初值问题

$$\begin{cases} \dfrac{\partial u}{\partial t} + u\dfrac{\partial u}{\partial x} = 0, & t \geqslant 0, \\ u(x,0) = -x. \end{cases} \tag{1.4.17}$$

假设问题 (1.4.17) 存在连续可微的解 $u = u(x,t)$. 则按照 1.3.3 小节关于特征线和特征关系的讨论, 易知该问题可等价地写成特征形式

$$\begin{cases} \dfrac{\mathrm{d}x}{\mathrm{d}t} = u, \\ \dfrac{\mathrm{d}u}{\mathrm{d}t} = 0, \end{cases} \tag{1.4.18}$$

从上式知在特征线上 $u = u(x(t),t)$ 是常数, 且特征线是斜率为 u 的直线. 对于任意给定的点 $(\tilde{x},\tilde{t})$, 通过该点的特征线方程为

$$x = \tilde{x} + u(\tilde{x},\tilde{t})(t-\tilde{t}).$$

特别, 当 $t = 0$ 时, 从上式可算出 $x = \bar{x} = \tilde{x} - \tilde{t}u(\tilde{x}, \tilde{t})$, 故 $(\bar{x}, 0)$ 也是该特征线上的一个点. 由于在该特征线上 u 保持为常数, 故有

$$u(\tilde{x}, \tilde{t}) = u(\bar{x}, 0) = -\bar{x} = -\tilde{x} + \tilde{t}u(\tilde{x}, \tilde{t}).$$

由于点 $(\tilde{x}, \tilde{t})$ 的任意性, 从上式知该问题的连续可微解 $u = u(x, t)$ 必须满足关系式

$$u(x, t) = -x + tu(x, t),$$

或即

$$u(x, t) = \frac{x}{t - 1}. \tag{1.4.19}$$

故当 $t \to 1$ 时必有 $u(x, t) \to \infty$, 此与 $u(x, t)$ 是连续可微函数的假设矛盾. 由此可见, 问题 (1.4.17) 仅在上半 (x, t)-坐标平面内满足条件 $t < 1$ 的区域中才存在连续可微的解, 在任何更大的区域中连续可微解不复存在.

本例表明, 对于一般的拟线性双曲守恒律组初值问题来说, 不但不能像上一个例子中所讨论一维线性双曲守恒律组初值问题那样在整个上半 (x, t)-坐标平面中推导出问题的真解的解析表示式, 而且即使初值连续可微, 也不可能保证连续可微的解在整个上半 (x, t)-坐标平面中存在. 由此可见, 拟线性问题比线性问题要复杂得多.

例 1.4.4　我们以一个空间维的特殊情形为例, 来验证在绝热条件下且不受外力作用的采用总能量 ρE 作状态变量的单介质理想流体动力学方程组 (1.2.18) 是拟线性双曲守恒律方程组. 为确定计, 我们设这里的流体是完全气体, 因而状态方程可由式 (1.2.22) 确定.

此情形下方程组 (1.2.18) 蜕化为

$$\begin{cases} \dfrac{\partial \rho}{\partial t} + \dfrac{\partial (\rho u)}{\partial x} = 0, \\[2mm] \dfrac{\partial (\rho u)}{\partial t} + \dfrac{\partial (\rho u^2 + p)}{\partial x} = 0, \\[2mm] \dfrac{\partial (\rho E)}{\partial t} + \dfrac{\partial (\rho E + p)u}{\partial x} = 0, \\[2mm] p = (\gamma - 1)\rho e, \quad e = E - \dfrac{1}{2}u^2. \end{cases} \tag{1.4.20}$$

或即

$$\frac{\partial U}{\partial t} + \frac{\partial F(U)}{\partial x} = 0, \tag{1.4.21}$$

这里

$$
\begin{cases}
U = [\rho, \rho u, \rho E]^{\mathrm{T}}, \\
F(U) = [\rho u, \rho u^2 + p, \rho E u + p u]^{\mathrm{T}},
\end{cases}
\tag{1.4.22}
$$

由于单介质的状态方程充分光滑, 这里的 $F(U)$ 是 U 的充分光滑函数, 且易算出 Jacobi 矩阵

$$
\frac{\partial F}{\partial U} = A(U) =
\begin{bmatrix}
0 & 1 & 0 \\
-\dfrac{3-\gamma}{2} \cdot \dfrac{u_2^2}{u_1^2} & \dfrac{(3-\gamma)u_2}{u_1} & \gamma - 1 \\
\dfrac{(\gamma-1)u_2^3}{u_1^3} - \dfrac{\gamma u_2 u_3}{u_1^2} & -\dfrac{3(\gamma-1)u_2^2}{2u_1^2} + \dfrac{\gamma u_3}{u_1} & \dfrac{\gamma u_2}{u_1}
\end{bmatrix}
$$

$$
=
\begin{bmatrix}
0 & 1 & 0 \\
\dfrac{\gamma-3}{2}u^2 & (3-\gamma)u & \gamma - 1 \\
(\gamma-1)u^3 - \gamma u E & -\dfrac{3(\gamma-1)}{2}u^2 + \gamma E & \gamma u
\end{bmatrix}
$$

$$
=
\begin{bmatrix}
0 & 1 & 0 \\
\dfrac{\gamma-3}{2}u^2 & (3-\gamma)u & \gamma - 1 \\
\dfrac{\gamma-2}{2}u^3 - \dfrac{u c_s^2}{\gamma-1} & \left(\dfrac{3}{2}-\gamma\right)u^2 + \dfrac{c_s^2}{\gamma-1} & \gamma u
\end{bmatrix}
\tag{1.4.23}
$$

及矩阵 $A(U)$ 的特征值

$$
\lambda_1 = u, \quad \lambda_2 = u + c_s, \quad \lambda_3 = u - c_s,
\tag{1.4.24}
$$

这里 $c_s = \sqrt{\gamma(\gamma-1)e} = \sqrt{\gamma(\gamma-1)\left(E - \dfrac{1}{2}u^2\right)} > 0$ 表示声速. 由于这些特征值是互异实数, 故可得出结论: 采用总能量 ρE 作状态变量的一维单介质理想流体动力学方程组 (1.4.20) 是拟线性严格双曲守恒律方程组.

类似地可以证明, 两个及三个空间维的形如 (1.2.18) 的单介质理想流体动力学方程组也都是拟线性双曲守恒律方程组. 另一方面, 采用内能 ρe 作状态变量的单介质理想流体动力学方程组 (1.2.19) 也是拟线性双曲型微分方程组, 但其不是守恒型的.

1.4.2 弱解与熵条件

从例 1.4.3 我们已经看到, 对于一般的拟线性双曲守恒律方程组初值问题

$$
\begin{cases}
\dfrac{\partial U}{\partial t} + \dfrac{\partial F(U)}{\partial x} = 0, & t > 0, -\infty < x < +\infty, \quad\quad (1.4.25\text{a}) \\[3mm]
U(x,0) = U_0(x), & U_0 \in \mathbf{R}^m, -\infty < x < +\infty \quad\quad (1.4.25\text{b})
\end{cases}
$$

来说, 即使初始函数 $U_0(x)$ 和函数 $F(U)$ 都充分光滑, 也不可能保证在时间 t 可以任意变大的时空区域中存在连续可微的解. 因此根据理想流体力学及许多相关实际问题的需要, 有必要放松对解的连续可微性质的限制, 允许含有有限条跳跃间断线的分片连续可微函数 $U(x,t)$ 按某种特定的新的意义作为初值问题 (1.4.25) 的解, 使得这种在新的意义下的解能在实际问题所需要的足够大的时空区域中存在.

在这里及下文中, 我们恒以符号 S 表示在 (x,t)-坐标平面中满足条件 $t > 0$ 的上半平面区域, 或即

$$
S = \{(x,t)\,|-\infty < x < +\infty,\ t > 0\}. \quad\quad (1.4.26)
$$

于是定义在区域 S 中的连续可微 m 维矢量函数 $U(x,t)$ 是拟线性双曲守恒律方程组 (1.4.25a) 的解, 意味着

(1) 对于区域 S 中的任何一点 (x,t), 均有

$$
\frac{\partial U(x,t)}{\partial t} + \frac{\partial F(U(x,t))}{\partial x} = 0.
$$

另一方面, 容易证明条件 (1) 与以下的条件 (2) 是等价的.

(2) 对于由区域 S 中的任何一条分段光滑简单闭曲线 C 所围成的单连通有界闭域 Ω, 恒有

$$
\int_\Omega \left[\frac{\partial U}{\partial t} + \frac{\partial F(U)}{\partial x} \right] \mathrm{d}x\mathrm{d}t = 0.
$$

应用熟知的 Green 公式得到

$$
\int_C U\mathrm{d}x - F(U)\mathrm{d}t = \int_\Omega \left[\frac{\partial(-F(U))}{\partial x} - \frac{\partial U}{\partial t} \right] \mathrm{d}x\mathrm{d}t = -\int_\Omega \left[\frac{\partial U}{\partial t} + \frac{\partial F(U)}{\partial x} \right] \mathrm{d}x\mathrm{d}t,
$$
$$
(1.4.27)
$$

这里恒设简单闭曲线 C 所围成的单连通有界闭域为 Ω, 并且我们约定, 在这里及下文, 如无特别说明, 总是这样来选择简单闭曲线 C 的方向, 使得在该曲线上沿着该方向行进时, 它所包围的区域 Ω 总是在左边.

利用恒等关系 (1.4.27) 可进一步将条件 (2) 等价地写成下面的条件 (3).

(3) 对于区域 S 中的任何一条分段光滑简单闭曲线 C, 恒有

$$\int_C U\mathrm{d}x - F(U)\mathrm{d}t = 0.$$

值得特别注意的是, 尽管在问题存在连续可微解 $U(x,t)$ 的特殊情形下, 以上三个条件都成立, 而且是互相等价的, 但当 $U(x,t)$ 是一个定义在区域 S 中的在有限条光滑曲线上具有第一类间断的分片连续可微函数时, 则它不可能满足条件 (1), 然而却仍有可能满足条件 (3). 据此, 我们给出弱解的定义如下.

为方便计, 在这里及下文中, 我们恒以符号 $U(x,t) \in \mathbf{R}^m$ 表示定义在上半平面区域 S 中的一个在有限条光滑曲线上具有第一类间断的分片连续可微函数.

定义 1.4.1 如果对于上半平面区域 S 中的任何一条分段光滑简单闭曲线 C, 恒有

$$\int_C U(x,t)\mathrm{d}x - F(U(x,t))\mathrm{d}t = 0, \tag{1.4.28}$$

则称函数 $U(x,t)$ 是双曲守恒律组 (1.4.25a) 的一个弱解.

直接根据上述定义, 容易证明下面定理.

定理 1.4.1 函数 $U(x,t)$ 是双曲守恒律组 (1.4.25a) 的弱解的必要充分条件是:

(1) 在函数 $U(x,t)$ 的任一连续可微区域中, 它按经典意义处处满足微分方程 (1.4.25a);

(2) 在函数 $U(x,t)$ 的任意一条间断线 $x = x(t)$ 上, 它满足间断条件

$$[U]D = [F(U)], \tag{1.4.29a}$$

这里定义

$$\begin{cases} D = \dfrac{\mathrm{d}x}{\mathrm{d}t}, \quad [U] = U(x+0,t) - U(x-0,t), \\[2mm] [F(U)] = F(U(x+0,t)) - F(U(x-0,t)), \end{cases} \tag{1.4.29b}$$

这里所说的间断指函数间断或导数间断. 通常称 $[U]$(或 $[F(U)]$) 为函数 U(或 $F(U)$) 的跃度, D 为间断点 $x = x(t)$ 的运动速度.

证 先证必要性.

设若在弱解 $U(x,t)$ 的某一连续可微区域内的某一个点 $M(x,t)$ 处, $U(x,t)$ 按经典意义不满足微分方程 (1.4.25a), 或即在点 M 处有

$$\mathscr{L}U := \frac{\partial U}{\partial t} + \frac{\partial F(U)}{\partial x} \neq 0.$$

则由于 $\mathscr{L}U$ 是连续函数, 故存在点 M 的一个充分小的邻域 ω (其边界记为 $\partial\omega$, 并恒设 $\omega \cup \partial\omega \subset S$), 使得在整个邻域 ω 中处处有 $\mathscr{L}U \neq 0$, 且 $\mathscr{L}U$ 的每个不为 0 的分量保持相同的符号. 由此推出 $\displaystyle\int_{\omega} \mathscr{L}U \mathrm{d}V \neq 0$, 因而由 Green 公式知 $\displaystyle\int_{\partial\omega} U(x,t)\mathrm{d}x - F(U(x,t))\mathrm{d}t \neq 0$. 但此与 $U(x,t)$ 是弱解的假设矛盾. 由此可见定理 1.4.1 中的条件 (1) 必成立.

其次, 在函数 $U(x,t)$ 的任意一条间断线 $x = x(t)$ 上的任给点 $M(x,t)$ 处, 我们可以任取点 M 的一个充分小的邻域 ω (其边界记为 $\partial\omega$, 并恒设 $\omega \cup \partial\omega \subset S$, 且邻域 ω 中不包含其他间断线). 首先注意这里所涉及的各种简单闭曲线 (例如 $\partial\omega$ 等) 的方向一律按我们在上文中所做的约定选择. 上述间断线将区域 ω 的边界 $\partial\omega$ 划分成左、右两个有方向的曲线段, 分别记为 Γ_1 和 Γ_2, 恒设它们的方向与 $\partial\omega$ 的方向保持一致. 上述间断线将区域 ω 划分成左、右两个子区域, 分别记为 ω_1 和 ω_2, 其边界曲线分别记为 $\partial\omega_1$ 和 $\partial\omega_2$. 此外, 上述间断线含于区域 $\omega \cup \partial\omega$ 中的部分是一个曲线段, 记为 $\widetilde{AB}$, 这里 $A(x_a, t_a)$ 和 $B(x_b, t_b)$ 分别表示该间断线与边界曲线 $\partial\omega$ 的下、上两个交点, 我们约定曲线段 $\widetilde{AB}$ 采用从点 A 到点 B 的方向. 于是从图 1.4.1 可以清楚地看出

$$\int_{\partial\omega_1} F(U(x,t))\mathrm{d}t - U(x,t)\mathrm{d}x = \int_{\Gamma_1} F(U(x,t))\mathrm{d}t - U(x,t)\mathrm{d}x$$
$$+ \int_{\widetilde{AB}} F(U(x-0,t))\mathrm{d}t - U(x-0,t)\mathrm{d}x,$$

$$\int_{\partial\omega_2} F(U(x,t))\mathrm{d}t - U(x,t)\mathrm{d}x = \int_{\Gamma_2} F(U(x,t))\mathrm{d}t - U(x,t)\mathrm{d}x$$
$$- \int_{\widetilde{AB}} F(U(x+0,t))\mathrm{d}t - U(x+0,t)\mathrm{d}x,$$

$$\int_{\partial\omega} F(U(x,t))\mathrm{d}t - U(x,t)\mathrm{d}x = \left[\int_{\Gamma_1} + \int_{\Gamma_2}\right] F(U(x,t))\mathrm{d}t - U(x,t)\mathrm{d}x.$$

故有

$$\left[\int_{\partial\omega} - \int_{\partial\omega_1} - \int_{\partial\omega_2}\right] F(U(x,t))\mathrm{d}t - U(x,t)\mathrm{d}x$$

$$= \int_{\widetilde{AB}} F(U(x+0,t))\mathrm{d}t - U(x+0,t)\mathrm{d}x$$

$$- \int_{\widetilde{AB}} F(U(x-0,t))\mathrm{d}t - U(x-0,t)\mathrm{d}x$$

$$= \int_{\widetilde{AB}} [F(U)]\mathrm{d}t - [U]\mathrm{d}x$$

$$= \int_{t_a}^{t_b} \{[F(U)] - [U]D\}\mathrm{d}t.$$

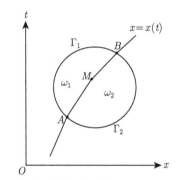

图 1.4.1　间断线上任给点 M 的充分小邻域

从上式及弱解的定义 1.4.1 立得

$$\int_{t_a}^{t_b} \{[F(U)] - [U]D\}\mathrm{d}t = 0.$$

由于间断点 $M(x,t)$ 的邻域 ω 可取得任意小, 导致区间 $[t_a, t_b]$ 的长度可任意变小, 故上式中的被积函数 $[F(U)] - [U]D$ 在间断点 $M(x,t)$ 处的值必等于 0, 或即在间断点 $M(x,t)$ 处, 间断条件 (1.4.29) 必成立. 更进一步, 由于点 $M(x,t)$ 可以是任意一条间断线上的任何一点, 故在函数 $U(x,t)$ 的任意一条间断线 $x = x(t)$ 上, 间断条件 (1.4.29) 必成立, 或即定理 1.4.1 中的条件 (2) 必成立.

由于条件充分性的证明是完全类似的, 兹不详述.

弱解的引进扩大了解的范围, 但另一方面却导致了解的不确定性. 容易证实弱解未必是唯一的. 因此必须在众多可能的弱解中, 选出在实践中合理的可允许弱解.

热力学第二定律表明, 在绝热条件下, 不可逆物理过程必定向着热力学熵增加的方向发展. 这一重要结果又称为 "熵增原理". 绝热条件下理想流体运动过程中所出现的激波间断正是一种不可逆物理过程, 因此当流体质点从波前转移到波后时, 其热力学熵必定是增加的. 这就是说, 必有波后的熵大于波前的熵, 或即

$$s_{波后} > s_{波前}. \tag{1.4.30}$$

我们称 (1.4.30) 为绝热条件下理想流体运动过程中关于激波的熵条件.

更一般地, 若函数 $U = [\rho, \rho u, \rho E]^{\mathrm{T}}$ 是绝热条件下 (并设无外力作用) 一维理想流体动力学方程组 (1.4.20) 的一个弱解, 且其满足广义熵条件

$$\frac{\Delta s}{\Delta t} \geqslant 0. \tag{1.4.31}$$

则称函数 U 是方程组 (1.4.20) 的可允许弱解 (或熵解).

对于一般的双曲守恒律组 (1.4.25a), 人们仿照上述关于理想流体动力学方程组的可允许弱解的提法, 给出下列定义.

定义 1.4.2 双曲守恒律组 (1.4.25a) 的一个熵对是指满足以下条件的一对光滑的标量函数 $(\bar{u}(U), \bar{f}(U)), U \in \mathbf{R}^m$.

(1) **相容性条件** 即

$$\frac{\mathrm{d}\bar{f}}{\mathrm{d}U} = \frac{\mathrm{d}\bar{u}}{\mathrm{d}U}\frac{\partial F}{\partial U}. \tag{1.4.32}$$

(2) **凸条件** 即 $\bar{u}(U)$ 是 U 的严格凸函数, 或即不等式

$$\bar{u}(\alpha U_1 + (1-\alpha)U_2) \leqslant \alpha\bar{u}(U_1) + (1-\alpha)\bar{u}(U_2) \tag{1.4.33}$$

对于任给的 $U_1, U_2 \in \mathbf{R}^m, U_1 \neq U_2$ 及所有的 $\alpha \in [0,1]$ 成立, 并且仅当 $\alpha = 0, 1$ 时相等关系才成立.

熵对中第一个函数 $\bar{u}(U)$ 称为熵函数, 第二个函数 $\bar{f}(U)$ 称为熵通量.

定义 1.4.3 若函数 $U(x,t)$ 是双曲守恒律组 (1.4.25a) 在区域 S 中的一个弱解, 且存在该守恒律组的一个熵对 $(\bar{u}(U), \bar{f}(U))$, 使得在函数 $U(x,t)$ 的任何间断线 $x = x(t)$ 上, 熵条件

$$[\bar{u}(U)]\frac{\mathrm{d}x}{\mathrm{d}t} - [\bar{f}(U)] \geqslant 0 \tag{1.4.34}$$

成立, 这里 $\dfrac{\mathrm{d}x}{\mathrm{d}t}$ 是间断运动速度,

$$\begin{cases} [\bar{u}(U)] = \bar{u}(U(x(t)+0,t)) - \bar{u}(U(x(t)-0,t)), \\ [\bar{f}(U)] = \bar{f}(U(x(t)+0,t)) - \bar{f}(U(x(t)-0,t)). \end{cases} \tag{1.4.35}$$

则称 $U(x,t)$ 是该双曲守恒律组在区域 S 中的一个可允许弱解.

例 1.4.5 考虑 Burgers 方程初值问题

$$\begin{cases} \dfrac{\partial u}{\partial t} + \dfrac{\partial}{\partial x}\left(\dfrac{u^2}{2}\right) = 0, & t > 0, \quad -\infty < x < +\infty, \\[2mm] u(x,0) = u_0(x) = \begin{cases} -1, & x < 0, \\ 1, & x > 0. \end{cases} \end{cases} \tag{1.4.36}$$

在其弱解 $u(x,t)$ 的任一间断点 (x,t) 处, 间断条件为

$$[u]\frac{\mathrm{d}x}{\mathrm{d}t} = \left[\frac{u^2}{2}\right],$$

或即

$$\frac{\mathrm{d}x}{\mathrm{d}t} = \frac{\dfrac{u_r^2}{2} - \dfrac{u_l^2}{2}}{u_r - u_l} = \frac{1}{2}(u_r + u_l), \tag{1.4.37}$$

这里 $u_r = u(x+0,t), u_l = u(x-0,t)$. 容易验证分片光滑函数

$$u(x,t) = \begin{cases} -1, & x < 0, \\ 1, & x > 0 \end{cases} \tag{1.4.38}$$

(注意直线 $x = 0$ 是该函数的间断线) 及另一个不同的分片光滑函数

$$u(x,t) = \begin{cases} -1, & x < -t, \\ \dfrac{x}{t}, & -t < x < t, \\ 1, & x > t \end{cases} \tag{1.4.39}$$

(注意直线 $x = -t$ 及 $x = t$ 是该函数的间断线) 都是初值问题 (1.4.36) 的弱解. 这表明该初值问题的弱解不是唯一的.

另一方面, Burgers 方程的熵对也不是唯一的, 例如易验证函数对

$$(\bar{u}(u), \bar{f}(u)) = \left(\frac{u^2}{2}, \frac{u^3}{3}\right) \tag{1.4.40}$$

及函数对

$$(\tilde{u}(u), \tilde{f}(u)) = \left(\frac{u^4}{4}, \frac{u^5}{5}\right) \tag{1.4.41}$$

都是其熵对. 更进一步, 对于上述两个熵对中的任何一个, 易验证弱解 (1.4.39) 在其间断线 $x = -t$ 及 $x = t$ 上满足熵条件 (1.4.34), 但弱解 (1.4.38) 在其间断线 $x = 0$ 上则不满足熵条件. 由此可见由 (1.4.39) 式所定义的函数才是 Burgers 方程初值问题 (1.4.36) 的可允许弱解.

然而必须指出, 在一般情形下双曲守恒律组的可允许弱解是否存在唯一, 这迄今仍是一个尚未完全解决的重大研究课题.

1.5　理想流体方程组弱解的间断条件

绝热条件下一维单介质守恒型理想流体动力学方程组

$$
\begin{cases}
\dfrac{\partial \rho}{\partial t} + \dfrac{\partial (\rho u)}{\partial x} = 0, \\[2mm]
\dfrac{\partial (\rho u)}{\partial t} + \dfrac{\partial (\rho u^2 + p)}{\partial x} = 0, \\[2mm]
\dfrac{\partial (\rho E)}{\partial t} + \dfrac{\partial ((\rho E + p)u)}{\partial x} = 0
\end{cases}
\tag{1.5.1}
$$

可视为一维双曲守恒律组的特例. 应用定理 1.4.1 及式 (1.4.29b) 中对于相关符号的约定, 易知上述流体方程组的弱解 $U(x,t) = [\rho, \rho u, \rho E]^{\mathrm{T}}$ 在其任意一条间断线 $x = x(t)$ 上的任意一个间断点 (x,t) 处, 应满足间断条件 (1.4.29), 或即

$$
[\rho u] = D[\rho], \quad [\rho u^2 + p] = D[\rho u], \quad [(\rho E + p)u] = D[\rho E].
\tag{1.5.2}
$$

为方便计, 在这里及下文中, 对于任意一个函数 $\psi = \psi(x,t)$, 我们分别记

$$
\psi_r = \psi(x + 0, t), \quad \psi_l = \psi(x - 0, t), \quad [\psi] = \psi(x + 0, t) - \psi(x - 0, t) = \psi_r - \psi_l.
$$

于是间断关系 (1.5.2) 中的第一式可等价地写成

$$
\rho_r(D - u_r) = \rho_l(D - u_l) =: m,
\tag{1.5.3}
$$

其中 m 表示单位时间内间断所扫过的流体质量. 记 $v_r = \dfrac{1}{\rho_r}, v_l = \dfrac{1}{\rho_l}$. 利用参数 m 可将间断关系 (1.5.2) 等价地写成

$$
m[v] = -[u], \quad m[u] = [p], \quad m[E] = [pu].
\tag{1.5.4}
$$

从式 (1.5.4) 可进一步推出

$$m^2 = -\frac{[p]}{[v]}, \quad [u]^2 = -[p][v]. \tag{1.5.5}$$

注意理想流体运动过程中所出现的间断可分为两类: 相应于 $m = 0$ 的间断称为接触间断. 此情形下间断条件 (1.5.4) 蜕化为

$$u_l = u_r = \frac{\mathrm{d}x}{\mathrm{d}t}, \quad p_l = p_r, \tag{1.5.6}$$

上式表明接触间断两侧压强连续, 速度连续且与间断传播速度一致. 相应于 $m \neq 0$ 的间断称为激波间断. 激波间断两侧有物质交换, 因而也有由物质输运所引起的动量和能量输运. 当 $m > 0$ 时, 激波相对于波前介质的速度及相对于波后介质的速度均大于 0, 我们称其为向右激波; 当 $m < 0$ 时, 激波相对于波前介质的速度及相对于波后介质的速度均小于 0, 我们称其为向左激波.

更进一步, 应用式 (1.5.4) 可证明激波间断两侧的热力学量之间必满足 Hugoniot 关系式

$$e_r - e_l + \frac{1}{2}(p_r + p_l)(v_r - v_l) = 0. \tag{1.5.7}$$

事实上, 我们有

$$
\begin{aligned}
m[e] &= m\left[E - \frac{1}{2}u^2\right] = m[E] - \frac{1}{2}m[u^2] \\
&= [pu] - \frac{1}{2}m[u](u_r + u_l) = [pu] - \frac{1}{2}[p](u_r + u_l) \\
&= p_r u_r - p_l u_l - \frac{1}{2}(p_r - p_l)(u_r + u_l) \\
&= \frac{1}{2}(p_r + p_l)[u] = -\frac{1}{2}(p_r + p_l)m[v].
\end{aligned}
$$

为简单计, 设间断线两侧都是满足状态方程 $e = e(p, v)$ 的同一种介质, 则 Hugoniot 关系式可写成

$$e(p_r, v_r) - e(p_l, v_l) + \frac{1}{2}(p_r + p_l)(v_r - v_l) = 0. \tag{1.5.8}$$

于是当激波间断线上任一给定点处的某一侧的状态 (v_0, p_0) 为已知时, 则该点另一侧的状态 (p, v) 必满足 Hugoniot 关系

$$H(v, p) := e(p, v) - e(p_0, v_0) + \frac{1}{2}(p + p_0)(v - v_0) = 0. \tag{1.5.9}$$

从现在起, 我们改用符号 (v_0, p_0, ρ_0, s_0) 和 (v, p, ρ, s) 分别表示比容、压强、密度和熵的波前状态和波后状态. 通过深入分析 Hugoniot 曲线 (1.5.9) 的性质可以证明 (参见 [4]): 当且仅当 $v < v_0$ 时有 $s > s_0$, 换言之, 当且仅当 $\rho > \rho_0$ (或 $p > p_0$) 时有 $s > s_0$. 因此今后在讨论流体运动过程中所出现的激波时, 只要保证波后密度 (或压强) 大于波前密度 (或压强), 就可以确保熵条件 $s > s_0$ 成立.

最后我们考察完全气体的特殊情形. 此情形下状态方程为 $e = \dfrac{pv}{\gamma - 1}$, 因而 Hugoniot 关系式 (1.5.8) 可写成

$$\frac{1}{\gamma - 1}(p_r v_r - p_l v_l) + \frac{1}{2}(p_r v_r - p_l v_l + p_l v_r - p_r v_l) = 0,$$

由此推出

$$\frac{v_r}{v_l} = \frac{(\gamma + 1)p_l + (\gamma - 1)p_r}{(\gamma + 1)p_r + (\gamma - 1)p_l} \tag{1.5.10}$$

及

$$\frac{v_r - v_l}{v_l} = -\frac{2(p_r - p_l)}{(\gamma + 1)p_r + (\gamma - 1)p_l}.$$

由此及式 (1.5.5) 进一步得到

$$|m| = \rho_l (c_s)_l \sqrt{\frac{\gamma + 1}{2\gamma}\left(\frac{p_r}{p_l}\right) + \frac{\gamma - 1}{2\gamma}}, \tag{1.5.11}$$

这里 $c_s = \sqrt{\dfrac{\gamma p}{\rho}}$ 表示声速. 另一方面, 从 (1.5.10) 还可推出

$$\frac{v_l - v_r}{v_r} = -\frac{2(p_l - p_r)}{(\gamma + 1)p_l + (\gamma - 1)p_r}.$$

由此及 (1.5.5) 得到

$$|m| = \rho_r (c_s)_r \sqrt{\frac{\gamma + 1}{2\gamma}\left(\frac{p_l}{p_r}\right) + \frac{\gamma - 1}{2\gamma}}. \tag{1.5.12}$$

在实际应用中, 通常用波后压强 p 与波前压强 p_0 之比 p/p_0 来表示激波强度. 对于完全气体, 当温度不太高时 $(T < 1200℃)$, 更多地用激波相对于波前介质的速度与波前介质中的声速之比 (称为激波马赫数 (Mach number))

$$Ma_s = \frac{D - u_0}{(c_s)_0} \tag{1.5.13}$$

来表示激波强度. 于是应用式 (1.5.11) 和 (1.5.12) 立得

$$Ma_s = \sqrt{\frac{\gamma + 1}{2\gamma}\left(\frac{p}{p_0}\right) + \frac{\gamma - 1}{2\gamma}}. \tag{1.5.14}$$

强激波的 p/p_0 值可达十几 (如瓦斯爆轰), 更强的激波 p/p_0 值可达几十直至几十万以上 (如炸药或核弹爆炸). 注意当 $\gamma = 1.4$ 时, 若 $Ma_s = 3$, 则有 $p/p_0 \approx 10.42$. 故当 $Ma_s > 3$ 时, 便可认为是强激波.

1.6   Riemann 问题

一维双曲守恒律方程组初值问题

$$\begin{cases} \dfrac{\partial U}{\partial t} + \dfrac{\partial F(U)}{\partial x} = 0, \quad t > 0, -\infty < x < +\infty, & \text{(1.6.1a)} \\[4mm] U(x,0) = U_0(x) = \begin{cases} U_l, & x < 0, \\ U_r, & x > 0 \end{cases} & \text{(1.6.1b)} \end{cases}$$

称为一维 Riemann 问题, 如果这里的 $U_l, U_r \in \mathbf{R}^m$ 都是常矢量.

一般说来, Riemann 问题初始条件中的间断并不满足间断关系式及熵条件, 因而是不稳定的. 当时间 t 从 0 变到大于 0 的一瞬间, 将立刻分解成若干个满足间断条件及熵条件的可允许的间断. 直接应用弱解的定义可以证明下面两个定理 (参见 [4]):

定理 1.6.1   若双曲守恒律组 Riemann 问题 (1.6.1) 的可允许弱解是唯一的, 那么此解一定是 $\dfrac{x}{t}$ 的函数, 即有

$$u(x,t) = \bar{u}\left(\frac{x}{t}\right). \tag{1.6.2}$$

定理 1.6.2 (Lax, 1972)   对每个给定的状态 U_l, 存在一个邻域, 使当另一给定状态 U_r 属于此邻域时, 双曲守恒律组 Riemann 问题 (1.6.1) 的可允许弱解存在唯一, 而且此解必是由 m 个中心波将 $t > 0$ 半平面分隔成 $m+1$ 个常数状态区所组成. 这里所说的中心波是指可用从坐标原点出发的射线来表示的波, 包括稀疏波、激波和接触间断.

现在讨论绝热条件下一维单介质守恒型理想气体动力学方程组

$$\begin{cases} \dfrac{\partial \rho}{\partial t} + \dfrac{\partial (\rho u)}{\partial x} = 0, \\[3mm] \dfrac{\partial (\rho u)}{\partial t} + \dfrac{\partial (\rho u^2 + p)}{\partial x} = 0, \\[3mm] \dfrac{\partial (\rho E)}{\partial t} + \dfrac{\partial ((\rho E + p)u)}{\partial x} = 0 \end{cases} \tag{1.6.3}$$

Riemann 问题, 这里 $t > 0, -\infty < x < +\infty$, 初始条件为

$$(p, u, \rho)(x, 0) = \begin{cases} (p_l, u_l, \rho_l), & x < 0, \\ (p_r, u_r, \rho_r), & x > 0. \end{cases}$$

式中 $p_l, u_l, \rho_l, p_r, u_r, \rho_r$ 全为常数; 恒设所考虑的气体满足状态方程 $p = (\gamma - 1)\rho e$, 常数 γ 表示绝热指数, $e = E - \dfrac{1}{2}u^2$ 表示比内能.

为确定计, 下文中恒设问题 (1.6.3) 满足 Lax 定理 1.6.2 的假设条件, 因而该问题存在唯一的可允许弱解, 它是由 3 个中心波将 $t > 0$ 半平面分隔成 4 个常数状态区所组成. 此外, 我们恒设该问题的可允许弱解不出现真空状态.

现在我们在上述假设条件下来讨论问题 (1.6.3) 的可允许弱解的性质及其计算方法.

首先注意问题 (1.6.3) 于初始时刻 $t = 0$ 的间断一般是不满足间断关系的, 因而是不稳定的. 在 $t > 0$ 以后, 这种初始间断立即分解为若干满足间断关系的间断及中心稀疏波. 因此, Riemann 问题又称为初始间断的分解问题.

由于初始函数在点 $x = 0$ 处有间断, 故从该点出发必存在左、右介质之间的一条接触间断线. 由间断关系 (1.5.6) 知该接触间断线左、右两侧常数状态区中的压强和速度必各个相等, 我们约定分别以符号 P 和 U 来表示, 并分别以符号 R_l 和 R_r 来表示该接触间断线左侧和右侧常数状态区中的密度. 此外我们恒以符号 D 来表示接触间断线的斜率, 并注意恒有 $D = U$, 或即该接触间断线的方程为 $x = Ut$.

当 $P > p_r$ 时, 在接触间断线的右边区域中必有一满足熵条件的向右激波, 其波前状态为 (p_r, ρ_r, u_r), 波后状态为 (P, R_r, U), 式 (1.5.3) 所定义的参数 $m > 0$. 从间断关系 $m[u] = [p]$ 得到

$$U - u_r - \frac{P - p_r}{a_r} = 0, \quad P > p_r, \tag{1.6.4a}$$

这里 (参见式 (1.5.12))

$$a_r = m = |m| = \rho_r (c_s)_r \sqrt{\frac{\gamma + 1}{2\gamma} \left(\frac{P}{p_r} \right) + \frac{\gamma - 1}{2\gamma}}, \quad P > p_r. \tag{1.6.4b}$$

注意此情形下从式 (1.5.3), (1.5.4) 及 (1.6.4b) 可得 (这里 $D_s^{(r)}$ 表示向右激波的传播速度)

$$m = \rho_r (D_s^{(r)} - u_r), \quad m(R_r^{-1} - \rho_r^{-1}) = -(U - u_r), \quad m = a_r,$$

因而有

$$R_r = \left(\frac{1}{\rho_r} - \frac{U - u_r}{a_r} \right)^{-1}, \quad D_s^{(r)} = \frac{a_r}{\rho_r} + u_r. \tag{1.6.4c}$$

当 $0 < P < p_r$ 时, 上述接触间断线的右边区域中有一向右稀疏波区, 其波头处的稀疏波为 $x = (u_r + (c_s)_r)t$, 波后处的稀疏波为 $x = (U + (C_s)_r)t$. 这里 $(c_s)_r = \sqrt{\frac{\gamma p_r}{\rho_r}}$ 及 $(C_s)_r = \sqrt{\frac{\gamma P}{R_r}}$ 分别表示波头处的及波后处的声速. 此情形下接触间断线右边的整个区域是等熵区域, 故有

$$R_r = \rho_r \left(\frac{P}{p_r} \right)^{\frac{1}{\gamma}},$$

由此易推出

$$(C_s)_r = (c_s)_r \left(\frac{P}{p_r} \right)^{\frac{\gamma - 1}{2\gamma}}. \tag{1.6.5}$$

另一方面, 在上述整个向右稀疏波区域中, Riemann 不变量 $\beta = u - \frac{2}{\gamma - 1} c_s$ 应当保持不变, 故有

$$U - \frac{2}{\gamma - 1}(C_s)_r = u_r - \frac{2}{\gamma - 1}(c_s)_r.$$

由此及式 (1.6.5) 可推出

$$U - \frac{2}{\gamma - 1}(c_s)_r \left(\frac{P}{p_r} \right)^{\frac{\gamma - 1}{2\gamma}} = u_r - \frac{2}{\gamma - 1}(c_s)_r,$$

或即

$$U - u_r = \frac{2(c_s)_r}{\gamma - 1} \left[\left(\frac{P}{p_r} \right)^{\frac{\gamma - 1}{2\gamma}} - 1 \right],$$

或即

$$U - u_r - \frac{P - p_r}{a_r} = 0, \quad 0 < P < p_r, \tag{1.6.6a}$$

这里

$$a_r = \rho_r c_r \frac{1 - \dfrac{P}{p_r}}{\dfrac{2\gamma}{\gamma - 1} \left[1 - \left(\dfrac{P}{p_r} \right)^{\frac{\gamma - 1}{2\gamma}} \right]}, \quad 0 < P < p_r. \tag{1.6.6b}$$

注意此情形下有

$$R_r = \rho_r \left(\frac{P}{p_r} \right)^{\frac{1}{\gamma}}, \quad D_h^{(r)} = u_r + (c_s)_r, \quad D_t^{(r)} = U + (C_s)_r, \tag{1.6.6c}$$

这里 $D_h^{(r)}$ 和 $D_t^{(r)}$ 分别表示向右稀疏波在其波头和波尾处的传播速度.

综合式 (1.6.4) 和 (1.6.6), 并适当推广, 进一步得到

$$U - u_r - \frac{P - p_r}{a_r} = 0, \quad 0 \leqslant P < +\infty, \tag{1.6.7a}$$

这里

$$a_r = a_r(P) = \begin{cases} \rho_r(c_s)_r \dfrac{1 - \dfrac{P}{p_r}}{\dfrac{2\gamma}{\gamma - 1} \left[1 - \left(\dfrac{P}{p_r} \right)^{\frac{\gamma - 1}{2\gamma}} \right]}, & 0 \leqslant P < p_r. \\[3em] \rho_r(c_s)_r \sqrt{\dfrac{\gamma + 1}{2\gamma} \left(\dfrac{P}{p_r} \right) + \dfrac{\gamma - 1}{2\gamma}}, & p_r \leqslant P < +\infty. \end{cases} \tag{1.6.7b}$$

注意由于计算的需要, 这里我们将函数 $a_r = a_r(P)$ 及与之相应的函数

$$f_r = f_r(P) := \frac{P - p_r}{a_r} \tag{1.6.7c}$$

作了适当推广, 使得它们不仅在两个特殊的点 $P = 0$ 及 $P = p_r$ 处均有意义, 而且使得函数 $f_r = f_r(P)$ 成为在整个区间 $0 \leqslant P < +\infty$ 上的连续的严格递增凸函数, 且有 $\lim\limits_{P \to +\infty} f_r(P) = +\infty$.

现在我们对接触间断线左方的情况作类似讨论.

当 $P > p_l$ 时, 接触间断线的左边区域中必有一满足熵条件的向左激波, 其波前状态为 (p_l, ρ_l, u_l), 波后状态为 (P, R_l, U), 参数 $m < 0$. 从间断关系 $m[u] = [p]$ 得到

$$U - u_l + \frac{P - p_l}{a_l} = 0, \quad P > p_l, \tag{1.6.8a}$$

这里 (参见式 (1.5.11))

$$a_l = -m = |m| = \rho_l(c_s)_l \sqrt{\frac{\gamma + 1}{2\gamma}\left(\frac{P}{p_l}\right) + \frac{\gamma - 1}{2\gamma}}, \quad P > p_l. \tag{1.6.8b}$$

注意此情形下从式 (1.5.3), (1.5.4) 及 (1.6.8b) 可得 (这里 $D_s^{(l)}$ 表示向左激波的传播速度)

$$m = \rho_l(D_s^{(l)} - u_l), \quad m(R_l^{-1} - \rho_l^{-1}) = -(U - u_l), \quad m = -a_l,$$

因而有

$$R_l = \left(\frac{1}{\rho_l} + \frac{U - u_l}{a_l}\right)^{-1}, \quad D_s^{(l)} = -\frac{a_l}{\rho_l} + u_l. \tag{1.6.8c}$$

当 $0 < P < p_l$ 时, 上述接触间断线的左边区域中有一向左稀疏波区, 其波头处的稀疏波为 $x = (u_l - (c_s)_l)t$, 波后处的稀疏波为 $x = (U - (C_s)_l)t$. 这里 $(c_s)_l = \sqrt{\frac{\gamma p_l}{\rho_l}}$ 及 $(C_s)_l = \sqrt{\frac{\gamma P}{R_l}}$ 分别表示波头处的及波后处的声速. 此情形下接触间断线左边的整个区域是等熵区域, 故有

$$R_l = \rho_l\left(\frac{P}{p_l}\right)^{\frac{1}{\gamma}},$$

由此易推出

$$(C_s)_l = (c_s)_l\left(\frac{P}{p_l}\right)^{\frac{\gamma - 1}{2\gamma}}. \tag{1.6.9}$$

另一方面, 在上述整个向左稀疏区中, Riemann 不变量 $\alpha = u + \frac{2}{\gamma - 1}c_s$ 应当保持不变, 故有

$$U + \frac{2}{\gamma - 1}(C_s)_l = u_l + \frac{2}{\gamma - 1}(c_s)_l,$$

由此及式 (1.6.9) 可推出

$$U + \frac{2}{\gamma - 1}(c_s)_l \left(\frac{P}{p_l}\right)^{\frac{\gamma - 1}{2\gamma}} = u_l + \frac{2}{\gamma - 1}(c_s)_l,$$

或即

$$U - u_l = \frac{2(c_s)_l}{\gamma - 1}\left[1 - \left(\frac{P}{p_l}\right)^{\frac{\gamma - 1}{2\gamma}}\right],$$

或即

$$U - u_l + \frac{P - p_l}{a_l} = 0, \quad 0 < P < p_l, \tag{1.6.10a}$$

这里

$$a_l = a_l(P) = \rho_l(c_s)_l \frac{1 - \dfrac{P}{p_l}}{\dfrac{2\gamma}{\gamma - 1}\left[1 - \left(\dfrac{P}{p_l}\right)^{\frac{\gamma - 1}{2\gamma}}\right]}, \quad 0 < P < p_l. \tag{1.6.10b}$$

注意此情形下有

$$R_l = \rho_l \left(\frac{P}{p_l}\right)^{\frac{1}{\gamma}}, \quad D_h^{(l)} = u_l - (c_s)_l, \quad D_t^{(l)} = U - (C_s)_l, \tag{1.6.10c}$$

这里 $D_h^{(l)}$ 和 $D_t^{(l)}$ 分别表示向左稀疏波在其波头和波尾处的传播速度.

综合 (1.6.8) 和 (1.6.10), 并适当推广, 进一步得到

$$U - u_l + \frac{P - p_l}{a_l} = 0, \quad 0 \leqslant P < +\infty, \tag{1.6.11a}$$

这里

$$a_l = a_l(P) = \begin{cases} \rho_l(c_s)_l \dfrac{1 - \dfrac{P}{p_l}}{\dfrac{2\gamma}{\gamma - 1}\left[1 - \left(\dfrac{P}{p_l}\right)^{\frac{\gamma - 1}{2\gamma}}\right]}, & 0 \leqslant P < p_l, \\[2em] \rho_l(c_s)_l \sqrt{\dfrac{\gamma + 1}{2\gamma}\left(\dfrac{P}{p_l}\right) + \dfrac{\gamma - 1}{2\gamma}}, & p_l \leqslant P < +\infty. \end{cases} \tag{1.6.11b}$$

注意由于计算的需要, 这里我们将函数 $a_l = a_l(P)$ 及与之相应的函数

$$f_l = f_l(P) := \frac{P - p_l}{a_l} \tag{1.6.11c}$$

作了适当推广, 使得它们不仅在两个特殊的点 $P = 0$ 及 $P = p_l$ 处均有意义, 而且使得函数 $f_l = f_l(P)$ 成为在整个区间 $0 \leqslant P < +\infty$ 上的连续的严格递增凸函数, 且有 $\lim\limits_{P \to +\infty} f_l(P) = +\infty$.

从 (1.6.11a) 式两端分别减去 (1.6.7a) 式两端得到

$$F(P) := \frac{P - p_l}{a_l} + \frac{P - p_r}{a_r} + u_r - u_l = 0, \quad 0 \leqslant P < +\infty. \tag{1.6.12}$$

这里的 a_l 和 a_r 分别由式 (1.6.11b) 和式 (1.6.7b) 确定. 显然, 函数 $F(P)$ 具有与函数 $f_l(P)$ 及 $f_r(P)$ 相同的性质, 它是整个区间 $0 \leqslant P < +\infty$ 上的连续的严格递增凸函数, 且有 $\lim\limits_{P \to +\infty} F(P) = +\infty$. 由此可见, 当且仅当 $F(0) < 0$, 或即

$$\frac{2c_l}{(\gamma - 1)} + \frac{2c_r}{(\gamma - 1)} > u_r - u_l \tag{1.6.13}$$

时, 方程 (1.6.12) 存在唯一的解 $P > 0$.

现在我们可以设计求解上述 Riemann 问题的流程如下:

(1) 检验条件 (1.6.13) 是否满足. 若不满足, 则通知用户, 此题的解将会出现真空, 并停止整个计算.

(2) 用两分法 (或其他方法) 求解方程 (1.6.12), 算出接触间断及其两侧的压强 P.

(3) 通过求解方程 (1.6.11) (或 (1.6.7)), 算出接触间断及其两侧的速度 U. 并注意接触间断线的方程为 $x = Dt$, 这里 $D = U$.

(4) 用公式 (1.6.4c) 或 (1.6.6c) 计算接触间断线右邻区域中的密度 R_r, 并且当 $P > p_r$ 时计算位于接触间断线右边的激波传播速度 $D_s^{(r)}$, 当 $P \leqslant p_r$ 时计算位于接触间断线右边的稀疏波波头及波尾的传播速度 $D_h^{(r)}$ 和 $D_t^{(r)}$.

(5) 用公式 (1.6.8c) 或 (1.6.10c) 计算接触间断线左邻区域中的密度 R_l, 并且当 $P > p_l$ 时计算位于接触间断线左边的激波传播速度 $D_s^{(l)}$, 当 $P \leqslant p_l$ 时计算位于接触间断线左边的稀疏波波头及波尾的传播速度 $D_h^{(l)}$ 和 $D_t^{(l)}$.

(6) 对于任意给定的时刻 $t > 0$ 及空间点 x, 我们需要计算 $p(x, t), \rho(x, t)$ 及 $u(x, t)$. 为此令 $w = \dfrac{x}{t}$.

对于 $w \leqslant D$ 的情形, 计算方法如下:

当 $P > p_l$ 时我们有

$$(p, \rho, u)(x, t) = \begin{cases} (p_l, \rho_l, u_l), & w < D_s^{(l)}, \\ (P, R_l, U), & D_s^{(l)} < w < D. \end{cases} \tag{1.6.14a}$$

当 $P \leqslant p_l$ 时我们有

$$(p, \rho, u)(x, t) = \begin{cases} (p_l, \rho_l, u_l), & w \leqslant D_h^{(l)}, \\ (p_w, \rho_w, u_w) & D_h^{(l)} < w < D_t^{(l)}, \\ (P, R_l, U), & D_t^{(l)} \leqslant w < D, \end{cases} \tag{1.6.14b}$$

这里 p_w, ρ_w, u_w 是向左稀疏波区域中的压强、密度和速度. 由于在该区域中 Riemann 不变量 α 保持为常数, 故有

$$u_w + \frac{2}{\gamma - 1}(c_s)_w = u_l + \frac{2}{\gamma - 1}(c_s)_l. \tag{1.6.15}$$

由于该区域是等熵区域, 故有

$$p_w = p_l \left(\frac{\rho_w}{\rho_l} \right)^\gamma. \tag{1.6.16}$$

此外注意稀疏波的斜率是

$$w = u_w - (c_s)_w. \tag{1.6.17}$$

应用式 (1.6.15), (1.6.16) 和 (1.6.17), 并注意 $(c_s)_w^2 = \dfrac{\gamma p_w}{\rho_w}$, 便可推出 $(c_s)_w, u_w, \rho_w$ 和 p_w 的计算公式:

$$\begin{cases} (c_s)_w = \dfrac{\gamma - 1}{\gamma + 1} \left(u_l + \dfrac{2}{\gamma - 1}(c_s)_l - w \right), & u_w = w + (c_s)_w, \\ \rho_w = \rho_l \left(\dfrac{(c_s)_w}{(c_s)_l} \right)^{\frac{2}{\gamma - 1}}, & p_w = p_l \left(\dfrac{\rho_w}{\rho_l} \right)^\gamma. \end{cases} \tag{1.6.18}$$

对于 $w \geqslant D$ 的情形, 计算公式是类似的, 兹不详述.

一维单介质守恒型理想流体动力学方程组 Riemann 问题不仅应用实例很多 (例如激波管问题等), 而且人们常常利用 Riemann 问题的真解来检验数值解的精确度, 考核数值方法的优劣. 尤其重要的是, 无论是 Riemann 问题的真解计算方法还是数值解的高效计算方法, 都是进一步构造一般的单介质守恒型理想流体动力学方程组和拟线性双曲守恒律组的高效计算方法的重要基础.

例 1.6.1　考虑初始条件为

$$(p, u, \rho)(x, 0) = \begin{cases} (1, 0, 1), & x < 0, \\ (0.1, 0, 0.125), & x > 0 \end{cases}$$

的一维理想气体动力学方程组 Riemann 问题 (1.6.3) (通常称为 Sod Riemann 问题). 为确定计, 我们设气体的绝热指数 $\gamma = 5/3$, 按上述步骤计算该问题于时刻 $t = 0.15$ 的真解, 绘于图 1.6.1(a).

例 1.6.2 考虑初始条件为

$$(p, u, \rho)(x, 0) = \begin{cases} (3.528, 0.698, 0.445), & x < 0, \\ (0.571, 0, 0.5), & x > 0 \end{cases}$$

的一维理想气体动力学方程组 Riemann 问题 (1.6.3) (通常称为 Lax Riemann 问题). 为确定计, 我们设气体的绝热指数 $\gamma = 1.4$, 按上述步骤计算该问题于时刻 $t = 0.16$ 的真解, 绘于图 1.6.1(b).

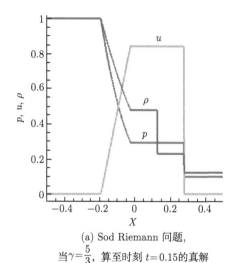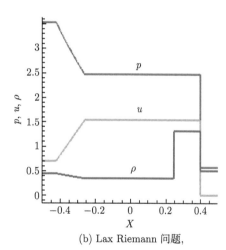

(a) Sod Riemann 问题,
当 $\gamma = \dfrac{5}{3}$, 算至时刻 $t = 0.15$ 的真解

(b) Lax Riemann 问题,
当 $\gamma = 1.4$, 算至时刻 $t = 0.16$ 的真解

图 1.6.1

参 考 文 献

[1] 周毓麟. 一维非定常流体力学. 北京: 科学出版社, 1998.

[2] 李德元, 徐国荣, 水鸿寿, 何高玉, 陈光南, 袁国兴. 二维非定常流体力学数值方法. 北京: 科学出版社, 1998.

[3] 应隆安, 滕振寰. 双曲型守恒律方程及其差分方法. 北京: 科学出版社, 1991.

[4] 水鸿寿. 一维流体力学差分方法. 北京: 国防工业出版社, 1998.

[5] 傅德薰, 马延文. 计算流体力学. 北京: 高等教育出版社, 2002.

[6] 刘儒勋, 舒其望. 计算流体力学的若干新方法. 北京: 科学出版社, 2003.

[7] 张德良. 计算流体力学教程. 北京: 高等教育出版社, 2010.

[8] 江松, 江飞, 周春晖. 高维定常可压缩 Navier-Stokes 方程的适定性理论. 上海: 上海科学技术出版社, 2019.

[9] Lax P D. Weak solutions of nonlinear hyperbolic equations and their numerical computation. Comm. Pure Appl. Math., 1954, 7: 159.

[10] Lax P D. Hyperbolic systems of conservation laws II. Comm. Pure Appl. Math., 1957, 10: 537.

第 2 章 双曲守恒律的高阶 WENO 格式

2.1 概　　述

由于数值模拟许多实际问题中遇到的既具有强间断又具有大面积复杂流动结构的单介质理想流体动力学问题的需要, 1980 年以后, 国内外逐渐形成一股研究双曲守恒律方程组高阶数值方法的热流. 近年来, 文献中讨论得最多的主要有高阶 FD-WENO 方法、高阶 FV-WENO 方法及高阶间断 Galerkin 方法.

早期文献主要讨论粘性格式、迎风格式和一阶 Godunov 格式. 粘性格式依赖于问题, 强壮性不好, 后两种格式因精度太低而难以使计算结果达到理想的分辨率.

基于分段常数插值和局部 Riemann 问题求解来计算未知函数网格均值的 Godunov 方法是苏联人 Godunov 于 1959 年提出的, 尽管该方法仅具有一阶精度, 但其思想引起了国际上的广泛关注. 此后文献中不断出现推广和发展 Godunov 方法的研究工作. 1969 至 1979 年期间, van Leer 连续发表一系列论文 (参见 [39—43]), 提出了求解双曲守恒律方程组的积分平均形式下差分格式的构造方法, 构造了一类 2 阶差分格式, 简记为 MUSCL (Monotonic Upstream-centered Scheme for Conservation Laws). 1984 年, Colella 和 Woodward (参见 [5]) 在上述基础上, 根据保守恒和保单调原则, 进一步构造了一类称为 PPM (Piecewise Parabolic Method) 的差分格式, 其空间离散精度达到了 3 阶.

1983 年, Harten 提出了 TVD (Total Variation Diminishing) 格式的概念, 这类格式直接对差分解的总变差的性质提出了明确要求, 一般能达到二阶精度, 但在解的极值附近会出现峰值抹平现象 [31], 仅具有一阶精度. 其后文献中出现了一系列不同的 TVD 格式. 例如 Sweby 采用通量限制技术构造了一类二阶 TVD 格式 [36], Davis 导出了一种数值通量由两个不同部分组成的二阶 TVD 格式, Roe 将 Davis 的格式表达成容易分析的形式, 并导出了一系列 Davis 没有发现的其他对称型二阶 TVD 格式. Yee 对这类对称型二阶 TVD 格式进行了系统研究, 利用中心差分构造了具有对称形式的 Yee-Roe-Davis 对称型二阶 TVD 格式.

由于 TVD (总变差减小) 是一个比较苛刻的限制, 数值方法难以超过二阶精度. 为此, Chi-Wang Shu 在文 [34] 中放松了对差分解总变差不增的苛刻要求, 提出了仅要求总变差保持有界的 TVB(Total Variation Bounded) 格式. 这一新概念的提出为构造具有任意高阶精度的更为先进的高效数值格式开辟了途径.

1987 年, Harten 等[10] 提出了一种本质上无振荡的广义 Godunov 格式, 简称为 ENO 格式 (Essentially Non-Oscillatory schemes). 其要点是采用逐次扩展的节点模板, 通过比较差商的绝对值自适应地选择模板, 在每个网格上进行 (高精度) 函数重构, 从而获得每个网格边界上的具有高精度的函数重构值, 在此基础上通过求解局部 Riemann 问题计算数值流函数, 构造高精度守恒型半离散格式, 然后用高精度 TVD Runge-Kutta 法 (参见 [33]) 求解半离散问题. 这种格式的空间和时间离散都可以达到高阶精度, 而且即使在间断附近也能保持这种高精度. 因而这是一种本质上无振荡的具有高分辨率和一致高精度的优秀差分格式, 它特别适合于求解既具有强间断又具有大面积复杂流动结构的流体动力学问题, 例如激波与湍流相互作用及激波与漩涡相互作用等. Harten 等的论文 [10] 在当时学术界引起了轰动, 1987—1997 年该文被引用达 144 次之多, 作为 *J.Comput.Phys.* 杂志庆祝其创办 30 周年的纪念活动之一, 该杂志社又重新出版了这篇论文.

其后人们发现 ENO 格式仍然有若干不足之处, 例如在进行函数重构时, 从多个候选模板中仅选择了一个最优模板而摒弃了其他模板, 使得许多有价值的信息被弃置不用, 这是一种浪费, 其次在模板选择过程中使用了较多的逻辑判断, 而且当需要判别大小的两个差商的绝对值刚好相等时, 舍入误差会引起随机的判断结果, 这可能导致计算精度降低及流函数不光滑等副作用. 为了克服 ENO 格式的这些缺点, 刘旭东 [21] 和舒其望 [16] 等先后于 1994 年和 1996 年提出了基于所有模板的凸组合而构造的有限体加权本质上无振荡格式 (Finite Volume Weighted Essentially Non-Oscillatory schemes, FV-WENO) 及有限差分加权本质上无振荡格式 (Finite Difference Weighted Essentially Non-Oscillatory schemes, FD-WENO). 以上两类格式统称为 WENO 格式, 它们是 ENO 格式的进一步改善和发展, 因而得到了更为广泛的应用, 引起了大量后续研究 (参见 [2, 6, 10, 11, 12, 17, 18, 22—26, 29, 37, 38, 44, 45, 47, 48, 52]). 其后人们构造了矩形网格上的 1—13 阶 FD-WENO 格式 (参见 [1, 16]), 并构造了矩形网格上的 1—5 阶及三角形网格上的 1—4 阶 FV-WENO 格式 (参见 [7, 14, 28]).

应当指出, 以上两类 WENO 格式在实用上有较大差别. FV-WENO 格式可用于任意的不均匀矩形空间网格及某些非结构网格, 强壮性很好, 但其中三阶以上格式用于求解二维或三维问题时计算量特别大, 以三阶 FV-WENO 格式为例, 对于二维问题其计算时间约为三阶 FD-WENO 格式的 4 倍, 对于三维问题则达到 9 倍, 因而即使对于二维问题目前也很少用到三阶以上的 FV-WENO 格式. 另一方面, 高阶 FD-WENO 格式主要适用于等分网格和光滑网格, 不能用于非结构网格, 但其计算量小, 容易编程, 而且在并行机上计算时并行效率可达到 90% 以上. 正因为如此, 舒其望教授在文 [30] 中强烈建议使用 FD-WENO 格式.

间断 Galerkin 方法 (Discontinuous Galerkin methods, DG) 用于求解双曲守恒律方程组同样可达到高精度. 特别是以 Cockburn 和舒其望为代表提出的 Runge-Kutta 间断 Galerkin 方法 (参见 [3]) 具有突出优点, 与同阶 WENO 格式比较, 其实际计算精度和分辨率更高, 易于适应具有较为复杂几何边界的求解区域, 且更加适合于并行计算, 因而引起了工程学家和数学家们的广泛注意, 已被用于求解许多实际问题. 但 DG 方法有如下缺点: 一是在相同网格上, 其计算速度比 FV-WENO 格式还要慢若干倍, 二是它所使用的 TVB 限制器含有一个依赖于问题的常数, 这使得它不是自相似的, 强壮性不是太好 (参见 [32,53]). 一个迫切需要研究的问题是寻求更为强壮的高阶限制器.

根据以上情况, 对于求解既具有强间断又具有大面积复杂流动结构的单介质守恒型理想流体动力学方程组初边值问题, 我们建议对于二维及三维问题使用高阶 FD-WENO 格式, 对于一维问题使用高阶 FV-WENO 格式, 初步经验表明最为适合的是 5 阶 WENO 格式.

2.2 WENO 格式简介

关于 WENO 格式的研究和详细介绍可参见文献 [16,23,30,32], 本节仅以数值求解一维双曲守恒律方程组

$$\frac{\partial u}{\partial t} + \frac{\partial f(u)}{\partial x} = 0, \quad a \leqslant x \leqslant b, \quad 0 \leqslant t \leqslant t_{\text{end}} \tag{2.2.1}$$

初边值问题为例对 WENO 格式作一简介. 这里常数 $a < b, t_{\text{end}} > 0$, 未知函数

$$u = u(x,t) = [u^{(1)}, u^{(2)}, \cdots, u^{(m)}]^{\text{T}} \quad (u^{(q)} = u^{(q)}(x,t), \ q = 1,2,\cdots,m)$$

是 m 维矢量函数 $(m \geqslant 1)$, 通量函数

$$f(u) = [f^{(1)}(u), f^{(2)}(u), \cdots, f^{(m)}(u)]^{\text{T}}$$

其中 $f^{(q)}(u) = f^{(q)}(u^{(1)}, u^{(2)}, \cdots, u^{(m)})$, $q = 1,2,\cdots,m$ 也是 m 维矢量函数. 在 u 的变化范围内, 恒设函数 $f(u)$ 关于 u 充分光滑, 恒设其 Jacobi 矩阵 $f'(u)$ 具有 m 个实特征值

$$\lambda_1(u) \leqslant \lambda_2(u) \leqslant \cdots \leqslant \lambda_m(u), \tag{2.2.2a}$$

并且相应地具有 m 个线性无关的实特征矢量

$$r_1(u), r_2(u), \cdots, r_m(u), \tag{2.2.2b}$$

使得

$$
\begin{cases}
f'(u) = R(u)\Lambda(u)R^{-1}(u), \\
\Lambda(u) = \mathrm{diag}(\lambda_1(u), \lambda_2(u), \cdots, \lambda_m(u)), \\
R(u) = [r_1(u), r_2(u), \cdots, r_m(u)].
\end{cases} \tag{2.2.2c}
$$

为简单计, 对于用高阶 WENO 格式数值求解问题 (2.2.1), 我们恒使用均匀空间网格

$$
\{x_i = a + (i - 1/2)\Delta x \,|\, i = 1, 2, \cdots, N\}, \tag{2.2.3a}
$$

这里网格长度 $\Delta x = (b-a)/N$, N 是一个事先任意给定的自然数, 每个 x_i 是网格中心点, 网格边界点为

$$
x_{i+1/2} = a + i\Delta x, \quad i = 0, \cdots, N, \tag{2.2.3b}
$$

并用符号 $I_i = [x_{i-1/2}, x_{i+1/2}]$ 来表示其中第 i 个网格.

为了用线方法求解上述问题, 我们需要做的第一件事就是对问题 (2.2.1) 进行空间离散, 从而获得相应的高精度守恒形式的半离散格式

$$
\frac{\mathrm{d}u_i}{\mathrm{d}t} + \frac{1}{\Delta x}(\hat{f}_{i+1/2} - \hat{f}_{i-1/2}) = 0, \quad i = 1, 2, \cdots, N. \tag{2.2.4}
$$

这里符号 u_i 的意义将于以下两小节详细说明, $\hat{f}_{i+1/2}$ 称为在网格边界点 $x_{i+1/2}$ 处的数值通量.

很明显, 这里的关键问题在于怎样来计算数值通量 $\hat{f}_{i+1/2}$.

2.2.1　FD-WENO 格式用于空间离散

当用 $2k-1$ 阶 FD-WENO 格式对问题 (2.2.1) 进行空间离散, 以求获得形如 (2.2.4) 的守恒形式的半离散格式时 (这里 k 为任给自然数), 首先须注意式 (2.2.4) 中的 $u_i = u_i(t)$ 表示问题 (2.2.1) 的真解 $u = u(x, t)$ 在网格中心点 x_i 处的值 $u(x_i, t)$ 的逼近, 该式左端第二项表示 $\left.\dfrac{\partial f(u)}{\partial x}\right|_{(x_i, t)}$ 的逼近.

设已知于任给时刻 $t = t_n$ 问题 (2.2.1) 的真解在每个网格中心点 x_i 处的值的逼近值 u_i, $i = 1, 2, \cdots, N$. 在这里及以下各章中我们恒设这些已知的逼近值具有足够的精度, 不再说明. 由于进行 $2k-1$ 阶 WENO 重构的需要, 我们必须在空间积分区间 $[a, b]$ 的左右两侧各增加 k 个网格, 并利用问题 (2.2.1) 的边界条件来确定在这些附加网格中的 u_i 的值, 然后还需要在扩张的网格上算出通量函数 $f(u)$ 在每个网格中心点处的相应的逼近值 $f_i = f(u_i)$. 由于是进行空间离散, 我们省略时间 $t = t_n$ 不写.

在上述基础上, 对于任意给定的 $i = 0, 1, \cdots, N$, 计算式 (2.2.4) 中的数值通量 $\hat{f}_{i+1/2}$ 可按下列步骤进行:

1. 作局部特征变换

在网格边界点 $x_{i+1/2}$ 处, 令 $u_{i+1/2} = (u_i + u_{i+1})/2$, 作特征分解

$$f'(u_{i+1/2}) = R(u_{i+1/2})\Lambda(u_{i+1/2})R^{-1}(u_{i+1/2}),$$

并将矩阵 $R(u_{i+1/2})$ 及 $R^{-1}(u_{i+1/2})$ 依次简记为 $\bar{R}$ 及 $\bar{R}^{-1}$. 然后在边界点 $x_{i+1/2}$ 的左右两侧对网格函数 u_j 和 f_j 的 $2k$ 个值作局部特征变换, 得到

$$v_j = \bar{R}^{-1}u_j, \quad g(v_j) = \bar{R}^{-1}f(u_j) = \bar{R}^{-1}f(\bar{R}v_j), \tag{2.2.5}$$

这里 $i - k + 1 \leqslant j \leqslant i + k$.

2. 通量函数分裂

为了迎风离散, 我们建议使用 Lax-Friedrichs 分裂, 即是将局部特征场中数值通量函数 $g(v_j)$ 分裂为两部分之和:

$$g(v_j) = g^+(v_j) + g^-(v_j), \tag{2.2.6a}$$

这里

$$\begin{cases} g^+(v_j) = (g(v_j) + \alpha v_j)/2, \\ g^-(v) = (g(v_j) - \alpha v_j)/2, \quad i - k + 1 \leqslant j \leqslant i + k, \end{cases} \tag{2.2.6b}$$

其中

$$\alpha = \max_{\substack{1 \leqslant q \leqslant m \\ i-k+1 \leqslant j \leqslant i+k}} |\lambda_q(u_j)|. \tag{2.2.6c}$$

3. 用 WENO 重构方法计算数值通量

首先利用数值通量函数 g^+ 的 $2k - 1$ 个网格值

$$g^+(v_{i-k+1}), g^+(v_{i-k+2}), \cdots, g^+(v_{i+k-1})$$

进行 $2k - 1$ 阶 WENO 重构, 可获得数值通量 $(\widehat{g^+})^-_{i+1/2}$, 其次利用数值通量函数 g^- 的 $2k - 1$ 个网格值

$$g^-(v_{i-k+2}), g^-(v_{i-k+3}), \cdots, g^-(v_{i+k})$$

进行 $2k - 1$ 阶 WENO 重构, 可获得数值通量 $(\widehat{g^-})^+_{i+1/2}$, 二者相加即得特征场中的数值通量

$$\widehat{g}_{i+1/2} = (\widehat{g^+})^-_{i+1/2} + (\widehat{g^-})^+_{i+1/2}. \tag{2.2.7}$$

4. 变回到物理空间

对 $\widehat{g}_{i+1/2}$ 作逆变换, 便得到

$$\widehat{f}_{i+1/2} = \bar{R}\widehat{g}_{i+1/2}. \tag{2.2.8}$$

按以上步骤可算出所有网格边界点 $x_{i+1/2}$ 处的数值通量 $\widehat{f}_{i+1/2}, i = 0, 1, \cdots, N$, 将它们代入式 (2.2.4), 便得到在解的光滑区域上具有 $2k-1$ 阶精度的守恒形式的半离散格式, 从而完成空间离散任务. 注意在解的间断点附近, 则其类似于 k 阶 ENO 格式, 是实质上无振动的.

注 2.2.1　在上述计算过程中, 我们曾使用式 (2.2.6) 对局部特征场中的数值通量函数 $g(v_j)$ 进行分裂. 其实也可更为精细地对这个 m 维矢量函数 $g(v_j)$ 按分量进行分裂, 即是令

$$g_q(v_j) = g_q^+(v_j) + g_q^-(v_j), \quad q = 1, 2, \cdots, m, \tag{2.2.9a}$$

这里

$$\begin{cases} g_q^+(v_j) = (g_q(v_j) + \alpha_q(v_j)_q)/2, \\ g_q^-(v_j) = (g_q(v_j) - \alpha_q(v_j)_q)/2, \end{cases} \tag{2.2.9b}$$

其中

$$\alpha_q = \max_{i-k+1 \leqslant j \leqslant i+k} |\lambda_q(u_j)|, \tag{2.2.9c}$$

$g_q(v_j)$ 和 $(v_j)_q$ 分别表示 $g(v_j)$ 和 v_j 的第 q 个分量.

注 2.2.2　对于高维问题, 例如对于直角坐标下的二维双曲守恒律方程组

$$\frac{\partial u}{\partial t} + \frac{\partial f(u)}{\partial x} + \frac{\partial g(u)}{\partial y} = 0 \tag{2.2.10}$$

初边值问题, 我们同样可用 $2k-1$ 阶 FD-WENO 格式在均匀矩形网格上按照上述步骤分别沿 X-轴方向及 Y-轴方向构造出偏导数 $\dfrac{\partial f(u)}{\partial x}$ 及 $\dfrac{\partial g(u)}{\partial y}$ 在网格点 (x_i, y_j) 处的 $2k-1$ 阶守恒逼近:

$$\begin{cases} \left.\dfrac{\partial f(u)}{\partial x}\right|_{(x,y)=(x_i,y_j)} \approx \dfrac{1}{\Delta x}(\hat{f}_{i+1/2,j} - \hat{f}_{i-1/2,j}), \\[3mm] \left.\dfrac{\partial g(u)}{\partial y}\right|_{(x,y)=(x_i,y_j)} \approx \dfrac{1}{\Delta y}(\hat{g}_{i,j+1/2} - \hat{g}_{i,j-1/2}), \end{cases}$$

从而获得具有 $2k-1$ 阶精度的守恒形式的半离散格式

$$\frac{\mathrm{d}u_{ij}}{\mathrm{d}t} + \frac{1}{\Delta x}(\hat{f}_{i+1/2,j} - \hat{f}_{i-1/2,j}) + \frac{1}{\Delta y}(\hat{g}_{i,j+1/2} - \hat{g}_{i,j-1/2}) = 0. \qquad (2.2.11)$$

注 2.2.3 对于 FD-WENO 格式, 仅在均匀网格上计算实在太局限了, 其实也可在任何光滑变化的网格上进行计算. 以二维问题为例, 这里所说的光滑变化的网格是指可通过一个充分光滑的一一变换将其变换成均匀矩形网格的任何网格 (参见 [30] 及本章的数值试验).

2.2.2 FV-WENO 格式用于空间离散

当用 $2k-1$ 阶 FV-WENO 格式对问题 (2.2.1) 进行空间离散时, 首先须将方程组 (2.2.1) 的两端在每个网格 $I_i = [x_{i-1/2}, x_{i+1/2}]$ 上对 x 积分, 并除以 Δx, 从而得到

$$\frac{\mathrm{d}\bar{u}_i}{\mathrm{d}t} + \frac{1}{\Delta x}[f(u(x_{i+1/2}, t)) - f(u(x_{i-1/2}, t))] = 0, \quad i = 1, 2, \cdots, N, \qquad (2.2.12)$$

这里

$$\bar{u}_i = \frac{1}{\Delta x} \int_{x_{i-1/2}}^{x_{i+1/2}} u(x, t)\mathrm{d}x \qquad (2.2.13)$$

是问题 (2.2.1) 的真解 $u(x, t)$ 在网格 I_i 上的平均值. 然后我们再构造逼近 (2.2.12) 的具有 $2k-1$ 阶精度的守恒形式的半离散格式

$$\frac{\mathrm{d}\bar{u}_i}{\mathrm{d}t} + \frac{1}{\Delta x}(\hat{f}_{i+1/2} - \hat{f}_{i-1/2}) = 0, \quad i = 1, 2, \cdots, N, \qquad (2.2.4)'$$

其中 $\bar{u}_i = \bar{u}_i(t)$ 是问题真解 $u(x, t)$ 的网格平均值的逼近, 而不是点值 $u(x_i, t)$ 的逼近. 这是我们首先必须注意的 FV-WENO 格式与 FD-WENO 格式的实质差异.

设已知于任给时刻 $t = t_n$ 问题 (2.2.1) 的真解在每个网格 I_i 上的平均值的逼近值 $\bar{u}_i$, $i = 1, 2, \cdots, N$. 在这里及以下各章中我们恒设这些已知的逼近值具有足够的精度, 不再说明. 由于进行 $2k-1$ 阶 WENO 重构的需要, 我们必须在空间积分区间 $[a, b]$ 的左右两侧各增加 k 个网格, 并利用问题 (2.2.1) 的边界条件来确定在这些附加网格中的 $\bar{u}_i$ 的值.

在上述基础上, 对于任意给定的 $i = 0, 1, \cdots, N$, 计算式 (2.2.4)' 中的数值通量 $\hat{f}_{i+1/2}$ 可按下列步骤进行:

1. 作局部特征变换

在网格边界点 $x_{i+1/2}$ 处, 令 $\bar{u}_{i+1/2} = (\bar{u}_i + \bar{u}_{i+1})/2$, 作特征分解

$$f'(\bar{u}_{i+1/2}) = R(\bar{u}_{i+1/2})\Lambda(\bar{u}_{i+1/2})R^{-1}(\bar{u}_{i+1/2}),$$

并将矩阵 $R(\bar{u}_{i+1/2})$ 及 $R^{-1}(\bar{u}_{i+1/2})$ 依次简记为 $\bar{R}$ 及 $\bar{R}^{-1}$. 然后在边界点 $x_{i+1/2}$ 的左右两侧对网格函数 $\bar{u}_j$ 的 $2k$ 个值作局部特征变换, 得到

$$\bar{v}_j = \bar{R}^{-1}\bar{u}_j, \tag{2.2.14}$$

这里 $i-k+1 \leqslant j \leqslant i+k$. 注意每个 $\bar{v}_j$ 均可视为特征场中函数 $v(x,t) = \bar{R}^{-1}u(x,t)$ 的网格平均值的逼近值.

2. 进行 WENO 重构

首先利用网格函数 $\bar{v}_j$ 的偏左的 $2k-1$ 个值

$$\bar{v}_{i-k+1}, \bar{v}_{i-k+2}, \cdots, \bar{v}_{i+k-1}$$

进行 $2k-1$ 阶 WENO 重构, 可获得特征场中函数 v 在点 $x_{i+1/2}$ 处的负侧逼近值 $v_{i+1/2}^-$, 其次利用 $\bar{v}_j$ 的偏右的 $2k-1$ 个值

$$\bar{v}_{i-k+2}, \bar{v}_{i-k+3}, \cdots, \bar{v}_{i+k}$$

进行 $2k-1$ 阶 WENO 重构, 可获得函数 v 在点 $x_{i+1/2}$ 处的正侧逼近值 $v_{i+1/2}^+$.

3. 变回到物理空间

分别对 $v_{i+1/2}^-$ 和 $v_{i+1/2}^+$ 作逆变换得到

$$u_{i+1/2}^- = \bar{R}v_{i+1/2}^-, \quad u_{i+1/2}^+ = \bar{R}v_{i+1/2}^+, \tag{2.2.15}$$

这里 $u_{i+1/2}^-$ 和 $u_{i+1/2}^+$ 分别是问题真解 $u(x,t)$ 在点 $x_{i+1/2}$ 处的负侧逼近值和正侧逼近值.

4. 计算数值通量

我们建议使用 Lax-Friedrichs 数值通量, 即是令

$$\hat{f}_{i+1/2} = \frac{1}{2}\left[f(u_{i+1/2}^-) + f(u_{i+1/2}^+) + \alpha(u_{i+1/2}^- - u_{i+1/2}^+)\right], \tag{2.2.16}$$

这里的粘性系数 α 由式 (2.2.6c) 确定.

按以上步骤可算出所有网格边界点 $x_{i+1/2}$ 处的数值通量 $\hat{f}_{i+1/2}, i = 0, 1, \cdots, N$, 将它们代入式 (2.2.4)′, 便得到在解的光滑区域上具有 $2k-1$ 阶精度的守恒形式的半离散格式, 从而完成空间离散任务. 注意在解的间断点附近, 则其类似于 k 阶 ENO 格式, 是实质上无振动的.

注 2.2.4 FV-WENO 格式可在非均匀空间网格上计算. 以二维问题为例, 既可在非均匀矩形网格上计算, 也可在任意三角形网格上计算.

注 2.2.5 我们在 2.1 节已经指出: 对于高维问题, 当使用三阶以上的 FV-WENO 格式求解时, 其计算量比使用同阶 FD-WENO 格式要大许多倍. 因此我们建议不要使用三阶以上的 FV-WENO 格式求解高维问题.

现在我们以形如 (2.2.1) 的一维标量双曲守恒律方程 (并设恒有 $f'(u) \geqslant 0$) 为例, 来介绍当使用五阶 FD-WENO 格式进行空间离散时, 用于对任意给定的 $i = 0, 1, \cdots, N$, 计算式 (2.2.4) 中数值通量 $\hat{f}_{i+1/2}$ 的 WENO 重构方法.

此特殊情形下恒设问题真解在每个网格中心点 x_i 处的值 (或其具有足够精度的逼近值) u_i ($1 - 3 \leqslant i \leqslant N + 3$) 是已知的, 无须进行局部特征变换和通量函数分裂, 便可直接用五阶 WENO 重构方法计算数值通量 $\hat{f}_{i+1/2}$, 计算公式如下:

$$\hat{f}_{i+1/2} = w_1 \hat{f}_{i+1/2}^{(1)} + w_2 \hat{f}_{i+1/2}^{(2)} + w_3 \hat{f}_{i+1/2}^{(3)}, \tag{2.2.17a}$$

这里 $\hat{f}_{i+1/2}^{(j)}(j = 1, 2, 3)$ 是在三个不同模板上的三个三阶数值通量, w_1, w_2, w_3 是非线性权, 计算公式为

$$\begin{cases} \hat{f}_{i+1/2}^{(1)} = \dfrac{1}{3} f(u_{i-2}) - \dfrac{7}{6} f(u_{i-1}) + \dfrac{11}{6} f(u_i), \\[2mm] \hat{f}_{i+1/2}^{(2)} = -\dfrac{1}{6} f(u_{i-1}) + \dfrac{5}{6} f(u_i) + \dfrac{1}{3} f(u_{i+1}), \\[2mm] \hat{f}_{i+1/2}^{(3)} = \dfrac{1}{3} f(u_i) + \dfrac{5}{6} f(u_{i+1}) - \dfrac{1}{6} f(u_{i+2}), \\[2mm] w_i = \dfrac{\tilde{w}_i}{\displaystyle\sum_{k=1}^{3} \tilde{w}_k}, \quad i = 1, 2, 3, \\[2mm] \tilde{w}_k = \dfrac{\gamma_k}{(\beta_k + \varepsilon)^2}, \quad i = 1, 2, 3, \end{cases} \tag{2.2.17b}$$

其中线性权 γ_k 和光滑指标 β_k 为

$$\begin{cases} \gamma_1 = \dfrac{1}{10}, \quad \gamma_2 = \dfrac{3}{5}, \quad \gamma_3 = \dfrac{3}{10}, \\[2mm] \beta_1 = \dfrac{13}{12}(f(u_{i-2}) - 2f(u_{i-1}) + f(u_i))^2 + \dfrac{1}{4}(f(u_{i-2}) - 4f(u_{i-1}) + 3f(u_i))^2, \\[2mm] \beta_2 = \dfrac{13}{12}(f(u_{i-1}) - 2f(u_i) + f(u_{i+1}))^2 + \dfrac{1}{4}(f(u_{i-1}) - f(u_{i+1}))^2, \\[2mm] \beta_3 = \dfrac{13}{12}(f(u_i) - 2f(u_{i+1}) + f(u_{i+2}))^2 + \dfrac{1}{4}(3f(u_i) - 4f(u_{i+1}) + f(u_{i+2}))^2, \end{cases} \tag{2.2.17c}$$

$\varepsilon > 0$ 是一个为了避免分母为 0 而设置的小参数, 通常取 $\varepsilon = 10^{-6}$, 在双倍字长的计算机上, 我们建议取 $\varepsilon = 10^{-10}$.

舒其望教授在文献 [30] 中对 ENO 及 WENO 重构方法及其理论作了透彻分析, 并对 WENO 格式的构造、理论分析、数值试验及今后进一步研究的展望作了深入浅出的介绍. 我们建议感兴趣的读者阅读此文.

2.2.3 时间离散

无论是使用 FD-WENO 格式或 FV-WENO 格式对双曲守恒律方程组进行空间离散, 我们建议时间离散一律使用 TVD 显式 Runge-Kutta 方法 (参见 [9, 30, 33]).

一阶 TVD 显式 Runge-Kutta 方法就是通常的显式 Euler 法. 以符号 $L(u, t)$ 表示半离散问题的右端项, 则二阶及三阶 TVD 显式 Runge-Kutta 法分别为

$$
\begin{cases}
u^{(1)} = u^n + \tau L(u^n, t^n), \\
u^{n+1} = \dfrac{1}{2} u^n + \dfrac{1}{2} u^{(1)} + \dfrac{1}{2} \tau L(u^{(1)}, t^n + \tau)
\end{cases}
\tag{2.2.18}
$$

及

$$
\begin{cases}
u^{(1)} = u^n + \tau L(u^n, t^n), \\
u^{(2)} = \dfrac{3}{4} u^n + \dfrac{1}{4} u^{(1)} + \dfrac{1}{4} \tau L(u^{(1)}, t^n + \tau), \\
u^{n+1} = \dfrac{1}{3} u^n + \dfrac{2}{3} u^{(2)} + \dfrac{2}{3} \tau L \left(u^{(2)}, t^n + \dfrac{1}{2} \tau \right).
\end{cases}
\tag{2.2.19}
$$

为了保证数值解稳定且不出现非物理振动, 这里要求时间步长 $\tau > 0$ 满足 CFL 条件 (Courent-Freidrihcs-Levy 条件, 详见 [9]).

当使用 5 阶 WENO 格式进行空间离散时, 我们建议在通常情形下一律使用 3 阶 TVD 显式 Runge-Kutta 法进行时间离散.

现在我们通过两个一维问题算例来检测高阶 WENO 格式的实际计算效果.

例 2.2.1 分别用 5 阶 FD-WENO 格式及 5 阶 FV-WENO 格式在区间 $-0.5 \leqslant x \leqslant 0.5$ 上数值求解例 1.6.1 所描述的 Sod Riemann 问题, 全部数据均按照该例中所述保持不变. 为确定计, 将上述区间等分为 800 个空间网格, 在该区间左右两端采用紧支边界条件进行计算, 并设时间步长满足 CFL 条件. 所获数值结果分别绘于图 2.2.1(a) 及图 2.2.1(b).

从这两个图容易看出, 不仅 5 阶 FD-WENO 格式的计算结果与 5 阶 FV-WENO 格式的计算结果很好地保持了一致, 而且这两个数值解的图都与该 Sod Riemann 问题的真解的图很好地保持了一致 (见本书第一章图 1.6.1(a)). 由此可见这两类高阶 WENO 格式的确都很优秀.

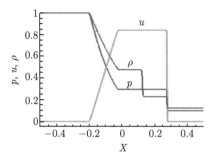

(a) 用 5 阶 FD-WENO 格式求解上述
Sod Riemann 问题所获数值解的图像

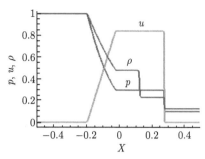

(b) 用 5 阶 FV-WENO 格式求解上述
Sod Riemann 问题所获数值解的图像

图 2.2.1

例 2.2.2 考虑由绝热条件下一维理想气体动力学方程组

$$
\begin{cases}
\dfrac{\partial \rho}{\partial t} + \dfrac{\partial (\rho u)}{\partial x} = 0, \\[2mm]
\dfrac{\partial (\rho u)}{\partial t} + \dfrac{\partial (\rho u^2 + p)}{\partial x} = 0, \\[2mm]
\dfrac{\partial (\rho E)}{\partial t} + \dfrac{\partial ((\rho E + p)u)}{\partial x} = 0
\end{cases} \tag{2.2.20}
$$

所描述的强激波与流体界面相互作用问题, 这里设 $t \geqslant 0, 0 \leqslant x \leqslant 25$, 在该区间左右两端满足紧支边界条件, 初始条件为

$$
(p, u, \rho)(x, 0) =
\begin{cases}
(15000, 0, 3), & 0 \leqslant x < 10, \\
(0.5, 0, 2), & 10 \leqslant x < 17, \\
(0.5, 0, 1), & 17 \leqslant x \leqslant 25,
\end{cases}
$$

气体的绝热指数 $\gamma = 1.4$. 我们采用一致空间网格

$$
\left\{ x_i = \left(i - \frac{1}{2} \right) h : i = 1, 2, \cdots, N, \ h = \frac{25}{N}, \ N = 2500 \right\},
$$

并设时间步长 $\tau > 0$ 满足 CFL 条件, 用 5 阶 FD-WENO 格式算至时刻 $t = 0.1$ 及时刻 $t = 0.2$ 的数值结果分别绘于图 2.2.2(a) 及图 2.2.2(b). 从该图可以看出在计算过程中没有出现任何非物理振动, 而且所算出的超强激波 (马赫数为 102.3) 比较陡峭. 由此可见高阶 WENO 格式的确符合辐射流体计算及内爆压缩过程数值模拟的基本技术要求.

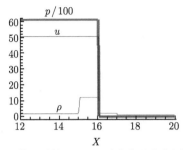
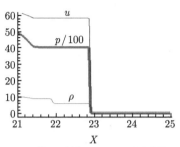

(a) 算至时刻 $t=0.1$, 一个向右强激波即将　　　　(b) 算至时刻 $t=0.2$, 已通过流体
通过其右侧的流体界面, 该激波的马赫数为102.3　　界面的向右强激波及其对流体界面的扰动

图 2.2.2

2.3　高阶 FD-WENO 格式在 RT 不稳定性数值模拟中的应用

在内爆压缩过程中, 不可避免地会出现各种类型的流体不稳定性, 从而导致各种微小初始扰动不断扩大, 严重影响内爆压缩的预期进程, 甚至有可能导致整个内爆压缩过程失败 (参见 7.2 节及例 7.2.4). 由此可见, 为了科学精准地设计内爆压缩过程, 很有必要对流体不稳定性进行数值模拟研究. 为此, 2.3 节及 2.4 节专门讲述高阶 FD-WENO 格式在流体不稳定性数值模拟中的应用; 这些科研成果是在叶文华研究员的大力支持帮助下而获得的, 其中每个算例及其数据都是他提供的 (参见 [19,20,49]), 在此我表示衷心感谢. 此外请注意流体不稳定性数值模拟研究在天体物理、海啸、火山爆发、大气、地质、燃烧和爆炸、结晶等众多领域均有重要应用.

当两种密度不同的流体的界面上有微小扰动, 且从重流体到轻流体的方向由于某种外因而产生加速度时, 在这两种流体的界面上就会出现不稳定现象. 这种不稳定现象称为 Rayleigh-Taylor 不稳定性 (简称 RT 不稳定性), 其特征是轻流体的气泡不断渗入其周围的重流体, 而重流体通常呈长穗状流入轻流体中 (参见 [8,29,50,51]).

2.3.1　重力作用下的 RT 不稳定性数值模拟

考虑初始状态如图 2.3.1 所示的在重力作用下产生的二维流体界面 RT 不稳定性问题, 求解区域取为 $\{(x,y)|0 \leqslant x \leqslant 100, 0 \leqslant y \leqslant 20\}$. 图中上方为重流体, 下方为轻流体, 二者的界面由方程

$$\bar{x} = 50 + 2\cos(2\pi y/20), \quad 0 \leqslant y \leqslant 20 \tag{2.3.1}$$

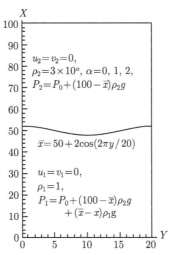

图 2.3.1 上方为重流体, 下方为轻流体

确定. 轻流体的初始状态为

$$\begin{cases} u = u_1 = 0, \quad v = v_1 = 0, \\ \rho = \rho_1 = 1, \\ P = P_1 = P_0 + (100 - \bar{x})\rho_2 g + (\bar{x} - x)\rho_1 g, \end{cases} \qquad (2.3.2)$$

重流体的初始状态为

$$\begin{cases} u = u_2 = 0, \quad v = v_2 = 0, \\ \rho = \rho_2 = 3 \times 10^{\alpha}, \quad \alpha = 0, 1, 2, \\ P = P_2 = P_0 + (100 - x)\rho_2 g, \end{cases} \qquad (2.3.3)$$

这里 u 和 v 分别代表流体沿 X-轴和 Y-轴方向的速度, ρ 代表密度, P 代表压强, g 代表重力加速度, P_0 是图中矩形区域的上方边界处的压强. 在绝热条件下, 二维理想流体的 Euler 方程为

$$\begin{cases} \dfrac{\partial \rho}{\partial t} + \dfrac{\partial (\rho u)}{\partial x} + \dfrac{\partial (\rho v)}{\partial y} = 0, \\[2mm] \dfrac{\partial (\rho u)}{\partial t} + \dfrac{\partial (\rho u^2)}{\partial x} + \dfrac{\partial (\rho uv)}{\partial y} + \dfrac{\partial P}{\partial x} = -\rho g, \\[2mm] \dfrac{\partial (\rho v)}{\partial t} + \dfrac{\partial (\rho uv)}{\partial x} + \dfrac{\partial (\rho v^2)}{\partial y} + \dfrac{\partial P}{\partial y} = 0, \\[2mm] \dfrac{\partial (\rho E)}{\partial t} + \dfrac{\partial ((\rho E + P)u)}{\partial x} + \dfrac{\partial ((\rho E + P)v)}{\partial y} = -\rho u g, \end{cases} \qquad (2.3.4)$$

其中 E 表示单位质量流体所携带的总能量, 它与压强 P 有关系

$$E = \frac{P}{(\gamma-1)\rho} + \frac{1}{2}(u^2 + v^2),$$

这里 γ 是绝热指数. 在本例的实际计算中, 我们取 $\gamma = 10$, $g = 40$, $P_0 = 50(\rho_1+\rho_2)g$. 积分区域的左、右边及下边采用固壁边界条件, 上边采用紧支边界条件. 我们用 5 阶 FD-WENO 格式针对初始密度比为 $1:3$, $1:30$ 及 $1:300$ 三种不同情况 (相应于在 式 (2.3.3) 的第二式中分别令 $\alpha = 0, 1, 2$) 进行了计算. 对于初始密度比为 $1:3$ 的 问题采用 328×120 的分片光滑空间网格 (图 2.3.2 左), 算至时刻 $t = 2.0$ 的密度 分布见图 2.3.4; 初始密度比为 $1:30$ 时采用 438×120 的分片光滑空间网格 (见图 2.3.2 右), 算至时刻 $t = 1.40, 1.60$ 的密度分布见图 2.3.5; 初始密度比为 $1:300$ 时 采用 600×120 的一致空间网格, 算至时刻 $t = 1.40, 1.60, 1.80, 1.90$ 的密度分布见 图 2.3.6. 以上三种情况所使用的空间网格中最小网格均为 $\frac{1}{6} \times \frac{1}{6}$ 正方形, 本节中图 形均为等高线图. 从图 2.3.4, 图 2.3.5 及图 2.3.6 可以看出, 当重流体以逐渐增大的 速度呈长穗状流入轻流体时, 经过一段时间后, 长穗的前沿会形成蘑菇形状, 在蘑菇 状流团的内边缘密度会迅速降低. 对于初始密度比较低的情形, 在蘑菇状流团的附近 可能形成漩涡 (图 2.3.4, 图 2.3.5). 对于初始密度比较高的情形, 经过一段时间后蘑 菇状流团内边缘上部分流体的密度相对来说已变得很低, 这一部分密度已经很低的重 流体由于难以抵抗阻力而跟不上蘑菇前沿的行进速度, 因而逐渐滞后, 甚至有可能跟 着轻流体倒退, 形成若干条低密度流线 (图 2.3.6). 从图 2.3.6 可以看出, 即使对于高 密度比的情形, 5 阶 FD-WENO 格式同样能算出很好的结果, 不仅分辨率高, 而且 图形的对称性很好.

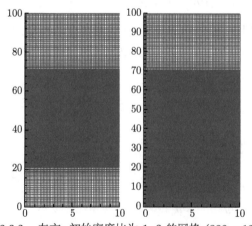
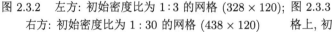
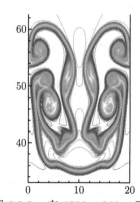

图 2.3.2　左方: 初始密度比为 $1:3$ 的网格 (328×120); 图 2.3.3　在 1200×240 一致网 右方: 初始密度比为 $1:30$ 的网格 (438×120)　格上, 初始密度比为 $1:3$, 算至时 刻 $t = 2.0$ 的密度分布

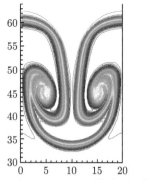

图 2.3.4 在 328×120 网格上, 初始密度
比为 $1:3$, 算至时刻 $t = 2.0$ 的密度分布

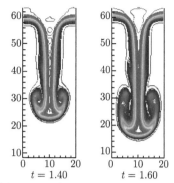

图 2.3.5 在 438×120 网格上初始
密度比为 $1:30$ 的计算结果

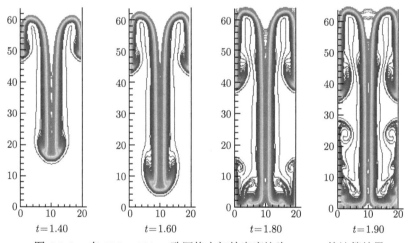

图 2.3.6 在 600×120 一致网格上初始密度比为 $1:300$ 的计算结果

注 2.3.1 应当强调指出, 本书中各算例均采用无粘性的 Euler 方程来描述, 忽略了物理粘性对流动的影响, 因此由接触间断的物理不稳定性所导致的数值解的复杂结构的细节强烈依赖于所用数值格式的数值粘性. 故一般说来, 当用不同数值格式进行计算或者在细密程度不同的网格上进行计算时, 所得到的数值解尽管基本上保持一致, 但在细节上通常会有明显差别 (可比较图 2.3.3、图 2.3.4 和图 2.3.7). 使用 Euler 方程模拟这种物理不稳定性时, 网格细化所得的数值解一般不具有强收敛性 (参见 [27]). 当网格过度细密时, 在 Euler 计算中出现的复杂解结构的细节通常完全是非物理的 (可比较图 2.3.3 和图 2.3.4), 并且严重依赖于数值格式的类型 (参见 [27,29]). 比较理想的状态是数值格式的数值粘性刚好等于实际问题的物理粘性, 但后者一般说来是未知的, 因而难以做到. 因此在进行具体计算时应当根据实际情况慎重地选择网格的疏密程度.

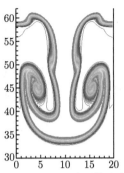

图 2.3.7　用 MUSCL 格式在 600×120 一致网格上求解初始密度比为 $1 : 3$ 的问题,
算至时刻 $t = 2.0$ 的密度分布

注 2.3.2　高阶 WENO 格式特别适合于用来求解既具有激波又具有复杂光滑流动结构的流体问题. 这是因为在问题的解的光滑区域上, 高阶 WENO 格式较通常的一阶和二阶格式具有更好的精度和分辨率. 图 2.3.7 所示的是在 600×120 一致空间网格上用二阶 MUSCL 格式求解上述密度比为 $1 : 3$ 的 RT 不稳定性问题所获数值结果于时刻 $t = 2.0$ 的密度分布. 以图 2.3.7 与图 2.3.4 比较, 不难看出图 2.3.4 在蘑菇状流团附近对漩涡的刻画更为精细和清晰, 这在一定程度上表明了 5 阶 FD-WENO 格式计算结果的分辨率较 MUSCL 格式更高. 但由于问题的真解是未知的, 这里仅仅是定性比较. 为了作定量比较, 不妨考虑 Euler 方程 (2.3.4) 的带有初始条件

$$\begin{cases} u = v = 5, \quad P = 4, \quad \gamma = 1.4, \\ \rho = \begin{cases} 1 + 16\left[\left(x - \dfrac{1}{4}\right)^2 + \left(y - \dfrac{1}{4}\right)^2\right], & \left(x - \dfrac{1}{4}\right)^2 + \left(y - \dfrac{1}{4}\right)^2 < \dfrac{1}{16}, \\ 2, & \left(x - \dfrac{1}{4}\right)^2 + \left(y - \dfrac{1}{4}\right)^2 \geqslant \dfrac{1}{16} \end{cases} \end{cases}$$

$$(2.3.5)$$

和周期边界条件的问题, 这里求解区域取为 $\{(x, y) | 0 \leqslant x \leqslant 1, 0 \leqslant y \leqslant 1\}$, 并设 $g = 0$. 该问题实质上等价于关于密度 ρ 的一个二维对流问题, 它具有唯一的周期解, 而且真解很容易用解析式子表示出来. 我们分别用 2 阶 MUSCL 格式和 5 阶 FD-WENO 格式在 100×100 一致空间网格上求解该问题, 算至时刻 $t = 2.25$ 所获数值结果中密度的等高线分布及其真解的密度的等高线分布见图 2.3.8 (在区间 $1 \leqslant \rho \leqslant 2$ 中我们共安排了 15 条等距的等高线). 从图 2.3.8 可以看出 5 阶 FD-WENO 格式数值结果的图形中保持了完整的 15 条等高线, 而且和真解的等高线比较吻合. 但 MUSCL 格式数值结果的图形中仅剩下 11 条等高线, 而且这些等高线已明显地偏离了应有的位置, 并且改变了形状 (不再是圆形). 由此可见在解的光

滑区域上高阶 WENO 格式的计算精度和分辨率的确远远优于通常的低阶方法.

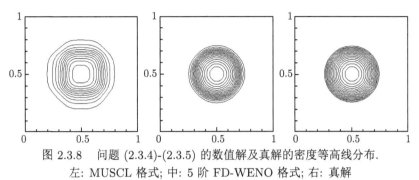

图 2.3.8 问题 (2.3.4)-(2.3.5) 的数值解及真解的密度等高线分布.
左: MUSCL 格式; 中: 5 阶 FD-WENO 格式; 右: 真解

2.3.2 激光烧蚀 RT 不稳定性数值模拟

本小节致力于用 5 阶 FD-WENO 格式求解初始状态如图 2.3.9 所示的激光烧蚀 RT 不稳定性问题 (参见 [50, 51]), 求解区域取为 $\{(x, y)|0 \leqslant x \leqslant 1.11, 0 \leqslant y \leqslant 0.024\}$. 图中四边形 $CDFE$ 是塑料泡沫 (CH) 靶区, 其宽度为 0.01, 并设其具有微小扰动的初始密度由公式

$$\rho_c(y) = 1 + \delta \cos(250 l \pi y / 3)$$

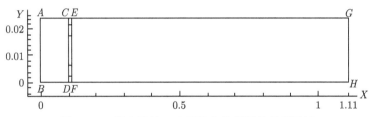

图 2.3.9 激光烧蚀 RT 不稳定性问题的求解区域

确定, 四边形 $ABDC$ 为低密度区, 其宽度为 0.1, 并设其初始密度为常数 ρ_0, 四边形 $EFHG$ 为真空区, 其宽度为 1, 我们近似地以密度为 10^{-5} 的同类流体来代替它. 设以上各个区域中的初始速度均为 $u_0 = v_0 = 0$, 初始 (绝对) 温度均为 $T_0 = 3 \times 10^{-4}$, 在求解区域的上、下边及左边采用固壁边界条件, 在其右边采用外流边界条件. 在 CH 靶区及其左边的低密度区, 我们采用边长为 4×10^{-4} 的正方形网格, 于是网格线将 Y-轴上的区间 $[0, 0.024]$ 等分成 60 个网格, 将 X-轴上的区间 $[0, 0.11]$ 等分成 275 个网格, 当 $x > 0.11$ 时, 在 X 轴上采用光滑地变大的不均匀网格, 整个网格如图 2.3.10 所示. 此外, 我们在 CH 靶区和其右边的密度为 10^{-5} 的区域之间安排一个十分狭窄的过渡区, 让密度从 $\rho_c(y)$ 急速而又连续地减小到 10^{-5}. 在这个十分狭窄的过渡区域中, 当 $x \geqslant 0.1108$ 时, 密度已变得小

于 0.03. 为了近似模拟激光能量沉积, 我们在区域 $\{(x, y)|0.1108 \leqslant x \leqslant 0.1268,$
$0 \leqslant y \leqslant 0.024\}$ 中安排 40×60 个具有热源 $Q(t)$ 的网格, 其值由公式

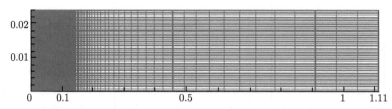

图 2.3.10　　用于激光烧蚀 RT 不稳定性问题的光滑变化的不均匀空间网格

$$Q(t) = \begin{cases} \dfrac{3}{16} \times 10^9 t, & t \leqslant 0.001, \\[3mm] \dfrac{3}{16} \times 10^6, & t > 0.001 \end{cases}$$

确定, 在其余网格上令 $Q(t) \equiv 0$. 以上问题可由流体力学方程组

$$\begin{cases} \dfrac{\partial \rho}{\partial t} + \dfrac{\partial (\rho u)}{\partial x} + \dfrac{\partial (\rho v)}{\partial y} = 0, \\[3mm] \dfrac{\partial (\rho u)}{\partial t} + \dfrac{\partial (\rho u^2)}{\partial x} + \dfrac{\partial (\rho uv)}{\partial y} + \dfrac{\partial P}{\partial x} = 0, \\[3mm] \dfrac{\partial (\rho v)}{\partial t} + \dfrac{\partial (\rho uv)}{\partial x} + \dfrac{\partial (\rho v^2)}{\partial y} + \dfrac{\partial P}{\partial y} = 0, \\[3mm] \dfrac{\partial (\rho E)}{\partial t} + \dfrac{\partial ((\rho E + P)u)}{\partial x} + \dfrac{\partial ((\rho E + P)v)}{\partial y} = \operatorname{div}(K \operatorname{grad} T) + Q \end{cases} \tag{2.3.6}$$

描述, 其中未知函数 ρ, P, T, E, u, v 依次表示任一时刻 t 于流场中任一几何点
(x, y) 处的流体密度、压强、绝对温度、单位流体质量所携带的总能量以及沿 X-轴
和 Y-轴方向的速度, K 为热传导系数. 为简单计, 我们近似地将方程组 (2.3.6) 解
耦为如下两个部分:

$$\begin{cases} \dfrac{\partial \rho}{\partial t} + \dfrac{\partial (\rho u)}{\partial x} + \dfrac{\partial (\rho v)}{\partial y} = 0, \\[3mm] \dfrac{\partial (\rho u)}{\partial t} + \dfrac{\partial (\rho u^2)}{\partial x} + \dfrac{\partial (\rho uv)}{\partial y} + \dfrac{\partial P}{\partial x} = 0, \\[3mm] \dfrac{\partial (\rho v)}{\partial t} + \dfrac{\partial (\rho uv)}{\partial x} + \dfrac{\partial (\rho v^2)}{\partial y} + \dfrac{\partial P}{\partial y} = 0, \\[3mm] \dfrac{\partial (\rho E)}{\partial t} + \dfrac{\partial ((\rho E + P)u)}{\partial x} + \dfrac{\partial ((\rho E + P)v)}{\partial y} = 0 \end{cases} \tag{2.3.7}$$

及

$$\rho C_v \frac{\partial T}{\partial t} = \frac{\partial}{\partial x}\left(K_1 \frac{\partial T}{\partial x}\right) + \frac{\partial}{\partial y}\left(K_2 \frac{\partial T}{\partial y}\right) + Q, \tag{2.3.8}$$

这里 P 和 T 满足状态方程

$$P = R\rho T, \quad \varepsilon = C_v T,$$

其中内能 $\varepsilon = E - \frac{1}{2}(u^2 + v^2)$, 并设常数 $R = 57.55, C_v = 86.325$, 因而绝热指数 $\gamma = 5/3$. 方程 (2.3.8) 中的 K_1 和 K_2 分别表示沿 X-轴和 Y-轴方向的限流电子热传导系数, 由公式

$$K_1 = \alpha_1 T^{\frac{5}{2}}, \quad K_2 = \alpha_2 T^{\frac{5}{2}}$$

确定, 这里

$$\alpha_1 = \frac{p}{1 + qT\frac{\partial T}{\partial x}\bigg/\rho}, \quad \alpha_2 = \frac{p}{1 + qT\frac{\partial T}{\partial y}\bigg/\rho}, \tag{2.3.9}$$

其中常数 $p = 0.00993957, q = \dfrac{0.18494 \times 2}{0.3243} \times 10^{-6}$, 在计算第 $n+1$ 个时间步时, 式 (2.3.9) 中的 $\rho, T, \dfrac{\partial T}{\partial x}$ 和 $\dfrac{\partial T}{\partial y}$ 可利用第 n 个时间步的已知值进行计算. 当我们已知 ρ, u, v, E 在时刻 $t = t_n$ 的值 $\rho_{ij}^n, u_{ij}^n, v_{ij}^n$ 和 E_{ij}^n 时, 可先从方程组 (2.3.7) 解出当 $t = t_{n+1}$ 时的值 $\rho_{ij}^{n+1}, u_{ij}^{n+1}, v_{ij}^{n+1}$ 和 $\tilde{E}_{ij}$, 接着通过方程

$$C_v \tilde{T}_{ij} = \tilde{E}_{ij} - \frac{1}{2}((u_{ij}^{n+1})^2 + (v_{ij}^{n+1})^2)$$

算出 $\tilde{T}_{ij}$, 然后以 ρ_{ij}^{n+1} 作为方程 (2.3.8) 中密度 ρ 在网格点上的已知值, 将 $\tilde{T}_{ij}$ 视为温度 T 在上一时间层的已知值, 从方程 (2.3.8) 解出新的温度值 T_{ij}^{n+1}, 并由公式

$$E_{ij}^{n+1} = C_v T_{ij}^{n+1} + \frac{1}{2}((u_{ij}^{n+1})^2 + (v_{ij}^{n+1})^2)$$

计算 E_{ij}^{n+1}, 从而完成一个时间步 $(\rho_{ij}^n, u_{ij}^n, v_{ij}^n, E_{ij}^n) \longrightarrow (\rho_{ij}^{n+1}, u_{ij}^{n+1}, v_{ij}^{n+1}, E_{ij}^{n+1})$ 的计算.

对于流体方程组 (2.3.7), 我们用 5 阶 FD-WENO 格式在如图 2.3.10 所示的分片光滑网格上进行求解, 最小空间网格为边长为 4×10^{-4} 的正方形, 时间网格是自适应的. 求解热传导方程 (2.3.8) 时采用同样的分片光滑空间网格及时间步长, 但我们在通过光滑变换 $x = \psi(\xi)$ 而得到的 (ξ, y)-平面上的均匀正方形网格上实现空间离散, 未知函数对于变量 ξ 和 y 的导数均以相应的中心差商去代替,

使得空间离散逼近达到 2 阶精度, 时间离散则采用向后 Euler 法, 尽管它仅有一阶精度, 但由于时间步长远小于空间步长, 时间逼近和空间逼近的精度还是比较匹配的. 首先取初始密度 $\rho_0 = 0.08$, 并在计算 CH 靶区密度 ρ_c 的公式中, 取振幅 $\delta = 0.2$, 参数 $l = 3$ (即波长为 0.008) 进行计算, 所获数值结果的密度分布见图 2.3.11. 其次取 $\delta = 0.5$, $l = 1$, 就 $\rho_0 = 0.08$ 和 $\rho_0 = 10^{-3}$ 两种不同情况进行了计算, 对于前一种情况, CH 靶区与其左边低密度区的初始密度之比为 $\rho_c : \rho_0 = 12.5$, 算至时刻 $t = 0.0027$ 及 $t = 0.006$ 的密度分布见图 2.3.12 上方, 当算至时刻 $t = 0.0076$ 时 CH 薄层已经完全破裂, 且可以见到一个从左边固壁出发的反射波向右移动. 对于后一种情况, $\rho_c : \rho_0 = 1000$, 算至时刻 $t = 0.0028$ 及 $t = 0.0058$ 的密度分布见图 2.3.12 下方, 当 $t = 0.0058$ 时不仅 CH 薄层已经破裂, 且从左边固壁出发向右移动的反射波也在图上可以见到, 当算至时刻 $t = 0.0076$ 时 CH 薄层仅剩下残余部分附在上下两个固壁上面, 反射波则继续往右前进.

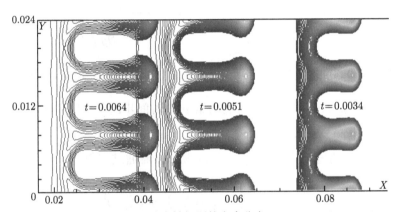

图 2.3.11   激光烧蚀 RT 不稳定性问题的密度分布, $\rho_0 = 0.08, \delta = 0.2, l = 3$

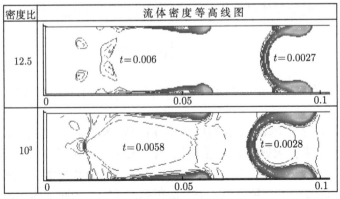

图 2.3.12   激光烧蚀 RT 不稳定性问题的密度分布, $\delta = 0.5, l = 1$

2.3.3 FD-WENO 格式的并行实现

对于高密度比的 RT 不稳定性问题及更为复杂的辐射流体动力学问题, 尤其是三维问题, 在高性能机上进行并行处理是不可缺少的核心技术之一. 本小节初步探索在我单位的 SGI Origin 3200 并行机上, 基于消息传递并行编程环境 (MPI), 用 5 阶 FD-WENO 格式并行求解 2.3.1 小节中的初始密度比为 1:3 的 RT 不稳定性问题, 所用到的关于欲求解问题的各种数据均与 2.3.1 节相同. 我们将整个求解区域剖分成 200×40 的一致空间网格, 然后将其划分成略有重叠的若干个子区域, 将每个子区域上的计算任务分配到不同的处理器上进行计算, 在各个处理器之间通过消息传递进行整体耦合. 我们按这一途径编制了并行程序, 成功地实现了 5 阶 FD-WENO 格式的并行计算. 我们发现采用上述分区并行方法之后, 5 阶 FD-WENO 格式仍然保持了它原有的高精度和高分辨率, 同时大幅度加快了计算速度. 表 2.3.1 中列出了相应于不同 CPU 个数的加速比及并行效率. 从该表可以看出, 即使对于上述规模很小的问题, 并行效率也达到了 90% 以上. 由此可见高阶 FD-WENO 格式的确具有十分理想的并行性能.

表 2.3.1　五阶 FD-WENO 格式的加速比及并行效率

CPU 个数 P	加速比 S_P	并行效率 E_P
4	3.82	96%
8	7.45	93%

2.4　高阶 FD-WENO 格式在 RM 不稳定性数值模拟中的应用

当激波通过具有不同密度的两种流体的界面时, 该界面上的各种初始扰动将被放大, 引起不稳定性. 这种不稳定性称为 Richtmyer-Meshkov 不稳定性 (简称 RM 不稳定性), 其典型特征与 RT 不稳定性颇为相似, 即轻流体的气泡不断渗入其周围的重流体, 而重流体通常呈长穗状流入轻流体中. 此外, 在 RM 不稳定性或 RT 不稳定性的后期, 由于界面两侧不同流体的切向速度差异扩大, 使得界面上的扰动发展, 在长穗的头部会形成翻滚的蘑菇形状结构 (参见 [4,13]). 这种不稳定性称为 Kelvin-Helmholtz 不稳定性 (简称 KH 不稳定性).

2.4.1 RM 不稳定性数值模拟

例 2.4.1 考虑初始状态如图 2.4.1 所示的二维流体界面 RM 不稳定性问题. 该问题的求解区域取为 $\{(x,y)|0 \leqslant x \leqslant 120, 0 \leqslant y \leqslant 12\}$. 为方便计, 我们称图中

四边形 $ABDC$ 为激波波后区, 其长度为 38.0, 初始波后密度为 1.8264×10^{-3}, 压强为 1.768897×10^{6}, 沿 X-轴和 Y-轴方向的速度分别为 1.5076×10^{4} 和 0.0; 称四边形 $CDHG$ 为激波波前区, 其长度为 82.0, 初始波前压强为 0.98×10^{6}, 沿 X-轴和 Y-轴方向的速度均为 0.0. 扰动界面 $\widehat{EF}$ 左侧重流体的初始密度为 1.205×10^{-3}, 右侧轻流体的初始密度为 1.67×10^{-4}, 其中扰动界面 $\widehat{EF}$ 由方程

$$x = 40 + 0.5 \cos(2\pi y/12), \quad 0 \leqslant y \leqslant 12$$

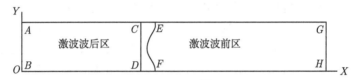

图 2.4.1　RM 不稳定性问题 (扰动界面 $\widehat{EF}$ 左侧为重流体, 右侧为轻流体)

确定. 在绝热条件下, 上述 RM 不稳定性问题可用 Euler 方程

$$\begin{cases} \dfrac{\partial \rho}{\partial t} + \operatorname{div}(\rho U) = 0, \\[2mm] \dfrac{\partial (\rho U)}{\partial t} + \operatorname{div}(\rho U U) + \operatorname{grad} P = 0, \\[2mm] \dfrac{\partial (\rho E)}{\partial t} + \operatorname{div}(\rho E U) + \operatorname{div}(P U) = 0 \end{cases} \tag{2.4.1}$$

来描述, 其中 ρ 表示密度, P 表示压强, $U = [u, v]^{\mathrm{T}}$ 表示速度, u, v 分别是流体沿 X-轴和 Y-轴方向的速度分量, E 表示单位质量流体所携带的总能量, 它与压强 P 有关系

$$E = \frac{P}{(\gamma - 1)\rho} + \frac{1}{2}(u^2 + v^2),$$

这里 γ 是绝热指数. 在本例的实际计算中, 取 $\gamma = 1.4$, 采用 600×60 的一致空间网格, 积分区域的上边及下边采用固壁边界条件, 左边采用入流边界条件, 右边分别采用出流和固壁两种边界条件, 用 5 阶 FD-WENO 格式进行计算. 图 2.4.2(a) 为右边采用出流边界条件算至时刻 $t = 0.002$ 和 $t = 0.003$ 的密度分布, 图 2.4.2(b) 为右边采用固壁边界条件算至时刻 $t = 0.002$ 和 $t = 0.0035$ 的密度分布. 从图中可以看到较为清楚的蘑菇图形. 此外请注意本章中的图形均为 Flood 图.

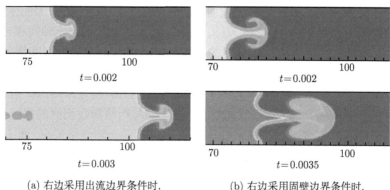

(a) 右边采用出流边界条件时,
RM 不稳定性问题 (例2.4.1) 的密度分布

(b) 右边采用固壁边界条件时,
RM 不稳定性问题 (例2.4.1) 的密度分布

图 2.4.2

例 2.4.2　仍考虑初始状态如图 2.4.1 所示的 RM 不稳定性问题. 求解区域取为

$$\{(x,y)|0 \leqslant x \leqslant 0.07, 0 \leqslant y \leqslant 0.01\}.$$

图中激波波后区 $ABDC$ 的长度为 0.007, 初始波后密度为 9.47368, 压强为 28.1, 沿 X-轴和 Y-轴方向的速度分别为 2.95146 和 0.0. 激波波前区 $CDHG$ 的长度为 0.063, 初始波前压强为 0.1, 沿 X-轴和 Y-轴方向的速度均为 0.0. 扰动界面 $\widehat{EF}$ 左侧重流体的初始密度为 2.4, 右侧轻流体的初始密度为 1.2, 其中扰动界面 $\widehat{EF}$ 由方程

$$\bar{x} = 0.01 + 0.0025\cos(2\pi y/0.01), \quad 0 \leqslant y \leqslant 0.01$$

确定. 该问题的激波强度 (即激波马赫数) 为 15. 取 $\gamma = 5/3$, 采用 700×100 的一致空间网格, 积分区域的上边及下边采用固壁边界条件, 左边采用入流边界条件, 右边采用出流边界条件. 用 5 阶 FD-WENO 格式算至时刻 $t = 0.005$ 和时刻 $t = 0.006$ 的密度分布见图 2.4.3.

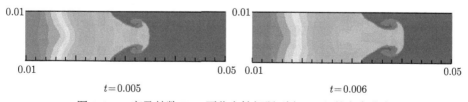

$t=0.005$　　　　　　　　　$t=0.006$

图 2.4.3　高马赫数 RM 不稳定性问题 (例 2.4.2) 的密度分布

2.4.2　激波与气泡相互作用过程数值模拟

考虑初始状态如图 2.4.4 所示的激波与气泡相互作用问题, 这是一个以 X-轴为对称轴的柱对称问题. 我们恒设图中矩形 $ABDC$ 为激波波后区, 其底边长为

1.0, 高为 4.0, 矩形 $CDFE$ 为激波波前区, 底边长为 15.0. r 表示气泡的半径. 这类问题仍可用方程组 (2.4.1) 描述, 但须注意其中 u 和 v 分别表示轴向和径向的速度分量, 各个量的散度应按柱坐标下的公式计算. 根据声速在气泡和周围介质中的差别, 激波与气泡的相互作用可以分为两类: 一类是 slow/fast 相互作用, 即气泡中的声速大于周围介质中的声速; 另一类是 fast/slow 相互作用, 即气泡中的声速小于周围介质中的声速. 对于理想气体, 在压强与绝热指数相同的情况下, 声速主要决定于介质的密度, 这时 slow/fast 相互作用对应于轻气泡情况, 而 fast/slow 相互作用对应于重气泡情况. 下面我们分别就这两种情况进行计算.

图 2.4.4　激波与气泡相互作用问题的求解区域

例 2.4.3 (轻气泡情况)　在图 2.4.4 中, 设初始波后密度为 1.61826×10^{-3}, 压强为 1.61050×10^{-6}, 沿轴向和径向的速度分量分别为 1.10974×10^{-2} 和 0, 初始波前压强为 1.0×10^{-6}, 沿轴向和径向的速度分量均为 0, 气泡的初始半径 $r = 1.8$, 气泡的初始密度为 1.67×10^{-4}, 周围空气的初始密度为 1.22×10^{-3}. 取 $\gamma = 5/3$, 采用 400×100 的一致空间网格, 积分区域的上边及下边采用固壁边界条件, 左边采用入流边界条件, 右边采用出流边界条件. 用 5 阶 FD-WENO 格式算至时刻 $t = 40.0, 260.0, 360.0, 540.0$ 的密度分布见图 2.4.5.

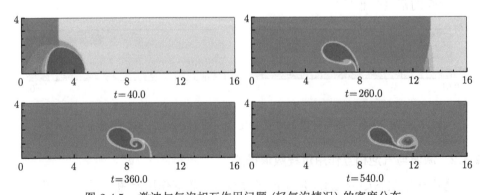

图 2.4.5　激波与气泡相互作用问题 (轻气泡情况) 的密度分布

例 2.4.4 (重气泡情况) 在图 2.4.4 中, 设初始波后密度为 1.52904×10^{-3}, 压强为 1.46113×10^{-6}, 沿轴向和径向的速度分量分别为 8.74034×10^{-3} 和 0, 初始波前压强为 1.0×10^{-6}, 沿轴向和径向的速度分量均为 0, 气泡的初始半径 $r = 1.5$, 气泡初始密度为 6.2×10^{-3}, 周围空气的初始密度为 1.22×10^{-3}. 仍取 $\gamma = 5/3$, 采用 480×120 的一致空间网格, 积分区域的上边及下边采用固壁边界条件, 左边采用入流边界条件, 右边采用出流边界条件. 我们用 5 阶 FD-WENO 格式算至时刻 $t = 50.0, 250.0, 450.0, 640.0$ 的数值结果的密度分布见图 2.4.6.

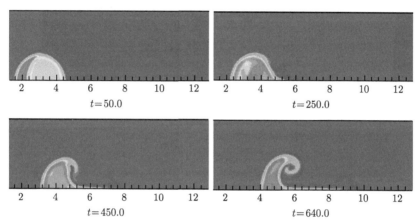

图 2.4.6 用 5 阶 FD-WENO 格式求解本例中问题所获数值结果的密度分布图

为了进行比较, 我们在图 2.4.7 中画出了用 3 阶 PPM 格式 (参见 [46]) 求同一问题所获数值结果的密度分布图. 从这两个图形不难看出这两种不同方法所获数值结果基本上一致, 但用 5 阶 FD-WENO 格式所算出的图 2.4.6 中的数值结果看上去分辨率确实更高.

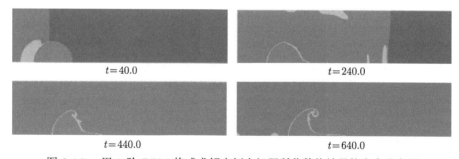

图 2.4.7 用 3 阶 PPM 格式求解本例中问题所获数值结果的密度分布图

2.4.3 KH 不稳定性数值模拟

例 2.4.5 考虑初始状态如图 2.4.8 所示的流体界面 KH 不稳定性问题, 图中

上方为轻流体, 下方为重流体, 二者的界面由方程

$$\bar{y} = 0.5 + 0.02\cos(6\pi x), \quad 0 \leqslant x \leqslant 1$$

确定. 轻流体的初始状态为

$$\rho_1 = 0.9, \quad u_1 = -0.1, \quad v_1 = 0.0, \quad p_1 = 1.0,$$

重流体的初始状态为

$$\rho_2 = 1.1, \quad u_2 = 0.1, \quad v_2 = 0.0, \quad p_2 = 1.0.$$

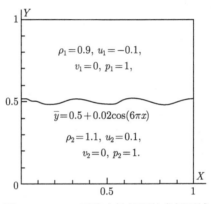

图 2.4.8　KH 不稳定性问题的求解区域

采用 100×100 的一致空间网格, 积分区域的左边及右边采用周期边界条件, 下边和上边分别采用入流和出流边界条件. 用 5 阶 FD-WENO 格式进行计算, 算至时刻 $t = 4.0$ 的密度分布见图 2.4.9. 从图中可以看出, 界面两侧存在的切向速度差

图 2.4.9　用 5 阶 FD-WENO 格式求解本例中问题, 算至时刻 $t = 4.0$ 的密度分布图

使得界面上的扰动发展, 流体出现局部卷曲现象, 界面上的微小扰动卷曲成了大的漩涡结构. 图 2.4.10 中画出了用 3 阶 PPM 格式计算同一问题所得到的数值结果 (参见 [46]), 以其与图 2.4.9 进行比较, 可以看出二者基本吻合.

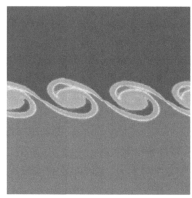

图 2.4.10　用 3 阶 PPM 格式求解本例中问题, 算至时刻 $t = 4.0$ 的密度分布图

参 考 文 献

[1] Balsara D, Shu C W. Monotonicity preserving weighted essentially non-oscillatory schemes with increasingly high order accuracy. J. Comput. Phys., 2000, 160: 405-452.

[2] Carrillo J A, Gamba I M, Majorana A, Shu C W. A WENO-solver for the transients of Boltzmann-Poisson system for semiconductor devices: Performance and comparisons with Monte Carlo methods. J. Comput. Phys., 2003, 184: 498-525.

[3] Cockburn B, Karniadakis G, Shu C W. Discontinuous Galerkin Methods: Theory, Computation and Applications. Lecture Notes in Computational Science and Engineering , 11, Part I: Overview. Springer, 2000: 3-50.

[4] Cohen R H, Dannevik W P, Dimits A M, et al. Three-dimensional simulation of a Richtmyer-Meshkov instability with a two-scale initial perturbation. Phys. Fluids, 2002, 14: 3692-3709.

[5] Colella P, Woodaward P R. The picewise parabolic method (PPM) for gas-dynamics simulations. J. Comput. Phys., 1984, 54: 174-201.

[6] Crnjaric-Zic N, Vuković S, Sopta L. Balanced finite volume WENO and central WENO schemes for the shallow water and the open-channel flow equations. J. Comput. Phys., 2004, 200: 512-548.

[7] Friedrichs O. Weighted essentially non-oscillatory schemes for the interpolation of mean values on unstructred grids. J, Comput. Phys., 1998, 144: 194-212.

[8] Glimm J, Grove J W, Li X L, et al. A critical analysis of Rayleigh-Taylor growth rates. J. Comput. Phys., 2001, 169: 652-677.

[9]　Gottlieb S, Shu C W, Tadmor E. Strong stability-preserving high-order time discretization methods. SIAM Rev., 2001, 42: 89-112.

[10]　Harten A, Engquist B, Osher S, Chakravarthy S R. Uniformly high order essentially non-oscillatory schemes III. J. Comput. Phys., 1987, 71: 231-303.

[11]　Henrick A K, Aslam T D, Powers J M. Mapped weighted essentially non-oscillatory schemes: Achieving optimal order near critical points. J. Comput. Phys., 2005, 207: 542-567.

[12]　Hill D J, Pullin D I. Hybrid tuned center-difference-WENO method for large eddy simulations in the presence of strong shocks. J. Comput. Phys., 2004, 194: 435-450.

[13]　Holmes R L, Dimonte G, Fryxell B, et al. Richtmyer-Meshkov instability growth: Experiment, simulation and theory. J. Fluid Mech., 1999, 389,1: 55-79.

[14]　Hu C, Shu C W. Weighted essentially non-oscillatory schemes on triangular meshes. J. Comput. Phys., 1999, 150: 97-127.

[15]　Jiang G S, Peng D P. Weighted ENO schemes for Hamilton-Jacobi equations. SIAM J. Sci. Comput., 2000, 21: 2126.

[16]　Jiang G S, Shu C W. Efficient implementation of weighted ENO schemes. J. Comput. Phys., 1996, 126: 202-228.

[17]　Levy D, Puppo G, Russo G. A third order central WENO scheme for 2D conservation laws. Appl. Numer. Math., 2000, 33: 415.

[18]　Levy D, Puppo G, Russo G. Compact central WENO schemes for multidimensional conservation laws. SIAM J. Sci. Comput. 2000, 22: 656.

[19]　李寿佛, 叶文华, 张瑷, 舒适, 肖爱国. 高阶 FD-WENO 格式在数值求解 Rayleigh-Taylor 不稳定性问题中的应用. 计算物理, 2008, 25: 379-386.

[20]　李寿佛, 张瑷, 刘玉珍, 屈小妹, 杨水平. 高阶 FD-WENO 格式在数值求解流体界面 Richtmyer-Meshkov 不稳定性问题中的应用. 系统仿真学报, 2007, 19(18): 4122-4125.

[21]　Liu X D, Osher S, Chan T. Weighted essentially non-oscillatory schemes. J. Comput. Phys., 1994, 115: 200-212.

[22]　Montarnal P, Shu C W. Real gas computation using an energy relaxation method and high-order WENO schemes. J. Comput. Phys., 1999, 148: 59-80.

[23]　Pirozzoli S. Conservative hybrid compact-WENO schemes for shock-turbulence interaction. J. Comput. Phys., 2002, 178: 81-117.

[24]　Qiu J X, Shu C W. Hermite WENO schemes and their application as limiters for Runge-Kutta discontinuous Galerkin method: One-dimensional case. J. Comput. Phys., 2004, 193:115-135.

[25]　Qiu J X, Shu C W. Hermite WENO schemes for Hamilton-Jacobi equations. J. Comput. Phys., 2005, 204: 82-99.

[26]　Ren Y X, Liu M E, Zhang H X. A characteristic-wise hybrid compact-WENO scheme for solving hyperbolic conservation laws. J. Comput. Physics, 2003, 192: 365-386.

[27]　Samtaney R, Pullin D I. Initial-value and self-similar solutions of the compressible Euler equations. Phys. Fluids, 1996, 8: 2650-2655.

[28] Shi J, Hu C, Shu C W. A technique of treating negative weights in WENO schemes. J. Comput. Physics, 2002, 175: 108-127.

[29] Shi J, Zhang Y T, Shu C W. Resolution of high order WENO schemes for complicated flow structures. J. Comput. Phys., 2003, 186: 690-696.

[30] Shu C W. Total-variation-diminishing time discretizations. SIAM J. Sci. Statist. Comput., 1988, 9: 1073-1084.

[31] Shu C W. Essentially non-oscillatory and weighted essentially non-oscillatory schemes for hyperbolic conservation laws. NASA/CR-97-206253, ICASE Report No.97-65, 1997.

[32] Shu C W. High-order Finite Difference and Finite Volume WENO Schemes and Discontinuous Galerkin Methods for CFD. Int. J. Computational Fluid Dynamics, 2003, 17(2): 107-118.

[33] Shu C W, Osher S. Efficient implementation of essentially non-oscillatory shock capturing schemes. J. Comput. Phys., 1988, 77: 439-471.

[34] Shu C W. TVB uniformly high-order schemes for conservation laws. Math. Comput., 1987, 49: 123-134.

[35] 水鸿寿. 一维流体力学差分方法. 北京: 国防工业出版社, 1998.

[36] Sweby P K. High resolution schemes using flux limiters for hyperbolic conservation laws. SIAM J. Numer. Anal., 1984, 21: 995-1011.

[37] Titarev V A, Toro E F. Finite-volume WENO schemes for three-dimensional conservation laws. J. Comput. Physics, 2004, 201: 238-260.

[38] Torrilhon M, Balsara D S. High order WENO schemes: Investigations on non-uniform convergence for MHD Riemann problems. J. Comput. Physics, 2004, 201: 586-600.

[39] van Leer B. Stabilization of difference schemes for the equations of inviscid compressible flow by artificial diffusion. J. Comput. Phys., 1969, 3: 473-485.

[40] van Leer B. Towards the ultimate conservative difference scheme, II, Monotonicity and conservation combined in a second order scheme. J. Comput. Phys., 1974, 14: 361-370.

[41] van Leer B. Towards the ultimate conservative difference scheme, III, Upstream-centered and conservation finite difference schemes for ideal compressible flow. J. Comput. Phys., 1977, 23: 263-275.

[42] van Leer B. Towards the ultimate conservative difference scheme, IV, A new approach to numerical convection. J. Comput. Phys., 1977, 23: 276-299.

[43] van Leer B. Towards the ultimate conservative difference scheme, V, A second order sequel to Godunov's method. J. Comput. Phys., 1979, 32: 101-136.

[44] Vukovic S, Sopta L. ENO and WENO schemes with the exact conservation property for one-dimensional shallow water equations. J. Comput. Phys., 2002, 179: 593-621.

[45] Wang Z J, Chen R F. Optimized weighted essentially nonoscillatory schemes for linear waves with discontinuity. J. Comput. Phys., 2001, 174: 381-404.

[46] 吴俊峰, 叶文华. ICF 收缩几何中流体不稳定性数值模拟研究. 国家高技术惯性约束聚变主题研究报告, 2006.

[47] Xing Y L, Shu C W. High order finite difference WENO schemes with the exact conservation property for the shallow water equations. J. Comput. Phys., 2005, 208: 206-227.

[48] Xu Z F, Shu C W. Anti-diffusive flux corrections for high order finite difference WENO schemes. J. Comput. Phys., 2005, 205: 458-485.

[49] 杨水平, 李寿佛, 屈小妹, 张瑗, 刘玉珍. 五阶 WENO 格式和二阶 Godunov 格式的数值测试与比较. 湘潭大学学报, 2006,28(2): 8-12.

[50] 叶文华, 张维岩, 陈光南. 激光烧蚀瑞利–泰勒不稳定性模拟. 强激光与粒子束, 1998, 10: 403-408.

[51] 叶文华, 张维岩, 陈光南, 等, 激光烧蚀瑞利-泰勒不稳定性数值研究. 强激光与粒子束, 1999,11: 613-618.

[52] Zhang M P, Shu C W, Wong G C K, Wong S C. A weighted essentially non-oscillatory numerical scheme for a multi-class Lighthill-Whitham-Richards traffic flow model. J. Comput. Phys., 2003, 191: 639-659.

[53] Zhou T, Li Y, Shu C W. Numerical comparison of WENO finite volume and Runge-Kutta discontinuous Galerkin methods. Journal of Scientific Computing, 2001, 16: 145-171.

第 3 章　多介质流的高阶流体混合型方法

3.1　概　　述

在早期文献中, 人们曾试图使用完全守恒的数学模型来描述多介质理想流体动力学问题, 并用当时已有的各种不同类型的经典数值方法在整个空间区域上整体求解这类问题. 例如对于无化学反应的仅具有 A,B 两种不同的完全气体的二维流动 (设二者的初始界面为简单闭曲线 $\Gamma(0)$, 气体 A 处于其内部, 气体 B 处于其外部), 试图使用由 Euler 方程组和守恒型 VOF 方程联立而成的完全守恒的扩张的 Euler 方程组

$$\begin{cases} \dfrac{\partial \rho}{\partial t} + \mathrm{div}(\rho U) = 0, \\[2mm] \dfrac{\partial (\rho U)}{\partial t} + \mathrm{div}(\rho UU) + \mathrm{grad} P = 0, \\[2mm] \dfrac{\partial (\rho E)}{\partial t} + \mathrm{div}(\rho EU) + \mathrm{div}(PU) = 0, \\[2mm] \dfrac{\partial (\rho f)}{\partial t} + \dfrac{\partial (\rho f u)}{\partial x} + \dfrac{\partial (\rho f v)}{\partial y} = 0 \end{cases} \tag{3.1.1}$$

来描述, 或者等价地, 使用完全守恒的 γ-模型

$$\begin{cases} \dfrac{\partial \rho}{\partial t} + \mathrm{div}(\rho U) = 0, \\[2mm] \dfrac{\partial (\rho U)}{\partial t} + \mathrm{div}(\rho UU) + \mathrm{grad} P = 0, \\[2mm] \dfrac{\partial (\rho E)}{\partial t} + \mathrm{div}(\rho EU) + \mathrm{div}(PU) = 0, \\[2mm] \dfrac{\partial (\rho \gamma)}{\partial t} + \dfrac{\partial (\rho \gamma u)}{\partial x} + \dfrac{\partial (\rho \gamma v)}{\partial y} = 0 \end{cases} \tag{3.1.2}$$

来描述, 这里 ρ, $U = [u,v]^{\mathrm{T}}$, P, E 分别表示气体的密度、速度、压强和单位质量所携带的总能量, $\gamma = \gamma(x,y,t)$ 表示多介质流体的绝热指数, 其初值为

$$\gamma(x,y,0) = \begin{cases} \gamma_1, & \text{当点 } (x,y) \text{ 位于初始界面 } \Gamma(0) \text{ 内部}, \\ \gamma_2, & \text{当点 } (x,y) \text{ 位于初始界面 } \Gamma(0) \text{ 外部}, \end{cases}$$

其中 γ_1 和 γ_2 分别表示气体 A 和气体 B 的绝热指数. 然而当用任何一种经典数值方法在整个空间区域上整体求解模型问题 (3.1.1) 或 (3.1.2) 时, 数值解中的压强和速度会在物质界面附近出现非物理振动, 而且这种振动会迅速发展, 导致整个计算失败 (参见 [1, 5, 6, 13—15, 25, 35]).

正因为如此, 长期以来人们对于多介质理想流体动力学问题的数值模拟, 一般都不采用上述整体求解方法, 而是采用由流体界面计算方法与单介质流体动力学问题计算方法相结合而形成的分区计算方法. 以水平集方法与单介质流体动力学问题计算方法相结合为例, 设已知时刻 t_n 流体的各有关守恒量的网格值 $W_{ij}^{(n)}$ 及已经重新初始化到足够精度的水平集函数的网格值 $\phi_{ij}^{(n)}$, 并以这个离散水平集函数 $\phi_{ij}^{(n)}$ 的零水平集表征 A, B 两种流体于时刻 t_n 的界面 $\Gamma(t_n)$. 则分区计算下一时刻 $t_{n+1} = t_n + \tau$ 的各有关守恒量的新的网格值 $W_{ij}^{(n+1)}$ 及水平集函数的新的网格值 $\phi_{ij}^{(n+1)}$ 的主要计算步骤如下:

(1) 求解水平集方程. 以 $\phi_{ij}^{(n)}$ 为初值, 按适当的时间步长 τ(设其满足 CFL 条件) 数值求解水平集方程 (参见 [26]), 从而得到水平集函数于时刻 t_{n+1} 的粗近似网格值 $\tilde{\phi}_{ij}^{(n+1)}$. 然而所获得的粗近似网格值一般不再是符号距离函数.

(2) 重新初始化. 以 $\tilde{\phi}_{ij}^{(n+1)}$ 为初值, 选取适当的时间步长 $\tilde{\tau}$, 迭代求解 Hamilton-Jacobi 方程至稳定状态 (参见 [10]), 从而获得水平集函数于时刻 $t_{n+1} = t_n + \tau$ 的校正了的网格值 $\phi_{ij}^{(n+1)}$, 它是一个具有足够精度的离散的符号距离函数, 或即 t_{n+1} 时刻的离散水平集函数. 我们用它的零水平集来表征 t_{n+1} 时刻的新的界面 $\Gamma(t_{n+1})$.

(3) 在新界面附近进行特殊的人工处理. 为了能顺利地使用单介质流体的计算方法分别计算 A 流体和 B 流体的各守恒量于 t_{n+1} 时刻在其各自的区域中的新的网格值, 必须分别用到这两种不同流体的守恒量于 t_n 时刻在其各自的区域中的已知的网格值及在该区域的边界附近的扩展网格值. 因此, 我们至少必须对于界面 $\Gamma(t_{n+1})$ 附近区域中的每个网格 I_{ij}, 事先准备好这两种不同流体的守恒量于 t_n 时刻的两组不同的网格值 $(W_A)_{ij}^{(n)}$ 及 $(W_B)_{ij}^{(n)}$. 以 A 流体为例, 若在 t_n 时刻网格 I_{ij} 完全属于 A 流体的区域, 则保留该网格中的真实流体守恒量不变, 或即令 $(W_A)_{ij}^{(n)} = W_{ij}^{(n)}$, 否则就精心设计一组 Ghost Fluid 守恒量 (参见 [7]), 赋值给 $(W_A)_{ij}^{(n)}$. 处理 B 流体的方法是类似的. 这里 Ghost Fluid 守恒量的设计, 通常是保持当前网格中的压强和法向速度不变, 而切向速度和熵则通过常数外插或通过求解一个平流方程而获得 (参见 [7, 8, 22]).

(4) 求解物理量的守恒型控制方程. 使用单介质流体的计算方法分别计算 A 流体和 B 流体的守恒量于 t_{n+1} 时刻在其各自的区域中的新的网格值 $(W_A)_{ij}^{(n+1)}$

及 $(W_B)_{ij}^{(n+1)}$. 然后, 对于整个求解区域中的每一个网格 I_{ij}, 根据 t_{n+1} 时刻水平集函数的网格值 $\phi_{ij}^{(n+1)}$ 的符号来最终确定究竟应选取 $(W_A)_{ij}^{(n+1)}$ 抑或 $(W_B)_{ij}^{(n+1)}$ 作为 t_{n+1} 时刻的真实的守恒量的网格值 $W_{ij}^{(n+1)}$.

上述类型的分区计算方法一般能获得可接受的数值结果和清晰的物质界面, 且已成功地用于解决大量实际问题. 但这类方法存在一些缺点和问题. 以上述基于水平集方法的分区计算方法为例, 其主要问题是每一计算步都需要在界面附近进行特殊人工处理, 这不仅可能降低计算精度, 且有可能引起计算不稳定, 破坏数值解的守恒性. 尤其是对于惯性约束聚变中所涉及的情况十分复杂的流动问题, 当多个强激波通过界面时, 或者当界面附近的热流速度和温度变化十分激烈时, 上述人工处理技术 (如常数外插等) 就失去科学依据, 后果如何令人担忧. 另一方面的缺点是频繁的水平集函数重新初始化会带来较多额外工作量. 尤其是对于具有三种以上介质且界面拓扑结构变化十分复杂的三维问题, 程序设计十分复杂, 计算量特别大.

直至 1996 年, Abgrall[2] 深入分析了使用完全守恒数学模型 (3.1.1) 或 (3.1.2), 并在整个空间区域上整体数值求解多介质问题时, 压强和速度出现非物理振动的实质原因, 在此基础上他提出了描述一维多介质理想气体流动的可以避免压强 (包括速度, 下同) 出现非物理振动的新的数学模型, 即拟守恒 γ-模型, 并构造了用于整体求解该模型问题的一阶和二阶流体混合型数值格式. 其后 Shyue[32] 将此拟守恒 γ-模型推广, 提出了适用于多介质 stiffened 气体的可以避免压强出现非物理振动的一维和二维问题的拟守恒 (γ, P_∞)-模型. 以二维问题为例, 拟守恒 (γ, P_∞)-模型为

$$
\begin{cases}
\dfrac{\partial \rho}{\partial t} + \dfrac{\partial (\rho u)}{\partial x} + \dfrac{\partial (\rho v)}{\partial y} = 0, \\[2mm]
\dfrac{\partial (\rho u)}{\partial t} + \dfrac{\partial (\rho u^2 + P)}{\partial x} + \dfrac{\partial (\rho uv)}{\partial y} = 0, \\[2mm]
\dfrac{\partial (\rho v)}{\partial t} + \dfrac{\partial (\rho uv)}{\partial x} + \dfrac{\partial (\rho v^2 + P)}{\partial y} = 0, \\[2mm]
\dfrac{\partial (\rho E)}{\partial t} + \dfrac{\partial ((\rho E + P)u)}{\partial x} + \dfrac{\partial ((\rho E + P)v)}{\partial y} = 0, \\[2mm]
\dfrac{\partial}{\partial t}\left(\dfrac{1}{\gamma - 1}\right) + u\dfrac{\partial}{\partial x}\left(\dfrac{1}{\gamma - 1}\right) + v\dfrac{\partial}{\partial y}\left(\dfrac{1}{\gamma - 1}\right) = 0, \\[2mm]
\dfrac{\partial}{\partial t}\left(\dfrac{\gamma P_\infty}{\gamma - 1}\right) + u\dfrac{\partial}{\partial x}\left(\dfrac{\gamma P_\infty}{\gamma - 1}\right) + v\dfrac{\partial}{\partial y}\left(\dfrac{\gamma P_\infty}{\gamma - 1}\right) = 0,
\end{cases}
\tag{3.1.3}
$$

这里仅考虑直角坐标系, ρ, u, v, P, E 分别表示多介质混合气体的密度, 沿 X-轴方

向及沿 Y-轴方向的速度, 压强和单位质点所携带的总能量, 其中 $E = e + \frac{1}{2}(u^2 + v^2)$, e 表示单位质点所携带的内能, 并设多介质混合气体满足 stiffened 状态方程

$$P + \gamma P_\infty = (\gamma - 1)\rho e. \tag{3.1.4}$$

注意对于多介质问题中每一种特定的介质 (材料) 来说, 例如对于第 i 种介质来说, $\gamma_i > 1$ 表示该介质的绝热指数, $(P_\infty)_i > 0$ 表示该介质的一个类似于压强的常数, γ_i 和 $(P_\infty)_i$ 统称为材料参数; 但对于整个多介质问题来说, γ 和 P_∞ 表示多介质混合气体的状态方程参数, 它们都是时间与空间变量的函数 (参见文献 [32] 中的式 (6a) 及 (6c)).

注意每种介质的材料参数通常都是通过反复试验来确定的, 例如对于高温下的水来说, 可取 $\gamma = 5.5, P_\infty = 4921.15$ bar, 但对于高温下的钨, 通常取 $\gamma = 3.14, P_\infty = 1.0$ Mbar (参见 [32]). 另一方面, 多介质混合流体的状态方程参数初值通常可由所涉及的各种不同介质在其各自的初始区域中的材料参数来确定, 并在每一时间步中通过求解附加方程来进行计算.

在同一篇文献[32] 中, Shyue 以纯界面问题为例阐述了上述数学模型之所以能够避免压强非物理振动的原因. 这里所说的纯界面问题, 是指压强 P 和速度 u, v 在整个区域上恒保持为常数, 而其他变量, 例如 ρ, γ, P_∞ 等, 允许有跳跃间断的问题. 对于这类特殊问题, 能量守恒方程可等价地写成

$$\frac{\partial(\rho\, e)}{\partial t} + u\frac{\partial(\rho\, e)}{\partial x} + v\frac{\partial(\rho\, e)}{\partial y} = 0,$$

或即 (应用式 (3.1.4))

$$\frac{\partial}{\partial t}\left(\frac{P}{\gamma - 1} + \frac{\gamma P_\infty}{\gamma - 1}\right) + u\frac{\partial}{\partial x}\left(\frac{P}{\gamma - 1} + \frac{\gamma P_\infty}{\gamma - 1}\right) + v\frac{\partial}{\partial y}\left(\frac{P}{\gamma - 1} + \frac{\gamma P_\infty}{\gamma - 1}\right) = 0,$$

或即

$$\frac{1}{\gamma - 1}\left[\frac{\partial P}{\partial t} + u\frac{\partial P}{\partial x} + v\frac{\partial P}{\partial y}\right] + P\left[\frac{\partial}{\partial t}\left(\frac{1}{\gamma - 1}\right) + u\frac{\partial}{\partial x}\left(\frac{1}{\gamma - 1}\right) + v\frac{\partial}{\partial y}\left(\frac{1}{\gamma - 1}\right)\right]$$
$$+ \frac{\partial}{\partial t}\left(\frac{\gamma P_\infty}{\gamma - 1}\right) + u\frac{\partial}{\partial x}\left(\frac{\gamma P_\infty}{\gamma - 1}\right) + v\frac{\partial}{\partial y}\left(\frac{\gamma P_\infty}{\gamma - 1}\right) = 0.$$

上式表明, 对于上述纯界面问题, 在诸物理量满足 Euler 方程的前提下, 当且仅当 γ 和 P_∞ 满足拟守恒 (γ, P_∞)-模型中的最后两个方程时, 压力平衡条件

$$\frac{\partial P}{\partial t} + u\frac{\partial P}{\partial x} + v\frac{\partial P}{\partial y} = 0$$

成立.

此外, 在上述同一篇文献中, Shyue 还提出了由 m 种不同 stiffened 气体组成的多介质 stiffened 气体流动问题的可以避免压强非物理振动的拟守恒体积分数模型, 以二维问题为例, 拟守恒体积分数模型为

$$\begin{cases} \dfrac{\partial \rho}{\partial t} + \dfrac{\partial(\rho u)}{\partial x} + \dfrac{\partial(\rho v)}{\partial y} = 0, \\[2mm] \dfrac{\partial(\rho u)}{\partial t} + \dfrac{\partial(\rho u^2 + P)}{\partial x} + \dfrac{\partial(\rho uv)}{\partial y} = 0, \\[2mm] \dfrac{\partial(\rho v)}{\partial t} + \dfrac{\partial(\rho uv)}{\partial x} + \dfrac{\partial(\rho v^2 + P)}{\partial y} = 0, \\[2mm] \dfrac{\partial(\rho E)}{\partial t} + \dfrac{\partial((\rho E + P)u)}{\partial x} + \dfrac{\partial((\rho E + P)v)}{\partial y} = 0, \\[2mm] \dfrac{\partial Y_i}{\partial t} + u\dfrac{\partial Y_i}{\partial x} + v\dfrac{\partial Y_i}{\partial y} = 0, \quad i = 1, 2, \cdots, m-1, \end{cases} \tag{3.1.5}$$

这里的 Y_i 称为第 i 种介质的体积分数函数 (volume-fraction function), 诸 Y_i 满足关系式

$$\sum_{i=1}^{m} Y_i = 1, \quad 0 \leqslant Y_i \leqslant 1, \quad i = 1, 2, \cdots, m, \tag{3.1.6}$$

它们与该多介质问题的状态方程参数 γ 及 P_∞ 之间的关系可由该文中的式 (6a) 及 (6c) 确定.

注 3.1.1　在其他一些文献中 (例如文献 [27]), 称式 (3.1.5) 中的 Y_i 为第 i 种介质的特征函数 (characteristic function), 该函数在任一网格上的平均值称为第 i 种介质在该网格中的体积分数或体积份额 (volume-fraction). 为了避免混淆和误解, 特此说明.

在上述基础上, 作为 LeVeque[16] 的波传播方法 (wave propagation method) 的推广, Shyue 提出了用于整体求解拟守恒模型问题 (3.1.3) 和 (3.1.5) 的一阶和二阶流体混合型波传播方法 (参见 [32—34]).

理论分析和大量数值试验表明, Abgrall 和 Shyue 所提出的拟守恒数学模型及流体混合型数值格式不仅计算特别简单, 仅具有和处理单介质问题大体上相同的计算量, 而且适应性特别强, 无论对于高密度比、强激波、大变形、具有多个界面且界面拓扑结构变化十分复杂的问题及二维和三维问题均能顺利进行计算, 因

而引起了国内外广泛关注, 使整体求解方法重新回到议事日程, 后续研究工作不断涌现. 例如可参见文献 [3, 4, 9, 12, 24, 28, 37].

然而应当指出, Abgrall 和 Shyue 等所提出的上述拟守恒数学模型及流体混合型数值方法尚有如下美中不足之处:

(1) 所构造的方法始终未能突破二阶精度的局限, 由此导致数值解难以达到高分辨率 (参见例 3.2.3);

(2) 所算出的数值结果通常会出现微小守恒误差 (参见例 3.2.2), 不能完全保持质量守恒、动量守恒和总能量守恒.

为了克服 Abgrall 和 Shyue 等上述工作的美中不足之处, 针对辐射流体动力学数值方法研究及内爆压缩过程数值模拟研究的实际需要, 我们在 2007—2011 年, 于文献 [17—21] 中进一步深入研究了用于求解多介质理想流体问题的高阶流体混合型数值方法.

首先, 我们提出了描述多介质 stiffened 气体及完全气体流动问题的可避免压强非物理振动的新的一维及高维数学模型, 称之为 "含参数学模型", 并先后构造和研究了在 Euler 坐标下用于整体求解上述类型多介质流体问题的基于含参数学模型的如下两类新的高阶流体混合型数值格式 (参见 3.2 节及 3.3 节):

(1) 高阶流体混合型有限体加权本质上无振荡格式, 英文名为 Finite Volume Weighted Essentially Non-Oscillatory schemes of Fluid Mixture Type, 简记为 FV-WENO-FMT.

(2) 高阶流体混合型有限差分加权本质上无振荡格式, 英文名为 Finite Difference Weighted Essentially Non-Oscillatory schemes of Fluid Mixture Type, 简记为 FD-WENO-FMT.

以上两类新的流体混合型数值格式统称为 WENO-FMT 格式, 它们不仅完全保持了 Abgrall 和 Shyue 所提出的流体混合型数值格式的全部优点, 而且均可达到任意高阶精度.

接着, 为了克服上述 WENO-FMT 格式所获数值解同样会出现微小守恒误差 (参见例 3.2.2) 的缺点, 我们对其进行了实质改进. 理论分析和数值试验表明, 改进后的 WENO-FMT 格式的确可完全保持质量守恒、动量守恒和总能量守恒 (参见 3.4 节及例 3.4.1—例 3.4.3).

最后, 为了克服上述 WENO-FMT 格式仅适用于求解多介质 stiffened 气体问题的严重局限, 我们再一次对其进行了关键性的改进. 我们提出了具有普适性的 (η, ξ)-状态方程、拟守恒 (η, ξ)-模型、含参 (η, ξ)-模型及基于含参 (η, ξ)-模型的任意高阶 WENO-FMT 格式, 使得对于实际应用中所遇到的各种各样的多介质理想流体问题, 尽管其状态方程十分复杂, 但几乎都可以用 (η, ξ)-状态方程来表示, 因而我们都可用基于含参 (η, ξ)-模型的任意高阶 WENO-FMT 格式来求解这些

问题 (参见 3.5 节). 这项成果大幅度提高了 WENO-FMT 格式的通用性.

以上情况表明, 我们所提出并改进的含参数学模型和我们所构造并改进的基于含参数学模型的 WENO-FMT 格式不仅保持了已有的流体混合型数值格式的全部优点, 而且克服了其缺点, 具有如下鲜明特色和优势:

(1) 基于含参 (η, ξ)-模型的 WENO-FMT 格式可达到任意高阶精度, 因而对于求解具有复杂流动结构的问题, 仍可确保数值解具有高分辨率.

(2) 基于含参 (η, ξ)-模型的 WENO-FMT 格式可完全保持质量守恒、动量守恒和总能量守恒. 这一保守恒性质对于辐射流体动力学及内爆压缩过程数值模拟研究十分重要.

(3) 基于含参 (η, ξ)-模型的 WENO-FMT 格式通用性强. 当用于求解各种不同类型的多介质理想流体问题时, 只需要修改数据而不必修改数学模型和计算方法. 因而当形成通用软件之后, 使用单位可在其状态方程和各种数据完全保密的情况下使用该软件进行计算.

上述新的科研成果解决了本书 1.1 节所指出的求解辐射流体动力学方程组所必须首先解决的第一个关键技术难题. 本章以下各节专门介绍这些成果.

此外, 多介质理想流体动力学方程组初边值问题 (1.1.2) 中的三个能量方程都是非守恒形式的, 会导致数值解出现总能量守恒误差. 为了克服这一特殊困难, 我们精心设计了一个总能量守恒校正器, 从而较好地解决了这一难题, 使得当我们用基于含参 (η, ξ)-模型的高阶 FD-WENO-FMT 格式来求解这一特殊问题时, 仍然能很好地保持质量守恒、动量守恒和总能量守恒. 这一成果将在本书最后一章介绍.

3.2 FV-WENO-FMT 格式

本节仍以 3.1 节中所述的状态方程由式 (3.1.4) 表示的多介质 stiffened 气体流动问题为例进行讨论. 我们拟重点讨论一维问题的含参数学模型及基于该含参数学模型的高阶 FV-WENO-FMT 格式. 这样做一方面是由于高维问题的高阶 FV-WENO-FMT 格式可在上述基础上借鉴文献 [30] 中所阐述的方法类似地进行设计, 另一方面是由于高维问题的三阶以上的 FV-WENO-FMT 格式计算量太大, 缺乏实用价值.

3.2.1 一维含参数学模型

对于一维问题, Shyue 所提出的描述多介质 stiffened 气体流动的拟守恒 (γ, P_∞)-模型为

$$
\begin{cases}
\dfrac{\partial \rho}{\partial t} + \dfrac{\partial(\rho u)}{\partial x} = 0, \\[2mm]
\dfrac{\partial(\rho u)}{\partial t} + \dfrac{\partial(\rho u^2 + P)}{\partial x} = 0, \\[2mm]
\dfrac{\partial(\rho E)}{\partial t} + \dfrac{\partial((\rho E + P)u)}{\partial x} = 0, \\[2mm]
\dfrac{\partial}{\partial t}\left(\dfrac{1}{\gamma - 1}\right) + u\dfrac{\partial}{\partial x}\left(\dfrac{1}{\gamma - 1}\right) = 0, \\[2mm]
\dfrac{\partial}{\partial t}\left(\dfrac{\gamma P_\infty}{\gamma - 1}\right) + u\dfrac{\partial}{\partial x}\left(\dfrac{\gamma P_\infty}{\gamma - 1}\right) = 0.
\end{cases}
\tag{3.2.1}
$$

这里设 $a \leqslant x \leqslant b$, $0 \leqslant t \leqslant t_{\text{end}}$, a, b, t_{end} 是事先适当给定的常数, 诸物理量 ρ, u, P, E 及状态方程参数 γ, P_∞ 的意义已在 3.1 节中说明. 令

$$
\begin{cases}
W = [W^{(1)}, W^{(2)}, W^{(3)}, W^{(4)}, W^{(5)}]^{\mathrm{T}} = \left[\rho, \rho u, \rho E, \dfrac{1}{\gamma - 1}, \dfrac{\gamma P_\infty}{\gamma - 1}\right]^{\mathrm{T}}, \\[2mm]
f^{(1)}(W) = \rho u = W^{(2)}, \quad f^{(2)}(W) = \rho u^2 + P = \left(W^{(2)}\right)^2/W^{(1)} + P, \\[2mm]
f^{(3)}(W) = u(\rho E + P) = W^{(2)}/W^{(1)}\left(W^{(3)} + P\right), \quad u = W^{(2)}/W^{(1)}, \\[2mm]
P = (\gamma - 1)\left(\rho E - \dfrac{1}{2}\rho u^2 - \dfrac{\gamma P_\infty}{\gamma - 1}\right) \\[2mm]
\quad = \left(W^{(3)} - \dfrac{1}{2}\left(W^{(2)}\right)^2/W^{(1)} - W^{(5)}\right)/W^{(4)}.
\end{cases}
\tag{3.2.2}
$$

则拟守恒 (γ, P_∞)-模型 (3.2.1) 可等价地写成

$$
\begin{cases}
\dfrac{\partial W^{(p)}}{\partial t} + \dfrac{\partial f^{(p)}(W)}{\partial x} = 0, & p = 1, 2, 3, \\[2mm]
\dfrac{\partial W^{(q)}}{\partial t} + u\dfrac{\partial W^{(q)}}{\partial x} = 0, & q = 4, 5,
\end{cases}
\tag{3.2.1b}
$$

或即

$$
\frac{\partial W}{\partial t} + A(W)\frac{\partial W}{\partial x} = 0,
\tag{3.2.1c}
$$

这里矩阵

$$A(W) = \begin{bmatrix} 0 & 1 & 0 & 0 & 0 \\ \dfrac{\gamma-3}{2}u^2 & (3-\gamma)u & \gamma-1 & (1-\gamma)P & 1-\gamma \\ \dfrac{\gamma-1}{2}u^3 - uH & H-(\gamma-1)u^2 & \gamma u & (1-\gamma)Pu & (1-\gamma)u \\ 0 & 0 & 0 & u & 0 \\ 0 & 0 & 0 & 0 & u \end{bmatrix},$$

$$(3.2.3)$$

其中 $H = E + P/\rho$. 易算出矩阵 $A(W)$ 的特征值 λ_i 及相应的特征矢量 r_i, $i = 1, 2, 3, 4, 5$:

$$\begin{cases} \lambda_1 = u - c, \quad \lambda_2 = u, \quad \lambda_3 = u + c, \quad \lambda_4 = \lambda_5 = u, \\ r_1 = [1, u-c, H-uc, 0, 0]^{\mathrm{T}}, \quad r_2 = \left[1, u, \dfrac{u^2}{2}, 0, 0\right]^{\mathrm{T}}, \\ r_3 = [1, u+c, H+uc, 0, 0]^{\mathrm{T}}, \quad r_4 = [0, 0, P, 1, 0]^{\mathrm{T}}, \\ r_5 = [0, 0, 1, 0, 1]^{\mathrm{T}}, \end{cases} \quad (3.2.4)$$

其中声速 $c = \sqrt{(\gamma-1)(e+P/\rho)}$, 且有

$$\begin{cases} A(W) = R(W)\Lambda(W)R^{-1}(W), \\ R(W) = [r_1, r_2, r_3, r_4, r_5], \\ \Lambda(W) = \mathrm{diag}(\lambda_1, \lambda_2, \lambda_3, \lambda_4, \lambda_5). \end{cases} \quad (3.2.5)$$

由此可见 (3.2.1) 是拟线性双曲型方程组.

为简单计, 下文中仅考虑均匀空间网格 (非均匀空间网格的情形可完全类似地讨论). 恒以符号 $I_i = [x_{i-1/2}, x_{i+1/2}]$ 表示第 i 个网格, $x_i = a + \left(i - \dfrac{1}{2}\right)h$ 表示网格中心点, 这里 $i = 1, 2, \cdots, N$, $h = (b-a)/N$ 表示网格长, $x_{i+\frac{1}{2}} = x_i + \dfrac{h}{2} = a + ih$ $(i = 0, 1, \cdots, N)$ 表示网格边界点, N 是事先适当给定的自然数.

当我们试图在一个任意给定的网格 I_i 上使用有限体方法来求解拟守恒 (γ, P_∞)-模型问题 (3.2.1) (或即 (3.2.1b)) 时, 在数值计算过程中, 便必须用问题真解 $W(x, t)$ 的第 1, 2 两个分量的网格平均值的比值 $\overline{W}_i^{(2)}\big/\overline{W}_i^{(1)}$ 去取代方程组 (3.2.1) (或即 (3.2.1b)) 中第 4, 5 两个方程左端第二项的系数 $u = u(x, t)$, 因而此情形下拟守恒 (γ, P_∞)-模型 (3.2.1) 可等价地写成

$$\begin{cases}
\dfrac{\partial \rho}{\partial t} + \dfrac{\partial(\rho u)}{\partial x} = 0, \\[2mm]
\dfrac{\partial(\rho u)}{\partial t} + \dfrac{\partial(\rho u^2 + P)}{\partial x} = 0, \\[2mm]
\dfrac{\partial(\rho E)}{\partial t} + \dfrac{\partial((\rho E + P)u)}{\partial x} = 0, \\[2mm]
\dfrac{\partial}{\partial t}\left(\dfrac{1}{\gamma - 1}\right) + C_i \dfrac{\partial}{\partial x}\left(\dfrac{1}{\gamma - 1}\right) = 0, \\[2mm]
\dfrac{\partial}{\partial t}\left(\dfrac{\gamma P_\infty}{\gamma - 1}\right) + C_i \dfrac{\partial}{\partial x}\left(\dfrac{\gamma P_\infty}{\gamma - 1}\right) = 0.
\end{cases} \tag{3.2.6}$$

其中

$$C_i = \overline{W}_i^{(2)} \Big/ \overline{W}_i^{(1)} . \tag{3.2.7}$$

容易看出, 参数 C_i 不依赖于空间变量 x, 但依赖于下标 i.

尽管参数 C_i 依赖于下标 i, 导致了模型问题 (3.2.6) 随网格 I_i 而异的不利局面, 但另一方面, 参数 C_i 不依赖于空间变量 x, 带来了十分突出的优点: 一方面 (3.2.6) 可视为网格 I_i 上的一类特殊的拟守恒 (γ, P_∞)-模型, 因而可以避免压强和速度出现非物理振动, 另一方面 (3.2.6) 又可视为该网格上的双曲守恒律方程组, 因而可以借鉴已有的双曲守恒律组的经典 FV-WENO 格式来求解它. 事实上, 方程组 (3.2.6) 可等价地写成一维含参双曲守恒律组

$$\frac{\partial W}{\partial t} + \frac{\partial F(W)}{\partial x} = 0, \tag{3.2.8}$$

其中

$$\begin{cases}
W = [W^{(1)}, W^{(2)}, W^{(3)}, W^{(4)}, W^{(5)}]^{\mathrm{T}} = \left[\rho, \rho u, \rho E, \dfrac{1}{\gamma - 1}, \dfrac{\gamma P_\infty}{\gamma - 1}\right]^{\mathrm{T}}, \\[2mm]
F(W) = [F^{(1)}(W), F^{(2)}(W), F^{(3)}(W), F^{(4)}(W), F^{(5)}(W)]^{\mathrm{T}}, \\[2mm]
F^{(1)}(W) = W^{(2)}, \\[2mm]
F^{(2)}(W) = (W^{(2)})^2 / W^{(1)} + P, \\[2mm]
F^{(3)}(W) = W^{(2)} / W^{(1)} (W^{(3)} + P), \\[2mm]
F^{(4)}(W) = C_i W^{(4)}, \\[2mm]
F^{(5)}(W) = C_i W^{(5)}, \\[2mm]
P = (\gamma - 1)\left(\rho E - \dfrac{1}{2}\rho u^2 - \dfrac{\gamma P_\infty}{\gamma - 1}\right) = \left(W^{(3)} - \dfrac{1}{2}(W^{(2)})^2 / W^{(1)} - W^{(5)}\right)\Big/ W^{(4)},
\end{cases} \tag{3.2.9}$$

参数 C_i 由式 (3.2.7) 确定.

定义 3.2.1 在任意给定的网格 I_i 上描述一维多介质 stiffened 气体流动问题的可以避免压强和速度出现非物理振动的数学模型 (3.2.6), 或即 (3.2.8), 称为该网格上的一维含参 (γ, P_∞)-模型, 或简称为一维含参数学模型. 注意方程组 (3.2.6) 中前三个方程构成一维守恒型 Euler 方程组, 为方便计, 我们称其中含有参数 C_i 的最后两个方程为附加方程.

注 3.2.1 对于纯界面问题 (interface only problem), 压强 P 和速度 u 恒保持为常数, 故有

$$C_i = \overline{W}_i^{(2)} / \overline{W}_i^{(1)} = \frac{u\overline{W}_i^{(1)}}{\overline{W}_i^{(1)}} = u, \quad i = 1, 2, \cdots, N.$$

上式表明此特殊情形下含参 (γ, P_∞)-模型 (3.2.8) 与拟守恒 (γ, P_∞)-模型 (3.2.1) 完全等价, 因而这两类数学模型都可以十分有效地避免压强和速度出现非物理振动.

注 3.2.2 借鉴 Shyue 所提出的可避免压强和速度出现非物理振动的拟守恒体积分数模型 (3.1.5), 类似地可构造同样可避免压强和速度出现非物理振动的含参体积分数模型. 以仅具有 A 和 B 两种不同介质的一维多介质 stiffened 气体流动问题为例, 在第 i ($i = 1, 2, \cdots, N$) 个网格 I_i 上, 一维含参体积分数模型可表示为

$$\begin{cases} \dfrac{\partial \rho}{\partial t} + \dfrac{\partial (\rho u)}{\partial x} = 0, \\[2mm] \dfrac{\partial (\rho u)}{\partial t} + \dfrac{\partial (\rho u^2 + P)}{\partial x} = 0, \\[2mm] \dfrac{\partial (\rho E)}{\partial t} + \dfrac{\partial ((\rho E + P)u)}{\partial x} = 0, \\[2mm] \dfrac{\partial f}{\partial t} + \dfrac{\partial (C_i f)}{\partial x} = 0, \end{cases} \tag{3.2.10}$$

这里参数 C_i 由式 (3.2.7) 确定, f ($0 \leqslant f \leqslant 1$) 是介质 A 的特征函数, 介质 B 的特征函数为 $1 - f$ (参见 [27]), 多介质混合流体的状态方程参数 γ, P_∞ 与介质 A 的特征函数 (或称介质 A 的 "体积份额") f 之间的关系为

$$\frac{1}{\gamma - 1} = \frac{f}{\gamma_a - 1} + \frac{(1 - f)}{\gamma_b - 1}, \qquad \frac{\gamma P_\infty}{\gamma - 1} = \frac{f\gamma_a (P_\infty)_a}{\gamma_a - 1} + \frac{(1 - f)\gamma_b (P_\infty)_b}{\gamma_b - 1}, \tag{3.2.11}$$

这里的 γ_a, $(P_\infty)_a$ 及 γ_b, $(P_\infty)_b$ 分别表示介质 A 及介质 B 的材料参数.

3.2.2 基于含参数学模型的 FV-WENO-FMT 格式

易算出网格 I_i 上一维含参 (γ, P_∞)-模型 (3.2.8) 中通量函数 $F(W)$ 的 Jacobi 矩阵

$$
F'(W) = \begin{bmatrix}
0 & 1 & 0 & 0 & 0 \\[2mm]
\dfrac{\gamma-3}{2}u^2 & (3-\gamma)u & \gamma-1 & (1-\gamma)P & 1-\gamma \\[2mm]
\dfrac{\gamma-1}{2}u^3 - uH & H-(\gamma-1)u^2 & \gamma u & (1-\gamma)Pu & (1-\gamma)u \\[2mm]
0 & 0 & 0 & C_i & 0 \\[2mm]
0 & 0 & 0 & 0 & C_i
\end{bmatrix}
$$

$$(3.2.12a)$$

及其特征值

$$
\lambda_1 = u-c, \quad \lambda_2 = u, \quad \lambda_3 = u+c, \quad \lambda_4 = \lambda_5 = C_i, \tag{3.2.12b}
$$

其中 $H = E + P/\rho$, $c = \sqrt{(\gamma-1)(e+P/\rho)}$, 显然这 5 个特征值都是实数, 并且容易验证存在与上述 5 个特征值相应的 5 个线性无关的特征矢量. 由此可见方程组 (3.2.8) 的确是双曲守恒律组, 的确可借鉴已有的经典 FV-WENO 格式来求解它.

定义 3.2.2　借鉴经典 FV-WENO 格式来求解多介质理想流体问题含参数学模型的数值方法, 称为 FV-WENO-FMT 格式.

为确定计, 仍以状态方程由式 (3.1.4) 表示的一维多介质 stiffened 气体流动问题为例进行讨论. 此具体情形下, 用于整体求解描述一维多介质 stiffened 气体流动问题的含参 (γ, P_∞)-模型 (3.2.8) (或即 (3.2.6)) 的 $2k-1$ 阶流体混合型 FV-WENO-FMT 格式 (这里 k 可为任给正整数) 是指按下面流程进行计算的数值格式:

设已知于任给时刻 t_n 原问题 (3.2.8) 的真解 $W(x,t)$ 在每个网格 I_i 上的平均值的逼近值

$$
\overline{W}_i = [\overline{W}_i^{(1)}, \overline{W}_i^{(2)}, \cdots, \overline{W}_i^{(5)}]^{\mathrm{T}}, \quad i = 1, 2, \cdots, N.
$$

我们首先在空间积分区间 $[a,b]$ 的左右两侧各增加 k 个网格, 并利用问题的边界条件来确定在这些附加网格中的 $\overline{W}_i$ 的值. 注意这样做是由于进行 $2k-1$ 阶 WENO 重构的需要. 然后, 对于每个网格边界点 $x_{i+\frac{1}{2}}$, $i = 0, 1, \cdots, N$, 我们按下列步骤计算数值通量.

1. 作局部特征变换

令 $\overline{W}_{i+1/2} = \left(\overline{W}_i + \overline{W}_{i+1}\right)/2$, 作特征分解

$$
F'\left(\overline{W}_{i+1/2}\right) = R\left(\overline{W}_{i+1/2}\right)\Lambda\left(\overline{W}_{i+1/2}\right)R^{-1}\left(\overline{W}_{i+1/2}\right),
$$

并将 $R(\overline{W}_{i+1/2})$ 及 $R^{-1}(\overline{W}_{i+1/2})$ 分别简记为 $\bar{R}$ 及 $\bar{R}^{-1}$. 然后在边界点 $x_{i+1/2}$ 的左右两侧对网格函数 $\overline{W}_j$ 的 $2k$ 个值作局部特征变换, 得到

$$\bar{v}_j = \bar{R}^{-1}\overline{W}_j,$$

这里 $i-k+1 \leqslant j \leqslant i+k$, 每个 $\bar{v}_j$ 均可视为特征场中函数 $v(x,t) = \bar{R}^{-1}W(x,t)$ 的网格平均值的逼近值.

注意这里的矩阵 $F'(W)$ 及其特征值、左右特征矢量和特征分解式都是依赖于网格 I_i 的, 但由于矩阵 $F'(W)$ 与式 (3.2.3) 中的矩阵 $A(W)$ 仅有微小差别, 为了避免计算过于复杂, 我们建议在这里近似地使用由式 (3.2.4) 和 (3.2.5) 所确定的特征分解式.

2. 进行 WENO 重构

首先利用 $2k-1$ 个网格平均值

$$\bar{v}_{i-k+1}, \bar{v}_{i-k+2}, \cdots, \bar{v}_{i+k-1}$$

进行 $2k-1$ 阶 WENO 重构, 可获得函数 $v(x,t)$ 在网格边界点 $x_{i+1/2}$ 的负侧逼近值 $v_{i+1/2}^-$, 其次利用 $2k-1$ 个网格平均值

$$\bar{v}_{i-k+2}, \bar{v}_{i-k+3}, \cdots, \bar{v}_{i+k}$$

进行 $2k-1$ 阶 WENO 重构, 可获得函数 $v(x,t)$ 在网格边界点 $x_{i+1/2}$ 的正侧逼近值 $v_{i+1/2}^+$.

3. 变回到物理空间

分别对 $v_{i+1/2}^-$ 和 $v_{i+1/2}^+$ 作逆变换得到

$$W_{i+1/2}^- = \bar{R}v_{i+1/2}^-, \quad W_{i+1/2}^+ = \bar{R}v_{i+1/2}^+, \tag{3.2.13}$$

这里 $W_{i+1/2}^-$ 和 $W_{i+1/2}^+$ 分别是问题真解 $W(x,t)$ 在点 $x_{i+1/2}$ 处的负侧逼近值和正侧逼近值.

4. 计算数值通量

我们建议使用 Lax-Friedrichs 数值通量. 注意对于通常的单介质问题, 网格边界点 $x_{i+1/2}$ 处的数值通量是其左右两个相邻网格共用的, 但对于由含参数学模型 (3.2.8) 所描述的多介质问题, 其左右两个相邻网格中的参数 C_i 的值可能相异, 不

能共用. 因此我们建议, 在这里先计算数值通量中不依赖于参数 C_i 的各个部分:

$$
\begin{cases}
(\widehat{f}_a)^{(q)}_{i+1/2} = \dfrac{1}{2}(f^{(q)}(W^-_{i+1/2}) + f^{(q)}(W^+_{i+1/2})), \\[2mm]
\quad (\widehat{f}_b)^{(q)}_{i+1/2} = \dfrac{1}{2}((W^{(q)})^-_{i+1/2} - (W^{(q)})^+_{i+1/2}), \quad q = 1,2,3, \\[3mm]
(\widehat{f}_a)^{(q)}_{i+1/2} = \dfrac{1}{2}((W^{(q)})^-_{i+1/2} + (W^{(q)})^+_{i+1/2}), \\[2mm]
\quad (\widehat{f}_b)^{(q)}_{i+1/2} = \dfrac{1}{2}((W^{(q)})^-_{i+1/2} - (W^{(q)})^+_{i+1/2}), \quad q = 4,5, \\[3mm]
\alpha_{i+1/2} = \max_{\substack{1 \leqslant q \leqslant 3 \\ i-k+1 \leqslant j \leqslant i+k}} |\lambda_q(\overline{W}_j)|.
\end{cases}
\tag{3.2.14}
$$

按以上步骤算出所有网格边界点 $x_{i+1/2}$ $(i = 0, 1, \cdots, N)$ 处的数值通量中不依赖于参数 C_i 的各个部分之后, 便可形成在原问题的解的光滑区域上具有 $2k-1$ 阶空间离散精度的半离散格式

$$
\frac{\mathrm{d}\overline{W}_i}{\mathrm{d}t} + \frac{1}{h}(\hat{f}^{(i)}_{i+1/2} - \hat{f}^{(i)}_{i-1/2}) = 0, \quad i = 1, 2, \cdots, N,
\tag{3.2.15a}
$$

这里

$$
\begin{cases}
\hat{f}^{(i)}_{i+1/2} = \begin{bmatrix}
(\widehat{f}_a)^{(1)}_{i+1/2} + A_{i,i+1/2}(\widehat{f}_b)^{(1)}_{i+1/2} \\[2mm]
(\widehat{f}_a)^{(2)}_{i+1/2} + A_{i,i+1/2}(\widehat{f}_b)^{(2)}_{i+1/2} \\[2mm]
(\widehat{f}_a)^{(3)}_{i+1/2} + A_{i,i+1/2}(\widehat{f}_b)^{(3)}_{i+1/2} \\[2mm]
C_i\,(\widehat{f}_a)^{(4)}_{i+1/2} + A_{i,i+1/2}(\widehat{f}_b)^{(4)}_{i+1/2} \\[2mm]
C_i\,(\widehat{f}_a)^{(5)}_{i+1/2} + A_{i,i+1/2}(\widehat{f}_b)^{(5)}_{i+1/2}
\end{bmatrix}, \\[16mm]
\hat{f}^{(i)}_{i-1/2} = \begin{bmatrix}
(\widehat{f}_a)^{(1)}_{i-1/2} + A_{i,i-1/2}(\widehat{f}_b)^{(1)}_{i-1/2} \\[2mm]
(\widehat{f}_a)^{(2)}_{i-1/2} + A_{i,i-1/2}(\widehat{f}_b)^{(2)}_{i-1/2} \\[2mm]
(\widehat{f}_a)^{(3)}_{i-1/2} + A_{i,i-1/2}(\widehat{f}_b)^{(3)}_{i-1/2} \\[2mm]
C_i\,(\widehat{f}_a)^{(4)}_{i-1/2} + A_{i,i-1/2}(\widehat{f}_b)^{(4)}_{i-1/2} \\[2mm]
C_i\,(\widehat{f}_a)^{(5)}_{i-1/2} + A_{i,i-1/2}(\widehat{f}_b)^{(5)}_{i-1/2}
\end{bmatrix},
\end{cases}
\tag{3.2.15b}
$$

其中

$$
C_i = \overline{W}^{(2)}_i / \overline{W}^{(1)}_i, \quad A_{i,i+1/2} = \max\{|C_i|, \alpha_{i+1/2}\}, \quad A_{i,i-1/2} = \max\{|C_i|, \alpha_{i-1/2}\}.
\tag{3.2.15c}
$$

最后我们用一个精度阶与空间离散精度相匹配的 TVD Runge-Kutta 法 (参见本书 2.2.3 小节), 从时刻 t_n 出发, 按满足 CFL 条件的时间步长 τ 来求解上述半离散问题, 计算一步, 便可获得于时刻 $t_n + \tau$ 的原问题 (3.2.8) 的真解 $W(x, t_n + \tau)$ 在每个网格 I_i 上的平均值的逼近值, 从而完成一个时间步的计算.

注 3.2.3　类似地可设计基于含参体积分数模型 (3.2.10) 的 $2k - 1$ 阶流体混合型 FV-WENO-FMT 格式的计算流程.

注 3.2.4　一维多介质完全气体流动问题可视为一维多介质 stiffened 气体流动问题当 $P_\infty \equiv 0$ 时的特例, 因而同样可使用基于一维含参 (γ, P_∞)-模型 (3.2.6) 或基于一维含参体积分数模型 (3.2.10) 的 FV-WENO-FMT 格式进行计算. 注意此特殊情形下由于 $P_\infty \equiv 0$, 一维含参 (γ, P_∞)-模型 (3.2.6) 中的最后一个附加方程可以去掉不用. 我们称从一维含参 (γ, P_∞)-模型 (3.2.6) 中去掉最后一个附加方程后所得到的新的数学模型为描述一维多介质完全气体流动问题的一维含参 γ-模型.

注 3.2.5　尽管描述多介质理想流体问题的上述含参数学模型及拟守恒学模型本身均可以避免压强和速度出现非物理振动, 但在一般情形下, 当用任何一种经典的数值方法整体求解这类数学模型问题时, 显然, 也像求解单介质问题一样, 不可避免地会出现计算误差和舍入误差以及关于质量、动量和能量的守恒误差, TVB 格式所获得的数值解有可能出现十分微小的但不影响数值解所需计算精度的非物理振动, 此外对于需要使用随问题而异的限制器的数值方法, 还可能因限制器使用不当而导致数值解出现非物理振动. 由此可见, 选择优秀的数值方法同样是一个十分重要的问题. 例如, 我们的基于含参 (γ, P_∞)-模型的高阶 FV-WENO-FMT 格式与 Shyue 的基于拟守恒 (γ, P_∞)-模型的二阶波传播方法比较, 究竟哪一种方法实际计算效果更好, 我们将通过下一节的数值试验进行考核.

注 3.2.6　对于求解二维以上的多介质流体问题, 三阶以上的 FV-WENO-FMT 格式计算量太大 (参见本书 2.1 节), 因而缺乏实用价值. 因此我们建议将高阶 FV-WENO-FMT 格式专用于在任给非均匀网格上求解一维多介质流体问题, 对于高维多介质流体问题一律使用我们将于 3.3 节中讨论的高阶 FD-WENO-FMT 格式进行计算.

3.2.3　数值试验

例 3.2.1　考虑一维多介质 stiffened 气体高密度比纯界面问题. 这里设 $0 \leqslant x \leqslant 1$, $0 \leqslant t \leqslant 0.15$, 初始条件为

$$\begin{cases} (\rho, u, P, \gamma, P_\infty) = (1000, 2, 4, 2.4, 3), & 0 \leqslant x \leqslant 0.5, \\ (\rho, u, P, \gamma, P_\infty) = (1, 2, 4, 1.4, 1), & 0.5 < x \leqslant 1, \end{cases} \tag{3.2.16}$$

左右两端采用紧支边界条件. 将区间 $0 \leqslant x \leqslant 1$ 等分为 600 个网格, 并设时间步长满足 CFL 条件. 用我们所设计的基于含参数学模型 (3.2.8) 的五阶 FV-WENO-FMT 格式进行计算. 算至时刻 $t = 0.15$, 所获数值结果及该问题的真解分别绘于图 3.2.1(a) 及图 3.2.1(b); 算至该时刻的质量守恒误差、动量守恒误差及总能量守恒误差 (指绝对误差) 以及数值结果中压强 P 和速度 u 的整体误差的最大范数在时间区间 $0 \leqslant t \leqslant 0.15$ 上的最大值列于表 3.2.1.

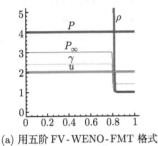 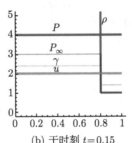 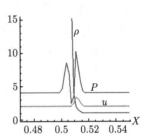

(a) 用五阶 FV-WENO-FMT 格式　　　(b) 于时刻 $t=0.15$　　　　(c) 用经典五阶 FV-WENO 格式
算至时刻 $t=0.15$ 的数值解　　　　该问题的真解　　　算至时刻 $t=0.001605$ 数值解

图 3.2.1

表 3.2.1　误差估计

压强 P 的整体误差的最大范数	
在区间 $0 \leqslant t \leqslant 0.15$ 上的最大值	0.00000000
速度 u 的整体误差的最大范数	
在区间 $0 \leqslant t \leqslant 0.15$ 上的最大值	0.00000000
质量守恒误差	0.00000000
动量守恒误差	0.00000000
总能量守恒误差	0.00000000

从以上表格和图形可以清楚地看出, 此情形下数值结果中的压强 P 和速度 u 始终保持为常数, 分别与初始压强和初始速度一致, 而且始终保持质量守恒、动量守恒及总能量守恒.

为了进行比较, 我们同时用基于完全守恒数学模型 (3.1.1) 的经典五阶 FV-WENO 格式来整体求解上述同一问题, 算至时刻 $t = 0.001605$ 所获数值结果绘于图 3.2.1(c). 从该图可以看出数值解很快就出现了严重的压强振动和速度振动, 导致整个计算失败.

例 3.2.2　考虑一维多介质完全气体的 Lax Riemann 问题. 这里设 $0 \leqslant x \leqslant 1, 0 \leqslant t \leqslant 0.16$, 初始条件为

$$\begin{cases} (\rho, u, P, \gamma, P_\infty) = (0.445, 0.698, 3.528, 5/3, 0), & 0 \leqslant x \leqslant 0.5, \\ (\rho, u, P, \gamma, P_\infty) = (0.5, 0, 0.571, 1.4, 0), & 0.5 < x \leqslant 1, \end{cases} \tag{3.2.17}$$

左右两端采用紧支边界条件. 将区间 $0 \leqslant x \leqslant 1$ 等分为 400 个网格, 并设时间步长满足 CFL 条件. 分别用我们所构造的基于含参数学模型 (3.2.6) 的五阶 FV-WENO-FMT 格式及 Shyue 的基于拟守恒 γ-模型及 MC (Monotonized Centered) 限制器的二阶波传播方法 (下文中简称为二阶波传播方法, 参见 [32]) 进行计算. 算至时刻 $t = 0.16$, 所获数值结果及该问题的真解分别绘于图 3.2.2(a)、图 3.2.2(b) 及图 3.2.2(c); 用上述两种方法算至时刻 $t = 0.16$, 界面附近压强 P 和速度 u 的最大整体误差以及质量守恒误差、动量守恒误差和总能量守恒误差分别列于表 3.2.2(a) 及表 3.2.2(b).

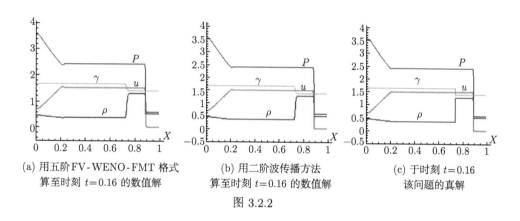

(a) 用五阶 FV-WENO-FMT 格式算至时刻 $t=0.16$ 的数值解 (b) 用二阶波传播方法算至时刻 $t=0.16$ 的数值解 (c) 于时刻 $t=0.16$ 该问题的真解

图 3.2.2

表 3.2.2 　用不同方法算至时刻 $t = 0.16$ 的误差估计

(a) 五阶 FV-WENO-FMT 格式

界面附近压强 P 的最大整体误差	4.752538e−007
界面附近速度 u 的最大整体误差	4.521711e−007
质量守恒误差	1.180546e−004
动量守恒误差	3.834035e−004
总能量守恒误差	0.000000e+000

(b) 二阶波传播方法

界面附近压强 P 的最大整体误差	3.473008e−004
界面附近速度 U 的最大整体误差	2.685981e−004
质量守恒误差	1.180494e−004
动量守恒误差	3.834235e−004
总能量守恒误差	0.000000e+000

从上述图中未见到压强 P 和速度 u 在界面两侧有任何振动, 但另一方面, 从上述表格中可进一步看到, 此情形下的数值结果不仅存在十分微小的守恒误差, 而且压强和速度在界面附近实际上都存在十分微小的振动, 尽管这种振动已小到视觉观察不到的程度. 由此可以得出结论: 对于非纯界面问题的一般情形, 我们的 FV-WENO-FMT 格式及 Shyue 的二阶波传播方法都仅仅是近似地保守恒的和实质上无振动的.

例 3.2.3 考虑一维多介质完全气体密度不均匀的纯界面问题. 这里设 $0 \leqslant x \leqslant 1, 0 \leqslant t \leqslant 5$, 初始条件为

$$\begin{cases} (\rho, u, P, \gamma) = (2.5, -1, 4, 2.4), & 0 \leqslant x \leqslant 0.25, \\ (\rho, u, P, \gamma) = (\sin(8\pi x) + 1.5, -1, 4, 1.4), & 0.25 < x \leqslant 1, \end{cases} \tag{3.2.18}$$

左右两端采用周期边界条件. 将区间 $0 \leqslant x \leqslant 1$ 等分为 100 个网格, 并设时间步长满足 CFL 条件, 分别用我们所构造的基于含参 γ-模型的五阶 FV-WENO-FMT 格式及 Shyue 的基于拟守恒 γ-模型的二阶波传播方法进行计算. 算至时刻 $t = 5$, 所获数值密度及该问题的真解的密度分别绘于图 3.2.3(a), 图 3.2.3(b) 及图 3.2.3(c). 同时我们还估计了算至该时刻的数值解的质量守恒误差、动量守恒误差及总能量守恒误差以及数值结果中压强 P 和速度 u 的整体误差的最大范数在时间区间 $0 \leqslant t \leqslant 5$ 上的最大值, 发现压强 P 和速度 u 始终保持为常数, 分别与初始压强和初始速度一致, 而且始终保持了质量守恒、动量守恒及总能量守恒.

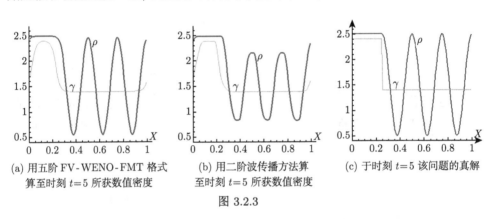

(a) 用五阶 FV-WENO-FMT 格式　　　(b) 用二阶波传播方法算　　　(c) 于时刻 $t=5$ 该问题的真解
　算至时刻 $t=5$ 所获数值密度　　　　至时刻 $t=5$ 所获数值密度

图 3.2.3

　　然而另一方面, 从以上图可以清楚地看出, 用五阶 FV-WENO-FMT 格式所算出的密度符合通常精度要求, 但用二阶波传播方法所算出的密度已远远地偏离了真解, 以致完全失去实用价值. 这一现象很好地证实了我们已在本书 2.1 节中指出的普遍规律: 对于求解具有复杂流动结构的问题, 低精度数值方法难以使计算结果达到理想的分辨率, 因而必须使用高阶数值方法.

　　例 3.2.4　考虑一维多介质 stiffened 气体强激波与物质界面相互作用问题. 这里设 $-1 \leqslant x \leqslant 1$, 初始条件为

$$\begin{cases} (\rho, u, P, \gamma, P_\infty) = (2, 0, 2000, 1.4, 0), & -1 \leqslant x \leqslant 0, \\ (\rho, u, P, \gamma, P_\infty) = (0.5, 0, 1.5, 1.4, 0), & 0 < x \leqslant 0.5, \\ (\rho, u, P, \gamma, P_\infty) = (1.8, 0, 1.5, 1.8, 1), & 0.5 < x \leqslant 1, \end{cases} \tag{3.2.19}$$

左右两端采用紧支边界条件. 将区间 $-1 \leqslant x \leqslant 1$ 等分为 2000 个网格, 并设时间步长满足 CFL 条件, 用五阶 FV-WENO-FMT 格式进行计算. 算至时刻

$t = 0.012006$ 所获数值结果以及算至时刻 $t = 0.023005$ 所获数值结果分别绘于图 3.2.4(a) 及图 3.2.4(b). 从图 3.2.4(a) 可见到于时刻 $t = 0.012006$ 在物质界面左侧有一个相对于界面从左向右运动的强激波将要穿过界面, 此时在界面附近未见到任何压力和速度振动; 从图 3.2.4(b) 可见到于时刻 $t = 0.023005$ 该强激波已穿过物质界面到达界面的右侧, 但在界面左右附近仍未见到任何压力和速度振动. 由此可见 FV-WENO-FMT 格式是实质上无振动的, 而且适应性很强, 可用于求解各种具有强间断和复杂流动结构的多介质问题.

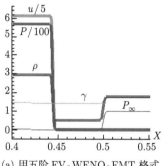 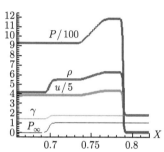

(a) 用五阶 FV-WENO-FMT 格式
算至时刻 $t = 0.012006$ 所获数值解

(b) 用五阶 FV-WENO-FMT 格式
算至时刻 $t = 0.023005$ 所获数值解

图 3.2.4

例 3.2.5 考虑二维多介质完全气体对流问题. 这里设 $0 \leqslant t \leqslant 0.5$, 空间积分区域为 $\Omega = \{(x, y): 0 \leqslant x \leqslant 1, \ 0 \leqslant y \leqslant 1\}$, 初始条件为

$$
\begin{cases}
(\rho, u, v, P, \gamma, P_\infty) = (3.0, 1.0, 1.0, 4.0, 2.4, 0.0), & \left(x - \dfrac{1}{4}\right)^2 + \left(y - \dfrac{1}{4}\right)^2 \leqslant \left(\dfrac{1}{5}\right)^2, \\
(\rho, u, v, P, \gamma, P_\infty) = (2.0, 1.0, 1.0, 4.0, 1.4, 0.0), & \left(x - \dfrac{1}{4}\right)^2 + \left(y - \dfrac{1}{4}\right)^2 > \left(\dfrac{1}{5}\right)^2,
\end{cases}
\tag{3.2.20}
$$

上下左右均满足周期边界条件. 采用 200×200 等分空间网格, 并设时间步长满足 CFL 条件, 分别用基于含参 γ-模型的二阶 FV-WENO-FMT 格式及基于拟守恒 γ-模型的二阶波传播方法进行计算, 算至时刻 $t = 0.5$ 的数值密度分布分别见图 3.2.5(a) 及图 3.2.5(b), 该问题的真解于时刻 $t = 0.5$ 的密度分布见图 3.2.5(c), 用本书 4.3 节所设计的改进的水平集方法 (ILS) 所算出的该时刻的流体界面见图 3.2.5(d). 比较这些图形, 我们看到总的说来两种方法都算得不错, 在用二阶 FV-WENO-FMT 格式所算出的数值密度的图形中未见到任何非物理振动, 但在二阶波传播方法所算出的数值密度的图形中, 在接触间断附近出现微小的非物理振动.

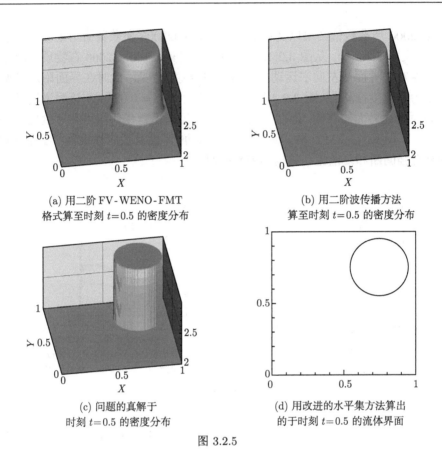

(a) 用二阶 FV-WENO-FMT
格式算至时刻 $t=0.5$ 的密度分布

(b) 用二阶波传播方法
算至时刻 $t=0.5$ 的密度分布

(c) 问题的真解于
时刻 $t=0.5$ 的密度分布

(d) 用改进的水平集方法算出
的于时刻 $t=0.5$ 的流体界面

图 3.2.5

注 3.2.7 Johnsen 等于文献 [11] 针对可压缩多介质流构造了一类基于经典高阶 FV-WENO 格式的拟守恒数值格式. 我的一个研究生曾仔细阅读该文, 并提出了若干疑问. 但由于该文所使用的数学模型及所构造的数值方法与我们的含参数学模型及 FV-WENO-FMT 格式完全不同, 特别是由于高维问题的三阶以上的 FV-WENO 格式计算量太大, 缺乏实用价值, 当时我们已把研究重点转向求解高维多介质问题的高阶 FD-WENO-FMT 格式, 因而我对此事未予进一步关注.

3.3   FD-WENO-FMT 格式

3.3.1   高维含参数学模型

我们以无化学反应和相变的由 m 种不同的 stiffened 气体或完全气体组成的二维多介质平面流动问题为例进行讨论, 其拟守恒 (γ, P_∞)-模型由方程组 (3.1.3)

表示, 亦可等价地写成

$$
\begin{cases}
\dfrac{\partial W^{(p)}}{\partial t} + \dfrac{\partial F^{(p)}(W)}{\partial x} + \dfrac{\partial G^{(p)}(W)}{\partial y} = 0, & p = 1, 2, 3, 4, \\[3mm]
\dfrac{\partial W^{(q)}}{\partial t} + u\dfrac{\partial W^{(q)}}{\partial x} + v\dfrac{\partial W^{(q)}}{\partial y} = 0, & q = 5, 6,
\end{cases}
\tag{3.1.3b}
$$

这里

$$
\begin{cases}
W(x, y, t) = [W^{(1)}, W^{(2)}, \cdots, W^{(6)}]^{\mathrm{T}} = \left[\rho, \rho u, \rho v, \rho E, \dfrac{1}{\gamma - 1}, \dfrac{\gamma \, P_\infty}{\gamma - 1} \right]^{\mathrm{T}}, \\[3mm]
[F^{(1)}(W), F^{(2)}(W), F^{(3)}(W), F^{(4)}(W)]^{\mathrm{T}} = [\rho u, \rho u^2 + P, \rho uv, (\rho E + P)u]^{\mathrm{T}}, \\[3mm]
[G^{(1)}(W), G^{(2)}(W), G^{(3)}(W), G^{(4)}(W)]^{\mathrm{T}} = [\rho v, \rho uv, \rho v^2 + P, (\rho E + P)v]^{\mathrm{T}}.
\end{cases}
\tag{3.3.1}
$$

其中 $\rho, u, v, E, P, \cdots$ 等符号的意义已在 3.1 节中的式 (3.1.3) 之后作了详细说明.

为简单计, 恒设问题的空间积分区域是直角坐标平面内的矩形

$$
\{(x, y) : a \leqslant x \leqslant b, \ c \leqslant y \leqslant d\},
$$

恒采用均匀矩形网格

$$
I_{ij} = \{(x, y) : x_i - h_1/2 \leqslant x \leqslant x_i + h_1/2, \ y_j - h_2/2 \leqslant y \leqslant y_j + h_2/2\},
$$

这里 (x_i, y_j) 表示网格中心点, $x_i = a + \left(i - \dfrac{1}{2}\right)h_1$, $y_j = c + \left(j - \dfrac{1}{2}\right)h_2$, $i = 1, 2, \cdots, M, j = 1, 2, \cdots, N$, $h_1 = (b - a)/M$ 及 $h_2 = (d - c)/N$ 分别表示网格沿 X-轴及 Y-轴方向的长度, M 和 N 是事先适当给定的自然数.

当我们试图在一个任意给定的矩形网格 I_{ij} 上使用有限差分方法来求解拟守恒 (γ, P_∞)-模型问题 (3.1.3) (或即 (3.1.3b)) 时, 在数值计算过程中, 必须用该问题的真解 $W(x, y, t)$ 的第 1, 2 两个分量在网格 I_{ij} 的中心点 (x_i, y_j) 处的值的比值 $W_{ij}^{(2)} / W_{ij}^{(1)}$ 去取代方程组 (3.1.3) (或即 (3.1.3b)) 中第 5, 6 两个方程左端第二项的系数 $u = u(x, y, t)$, 并用该问题真解 $W(x, y, t)$ 的第 1, 3 两个分量在网格 I_{ij} 的中心点 (x_i, y_j) 处的值的比值 $W_{ij}^{(3)} / W_{ij}^{(1)}$ 去取代方程组 (3.1.3) (或即 (3.1.3b)) 中第 5, 6 两个方程左端第三项的系数 $v = v(x, y, t)$, 因而此情形下拟守恒 (γ, P_∞)-模型 (3.1.3) 可等价地写成

$$
\begin{cases}
\dfrac{\partial \rho}{\partial t} + \dfrac{\partial(\rho u)}{\partial x} + \dfrac{\partial(\rho v)}{\partial y} = 0, \\[2mm]
\dfrac{\partial(\rho u)}{\partial t} + \dfrac{\partial(\rho u^2 + P)}{\partial x} + \dfrac{\partial(\rho uv)}{\partial y} = 0, \\[2mm]
\dfrac{\partial(\rho v)}{\partial t} + \dfrac{\partial(\rho uv)}{\partial x} + \dfrac{\partial(\rho v^2 + P)}{\partial y} = 0, \\[2mm]
\dfrac{\partial(\rho E)}{\partial t} + \dfrac{\partial((\rho E + P)u)}{\partial x} + \dfrac{((\rho E + P)v)}{\partial y} = 0, \\[2mm]
\dfrac{\partial}{\partial t}\left(\dfrac{1}{\gamma - 1}\right) + C_{ij}^{(1)} \dfrac{\partial}{\partial x}\left(\dfrac{1}{\gamma - 1}\right) + C_{ij}^{(2)} \dfrac{\partial}{\partial y}\left(\dfrac{1}{\gamma - 1}\right) = 0, \\[2mm]
\dfrac{\partial}{\partial t}\left(\dfrac{\gamma \, P_\infty}{\gamma - 1}\right) + C_{ij}^{(1)} \dfrac{\partial}{\partial x}\left(\dfrac{\gamma \, P_\infty}{\gamma - 1}\right) + C_{ij}^{(2)} \dfrac{\partial}{\partial y}\left(\dfrac{\gamma \, P_\infty}{\gamma - 1}\right) = 0,
\end{cases}
\tag{3.3.2}
$$

其中

$$
C_{ij}^{(1)} = W_{ij}^{(2)} \Big/ W_{ij}^{(1)}, \quad C_{ij}^{(2)} = W_{ij}^{(3)} \Big/ W_{ij}^{(1)}.
\tag{3.3.3}
$$

容易看出, 参数 $C_{ij}^{(1)}$ 和 $C_{ij}^{(2)}$ 都不依赖于空间变量 x 和 y, 但它们依赖于下标 i, j.

尽管这两个参数都依赖于下标 i, j, 导致了模型问题 (3.3.1) 随网格 I_{ij} 而异的不利局面, 但另一方面, 这两个参数都不依赖于自变量 x 和 y, 带来了十分突出的优点: 一方面 (3.3.1) 可视为网格 I_{ij} 上的一类特殊的拟守恒 (γ, P_∞) 模型, 因而可以避免压强和速度出现非物理振动, 另一方面 (3.3.1) 又可视为该网格上的双曲守恒律方程组, 因而可以借鉴已有的双曲守恒律组的经典 FD-WENO 格式来求解它. 事实上, 方程组 (3.3.2) 可等价地用二维含参双曲守恒律组

$$
\frac{\partial W}{\partial t} + \frac{\partial F(W)}{\partial x} + \frac{\partial G(W)}{\partial y} = 0
\tag{3.3.2b}
$$

来表示, 这里

$$
\begin{cases}
W = [W^{(1)}, W^{(2)}, \cdots, W^{(6)}]^{\mathrm{T}} = \left[\rho, \rho u, \rho v, \rho E, \dfrac{1}{\gamma - 1}, \dfrac{\gamma \, P_\infty}{\gamma - 1}\right]^{\mathrm{T}}, \\[3mm]
F(W) = [F^{(1)}, F^{(2)}, \cdots, F^{(6)}]^{\mathrm{T}} = \left[\rho u, \rho u^2 + P, \rho uv, (\rho E + P)u, \dfrac{C_{ij}^{(1)}}{\gamma - 1}, \right. \\[3mm]
\qquad\qquad \left. \dfrac{C_{ij}^{(1)} \gamma \, P_\infty}{\gamma - 1}\right]^{\mathrm{T}}, \\[3mm]
G(W) = [G^{(1)}, G^{(2)}, \cdots, G^{(6)}]^{\mathrm{T}} = \left[\rho v, \rho uv, \rho v^2 + P, (\rho E + P)v, \dfrac{C_{ij}^{(2)}}{\gamma - 1}, \right. \\[3mm]
\qquad\qquad \left. \dfrac{C_{ij}^{(2)} \gamma \, P_\infty}{\gamma - 1}\right]^{\mathrm{T}}.
\end{cases}
\tag{3.3.4}
$$

参数 $C_{ij}^{(1)}$ 和 $C_{ij}^{(2)}$ 由式 (3.3.3) 确定.

定义 3.3.1 在任意给定的网格 I_{ij} 上描述二维多介质 stiffened 气体流动问题的可以避免压强和速度出现非物理振动的数学模型 (3.3.2), 或即 (3.3.2b), 称为该网格上的二维含参 (γ, P_∞)-模型, 或简称为二维含参数学模型. 注意方程组 (3.3.2) 中前四个方程构成二维守恒型 Euler 方程组, 为方便计, 我们称其中含有参数的最后两个方程为附加方程.

注 3.3.1 如上所述, 这里的参数 $C_{ij}^{(1)}$ 和 $C_{ij}^{(2)}$ 由式 (3.3.3) 确定的二维含参 (γ, P_∞)-模型 (3.3.2), 或即 (3.3.2b), 只能在任意给定的矩形网格 I_{ij} 上借鉴有限差分格式 (例如经典的 FD-WENO 格式) 来实现空间离散, 如若希望改用有限体格式 (例如经典的 FV-WENO 格式) 来实现空间离散, 则须且只需将参数的计算公式 (3.3.3) 改成

$$C_{ij}^{(1)} = \overline{W}_{ij}^{(2)} \Big/ \overline{W}_{ij}^{(1)} , \quad C_{ij}^{(2)} = \overline{W}_{ij}^{(3)} \Big/ \overline{W}_{ij}^{(1)} , \tag{3.3.3b}$$

这里的 $\overline{W}_{ij}^{(1)}$, $\overline{W}_{ij}^{(2)}$, $\overline{W}_{ij}^{(3)}$ 分别表示问题真解 $W(x, y, t)$ 的第 1, 2, 3 个分量在网格 I_{ij} 上的平均值 (参见 3.2 节). 另一方面, 我们于 3.2 节中所讨论的参数 C_i 由式 (3.2.7) 确定的一维含参 (γ, P_∞)-模型 (3.2.6), 或即 (3.2.8), 只能在任意给定的网格 I_i 上借鉴有限体格式 (例如经典的 FV-WENO 格式) 来实现空间离散, 如若希望改用有限差分格式 (例如经典的 FD-WENO 格式) 来实现空间离散, 则须且只需将参数的计算公式 (3.2.7) 改成

$$C_i = W_i^{(2)} \Big/ W_i^{(1)} , \tag{3.2.7b}$$

这里 $W_i^{(1)}, W_i^{(2)}$ 分别表示问题真解 $W(x, t)$ 的第 1, 2 两个分量在网格 I_i 的中心点 x_i 处的值.

注 3.3.2 借鉴 Shyue 所提出的可避免压强和速度出现非物理振动的二维拟守恒体积分数模型 (3.1.5), 可类似地写出二维含参体积分数模型. 以具有 m $(m \geqslant 2)$ 种不同介质的二维多介质 stiffened 气体流动问题为例, 在任意给定的网格 I_{ij} 上 $(i = 1, 2, \cdots, M, j = 1, 2, \cdots, N)$, 可避免压强和速度出现非物理振动的二维含参体积分数模型为

$$
\begin{cases}
\dfrac{\partial \rho}{\partial t} + \dfrac{\partial(\rho u)}{\partial x} + \dfrac{\partial(\rho v)}{\partial y} = 0, \\[2mm]
\dfrac{\partial(\rho u)}{\partial t} + \dfrac{\partial(\rho u^2 + P)}{\partial x} + \dfrac{\partial(\rho uv)}{\partial y} = 0, \\[2mm]
\dfrac{\partial(\rho v)}{\partial t} + \dfrac{\partial(\rho uv)}{\partial x} + \dfrac{\partial(\rho v^2 + P)}{\partial y} = 0, \\[2mm]
\dfrac{\partial(\rho E)}{\partial t} + \dfrac{\partial((\rho E + P)u)}{\partial x} + \dfrac{((\rho E + P)v)}{\partial y} = 0, \\[2mm]
\dfrac{\partial Y_i}{\partial t} + C_{ij}^{(1)} \dfrac{\partial Y_i}{\partial x} + C_{ij}^{(2)} \dfrac{\partial Y_i}{\partial y} = 0, \quad i = 1, 2, \cdots, m-1,
\end{cases}
\tag{3.3.5}
$$

这里的 Y_i 是第 i 种介质的特征函数, 诸 Y_i 满足关系式

$$
\sum_{i=1}^{m} Y_i = 1, \quad 0 \leqslant Y_i \leqslant 1, \quad i = 1, 2, \cdots, m,
\tag{3.3.6}
$$

参数 $C_{ij}^{(1)}$ 和 $C_{ij}^{(2)}$ 由式 (3.3.3) 或 (3.3.3b) 确定, 状态方程参数 γ, P_∞ 与诸特征函数 Y_i 之间的关系为

$$
\frac{1}{\gamma - 1} = \sum_{i=1}^{m} Y_i \frac{1}{\gamma_i - 1}, \quad \frac{\gamma\, P_\infty}{\gamma - 1} = \sum_{i=1}^{m} Y_i \frac{\gamma_i\,(P_\infty)_i}{\gamma_i - 1}.
$$

注 3.3.3 借鉴一维和二维含参数学模型, 类似地可构造描述多介质 stiffened 气体流动问题的可避免压强和速度出现非物理振动的三维含参 (γ, P_∞)-模型及三维含参体积分数模型.

例如设问题的空间积分区域是 (x, y, z)-直角坐标空间中的长方体区域

$$
\{(x, y, z) : a_1 \leqslant x \leqslant a_2,\ b_1 \leqslant y \leqslant b_2,\ c_1 \leqslant z \leqslant c_2\},
$$

恒采用均匀长方体网格

$$
\begin{aligned}
I_{ijk} = \Big\{ (x, y, z) : & x_i - \frac{h_1}{2} \leqslant x \leqslant x_i + \frac{h_1}{2}, y_j - \frac{h_2}{2} \leqslant y \leqslant y_j \\
& + \frac{h_2}{2}, z_k - \frac{h_3}{2} \leqslant z \leqslant z_k + \frac{h_3}{2} \Big\},
\end{aligned}
$$

这里

$$
\begin{cases}
x_i = a_1 + (i - 0.5)h_1,\ y_j = b_1 + (j - 0.5)h_2,\ z_k = c_1 + (k - 0.5)h_3, \\
h_1 = (a_2 - a_1)/M,\ h_2 = (b_2 - b_1)/N,\ h_3 = (c_2 - c_1)/L,
\end{cases}
$$

其中 (x_i, y_j, z_k) 表示网格中心点，$i = 1, 2, \cdots, M$, $j = 1, 2, \cdots, N$, $k = 1, 2, \cdots$, L, h_1, h_2, h_3 分别表示网格沿 X-轴、Y-轴及 Z-轴方向的长度，M, N 和 L 是事先适当给定的自然数. 此外，我们仍以符号 ρ, u, v, w, P, E 分别表示多介质混合气体的密度，沿 X-轴、Y-轴及 Z-轴方向的速度，压强和单位质点所携带的总能量，γ 和 P_∞ 表示多介质 stiffened 气体的状态方程参数，这里

$$
\begin{cases}
P + \gamma P_\infty = (\gamma - 1) \left[\rho\, E - \dfrac{\rho}{2}(u^2 + v^2 + w^2) \right], \\
E = e + \dfrac{1}{2}(u^2 + v^2 + w^2),
\end{cases}
$$

符号 e 表示单位质点所携带的内能. 则在任给网格 I_{ijk} 上描述多介质 stiffened 气体流动问题的可以避免压强和速度出现非物理振动的三维含参 (γ, P_∞)-模型可表示为

$$
\begin{cases}
\dfrac{\partial \rho}{\partial t} + \dfrac{\partial (\rho u)}{\partial x} + \dfrac{\partial (\rho v)}{\partial y} + \dfrac{\partial (\rho w)}{\partial z} = 0, \\[2mm]
\dfrac{\partial (\rho u)}{\partial t} + \dfrac{\partial (\rho u^2 + P)}{\partial x} + \dfrac{\partial (\rho uv)}{\partial y} + \dfrac{\partial (\rho uw)}{\partial z} = 0, \\[2mm]
\dfrac{\partial (\rho v)}{\partial t} + \dfrac{\partial (\rho vu)}{\partial x} + \dfrac{\partial (\rho v^2 + P)}{\partial y} + \dfrac{\partial (\rho vw)}{\partial z} = 0, \\[2mm]
\dfrac{\partial (\rho w)}{\partial t} + \dfrac{\partial (\rho wu)}{\partial x} + \dfrac{\partial (\rho wv)}{\partial y} + \dfrac{\partial (\rho w^2 + P)}{\partial z} = 0, \\[2mm]
\dfrac{\partial (\rho E)}{\partial t} + \dfrac{\partial ((\rho E + p)u)}{\partial x} + \dfrac{\partial ((\rho E + p)v)}{\partial y} + \dfrac{\partial ((\rho E + p)w)}{\partial z} = 0, \\[2mm]
\dfrac{\partial}{\partial t}\left(\dfrac{1}{\gamma - 1} \right) + C_{ijk}^{(1)} \dfrac{\partial}{\partial x}\left(\dfrac{1}{\gamma - 1} \right) + C_{ijk}^{(2)} \dfrac{\partial}{\partial y}\left(\dfrac{1}{\gamma - 1} \right) + C_{ijk}^{(3)} \dfrac{\partial}{\partial z}\left(\dfrac{1}{\gamma - 1} \right) = 0, \\[2mm]
\dfrac{\partial}{\partial t}\left(\dfrac{\gamma\, P_\infty}{\gamma - 1} \right) + C_{ijk}^{(1)} \dfrac{\partial}{\partial x}\left(\dfrac{\gamma\, P_\infty}{\gamma - 1} \right) + C_{ijk}^{(2)} \dfrac{\partial}{\partial y}\left(\dfrac{\gamma\, P_\infty}{\gamma - 1} \right) + C_{ijk}^{(3)} \dfrac{\partial}{\partial z}\left(\dfrac{\gamma\, P_\infty}{\gamma - 1} \right) = 0,
\end{cases}
\tag{3.3.7}
$$

这里前五个方程所构成的方程组是三维守恒型 Euler 方程组，最后两个附加方程用于描述该多介质问题状态方程参数的变化规律，当使用将于本节构造的 FD-WENO-FMT 格式求解时，网格参数的计算公式为

$$
C_{ijk}^{(1)} = \frac{(\rho u)_{ijk}}{(\rho)_{ijk}}, \quad C_{ijk}^{(2)} = \frac{(\rho v)_{ijk}}{(\rho)_{ijk}}, \quad C_{ijk}^{(3)} = \frac{(\rho w)_{ijk}}{(\rho)_{ijk}}.
\tag{3.3.8a}
$$

但当使用 FV-WENO-FMT 格式求解时, 网格参数计算公式应改为

$$C_{ijk}^{(1)} = \frac{\overline{(\rho u)_{ijk}}}{\overline{(\rho)_{ijk}}}, \quad C_{ijk}^{(2)} = \frac{\overline{(\rho v)_{ijk}}}{\overline{(\rho)_{ijk}}}, \quad C_{ijk}^{(3)} = \frac{\overline{(\rho w)_{ijk}}}{\overline{(\rho)_{ijk}}}. \tag{3.3.8b}$$

这里的符号 $(\rho)_{ijk}$, $(\rho u)_{ijk}$, $(\rho v)_{ijk}$ 及 $(\rho w)_{ijk}$ 分别表示在网格 I_{ijk} 的中心点 (x_i, y_j, z_k) 处原问题真解的 ρ, ρu, ρv 及 ρw 的值的逼近值, 符号 $\overline{(\rho)_{ijk}}$, $\overline{(\rho u)_{ijk}}$, $\overline{(\rho v)_{ijk}}$ 及 $\overline{(\rho w)_{ijk}}$ 分别表示在网格 I_{ijk} 上原问题真解的 ρ, ρu, ρv 及 ρw 的平均值的逼近值.

此外, 只要用方程

$$\frac{\partial f}{\partial t} + C_{ijk}^{(1)}\frac{\partial f}{\partial x} + C_{ijk}^{(2)}\frac{\partial f}{\partial y} + C_{ijk}^{(3)}\frac{\partial f}{\partial z} = 0$$

去代替方程组 (3.3.7) 中的最后两个附加方程, 便可获得描述仅具有 A 和 B 两种不同介质的三维多介质 stiffened 气体流动问题的三维含参体积分数模型. 这里 f $(0 \leqslant f \leqslant 1)$ 是介质 A 的特征函数, 介质 B 的特征函数为 $1 - f$, 多介质问题的状态方程参数 γ, P_∞ 与特征函数 f 之间的关系由式 (3.2.11) 确定.

3.3.2　基于含参数学模型的 FD-WENO-FMT 格式

尽管 3.2 节所构造的 FV-WENO-FMT 格式突破了二阶精度的局限, 可达到任意高阶精度, 但对于求解二维以上的多介质流体问题, 该格式有严重缺陷, 那就是其中三阶以上格式的计算量太大 (参见本书 2.1 节), 缺乏实用价值. 正因为如此, 我们在 3.2 节把重点局限于用高阶 FV-WENO-FMT 格式求解一维问题.

为了克服高阶 FV-WENO-FMT 格式的上述严重缺陷, 更好地适应高维辐射流体动力学计算的实际需求, 我们将于本节进一步研究和构造基于含参数学模型的流体混合型 FD-WENO-FMT 格式. 本节所构造的 FD-WENO-FMT 格式不仅可达到任意高阶精度, 而且对于求解高维多介质流体问题, 三阶以上的高阶 FD-WENO-FMT 格式的计算量比同阶 FV-WENO-FMT 格式小一个数量级. 例如当用三阶 FD-WENO-FMT 格式求解三维多介质流体问题时, 其计算量仅仅是同阶 FV-WENO-FMT 格式的 $\frac{1}{9}$, 而且前者容易编程, 当在并行机上计算时并行效率可达到 90% 以上 (参见本书 2.1 节). 因此我们建议: 对于求解二维以上的多介质流体问题, 一律使用本节所构造的高阶 FD-WENO-FMT 格式, 不要使用 FV-WENO-FMT 格式. 正因为如此, 本节把重点放在用高阶 FD-WENO-FMT 格式求解高维多介质理想流体问题.

从式 (3.3.4) 易进一步推出在任意给定的网格 I_{ij} 上的二维含参 (γ, P_∞)-模型 (3.3.2b) 中通量函数 $F(W)$ 和 $G(W)$ 的诸分量与状态变量 W 的诸分量之间的直

接关系:

$$
\begin{cases}
F^{(1)} = W^{(2)}, \quad F^{(2)} = \dfrac{(W^{(2)})^2}{W^{(1)}} + P, \\[2mm]
F^{(3)} = \dfrac{W^{(2)}W^{(3)}}{W^{(1)}}, \quad F^{(4)} = \dfrac{W^{(2)}(W^{(4)} + P)}{W^{(1)}}, \\[2mm]
F^{(5)} = C_{ij}^{(1)}\, W^{(5)}, \quad F^{(6)} = C_{ij}^{(1)}\, W^{(6)}, \\[2mm]
G^{(1)} = W^{(3)}, \quad G^{(2)} = \dfrac{W^{(2)}W^{(3)}}{W^{(1)}}, \\[2mm]
G^{(3)} = \dfrac{(W^{(3)})^2}{W^{(1)}} + P, \quad G^{(4)} = \dfrac{W^{(3)}(W^{(4)} + P)}{W^{(1)}}, \\[2mm]
G^{(5)} = C_{ij}^{(2)}\, W^{(5)}, \quad G^{(6)} = C_{ij}^{(2)}\, W^{(6)}, \\[2mm]
P = \dfrac{W^{(4)} - W^{(6)}}{W^{(5)}} - \dfrac{(W^{(2)})^2 + (W^{(3)})^2}{2W^{(1)}W^{(5)}},
\end{cases}
\tag{3.3.9}
$$

由此可算出通量函数的 Jacobi 矩阵 $\dfrac{\partial F}{\partial W}$ 及 $\dfrac{\partial G}{\partial W}$. 例如易算出

$$
\frac{\partial F}{\partial W} =
\begin{bmatrix}
0 & 1 & 0 & 0 & 0 & 0 \\
(\gamma-1)\bar{e} - u^2 & (3-\gamma)u & (1-\gamma)v & \gamma-1 & (1-\gamma)P & 1-\gamma \\
-uv & v & u & 0 & 0 & 0 \\
-u\,H + (\gamma-1)u\bar{e} & H - (\gamma-1)u^2 & (1-\gamma)uv & \gamma\,u & (1-\gamma)uP & (1-\gamma)u \\
0 & 0 & 0 & 0 & C_{ij}^{(1)} & 0 \\
0 & 0 & 0 & 0 & 0 & C_{ij}^{(1)}
\end{bmatrix},
$$

其特征值为 (3.3.10a)

$$
\lambda_1(W) = \lambda_2(W) = u, \quad \lambda_3(W) = u - c, \quad \lambda_4(W) = u + c, \quad \lambda_5(W) = \lambda_6(W) = C_{ij}^{(1)},
\tag{3.3.10b}
$$

这里

$$
\bar{e} = \frac{u^2 + v^2}{2}, \quad H = E + P/\rho, \quad c = \sqrt{\frac{\gamma\,(P + P_\infty)}{\rho}}.
\tag{3.3.10c}
$$

式 (3.3.10b) 所表示的 6 个特征值显然全是实数, 并且可验证存在与其相应的 6 个线性无关的特征矢量.

注意上述 Jacobi 矩阵及其特征值、左右特征矢量和特征分解式也都是依赖于网格 I_{ij} 的. 当在数值求解上述问题的过程中需要作局部特征变换时, 为简单计, 我们建议使用近似的特征分解式

$$
\frac{\partial \widetilde{F}}{\partial W} = R(W)\Lambda(W)R^{-1}(W),
\tag{3.3.11}
$$

这里 $\dfrac{\partial \widetilde{F}}{\partial W}$ 表示将矩阵 $\dfrac{\partial F}{\partial W}$ 最后两行中的 $C_{ij}^{(1)}$ 近似地改成 u 以后所得到的新的矩阵. 注意这里的矩阵 $R(W)$ 不是唯一的, 例如可取

$$
R(W) = \begin{bmatrix}
1 & 0 & 1 & 1 & 0 & 0 \\
u & 0 & u-c & u+c & 0 & 0 \\
v & 1 & v & v & 0 & 0 \\
\bar{e} & v & H-uc & H+uc & P & 1 \\
0 & 0 & 0 & 0 & 1 & 0 \\
0 & 0 & 0 & 0 & 0 & 1
\end{bmatrix}. \tag{3.3.12}
$$

另一方面, 类似地可算出矩阵 $\dfrac{\partial G}{\partial W}$ 及其特征值和特征矢量, 我们发现矩阵 $\dfrac{\partial G}{\partial W}$ 的 6 个特征值也都全是实数, 且相应地存在 6 个线性无关的实特征矢量. 由此可见在任意给定的矩形网格 I_{ij} 上, 含参数学模型 (3.3.2b), 或即 (3.3.2), 的确是双曲守恒律组. 因而的确可借鉴已有的经典 FD-WENO 格式来求解它.

定义 3.3.2　借鉴经典 FD-WENO 格式来求解多介质理想流体问题含参数学模型的数值方法, 称为 FD-WENO-FMT 格式.

为确定计, 仍以描述多介质 stiffened 气体流动问题的二维含参 (γ, P_∞)-模型为例进行讨论. 此具体情形下, 用于求解二维含参 (γ, P_∞)-模型问题 (3.3.2b), 或即 (3.3.2), 的 $2k-1$ 阶流体混合型 FD-WENO-FMT 格式是指按下面流程进行计算的数值格式 (这里 k 可为任给正整数):

设已知问题 (3.3.2b) 的真解 $W(x, y, t)$ 于任给时刻 $t = t_n$ 在每个网格 I_{ij} 的中心点 (x_i, y_j) 处的值的逼近值

$$
W_{ij} = [W_{ij}^{(1)}, W_{ij}^{(2)}, \cdots, W_{ij}^{(6)}]^{\mathrm{T}}, \qquad i = 1, 2, \cdots, M, \quad j = 1, 2, \cdots, N. \tag{3.3.13}
$$

首先由于进行 $2k-1$ 阶 WENO 重构的需要, 我们在均匀矩形空间网域的每一行网格的左右两侧及每一列网格的上下两侧各增加 k 个网格, 并利用问题 (3.3.2b) 的边界条件来确定在这些附加网格中的 W_{ij} 的值. 然后借鉴 $2k-1$ 阶经典 FD-WENO 格式按下列步骤实现空间离散.

1. 在每个给定的网格 I_{ij} 上对偏导数 $\dfrac{\partial F(W)}{\partial x}$ 进行空间离散 (这里 $i = 1, 2, \cdots, M, j = 1, 2, \cdots, N$)

(1) 计算网格参数

$$
C_{ij}^{(1)} = W_{ij}^{(2)} \Big/ W_{ij}^{(1)}
$$

及需要用到的 $2k+1$ 个通量函数值 $F(W_{q,j})$, 这里 $i-k \leqslant q \leqslant i+k$.

(2) 依次令 $l = 0,1$, 完成下列 (a), (b), (c), (d) 四项任务.

(a) 作局部特征变换.

令 $W_{i-l+1/2,j} = (W_{i-l,j} + W_{i-l+1,j})/2$, 作特征分解

$$\left.\frac{\partial F}{\partial W}\right|_{W=W_{i-l+1/2,j}} = R(W_{i-l+1/2,j})\Lambda(W_{i-l+1/2,j})R^{-1}(W_{i-l+1/2,j}),$$

为简单计, 将矩阵 $R(W_{i-l+1/2,j})$ 及 $R^{-1}(W_{i-l+1/2,j})$ 分别简记为 $\bar{R}$ 及 $\bar{R}^{-1}$. 然后对网格边界点 $(x_{i-l} + h_1/2, y_j)$ (简记为 $(x_{i-l+1/2}, y_j)$) 左右两侧的 $2k$ 个已知的 W_{qj} 及通量函数值 $F(W_{qj})$ 作局部特征变换

$$w_{qj} = \bar{R}^{-1}W_{qj}, \quad f(w_{qj}) = \bar{R}^{-1}F(W_{qj}) = \bar{R}^{-1}F(\bar{R}w_{qj}),$$
$$q = i-l-k+1, \cdots, i-l+k.$$

注意这里的矩阵函数 $R(W)$ 可近似地由式 (3.3.12) 确定.

(b) 通量函数分裂.

我们建议使用 Lax-Friedrichs 分裂, 即是将局部特征场中的数值通量函数 $f(w_{qj})$ 分解为两部分之和

$$f(w_{qj}) = f^+(w_{qj}) + f^-(w_{qj}),$$

这里

$$f^+(w_{qj}) = (f(w_{qj}) + \alpha w_{qj})/2, \quad f^-(w_{qj}) = (f(w_{qj}) - \alpha w_{qj})/2,$$

其中粘性系数

$$\alpha = \max_{\substack{1 \leqslant l \leqslant 6 \\ i-l-k+1 \leqslant q \leqslant i-l+k}} |\lambda_l(W_{qj})|,$$

诸特征值 $\lambda_l(W_{qj})$ 由式 (3.3.10b) 确定.

(c) 用 WENO 重构方法计算数值通量.

首先利用函数 $f^+(w)$ 的 $2k-1$ 个网格值

$$f^+(w_{i-l-k+1,j}), f^+(w_{i-l-k+2,j}), \cdots, f^+(w_{i-l+k-1,j})$$

进行 $2k-1$ 阶 WENO 重构, 可获得数值通量 $(\widehat{f^+})^-_{i-l+1/2,j}$, 其次利用函数 $f^-(w)$ 的 $2k-1$ 个网格值

$$f^-(w_{i-l-k+2,j}), f^-(w_{i-l-k+3,j}), \cdots, f^-(w_{i-l+k,j})$$

进行 $2k-1$ 阶 WENO 重构, 可获得数值通量 $(\widehat{f^-})^+_{i-l+1/2,j}$, 二者相加即得特征场中数值通量

$$\widehat{f}_{i-l+1/2,j} = (\widehat{f^+})^-_{i-l+1/2,j} + (\widehat{f^-})^+_{i-l+1/2,j}.$$

(d) 变回到物理空间.

对 $\widehat{f}_{i-l+1/2,j}$ 作逆变换, 便得到物理空间中网格边界点 $(x_{i-l+1/2}, y_j)$ 处的数值通量

$$\widehat{F}^{(ij)}_{i-l+1/2,j} = \bar{R}\, \widehat{f}_{i-l+1/2,j}, \quad l = 0, 1.$$

上式左端项的上标 (ij) 表示该数值通量当且仅当在网格 I_{ij} 上进行空间离散时使用.

在每个网格 I_{ij} 上完成上述任务以后, 便可获得偏导数 $\dfrac{\partial F(W)}{\partial x}$ 在网格 I_{ij} 中心点处的 $2k-1$ 阶逼近值

$$\left.\frac{\partial F(W)}{\partial x}\right|_{(x,y)=(x_i,y_j)} \approx \frac{1}{h_1}\left(\widehat{F}^{(ij)}_{i+1/2,j} - \widehat{F}^{(ij)}_{i-1/2,j}\right), \quad i = 1, 2, \cdots, M,\ j = 1, 2, \cdots, N.$$

$$(3.3.14)$$

2. 在每个给定的网格 I_{ij} 上对偏导数 $\dfrac{\partial G(W)}{\partial y}$ 进行空间离散 (这里 $i = 1, 2, \cdots, M,\ j = 1, 2, \cdots, N$)

(1) 计算网格参数

$$C^{(2)}_{ij} = W^{(3)}_{ij}\Big/ W^{(1)}_{ij}$$

及需要用到的 $2k+1$ 个通量函数值 $G(W_{iq})$, 这里 $j-k \leqslant q \leqslant j+k$.

(2) 依次令 $l = 0, 1$, 完成与 1 中 (a), (b), (c), (d) 四项任务十分类似的四项任务 (由于是类似的, 这里我们不再详述), 便可获得偏导数 $\dfrac{\partial G(W)}{\partial y}$ 在网格 I_{ij} 中心点处的 $2k-1$ 阶逼近值

$$\left.\frac{\partial G(W)}{\partial y}\right|_{(x,y)=(x_i,y_j)} \approx \frac{1}{h_2}(\widehat{G}^{(ij)}_{i,j+1/2} - \widehat{G}^{(ij)}_{i,j-1/2}), \quad i = 1, 2, \cdots, M,\ j = 1, 2, \cdots, N.$$

$$(3.3.15)$$

3. 构造半离散格式

应用式 (3.3.14) 和 (3.3.15), 便可获得原问题 (3.3.2b) 的半离散格式

$$\frac{\mathrm{d}W_{ij}}{\mathrm{d}t} + \frac{1}{h_1}(\hat{F}^{(ij)}_{i+1/2,j} - \hat{F}^{(ij)}_{i-1/2,j}) + \frac{1}{h_2}(\hat{G}^{(ij)}_{i+1/2,j} - \hat{G}^{(ij)}_{i-1/2,j}) = 0, \tag{3.3.16}$$

$$i = 1, 2 \cdots, M, \ j = 1, 2 \cdots, N,$$

在获得半离散格式 (3.3.16) 之后, 还需要对其进行时间离散. 具体地说, 我们可用一个精度阶与空间离散精度相匹配的 TVD Runge-Kutta 法 (参见本书 2.2.3 小节), 从时刻 t_n 出发, 按满足 CFL 条件的时间步长 τ 来求解上述半离散问题, 计算一步, 便可获得于时刻 $t_n + \tau$ 的原问题 (3.3.2b) 的真解 $W(x, y, t_n + \tau)$ 在每个网格 I_{ij} 的中心点 (x_i, y_j) 处的值的逼近值, 从而完成一个时间步的计算.

注 3.3.4 一维问题的 FD-WENO-FMT 格式显然可视为二维问题的 FD-WENO-FMT 格式的特例. 另一方面, 类似地可设计用于求解三维含参 (γ, P_∞)-模型问题 (3.3.7) 的 $2k - 1$ 阶 FD-WENO-FMT 格式的计算流程及用于求解二维及三维含参体积分数模型问题的 $2k - 1$ 阶 FD-WENO-FMT 格式的计算流程, 这里 k 可为任给自然数.

注 3.3.5 多介质完全气体流动问题可视为多介质 stiffened 气体流动问题当 $P_\infty \equiv 0$ 时的特例, 因而同样可使用基于二维含参 (γ, P_∞)-模型 (3.3.2) 或基于三维含参 (γ, P_∞)-模型 (3.3.7) (或基于相应的含参体积分数模型) 的 $2k - 1$ 阶流体混合型 FD-WENO-FMT 格式来数值模拟高维多介质完全气体流动问题. 由于此特殊情形下有 $P_\infty \equiv 0$, 故含参 (γ, P_∞)-模型中最后一个附加方程应当去掉不用. 我们称从含参 (γ, P_∞)-模型中去掉最后一个附加方程后所得到的新的数学模型为描述多介质完全气体流动问题的含参 γ-模型.

注 3.3.6 在本小节中, 我们仅考虑了用 FD-WENO-FMT 格式分别在均匀矩形网格上及均匀长方体网格上求解二维及三维含参数学模型问题. 这样的网格实在太特殊了. 幸好 FD-WENO-FMT 格式也像经典 FD-WENO 格式一样, 在实际应用时, 可以在多种符合不同实际问题要求的光滑网格上进行计算. 具体地说, 以二维问题为例, 可用一个适当的光滑变换, 把实际应用中所遇到的光滑网格变换到均匀矩形网格上来进行计算 (参见文献 [30]).

注 3.3.7 对于状态方程更为复杂的多介质可压缩理想流体问题, 可以避免压强和速度出现非物理振动的含参数学模型以及可用于整体求解这类问题的基于含参数学模型的高阶 FD-WENO-FMT 格式和高阶 FV-WENO-FMT 格式, 请参见 3.5 节.

3.3.3　数值试验

例 3.3.1　考虑强激波与接触间断相互作用问题, 这里设 $-0.4 \leqslant x \leqslant 0.6$, $0 \leqslant t \leqslant 0.01$, 多介质问题的初始条件为

$$
\begin{cases}
(\rho, u, P, \gamma, P_\infty) = (2, 0, 2000, 1.4, 0), & -0.4 \leqslant x \leqslant 0.1, \\
(\rho, u, P, \gamma, P_\infty) = (0.5, 0, 1.5, 1.4, 0), & 0.1 < x \leqslant 0.4, \\
(\rho, u, P, \gamma, P_\infty) = (1, 0, 1.5, 1.8, 0), & 0.4 < x \leqslant 0.6,
\end{cases}
$$

左右两端采用紧支边界条件. 将区间 $-0.4 \leqslant x \leqslant 0.6$ 等分为 1000 个网格, 并设时间步长满足 CFL 条件, 用我们所设计的基于含参数学模型的五阶 FD-WENO-FMT 格式进行计算. 算至时刻 $t = 0.0075$ 和 $t = 0.0095$ 的数值结果分别绘于图 3.3.1(a) 及图 3.3.1(b). 从该图中未见到压强 P 和速度 u 出现任何非物理振动, 由此表明当强激波通过接触间断时, 高阶 FD-WENO-FMT 格式仍然保持实质上无振荡的特征. 另一方面, 图 3.3.2(a) 和图 3.3.2(b) 中所画出的是用 Shyue 的二阶波传播方法在同样网格上求解同一问题的计算结果. 容易看出二者总体上保持一致, 但在图 3.3.2(b) 中, 用二阶波传播方法所算出的压强和密度均出现微小的非物理振动, 在这方面不如五阶 FD-WENO-FMT 格式.

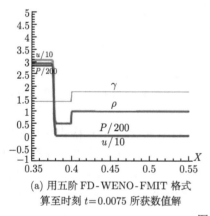
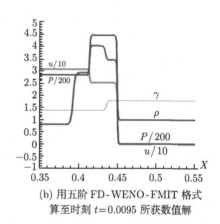

(a) 用五阶 FD-WENO-FMIT 格式　　　　　　(b) 用五阶 FD-WENO-FMIT 格式
算至时刻 $t=0.0075$ 所获数值解　　　　　　　算至时刻 $t=0.0095$ 所获数值解

图 3.3.1

在本书 2.3 节及 2.4 节, 我们已强调指出流体界面不稳定性数值模拟在辐射流体计算及内爆压缩过程数值模拟研究中的重要性, 并就单介质流体问题, 列举了多个流体界面不稳定性数值模拟实例. 现在由于有了高阶 FD-WENO-FMT 格式, 我们有条件进一步数值模拟更加符合辐射流体计算实际需求的多介质流体问题的流体界面不稳定性. 试看以下两个算例:

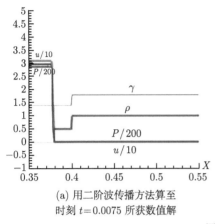
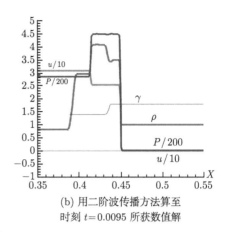

(a) 用二阶波传播方法算至
时刻 $t=0.0075$ 所获数值解

(b) 用二阶波传播方法算至
时刻 $t=0.0095$ 所获数值解

图 3.3.2

例 3.3.2 考虑如图 3.3.3 所示的在重力作用下产生的二维多介质完全气体界面的 RT 不稳定性问题, 求解区域取为 $\{(x,y) \mid 0 \leqslant x \leqslant 100,\ 0 \leqslant y \leqslant 20\}$. 图中下方为轻流体, 上方为重流体, 二者的界面由方程

$$\bar{x} = 50 + 2\cos(2\pi y/20), \quad 0 \leqslant y \leqslant 20$$

确定. 轻流体的绝热指数为 $\gamma_1 = 10$, 初始状态为

$$u_1 = v_1 = 0, \quad \rho_1 = 1, \quad P_1 = P_0 + (100 - \bar{x})\rho_2 g + (\bar{x} - x)\rho_1 g.$$

重流体的绝热指数为 $\gamma_2 = 20$, 初始状态为

$$u_2 = v_2 = 0, \quad \rho_2 = 3, \quad P_2 = P_0 + (100 - \bar{x})\rho_2 g,$$

这里 u 和 v 分别代表流体沿 X-轴和 Y-轴方向的速度, ρ 代表密度, P 代表压强, g 代表重力加速度, P_0 是图中矩形区域的上方边界处的压强. 该问题可用二维含参 γ-模型来描述 (参见注 3.3.5). 在本例的实际计算中, 我们取 $g = 40$, $P_0 = 50(\rho_1 + \rho_2)g$. 积分区域的左、右边及下边采用固壁边界条件, 上边采用紧支边界条件. 应当特别注意的是由于本例中的流体受有外力, 在使用二维含参 γ-模型 (2.1) 进行计算时, 其中第二和第四个方程必须分别添加右端项 $-\rho g$ 和 $-\rho u g$. 我们采用 600×120 的均匀网格, 用五阶 FD-WENO-FMT 格式进行计算, 并同时用 4.5 节所设计的改进的锋面跟踪法 (简称为 IFT 方法) 计算流体界面. 算至时刻 $t = 1.9$ 的数值结果见图 3.3.4.

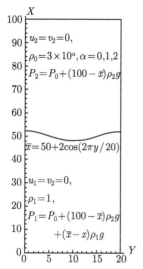

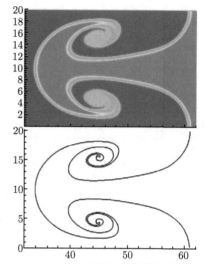

图 3.3.3　上方为重流体, 下方为轻流体　　　图 3.3.4　RT 不稳定性问题的数值结果, 上方: 密度; 下方: 界面

例 3.3.3　考虑初始状态如图 3.3.5 所示的激波与重气泡相互作用问题, 这是一个以 X-轴为对称轴的柱对称问题. 设气泡内外均为完全气体, 气泡外气体的绝热指数为 1.4, 气泡内气体的绝热指数为 5/3. 设气泡外气体于初始时刻有一个激波, 图中直线 $x = 1$ 的左边为激波波后区, 右边为激波波前区, 该气体的波后初始密度为 1.52904×10^{-3}, 压强为 1.46113×10^{-6}, 沿轴向和径向的速度分量分别为 8.74034×10^{-3} 和 0, 波前初始密度为 1.22×10^{-3}, 压强为 10^{-6}, 沿轴向和径向的速度分量均为 0, 设气泡的初始半径 $r = 1.5$, 气泡内气体的初始密度为 6.2×10^{-3}, 压强为 1.0×10^{-6}, 沿轴向和径向的速度分量均为 0. 这类问题仍可用含参数学模型 (3.3.1)(可去掉其中最后一个方程) 来描述, 但须注意由于这里遇到的是柱对称问题, 方程组中各个量的散度应按柱坐标下的公式计算. 我们采用 400×100 的一致空间网格, 积分区域的上边及下边采用固壁边界条件, 左边采用入流边界条件, 右边采用出流边界条件, 用基于含参数学模型的五阶 FD-WENO-FMT 格式算至时刻 $t = 640.1$ 的密度分布及用 IFT 方法算出的在同一时刻气泡的界面见图 3.3.6.

从图 3.3.4 及图 3.3.6 可以看出, 以上两个多介质问题流体界面不稳定性算例所获得的数值结果均与相应的物理过程较好地保持一致, 分辨率较高, 未出现任何非物理振动. 另一方面, 上述计算结果与程序中自动提供的清晰的物质界面也较好地保持一致, 与我们在 2.3 节及 2.4 节中就单介质问题所列举的相应的流体界面不稳定性问题的计算结果十分相似. 由此可见, 以上计算结果是可以信赖的.

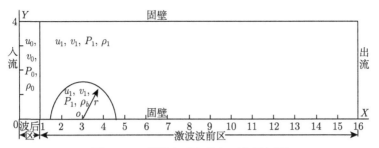

图 3.3.5 激波与重气泡相互作用问题

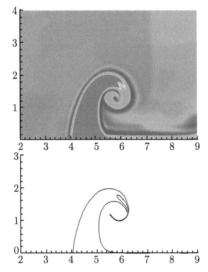

图 3.3.6 上方: 密度分布; 下方: 气泡的界面

例 3.3.4 仿照文献 [30] 中的做法, 我们考虑由二维含参 γ-模型所描述的多介质完全气体周期漩涡问题. 这里设空间积分区域为 $\Omega = \{(x,y) : 0 \leqslant x \leqslant 10, 0 \leqslant y \leqslant 10\}$, 初始条件为

$$
\begin{cases}
\rho = T^{\frac{1}{\gamma-1}}, \quad P = \rho T, \\
u = 1 - \dfrac{\varepsilon(y-5)}{2\pi} \exp\left(\dfrac{1-(x-5)^2-(y-5)^2}{2}\right), \\
v = 1 + \dfrac{\varepsilon(x-5)}{2\pi} \exp\left(\dfrac{1-(x-5)^2-(y-5)^2}{2}\right), \\
\gamma = \begin{cases} 2.4, & x \leqslant 5, \\ 1.4, & x > 5, \end{cases}
\end{cases}
$$

其中

$$T = 1 - \frac{\varepsilon^2(\gamma-1)}{8\pi^2\gamma}\exp(1-(x-5)^2-(y-5)^2), \quad \varepsilon = 5,$$

并设上下左右均满足周期边界条件. 采用 320×320 等分空间网格, 设时间步长满足 CFL 条件, 分别用二阶 FV-WENO-FMT 格式及五阶 FD-WENO-FMT 格式去求解上述问题, 算至时刻 $t = 20$, 在所获数值结果中绝热指数 γ 的分布分别见图 3.3.7 及图 3.3.8, 用 IFT 方法 (请参见第 4 章) 算出的该时刻的流体界面见图 3.3.9. 从这些图形可以看出, 二阶方法的分辨率确实太低, 但五阶 FD-WENO-FMT 格式所获数值结果不仅分辨率很高, 未出现任何非物理振动, 很好地刻画了真实的物理过程, 而且与程序中自动提供的清晰的物质界面很好地保持一致.

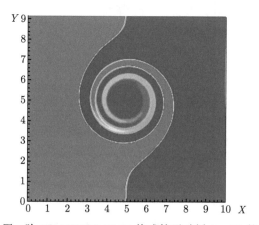

图 3.3.7　用二阶 FV-WENO-FMT 格式算至时刻 $t = 20$ 的 γ-分布图

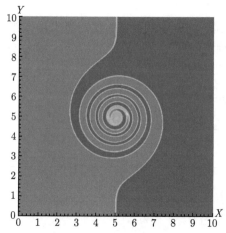

图 3.3.8　用五阶 FD-WENO-FMT 格式算至时刻 $t = 20$ 的 γ-分布图

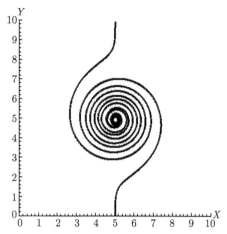

图 3.3.9 用 IFT 方法算出的于时刻 $t = 20$ 的流体界面

这是一个界面拓扑结构变化十分复杂的多介质复杂流体问题, 用高阶 FD-WENO-FMT 格式能成功而又快速地计算, 我们感到十分高兴. 如果改用我们在 3.1 节中所指出的当前使用较广的 "分区计算方法" 来计算这样的问题, 其困难可想而知.

3.4 WENO-FMT 格式的改进

3.4.1 WENO-FMT 格式的不足之处

理论分析和数值试验表明, 我们于 3.2 节及 3.3 节所构造的多介质理想流体问题的 FD-WENO-FMT 格式及 FV-WENO-FMT 格式都是实质上无振动的, 均可达到任意高阶精度. 尤其是高阶 FD-WENO-FMT 格式适应性特别强, 无论对于强激波问题、高密度比问题以及界面拓扑结构变化十分复杂的各种二维及三维多介质复杂流体问题, 均能顺利地进行计算, 不仅计算精度和分辨率高, 而且计算速度快到可与单介质问题的 FD-WENO 格式媲美. 然而另一方面, 我们发现 WENO-FMT 格式也还存在不足之处.

以应用 FD-WENO-FMT 格式在均匀矩形网格上求解二维含参数学模型问题 (3.3.2b), 或即 (3.3.2), 为例, 尽管该数学模型中前四个方程所构成的是守恒型 Euler 方程组, 但其中最后两个附加方程均含有随网格而异的参数, 由此导致在对该问题进行空间离散的过程中通常都会出现微小的守恒误差. 例如当我们对方程组 (3.3.2b) 中的偏导数 $\dfrac{\partial F(W)}{\partial x}$ 进行空间离散时, 需要在任意两个相邻网格 I_{ij} 和 $I_{i+1,j}$ 的公共边界点 $(x_{i+1/2}, y_j)$ 处 (这里 $x_{i+1/2} = x_i + h_1/2$) 分别计算数值通

量 $\hat{F}_{i+1/2,j}^{(ij)}$ 和 $\hat{F}_{i+1/2,j}^{(i+1,j)}$, 但由于这两个网格中的网格参数可能不同, 以致在一般情形下所算出的上述两个数值通量中的前四个分量并不精确地相等, 这就导致由前四个方程所构成的 Euler 方程组的数值解出现微小守恒误差, 不能精确地保持质量守恒、动量守恒和总能量守恒.

我们在 3.2 节数值试验的例 3.2.2 中已经看到, Shyue 的二阶波传播方法及我们于 3.2 节中所构造的 FV-WENO-FMT 格式也都存在同样的缺点, 会出现微小的守恒误差. 迄今为止, 几乎所有的多介质理想流体问题的数值计算方法都存在上述同样的缺点, 在一般情形下都不能精确地保持质量守恒、动量守恒和总能量守恒, 仅仅是近似地保守恒的.

然而对于辐射流体计算及内爆压缩过程数值模拟研究来说, 数值解保持质量守恒、动量守恒和总能量守恒是十分重要的基本要求, 不可忽略. 因此我们很有必要进一步改进 FD-WENO-FMT 格式及 FV-WENO-FMT 格式, 以期克服其上述缺点.

3.4.2 改进措施及改进后的计算流程

为确定计, 下文中仍以应用 FD-WENO-FMT 格式在均匀矩形网格上求解二维含参数学模型问题 (3.3.2b) (或即 (3.3.2)) 为例来阐述我们的改进措施以及改进后的计算流程 (注意对于使用 FV-WENO-FMT 格式求解, 以及对于数值求解一维及三维含参 (γ, P_∞)-模型问题或含参体积分数模型问题, 改进措施及改进后的计算流程是类似的, 无须另作详述).

我们拟采取以下三项改进措施:

(1) 为了用守恒型有限差分法来逼近方程组 (3.3.2b) 中的偏导数 $\dfrac{\partial F(W)}{\partial x}$, 我们在每个网格边界点 $(x_{i+1/2}, y_j)$ 处 (这里 $x_{i+1/2} = x_i + h_1/2$), 使用其左右两侧两个网格参数 $C_{ij}^{(1)}$ 与 $C_{i+1,j}^{(1)}$ 的平均值

$$C_{i+1/2,j}^{(1)} := \frac{1}{2}(C_{ij}^{(1)} + C_{i+1,j}^{(1)}) \tag{3.4.1}$$

作为在该网格边界点处计算数值通量所需用的临时网格参数, 即是令

$$F^{(5)}(W) = C_{i+1/2,j}^{(1)} W^{(5)}, \quad F^{(6)}(W) = C_{i+1/2,j}^{(1)} W^{(6)},$$

但函数 $F(W)$ 的其余四个分量仍由式 (3.3.4) 定义. 在此基础上易算出该网格边界点处左右两侧共用数值通量

$$\hat{F}_{i+1/2,j} = \left[\hat{F}_{i+1/2,j}^{(1)}, \hat{F}_{i+1/2,j}^{(2)}, \cdots, \hat{F}_{i+1/2,j}^{(6)} \right]^{\mathrm{T}}, \quad i = 0, 1 \cdots, M, \ j = 1, 2, \cdots, N. \tag{3.4.2}$$

这样做的目的是避免 Euler 方程组的数值解出现守恒误差.

(2) 为了用守恒型有限差分法来逼近方程组 (3.3.2b) 中的偏导数 $\dfrac{\partial G(W)}{\partial y}$, 我们在每个网格边界点 $(x_i, y_{j+1/2})$ 处 (这里 $y_{j+1/2} = y_j + h_2/2$), 使用其上下两侧两个网格参数 $C_{ij}^{(2)}$ 与 $C_{i,j+1}^{(2)}$ 的平均值

$$C_{i,j+1/2}^{(2)} := \frac{1}{2}(C_{ij}^{(2)} + C_{i,j+1}^{(2)}) \tag{3.4.3}$$

作为在该网格边界点处计算数值通量所需用的临时网格参数, 即是令

$$G^{(5)}(W) = C_{i,j+1/2}^{(2)} W^{(5)}, \quad G^{(6)}(W) = C_{i,j+1/2}^{(2)} W^{(6)},$$

但函数 $G(W)$ 的其余四个分量仍由式 (3.3.4) 定义. 在此基础上易算出该网格边界点处上下两侧共用的数值通量

$$\widehat{G}_{i,j+1/2} = \left[\widehat{G}_{i,j+1/2}^{(1)}, \widehat{G}_{i,j+1/2}^{(2)}, \cdots, \widehat{G}_{i,j+1/2}^{(6)}\right]^{\mathrm{T}}, \quad i = 1, 2, \cdots, M, \ j = 0, 1, \cdots, N. \tag{3.4.4}$$

这样做的目的同样是避免 Euler 方程组的数值解出现守恒误差.

以上两项改进措施, 使得由方程组 (3.3.2) 中前四个方程所构成的守恒型 Euler 方程组的数值解能精确地保守恒, 从而已达到了我们的主要目的; 但另一方面, 由于对网格参数作了人为修改, 按上述方案所算出的最后两个附加方程的数值通量显然是错误的, 因而还必须采取如下第三项措施.

(3) 通过校正数值通量来实现附加方程的空间离散. 容易看出, 在任意给定的网格 I_{ij} 上, 偏导数 $\dfrac{\partial F(W)}{\partial x}$ 的第 5, 6 两个分量的校正了的半离散逼近为

$$\frac{\partial F^{(q)}(W)}{\partial x} \approx \frac{C_{ij}^{(1)}}{h_1} \left(\frac{\widehat{F}_{i+1/2,j}^{(q)}}{C_{i+1/2,j}^{(1)}} - \frac{\widehat{F}_{i-1/2,j}^{(q)}}{C_{i-1/2,j}^{(1)}}\right), \quad q = 5, 6, \tag{3.4.5}$$

偏导数 $\dfrac{\partial G(W)}{\partial y}$ 的第 5, 6 两个分量的校正了的半离散逼近为

$$\frac{\partial G^{(q)}(W)}{\partial y} \approx \frac{C_{ij}^{(2)}}{h_2} \left(\frac{\widehat{G}_{i,j+1/2}^{(q)}}{C_{i,j+1/2}^{(2)}} - \frac{\widehat{G}_{i,j-1/2}^{(q)}}{C_{i,j-1/2}^{(2)}}\right) = 0, \quad q = 5, 6, \tag{3.4.6}$$

由此便可得到方程组 (3.3.2b) 中第 5, 6 两个附加方程的校正了的半离散格式

$$\frac{\mathrm{d}W_{ij}^{(q)}}{\mathrm{d}t} + \frac{C_{ij}^{(1)}}{h_1}\left(\frac{\widehat{F}_{i+1/2,j}^{(q)}}{C_{i+1/2,j}^{(1)}} - \frac{\widehat{F}_{i-1/2,j}^{(q)}}{C_{i-1/2,j}^{(1)}}\right) + \frac{C_{ij}^{(2)}}{h_2}\left(\frac{\widehat{G}_{i,j+1/2}^{(q)}}{C_{i,j+1/2}^{(2)}} - \frac{\widehat{G}_{i,j-1/2}^{(q)}}{C_{i,j-1/2}^{(2)}}\right) = 0,$$

$$q = 5,6, \quad i = 1,2,\cdots,M, \quad j = 1,2,\cdots,N. \tag{3.4.7}$$

这里参数 $C_{ij}^{(1)}$ 和 $C_{ij}^{(2)}$ 由式 (3.3.3) 确定，$C_{i+1/2,j}^{(1)}$ 和 $C_{i,j+1/2}^{(2)}$ 分别由式 (3.4.1) 和 (3.4.3) 确定.

定义 3.4.1 采用上述三项措施改进以后的新的 FD-WENO-FMT 格式，称为改进的 FD-WENO-FMT 格式.

从上述第 (1), (2) 两项改进措施可以看出，改进的 FD-WENO-FMT 格式不仅可确保质量守恒、动量守恒和总能量守恒，而且可使计算速度在原有基础上再提高将近一倍. 计算速度进一步提高的原因是由于原有格式需要在每个网格的上下左右各计算一次数值通量，从而总共需要计算 $4MN$ 次数值通量，而改进的 FD-WENO-FMT 格式仅需要在每个网格边界中点各计算一次数值通量，从而总共仅需要计算 $(M+1)N + M(N+1)$ 次数值通量. 另一方面，由于采取了第 (3) 项改进措施，通过校正数值通量来实现附加方程的空间离散，使得改进的 FD-WENO-FMT 格式同样可保证在计算过程中压强和速度不会出现非物理振动.

按照上述三项改进措施容易写出改进的 FD-WENO-FMT 格式的计算流程. 以应用改进的 $2k-1$ 阶 FD-WENO-FMT 格式在均匀矩形网格上求解二维含参数学模型问题 (3.3.2b) (或即 (3.3.2)) 为例，其计算流程如下:

设已知问题 (3.3.2b) 的真解 $W(x,y,t)$ 于任给时刻 $t = t_n$ 在每个网格 I_{ij} 的中心点 (x_i, y_j) 处的值的逼近值

$$W_{ij} = [W_{ij}^{(1)}, W_{ij}^{(2)}, \cdots, W_{ij}^{(6)}]^{\mathrm{T}}, \quad i = 1,2,\cdots,M, \quad j = 1,2,\cdots,N. \tag{3.4.8}$$

首先由于进行 $2k-1$ 阶 WENO 重构的需要，我们在均匀矩形空间网域的每一行网格的左右两侧及每一列网格的上下两侧各增加 k 个网格，并利用问题 (3.3.2b) 的边界条件来确定在这些附加网格中的 W_{ij} 的值. 接着在扩展了的空间网域上，分别算出通量函数 $F(W)$ 及 $G(W)$ 的前四个与网格参数无关的分量在每个网格中心点处的相应的逼近值 $F^{(q)}(W_{ij})$ 及 $G^{(q)}(W_{ij})$，这里 $q = 1,2,3,4$. 然后便可借鉴 $2k-1$ 阶经典 FD-WENO 格式按以下流程实现空间离散.

1. 对偏导数 $\dfrac{\partial F(W)}{\partial x}$ 进行守恒型空间离散所需用数值通量的计算流程

在每个网格边界点 $(x_{i+1/2}, y_j)$ 处按以下流程计算数值通量 $\widehat{F}_{i+1/2,j}(i = 0|M, j = 1|N)$:

(1) 计算临时网格参数

$$C_{i+1/2,j}^{(1)} := \frac{1}{2}\left[W_{ij}^{(2)}/W_{ij}^{(1)} + W_{i+1,j}^{(2)}/W_{i+1,j}^{(1)}\right].$$

(2) 作局部特征变换.

令 $W_{i+1/2,j} = (W_{i,j} + W_{i+1,j})/2$, 作特征分解

$$\left.\frac{\partial F}{\partial W}\right|_{W=W_{i+1/2,j}} = R(W_{i+1/2,j})\Lambda(W_{i+1/2,j})R^{-1}(W_{i+1/2,j}),$$

并将矩阵 $R(W_{i+1/2,j})$ 及 $R^{-1}(W_{i+1/2,j})$ 分别简记为 $\bar{R}$ 及 $\bar{R}^{-1}$. 然后对网格边界点 $(x_{i+1/2}, y_j)$ 左右两侧的 $2k$ 个已知的 W_{qj} 及通量函数值 $F(W_{qj})$ 作局部特征变换

$$w_{qj} = \bar{R}^{-1}W_{qj}, \quad f(w_{qj}) = \bar{R}^{-1}F(W_{qj}) = \bar{R}^{-1}F(\bar{R}w_{qj}), \quad q = i-k+1, \cdots, i+k.$$

注意这里的矩阵函数 $R(W)$ 可近似地由式 (3.3.12) 确定, 这里 $F(W_{q,j})$ 的第 5, 6 两个分量为

$$F^{(5)}(W_{qj}) = C_{i+1/2,j}^{(1)}W_{qj}^{(5)}, \quad F^{(6)}(W_{qj}) = C_{i+1/2,j}^{(1)}W_{qj}^{(6)}.$$

(3) 通量函数分裂.

我们建议使用 Lax-Friedrichs 分裂, 即是将局部特征场中的数值通量函数 $f(w_{qj})$ 分解为两部分之和

$$f(w_{qj}) = f^+(w_{qj}) + f^-(w_{qj}),$$

这里

$$f^+(w_{qj}) = (f(w_{qj}) + \alpha w_{qj})/2, \quad f^-(w_{qj}) = (f(w_{qj}) - \alpha w_{qj})/2,$$

其中粘性系数

$$\alpha = \max_{\substack{1\leqslant l\leqslant 6 \\ i-k+1\leqslant q\leqslant i+k}} |\lambda_l(W_{q,j})|,$$

诸特征值 $\lambda_l(W_{qj})$ 由式 (3.3.10b) 确定.

(4) 用 WENO 重构方法计算数值通量.

首先利用函数 $f^+(w)$ 的 $2k-1$ 个网格值

$$f^+(w_{i-k+1,j}), f^+(w_{i-k+2,j}), \cdots, f^+(w_{i+k-1,j})$$

进行 $2k-1$ 阶 WENO 重构, 可获得数值通量 $(\widehat{f}^{+})^{-}_{i+1/2,j}$, 其次利用函数 $f^{-}(w)$ 的 $2k-1$ 个网格值

$$f^{-}(w_{i-k+2,j}), f^{-}(w_{i-k+3,j}), \cdots, f^{-}(w_{i+k,j})$$

进行 $2k-1$ 阶 WENO 重构, 可获得数值通量 $(\widehat{f}^{-})^{+}_{i+1/2,j}$, 二者相加即得特征场中的数值通量

$$\widehat{f}_{i+1/2,j} = (\widehat{f}^{+})^{-}_{i+1/2,j} + (\widehat{f}^{-})^{+}_{i+1/2,j}.$$

(5) 变回到物理空间.

对 $\widehat{f}_{i+1/2,j}$ 作逆变换, 便得到物理空间中的数值通量

$$\widehat{F}_{i+1/2,j} = \bar{R}\,\widehat{f}_{i+1/2,j}, \quad i=0,1,\cdots,M,\ j=1,2,\cdots,N. \tag{3.4.9}$$

2. 对偏导数 $\dfrac{\partial G(W)}{\partial y}$ 进行守恒型空间离散所需用数值通量的计算流程

为此, 只需在每个网格边界点 $(x_i, y_{j+1/2})$ 处, 按照与 1 中计算流程类似的计算流程, 便可算出所需用数值通量 $\widehat{G}_{i,j+1/2}$, 这里 $i=1,2,\cdots,M$, $j=0,1,\cdots,N$. 由于这里的计算流程与 1 中计算流程十分类似, 无须赘述.

3. 校正附加方程数值通量, 实现空间离散.

首先通过校正附加方程数值通量, 可获得附加方程的形如式 (3.4.7) 的半离散格式. 然后利用在 1 和 2 两项工作中已算出的全部数值通量及式 (3.4.7), 便可获得二维含参数学模型问题 (3.3.2b)(或即 (3.3.2)) 的半离散格式

$$\frac{\mathrm{d}W_{ij}^{(q)}}{\mathrm{d}t} = \begin{cases} -\dfrac{1}{h_1}(\widehat{F}_{i+1/2,j}^{(q)} - \widehat{F}_{i-1/2,j}^{(q)}) - \dfrac{1}{h_2}(\widehat{G}_{i,j+1/2}^{(q)} - \widehat{G}_{i,j-1/2}^{(q)}), & q=1,2,3,4, \\[3mm] -\dfrac{C_{ij}^{(1)}}{h_1}\left(\dfrac{\widehat{F}_{i+1/2,j}^{(q)}}{C_{i+1/2,j}^{(1)}} - \dfrac{\widehat{F}_{i-1/2,j}^{(q)}}{C_{i-1/2,j}^{(1)}}\right) - \dfrac{C_{ij}^{(2)}}{h_2}\left(\dfrac{\widehat{G}_{i,j+1/2}^{(q)}}{C_{i,j+1/2}^{(2)}} - \dfrac{\widehat{G}_{i,j-1/2}^{(q)}}{C_{i,j-1/2}^{(2)}}\right), & q=5,6. \end{cases} \tag{3.4.10}$$

在获得半离散格式 (3.4.10) 之后, 还需要对其进行时间离散. 具体地说, 我们可用一个精度阶与空间离散精度相匹配的 TVD Runge-Kutta 法 (参见本书 2.2.3 小节), 从时刻 t_n 出发, 按满足 CFL 条件的时间步长 τ 来求解上述半离散问题, 计算一步, 便可获得于时刻 $t_n + \tau$ 的原问题 (3.3.2b) 的真解在每个网格 I_{ij} 的中心点 (x_i, y_j) 处的值的逼近值, 从而完成一个时间步的计算.

注 3.4.1　如若发现式 (3.4.10) 中处于分母的某个参数为零或者几乎为零, 我们建议及时将其修改为一个同符号的绝对值接近于舍入误差量级的十分小的非零常数, 然后再进行计算.

3.4.3 数值试验

例 3.4.1 考虑一维含参 (γ, P_∞)-模型所描述的多介质 Sod Riemann 问题, 这里设 $0 \leqslant x \leqslant 1$, $0 \leqslant t \leqslant 0.15$, 初始条件为

$$
\begin{cases}
(\rho, u, P, \gamma, P_\infty) = (1, 0, 1, 1.4, 0), & 0 \leqslant x \leqslant 0.5, \\
(\rho, u, P, \gamma, P_\infty) = (0.125, 0, 0.1, 2.4, 0), & 0.5 < x \leqslant 1,
\end{cases}
$$

左右两端采用紧支边界条件. 将区间 $0 \leqslant x \leqslant 1$ 等分为 400 个网格, 并设时间步长满足 CFL 条件. 分别用未经改进的和改进的五阶 FD-WENO-FMT 格式进行计算. 算至时刻 $t = 0.15$, 数值解分别绘于图 3.4.1(a) 及图 3.4.1(b), 数值解的质量守恒误差、动量守恒误差、总能量守恒误差 (指绝对误差) 及计算所花费的时间 (秒) 列于表 3.4.1.

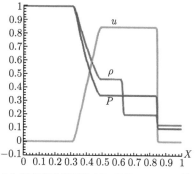

(a) 用未改进的五阶 FD-WENO-FMT 格式求解多介质Sod Riemann 问题所获数值解

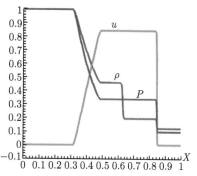

(b) 用改进了的五阶 FD-WENO-FMT 格式求解多介质Sod Riemann 问题所获数值解

图 3.4.1

表 3.4.1 多介质 Sod Riemann 问题数值解的守恒误差及计算所花费时间的比较

	未改进的五阶 FD-WENO-FMT	改进的五阶 FD-WENO-FMT
质量守恒误差	8.5×10^{-5}	1.36×10^{-14}
动量守恒误差	1.42×10^{-4}	0
能量守恒误差	3.16×10^{-4}	6.04×10^{-15}
计算所花费时间	9.859 秒	5.063 秒

图 3.4.1(a) 及图 3.4.1(b) 表明, 分别用未经改进的和改进的五阶 FD-WENO-FMT 格式所算出的多介质 Sod Riemann 问题的数值解的图看上去是完全一致的, 压强和速度均未出现任何非物理振动. 另一方面, 从表 3.4.1 可以看出, 用未经改进的五阶 FD-WENO-FMT 格式所算出的数值解并非完全保守恒, 无论是总能

量、动量和质量都出现了量级为 10^{-4} 或 10^{-5} 的守恒误差; 另一方面, 用改进的五阶 FD-WENO-FMT 格式所算出的数值解则是完全保守恒的. 事实上, 此情形下表中所出现的守恒误差的量级均已小到和因计算机字长有限而引起的舍入误差的量级一致, 故可以认为这些十分微小的误差是计算机字长有限所引起的舍入误差, 并非格式本身固有的守恒误差. 此外, 比较该表中所列出的计算所花费的时间可以看出, 改进的五阶 FD-WENO-FMT 格式的计算速度的确比原来提高了将近一倍.

例 3.4.2 考虑一维含参 (γ, P_∞)-模型所描述的多介质 Lax Riemann 问题, 这里设 $0 \leqslant x \leqslant 1, 0 \leqslant t \leqslant 0.1$, 初始条件为

$$
\begin{cases}
(\rho, u, P, \gamma, P_\infty) = (0.445, 0.698, 3.528, 1.4, 0), & 0 \leqslant x \leqslant 0.5, \\
(\rho, u, P, \gamma, P_\infty) = (0.5, 0, 0.571, 2.4, 0), & 0.5 < x \leqslant 1,
\end{cases}
$$

左右两端采用紧支边界条件. 将区间 $0 \leqslant x \leqslant 1$ 等分为 400 个网格, 并设时间步长满足 CFL 条件. 分别用未经改进的和改进的五阶 FD-WENO-FMT 格式进行计算. 算至时刻 $t = 0.1$, 数值解分别绘于图 3.4.2(a) 及图 3.4.2(b), 数值解的质量守恒误差、动量守恒误差、总能量守恒误差 (指绝对误差) 及计算所花费的时间 (秒) 列于表 3.4.2.

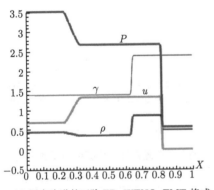

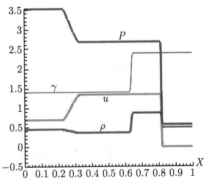

(a) 用未改进的五阶 FD-WENO-FMT 格式　　　(b) 用改进的五阶 FD-WENO-FMT 格式

求解 Lax Riemann 问题所获数值解　　　　　求解 Lax Riemann 问题所获数值解

图 3.4.2

图 3.4.2(a) 及图 3.4.2(b) 表明, 分别用未经改进的和改进的五阶 FD-WENO-FMT 格式所算出的多介质 Lax Riemann 问题的数值解的图看上去是完全一致的, 压强和速度均未出现任何非物理振动. 另一方面, 从表 3.4.2 可以看出, 用未经改进的五阶 FD-WENO-FMT 格式所算出的数值解未能完全保守恒, 无论是总能量、动量或质量都出现了量级为 10^{-4} 或 10^{-5} 的守恒误差; 另一方面, 用改进的

五阶 FD-WENO-FMT 格式所算出的数值解则是完全保守恒的. 此外, 比较该表中所列出的计算所花费的时间可以看出, 改进的五阶 FD-WENO-FMT 格式的计算速度的确比原来提高了将近一倍.

表 3.4.2   Lax Riemann 问题数值解的守恒误差及所花费计算时间的比较

	未改进的五阶 FD-WENO-FMT	改进的五阶 FD-WENO-FMT
质量守恒误差	9.00×10^{-5}	8.22×10^{-15}
动量守恒误差	3.57×10^{-4}	0
能量守恒误差	9.56×10^{-4}	1.14×10^{-15}
计算所花费时间	10.485 秒	5.531 秒

例 3.4.3   考虑曾在例 3.3.4 中计算过的基于二维含参 γ-模型的多介质完全气体周期漩涡问题. 在所有假设条件完全相同的情形下, 现在我们分别用未改进的和改进的五阶 FD-WENO-FMT 格式再次来求解该问题, 算至时刻 $t = 20$, 所获数值解的质量守恒误差、动量守恒误差、总能量守恒误差以及计算所花费的时间分别列于表 3.4.3 的左右两侧, 用改进的五阶 FD-WENO-FMT 格式所获数值解的绝热指数 γ 的分布图及用 4.6 节所设计的改进的流体体积法 (即 IVOF 方法) 所算出的流体界面分别绘于图 3.4.3 及图 3.4.4.

表 3.4.3   二维多介质完全气体周期漩涡问题数值解的守恒误差及所花费计算时间的比较

	未改进的五阶 FD-WENO-FMT	改进的五阶 FD-WENO-FMT
质量守恒误差	2.06×10^{-3}	5.12×10^{-12}
动量守恒误差	1.72×10^{-3}	3.75×10^{-12}
总能量守恒误差	2.53×10^{-2}	4.15×10^{-12}
计算所花费时间	4 小时 16 分 21 秒	2 小时 24 分 22 秒

以图 3.4.3 与图 3.3.8 比较, 可以看出分别用未经改进的和改进的五阶 FD-WENO-FMT 格式所算出的数值结果的绝热指数 γ 的分布图很好地保持一致. 另一方面, 从表 3.4.3 可以看出, 改进的五阶 FD-WENO-FMT 格式是完全保守恒的. 但原有的未经改进的五阶 FD-WENO-FMT 格式未能保守恒, 无论是总能量、动量或质量都出现了小的守恒误差. 此外, 从该表中所标明的计算所花费的时间可以看出, 改进的五阶 FD-WENO-FMT 格式的计算速度的确比未经改进五阶 FD-WENO-FMT 格式快将近一倍.

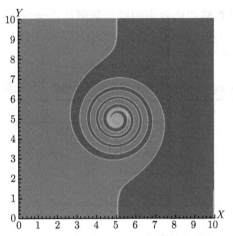

图 3.4.3　用改进的五阶 FD-WENO-FMT 格式算至时刻 $t = 20$ 的 γ-分布图

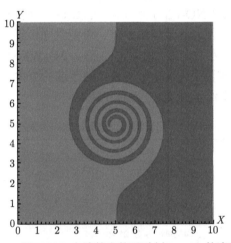

图 3.4.4　用 IVOF 方法算出的于时刻 $t = 20$ 的流体界面

以上理论分析和数值试验表明, 改进的 FD-WENO-FMT 格式不仅保持了原有 FD-WENO-FMT 格式的全部突出优点, 而且可确保质量守恒、动量守恒和总能量守恒, 计算速度在原有基础上再提高了将近一倍. 数值解保守恒是辐射流体计算和内爆压缩过程数值模拟研究的基本需求之一, 因此我们强烈建议, 今后一律使用改进的 FD-WENO-FMT 格式, 并省略 "改进的" 三个字, 将改进的 FD-WENO-FMT 格式简称为 FD-WENO-FMT 格式.

注 3.4.2　显然可完全类似地改进 FV-WENO-FMT 格式. 我们同样建议, 今后一律使用改进的 FV-WENO-FMT 格式. 并省略 "改进的" 三个字, 将改进的 FV-WENO-FMT 格式简称为 FV-WENO-FMT 格式.

3.5 满足 (η, ξ)-状态方程的多介质问题 及其 WENO-FMT 格式

3.5.1 (η, ξ)-状态方程

考虑状态方程可用形如

$$p = \frac{\rho e + \xi(r, \rho)}{\eta(r, \rho)} \tag{3.5.1}$$

的公式表示的由 m 种不同介质组成的多介质可压缩理想流体问题, 这里 $\eta(r, \rho)$ 和 $\xi(r, \rho)$ 都是 r 和 ρ 的已知的充分光滑的函数, 并恒设在整个物理过程及数值模拟过程中能始终保持

$$\eta(r, \rho) > 0, \quad p > 0, \quad \rho > 0, \quad e > 0, \quad c > 0,$$

这里 p, ρ, e 及

$$c = \sqrt{\left(e + \frac{p}{\rho} + \frac{\partial \xi}{\partial \rho} - p \frac{\partial \eta}{\partial \rho}\right) \Big/ \eta}$$

分别表示混合流体的压强、密度、比内能和声速, 矢量 $r = [r_1, r_2, \cdots, r_k]^{\mathrm{T}}$ 的 k 个分量表示混合流体的 k 个状态方程参数, 它们都是时间和空间变量的函数, m 和 k 是随问题而异的自然数. 注意对于 $m = 1$ 的特殊情形, 上述多介质问题蜕化为单介质问题, 此特殊情形下矢量 r 的各个分量蜕化为所考虑介质的材料参数, 它们都是常数. 为确定计, 下文中主要考虑多介质问题, 因此恒设 $m \geqslant 2$. 此外关于声速的计算公式, 请参见 1.3 节中的式 (1.3.6).

我们之所以采用形如 (3.5.1) 的状态方程, 是因为其适用范围很广, 而且比较容易建立通用的数学模型和构造通用的计算方法. 例如多介质完全气体的状态方程可用式 (3.5.1) 表示, 只要令

$$\eta = \frac{1}{\gamma - 1}, \quad \xi = 0,$$

这里仅有的一个状态方程参数 $\gamma > 1$ 表示混合流体的绝热指数; 多介质 stiffened 气体的状态方程可用式 (3.5.1) 表示, 只要令

$$\eta = \frac{1}{\gamma - 1}, \quad \xi = -\frac{\gamma \, p_\infty}{\gamma - 1},$$

这里的两个状态方程参数 $\gamma > 1$ 和 $p_\infty > 0$ 分别表示混合流体的绝热指数和一个类似于压强的常数; 描述高温高压下实际气体效应的 van der Waals 状态方程 (参见 [33, 36])

$$p = \left(\frac{\gamma - 1}{1 - b\rho}\right)(\rho\, e + a\, \rho^2) - a\rho^2$$

同样可用式 (3.5.1) 表示, 只要令

$$\eta = \frac{1 - b\rho}{\gamma - 1}, \quad \xi = -\frac{a\rho^2(b\rho + \gamma - 2)}{\gamma - 1},$$

这里有三个状态方程参数, 其中 $\gamma > 1$ 表示混合流体的绝热指数, $a \geqslant 0, 0 \leqslant b < \dfrac{1}{\rho}$ 表示混合流体的 van der Waals 气体常数.

由于高温高压下的各种液体和固体通常都可视为可压缩理想流体进行计算, 此情形下使用更为广泛的一类状态方程是 Mie-Gruneisen 状态方程

$$p = p_{\mathrm{ref}}(\rho) + \rho\, \Gamma(\rho)\left[e - e_{\mathrm{ref}}(\rho)\right], \tag{3.5.2}$$

这里 p, ρ 和 e 分别表示混合流体的压强、密度和比内能, $\Gamma(\rho) > 0$ 是 Gruneisen 系数, $p_{\mathrm{ref}}(\rho)$ 和 $e_{\mathrm{ref}}(\rho)$ 是沿某种参考曲线 (例如等熵曲线或关于激波的 Hugoniot 曲线等) 适当地选取的压强和比内能的参考状态. $\Gamma(\rho), p_{\mathrm{ref}}(\rho)$ 和 $e_{\mathrm{ref}}(\rho)$ 都是随介质而异且依赖于介质材料参数的密度 ρ 的函数, 因而对于多介质混合流体来说, 它们都是依赖于状态方程参数的密度 ρ 的函数 (参见 [29, 34] 及本书 1.3 节, 1.5 节和本节的数值试验).

注意 Mie-Gruneisen 状态方程 (3.5.2) 同样可用式 (3.5.1) 表示, 只要令

$$\eta = \frac{1}{\Gamma(\rho)}, \quad \xi = \frac{p_{\mathrm{ref}}(\rho)}{\Gamma(\rho)} - \rho\, e_{\mathrm{ref}}(\rho). \tag{3.5.3}$$

为方便计, 我们称形如 (3.5.1) 的状态方程为 (η, ξ)-状态方程.

3.5.2 拟守恒 (η, ξ)-模型

对于满足 (η, ξ)-状态方程 (3.5.1) 的任给多介质可压缩理想流体问题, 我们恒使用守恒型 Euler 方程组

$$\begin{cases} \dfrac{\partial \rho}{\partial t} + \mathrm{div}(\rho U) = 0, \\[2mm] \dfrac{\partial(\rho U)}{\partial t} + \mathrm{div}(\rho U U) + \mathrm{grad}(p) = 0, \\[2mm] \dfrac{\partial(\rho E)}{\partial t} + \mathrm{div}(\rho E U) + \mathrm{div}(pU) = 0 \end{cases} \tag{3.5.4}$$

作为数学模型的主要部分, 其中 ρ 表示密度, 矢量 U 表示速度, p 表示压强, $E = e + \dfrac{1}{2}\langle U, U\rangle$ 表示单位质点所携带的总能量, e 表示比内能.

其次, 我们希望使用 $\eta(r,\rho)$ 和 $\xi(r,\rho)$ 所必须满足的与 Euler 方程组相容的两个偏微分方程作为附加方程. 为了推导这两个附加方程, 首先注意对于流场中任意一个运动质点来说, 每种介质的特征函数都是与时间 t 无关的常数, 因而有

$$\frac{\mathrm{d}Y^{(j)}}{\mathrm{d}t} = 0, \quad \text{i.e.,} \quad \frac{\partial Y^{(j)}}{\partial t} + U \cdot \mathrm{grad}(Y^{(j)}) = 0, \quad j = 1, 2, \cdots, m, \quad (3.5.5)$$

这里符号 $Y^{(j)}$ 表示第 j 种介质的特征函数, 符号 $\dfrac{\mathrm{d}}{\mathrm{d}t}$ 表示随体导数 (参见 [27]). 另一方面, 混合流体的每个状态方程参数 r_q 可由公式

$$r_q = \sum_{j=1}^{m} Y^{(j)} r_{qj}, \quad q = 1, 2, \cdots, k \quad (3.5.6)$$

确定, 这里 r_{qj} 表示第 j 种介质的第 q 个材料参数, 它们都是常数. 故有

$$\frac{\mathrm{d}r_q}{\mathrm{d}t} = \sum_{j=1}^{m} r_{qj} \frac{\mathrm{d}Y^{(j)}}{\mathrm{d}t} = 0, \quad q = 1, 2, \cdots, k, \quad (3.5.7\mathrm{a})$$

或即

$$\frac{\mathrm{d}r}{\mathrm{d}t} = \left[\frac{\mathrm{d}r_1}{\mathrm{d}t}, \frac{\mathrm{d}r_2}{\mathrm{d}t}, \cdots, \frac{\mathrm{d}r_k}{\mathrm{d}t}\right]^{\mathrm{T}} = 0. \quad (3.5.7\mathrm{b})$$

应用式 (3.5.7b) 易推出

$$\begin{cases} \dfrac{\mathrm{d}\eta}{\mathrm{d}t} = \dfrac{\partial\eta}{\partial r}\dfrac{\mathrm{d}r}{\mathrm{d}t} + \dfrac{\partial\eta}{\partial\rho}\dfrac{\mathrm{d}\rho}{\mathrm{d}t} = \dfrac{\partial\eta}{\partial\rho}\dfrac{\mathrm{d}\rho}{\mathrm{d}t}, \\[2mm] \dfrac{\mathrm{d}\xi}{\mathrm{d}t} = \dfrac{\partial\xi}{\partial r}\dfrac{\mathrm{d}r}{\mathrm{d}t} + \dfrac{\partial\xi}{\partial\rho}\dfrac{\mathrm{d}\rho}{\mathrm{d}t} = \dfrac{\partial\xi}{\partial\rho}\dfrac{\mathrm{d}\rho}{\mathrm{d}t}. \end{cases} \quad (3.5.8)$$

为了避免压强和速度出现非物理振动, 这里最关键的问题在于保证上述两个方程与质量守恒方程相容. 由质量守恒方程得到

$$\frac{\mathrm{d}\rho}{\mathrm{d}t} = -\rho\,\mathrm{div}(U),$$

代入式 (3.5.8) 立得

$$\begin{cases} \dfrac{\partial \eta}{\partial t} + U \cdot \mathrm{grad}(\eta) + \rho \dfrac{\partial \eta}{\partial \rho} \mathrm{div}(U) = 0, \\ \dfrac{\partial \xi}{\partial t} + U \cdot \mathrm{grad}(\xi) + \rho \dfrac{\partial \xi}{\partial \rho} \mathrm{div}(U) = 0. \end{cases} \tag{3.5.9}$$

我们以此作为两个附加方程. 综合式 (3.5.4) 及 (3.5.9), 便可获得描述满足 (η, ξ)-状态方程的任给多介质可压缩理想流体问题的拟守恒数学模型

$$\begin{cases} \dfrac{\partial \rho}{\partial t} + \mathrm{div}(\rho U) = 0, \\ \dfrac{\partial (\rho U)}{\partial t} + \mathrm{div}(\rho U U) + \mathrm{grad}(p) = 0, \\ \dfrac{\partial (\rho E)}{\partial t} + \mathrm{div}(\rho E U) + \mathrm{div}(p U) = 0, \\ \dfrac{\partial \eta}{\partial t} + U \cdot \mathrm{grad}(\eta) + \rho \dfrac{\partial \eta}{\partial \rho} \mathrm{div}(U) = 0, \\ \dfrac{\partial \xi}{\partial t} + U \cdot \mathrm{grad}(\xi) + \rho \dfrac{\partial \xi}{\partial \rho} \mathrm{div}(U) = 0. \end{cases} \tag{3.5.10}$$

由于上述数学模型最后两个方程中所用到的偏导数 $\dfrac{\partial \eta}{\partial \rho}$ 和 $\dfrac{\partial \xi}{\partial \rho}$ 都是密度 ρ 和矢量 r 的函数, 为了计算它们, 必须先算出矢量 r. 为此, 我们不得不再引入一个额外的附加方程组 (3.5.5), 专门用它来计算上述 m 种不同介质的特征函数 $Y^{(j)}$ $(j = 1|\,m)$, 并通过公式 (3.5.6) 来计算矢量 r 的诸分量.

注意可省略方程组 (3.5.5) 中最后一个关于 $Y^{(m)}$ 的方程, 并通过简单代数关系 $\sum\limits_{j=1}^{m} Y^{(j)} = 1$ 来计算 $Y^{(m)}$, 但必须保证始终满足关系式 $0 \leqslant Y^{(j)} \leqslant 1$, $j = 1|m$. 更要注意在每一计算步中, 方程组 (3.5.5) 不必与方程组 (3.5.10) 联立求解, 可用同样的空间与时间离散化方法按同样的空间网格与时间步长单独求解, 以便大幅度减小计算量, 节约计算时间. 此外注意仅需要计算偏导数 $\dfrac{\partial \eta}{\partial \rho}$ 和 $\dfrac{\partial \xi}{\partial \rho}$ 所依赖的那些状态方程参数, 与其无关的状态方程参数可以不算, 特别, 当这两个偏导数仅依赖于密度 ρ 或者全为常数时, 则完全不需要计算状态方程参数.

为了避免与本章以上各节所讨论的多介质 Stiffened 气体的拟守恒 (γ, p_∞)-模型混淆, 我们称数学模型 (3.5.10)-(3.5.5) 为描述满足 (η, ξ)-状态方程的任给多介质可压缩理想流体问题的可避免压强和速度出现非物理振动的拟守恒 (η, ξ)-模型, 或简称为拟守恒 (η, ξ)-模型.

3.5.3 一维含参 (η, ξ)-模型及其 WENO-FMT 格式

对于一维多介质问题, 拟守恒 (η, ξ)-模型 (3.5.10)-(3.5.5) 蜕化为

$$\begin{cases} \dfrac{\partial \rho}{\partial t} + \dfrac{\partial (\rho u)}{\partial x} = 0, \\[2mm] \dfrac{\partial (\rho u)}{\partial t} + \dfrac{\partial (\rho u^2 + p)}{\partial x} = 0, \\[2mm] \dfrac{\partial (\rho E)}{\partial t} + \dfrac{\partial ((\rho E + p)u)}{\partial x} = 0, \\[2mm] \dfrac{\partial \eta}{\partial t} + u \dfrac{\partial \eta}{\partial x} + \rho \dfrac{\partial \eta}{\partial \rho} \dfrac{\partial u}{\partial x} = 0, \\[2mm] \dfrac{\partial \xi}{\partial t} + u \dfrac{\partial \xi}{\partial x} + \rho \dfrac{\partial \xi}{\partial \rho} \dfrac{\partial u}{\partial x} = 0 \end{cases} \tag{3.5.11}$$

及额外附加方程组

$$\begin{cases} \dfrac{\partial Y^{(j)}}{\partial t} + u \dfrac{\partial Y^{(j)}}{\partial x} = 0, \quad j = 1, 2, \cdots, m-1, \\[2mm] \displaystyle\sum_{j=1}^{m} Y_j = 1, \quad 0 \leqslant Y_j \leqslant 1, \quad j = 1, 2, \cdots, m, \end{cases} \tag{3.5.12}$$

这里设 $a \leqslant x \leqslant b$, $0 \leqslant t \leqslant T$, a, b, T 是事先适当给定的常数. 令

$$W = [W^{(1)}, W^{(2)}, W^{(3)}, W^{(4)}, W^{(5)}]^{\mathrm{T}} = [\rho, \rho u, \rho E, \eta, \xi]^{\mathrm{T}}, \tag{3.5.13a}$$

则 (3.5.11) 可等价地写成

$$\begin{cases} \dfrac{\partial W}{\partial t} + A(W) \dfrac{\partial W}{\partial x} = 0, \\[4mm] A(W) = \begin{bmatrix} 0 & 1 & 0 & 0 & 0 \\[2mm] \dfrac{u^2}{2\eta} - u^2 & 2u - \dfrac{u}{\eta} & \dfrac{1}{\eta} & \dfrac{-p}{\eta} & \dfrac{1}{\eta} \\[3mm] \dfrac{u^3}{2\eta} - uH & H - \dfrac{u^2}{\eta} & \dfrac{u}{\eta} + u & \dfrac{-pu}{\eta} & \dfrac{u}{\eta} \\[3mm] -u \dfrac{\partial \eta}{\partial \rho} & \dfrac{\partial \eta}{\partial \rho} & 0 & u & 0 \\[3mm] -u \dfrac{\partial \xi}{\partial \rho} & \dfrac{\partial \xi}{\partial \rho} & 0 & 0 & u \end{bmatrix}, \end{cases} \tag{3.5.13b}$$

其中 $H = E + \dfrac{p}{\rho}$, 且易验证矩阵 $A(W)$ 的特征分解式为

$$
\begin{cases}
A = R\Lambda R^{-1}, \\[2mm]
\Lambda = \mathrm{diag}(\lambda_1, \ \lambda_2, \ \cdots, \ \lambda_5) = \mathrm{diag}(u - c, \ u, \ u + c, \ u, \ u), \\[2mm]
R = [r_1, r_2, \cdots, r_5] = \begin{bmatrix}
1 & 1 & 1 & 0 & 0 \\[2mm]
u - c & u & u + c & 0 & 0 \\[2mm]
H - uc & u^2/2 + p\dfrac{\partial \eta}{\partial \rho} - \dfrac{\partial \xi}{\partial \rho} & H + uc & p & -1 \\[2mm]
\dfrac{\partial \eta}{\partial \rho} & \dfrac{\partial \eta}{\partial \rho} & \dfrac{\partial \eta}{\partial \rho} & 1 & 0 \\[2mm]
\dfrac{\partial \xi}{\partial \rho} & \dfrac{\partial \xi}{\partial \rho} & \dfrac{\partial \xi}{\partial \rho} & 0 & 1
\end{bmatrix},
\end{cases}
$$

$$\tag{3.5.14}$$

其中 c 表示声速, 由式 (3.5.3) 确定. 由此可见方程组 (3.5.13), 或即 (3.5.11), 可视为拟守恒双曲型方程组.

对于数值求解上述一维拟守恒模型问题, 我们仍以 3.2 节中所使用的均匀空间网格为例进行讨论. 当我们试图在一个任意给定的空间网格 I_i 上使用 WENO-FMT 格式来求解上述拟守恒 (η, ξ)-模型问题时, 在数值计算过程中, 方程组 (3.5.11) 的第 4, 5 两个附加方程左端第二项及第三项的系数 $u, \rho\dfrac{\partial \eta}{\partial \rho}, \rho\dfrac{\partial \xi}{\partial \rho}$ 必须分别以其网格值 $u_i, \Phi_i = \left(\rho\dfrac{\partial \eta}{\partial \rho}\right)_i, \Psi_i = \left(\rho\dfrac{\partial \xi}{\partial \rho}\right)_i$ 去取代, 因而此情形下拟守恒 (η, ξ)-模型 (3.5.11)-(3.5.12) 可等价地写成网格 I_i 上的含参 (η, ξ)-模型

$$
\begin{cases}
\dfrac{\partial \rho}{\partial t} + \dfrac{\partial (\rho u)}{\partial x} = 0, \\[3mm]
\dfrac{\partial (\rho u)}{\partial t} + \dfrac{\partial (\rho u^2 + p)}{\partial x} = 0, \\[3mm]
\dfrac{\partial (\rho E)}{\partial t} + \dfrac{\partial ((\rho E + p)u)}{\partial x} = 0, \\[3mm]
\dfrac{\partial \eta}{\partial t} + u_i \dfrac{\partial \eta}{\partial x} + \Phi_i \dfrac{\partial u}{\partial x} = 0, \\[3mm]
\dfrac{\partial \xi}{\partial t} + u_i \dfrac{\partial \xi}{\partial x} + \Psi_i \dfrac{\partial u}{\partial x} = 0
\end{cases}
$$

$$\tag{3.5.15}$$

及额外的含参附加方程组

$$
\begin{cases}
\dfrac{\partial Y^{(j)}}{\partial t} + u_i \dfrac{\partial Y^{(j)}}{\partial x} = 0, & j = 1, 2, \cdots, m-1, \\[3mm]
\displaystyle\sum_{j=1}^{m} Y^{(j)} = 1, & 0 \leqslant Y^{(j)} \leqslant 1, \quad j = 1, 2, \cdots, m.
\end{cases}
\tag{3.5.16}
$$

注意当网格 I_i 已给定之后, 于任给时刻 t, 这里的参数 u_i, Φ_i 和 Ψ_i 均可视为与 x 无关的常数, 因而上述含参 (η,ξ)-模型可视为双曲守恒律组, 可借鉴经典 WENO 格式来求解它.

更进一步, 由于这里的含参 (η,ξ)-模型问题与我们在本章以上各节所讨论的含参 (γ, P_∞)-模型问题十分类似, 因而可用 WENO-FMT 格式完全仿照 3.4 节中所提供的改进了的计算流程来求解它.

注 3.5.1 当在任意给定的网格 I_i 上, 使用任意高阶 FD-WENO-FMT 格式来求解上述一维含参 (η,ξ)-模型问题时, 网格参数的计算公式为

$$
\begin{cases}
u_i = \dfrac{W_i^{(2)}}{W_i^{(1)}}, \\[4mm]
\Phi_i = W_i^{(1)} \dfrac{\partial \eta}{\partial \rho}((r_1)_i, (r_2)_i, \cdots, (r_k)_i, W_i^{(1)}), \\[4mm]
\Psi_i = W_i^{(1)} \dfrac{\partial \xi}{\partial \rho}((r_1)_i, (r_2)_i, \cdots, (r_k)_i, W_i^{(1)}), \\[4mm]
(r_q)_i = \displaystyle\sum_{j=1}^{m} Y_i^{(j)} r_{qj}, \quad q = 1, 2, \cdots, k,
\end{cases}
\tag{3.5.17}
$$

其中符号 $W_i^{(1)}$, $W_i^{(2)}$ 及 $Y_i^{(j)}$ 分别表示 (对于任意给定的时刻 t) 状态变量 $W^{(1)}(x, t)$, $W^{(2)}(x,t)$ 及第 j 个体积份额函数 $Y^{(j)}(x,t)$ 在网格中心点 x_i 处的值的逼近值, r_{qj} 表示第 j 种介质的第 q 个材料参数.

另一方面, 若改用 FV-WENO-FMT 格式在网格 I_i 上来求解上述一维含参 (η,ξ)-模型问题, 则计算网格参数的公式应改为

$$\begin{cases}
u_i = \dfrac{\overline{W}_i^{(2)}}{\overline{W}_i^{(1)}}, \\[3mm]
\Phi_i = \overline{W}_i^{(1)} \dfrac{\partial \eta}{\partial \rho}((\overline{r}_1)_i, (\overline{r}_2)_i, \cdots, (\overline{r}_k)_i, \overline{W}_i^{(1)}), \\[3mm]
\Psi_i = \overline{W}_i^{(1)} \dfrac{\partial \xi}{\partial \rho}((\overline{r}_1)_i, (\overline{r}_2)_i, \cdots, (\overline{r}_k)_i, \overline{W}_i^{(1)}), \\[3mm]
(\overline{r}_q)_i = \displaystyle\sum_{j=1}^{m} \overline{Y}_i^{(j)} r_{qj}, \quad q = 1, 2, \cdots, k,
\end{cases} \tag{3.5.17}'$$

其中符号 $\overline{W}_i^{(1)}$, $\overline{W}_i^{(2)}$ 及 $\overline{Y}_i^{(j)}$ 分别表示 (对于任意给定的时刻 t) 状态变量 $W^{(1)}(x, t)$, $W^{(2)}(x, t)$ 及第 j 个体积份额函数 $Y^{(j)}(x, t)$ 在网格 I_i 上的平均值的逼近值, r_{qj} 表示第 j 种介质的第 q 个材料参数.

3.5.4　高维含参 (η, ξ)-模型及其 WENO-FMT 格式

为确定计, 不失一般性, 我们以二维问题为例进行讨论. 此情形下拟守恒 (η, ξ)-模型 (3.5.10)-(3.5.5) 可写为

$$\begin{cases}
\dfrac{\partial \rho}{\partial t} + \dfrac{\partial (\rho u)}{\partial x} + \dfrac{\partial (\rho v)}{\partial y} = 0, \\[3mm]
\dfrac{\partial (\rho u)}{\partial t} + \dfrac{\partial (\rho u^2 + p)}{\partial x} + \dfrac{\partial (\rho u v)}{\partial y} = 0, \\[3mm]
\dfrac{\partial (\rho v)}{\partial t} + \dfrac{\partial (\rho u v)}{\partial x} + \dfrac{\partial (\rho v^2 + p)}{\partial y} = 0, \\[3mm]
\dfrac{\partial (\rho E)}{\partial t} + \dfrac{\partial ((\rho E + p)u)}{\partial x} + \dfrac{((\rho E + p)v)}{\partial y} = 0, \\[3mm]
\dfrac{\partial \eta}{\partial t} + u\dfrac{\partial \eta}{\partial x} + \rho\dfrac{\partial \eta}{\partial \rho}\dfrac{\partial u}{\partial x} + v\dfrac{\partial \eta}{\partial y} + \rho\dfrac{\partial \eta}{\partial \rho}\dfrac{\partial v}{\partial y} = 0, \\[3mm]
\dfrac{\partial \xi}{\partial t} + u\dfrac{\partial \xi}{\partial x} + \rho\dfrac{\partial \xi}{\partial \rho}\dfrac{\partial u}{\partial x} + v\dfrac{\partial \xi}{\partial y} + \rho\dfrac{\partial \xi}{\partial \rho}\dfrac{\partial v}{\partial y} = 0
\end{cases} \tag{3.5.18}$$

及额外附加方程组

$$\begin{cases}
\dfrac{\partial Y^{(j)}}{\partial t} + u\dfrac{\partial Y^{(j)}}{\partial x} + v\dfrac{\partial Y^{(j)}}{\partial y} = 0, \quad j = 1, 2, \cdots, m-1, \\[3mm]
\displaystyle\sum_{j=1}^{m} Y_j = 1, \quad 0 \leqslant Y_j \leqslant 1, \quad j = 1, 2, \cdots, m.
\end{cases} \tag{3.5.19}$$

方程组 (3.5.18) 可等价地写成

$$
\begin{cases}
\dfrac{\partial W}{\partial t} + A(W)\dfrac{\partial W}{\partial x} + B(W)\dfrac{\partial W}{\partial y} = 0, \\[2mm]
A(W) =
\begin{bmatrix}
0 & 1 & 0 & 0 & 0 & 0 \\[2mm]
\dfrac{\bar{e}}{\eta} - u^2 & \left(2 - \dfrac{1}{\eta}\right)u & -\dfrac{1}{\eta}v & \dfrac{1}{\eta} & -\dfrac{p}{\eta} & \dfrac{1}{\eta} \\[2mm]
-uv & v & u & 0 & 0 & 0 \\[2mm]
\dfrac{u\bar{e}}{\eta} - u\,H & H - \dfrac{u^2}{\eta} & -\dfrac{uv}{\eta} & \left(\dfrac{1}{\eta}+1\right)u & -\dfrac{up}{\eta} & \dfrac{u}{\eta} \\[2mm]
-u\dfrac{\partial \eta}{\partial \rho} & \dfrac{\partial \eta}{\partial \rho} & 0 & 0 & u & 0 \\[2mm]
-u\dfrac{\partial \xi}{\partial \rho} & \dfrac{\partial \xi}{\partial \rho} & 0 & 0 & 0 & u
\end{bmatrix}, \\[2mm]
B(W) =
\begin{bmatrix}
0 & 0 & 1 & 0 & 0 & 0 \\[2mm]
-uv & v & u & 0 & 0 & 0 \\[2mm]
\dfrac{\bar{e}}{\eta} - v^2 & -\dfrac{u}{\eta} & 2v - \dfrac{v}{\eta} & \dfrac{1}{\eta} & -\dfrac{p}{\eta} & \dfrac{1}{\eta} \\[2mm]
\dfrac{v\bar{e}}{\eta} - v\,H & -\dfrac{uv}{\eta} & H - \dfrac{v^2}{\eta} & \left(\dfrac{1}{\eta}+1\right)v & -\dfrac{vp}{\eta} & \dfrac{v}{\eta} \\[2mm]
-v\dfrac{\partial \eta}{\partial \rho} & 0 & \dfrac{\partial \eta}{\partial \rho} & 0 & v & 0 \\[2mm]
-v\dfrac{\partial \xi}{\partial \rho} & 0 & \dfrac{\partial \xi}{\partial \rho} & 0 & 0 & v
\end{bmatrix},
\end{cases}
\tag{3.5.20}
$$

其中

$$
W = [W^{(1)}, W^{(2)}, \cdots, W^{(6)}]^{\mathrm{T}} = [\rho, \rho\,u, \rho v, \rho\,E, \eta, \xi]^{\mathrm{T}},
$$

ρ, u, v, p, E 分别表示多介质混合气体的密度, 沿 X-轴方向的速度, 沿 Y-轴方向的速度, 压强和单位质点所携带的总能量, $H = E + p/\rho$, $\bar{e} = \dfrac{1}{2}(u^2 + v^2)$, 且易验证矩阵 $A(W)$ 的特征分解式为

$$
\left\{
\begin{aligned}
&A = R\Lambda L,\\
&\Lambda = \mathrm{diag}(\lambda_1,\ \lambda_2,\ \cdots,\ \lambda_6) = \mathrm{diag}(u-c,\ u,\ u,\ u+c,\ u,\ u),\\
&R = [r_1,r_2,\cdots,r_6] =
\begin{bmatrix}
1 & 1 & 0 & 1 & 0 & 0\\
u-c & u & 0 & u+c & 0 & 0\\
v & v & 1 & v & 0 & 0\\
H-uc & (u^2+v^2)/2-\eta PR & v & H+uc & p & -1\\
\dfrac{\partial\eta}{\partial\rho} & \dfrac{\partial\eta}{\partial\rho} & 0 & \dfrac{\partial\eta}{\partial\rho} & 1 & 0\\
\dfrac{\partial\xi}{\partial\rho} & \dfrac{\partial\xi}{\partial\rho} & 0 & \dfrac{\partial\xi}{\partial\rho} & 0 & 1
\end{bmatrix},\\
&L = R^{-1} =
\begin{bmatrix}
\dfrac{\bar e}{2c^2\eta}+\dfrac{u}{2c} & \dfrac{-u}{2c^2\eta}-\dfrac{1}{2c} & \dfrac{-v}{2c^2\eta} & \dfrac{1}{2c^2\eta} & \dfrac{-p}{2c^2\eta} & \dfrac{1}{2c^2\eta}\\
1-\dfrac{\bar e}{c^2\eta} & \dfrac{u}{c^2\eta} & \dfrac{v}{c^2\eta} & \dfrac{-1}{c^2\eta} & \dfrac{p}{c^2\eta} & \dfrac{-1}{c^2\eta}\\
-v & 0 & 1 & 0 & 0 & 0\\
\dfrac{\bar e}{2c^2\eta}-\dfrac{u}{2c} & \dfrac{-u}{2c^2\eta}+\dfrac{1}{2c} & \dfrac{-v}{2c^2\eta} & \dfrac{1}{2c^2\eta} & \dfrac{-p}{2c^2\eta} & \dfrac{1}{2c^2\eta}\\
-\dfrac{\partial\eta}{\partial\rho} & 0 & 0 & 0 & 1 & 0\\
-\dfrac{\partial\xi}{\partial\rho} & 0 & 0 & 0 & 0 & 1
\end{bmatrix},
\end{aligned}
\right.
$$

$$(3.5.21)$$

其中符号 c 表示声速. 矩阵 $B(W)$ 的特征分解式是类似的. 这两个矩阵均具有 6 个实特征值及相应的 6 个线性无关的实特征矢量. 由此可见方程组 (3.5.20), 或即 (3.5.18), 是拟守恒双曲型方程组.

对于数值求解上述二维拟守恒模型问题, 我们仍以 3.3 节中所使用的均匀矩形空间网格为例进行讨论. 当我们试图在一个任意给定的空间网格 I_{ij} 上使用 WENO-FMT 格式来求解上述二维拟守恒 (η,ξ)-模型问题时, 在数值计算过程中, 方程组 (3.5.18) 的第 5, 6 两个附加方程中的系数 u, v, $\rho\dfrac{\partial\eta}{\partial\rho}$, $\rho\dfrac{\partial\xi}{\partial\rho}$ 必须分别以其网格值 u_{ij}, v_{ij}, $\Phi_{ij}=\left(\rho\dfrac{\partial\eta}{\partial\rho}\right)_{ij}$, $\Psi_{ij}=\left(\rho\dfrac{\partial\xi}{\partial\rho}\right)_{ij}$ 去取代, 因而此情形下拟守恒

(η,ξ)-模型 (3.5.18)-(3.5.19) 可等价地写成网格 I_{ij} 上的含参 (η,ξ)-模型

$$\begin{cases} \dfrac{\partial \rho}{\partial t} + \dfrac{\partial(\rho u)}{\partial x} + \dfrac{\partial(\rho v)}{\partial y} = 0, \\[2mm] \dfrac{\partial(\rho u)}{\partial t} + \dfrac{\partial(\rho u^2 + p)}{\partial x} + \dfrac{\partial(\rho u v)}{\partial y} = 0, \\[2mm] \dfrac{\partial(\rho v)}{\partial t} + \dfrac{\partial(\rho u v)}{\partial x} + \dfrac{\partial(\rho v^2 + p)}{\partial y} = 0, \\[2mm] \dfrac{\partial(\rho E)}{\partial t} + \dfrac{\partial((\rho E + p)u)}{\partial x} + \dfrac{\partial((\rho E + p)v)}{\partial y} = 0, \\[2mm] \dfrac{\partial \eta}{\partial t} + \dfrac{\partial(u_{ij}\eta + \Phi_{ij}u)}{\partial x} + \dfrac{\partial(v_{ij}\eta + \Phi_{ij}v)}{\partial y} = 0, \\[2mm] \dfrac{\partial \xi}{\partial t} + \dfrac{\partial(u_{ij}\xi + \Psi_{ij}u)}{\partial x} + \dfrac{\partial(v_{ij}\xi + \Psi_{ij}v)}{\partial y} = 0 \end{cases} \tag{3.5.22}$$

及额外的含参附加方程组

$$\begin{cases} \dfrac{\partial Y^{(j)}}{\partial t} + \dfrac{\partial(u_{ij}Y^{(j)})}{\partial x} + \dfrac{\partial(v_{ij}Y^{(j)})}{\partial y} = 0, \quad j = 1, 2, \cdots, m-1, \\[3mm] \displaystyle\sum_{j=1}^{m} Y_j = 1, \quad 0 \leqslant Y_j \leqslant 1, \quad j = 1, 2, \cdots, m. \end{cases} \tag{3.5.23}$$

容易看出, 在任意给定的网格 I_{ij} 上, 这里的含参 (η,ξ)-模型可视为二维双曲守恒律组, 因而可借鉴经典 WENO 格式来求解它.

更进一步, 由于这里的二维含参 (η,ξ)-模型问题与我们在本章以上各节中所讨论的二维含参 (γ, P_∞)-模型问题十分类似, 因而可用 WENO-FMT 格式完全仿照 3.4 节中所提供的改进了的计算流程来求解它.

注 3.5.2 容易看出, 含参 (η,ξ)-模型与含参 (γ, P_∞)-模型的主要差别在于前者的附加方程中所包含的参数比后者的附加方程中所包含的参数多两个, 因而当我们仿照 3.4 节中所提供的改进了的计算流程来求解含参 (η,ξ)-模型问题时, 附加方程数值通量的校正工作相对地来说会麻烦一些. 此情形下校正附加方程数值通量的一种最直接简单的方法就是: 当我们在使用临时网格参数计算附加方程数值通量时, 便按照完全相同的计算方法同时计算原有的参数未作任何修改的附加方程的数值通量. 注意这样做整个计算量不会有明显增加, 这是由于: ① 特征分解式的计算是完全相同的; ② 进行局部特征变换的矩阵及进行逆变换的矩阵都是完全相同的 6×6 矩阵, 因而矩阵与矢量相乘的计算量不会增加; ③ 进行通量函数分裂所用到的粘性系数也是完全相同的, 计算量不会增加.

注 3.5.3　对于求解高维含参 (η, ξ)-模型问题, 我们建议一律使用高阶 FD-WENO-FMT 格式, 不要使用 FV-WENO-FMT 格式.

3.5.5　数值试验

例 3.5.1　考虑由 A, B 两种不同介质组成的多介质 Sod Riemann 问题, 设这两种介质满足统一的形如 (3.5.1) 的状态方程

$$
\begin{cases}
p = \dfrac{\rho e + \xi(r, \rho)}{\eta(r, \rho)}, \\
\eta(r, \rho) = r_1 + r_2 \sin(\rho), \\
\xi(r, \rho) = r_3 \rho^2,
\end{cases}
\tag{3.5.24}
$$

介质 A 的材料参数为 $(r_{11}, r_{21}, r_{31}) = (1, 0.2, 0.05)$, 介质 B 的为 $(r_{12}, r_{22}, r_{32}) = (0.2, 1, 0.1)$.

设时间和空间积分区间分别为 $0 \leqslant t \leqslant 0.15$ 及 $0 \leqslant x \leqslant 1$, 在空间积分区间左右两端采用紧支边界条件, 并设于初始时刻 A 介质处于子区间 $0 \leqslant x \leqslant 0.5$ 中, 其初始条件为

$$(\rho, u, p) = (1, \ 0, \ 1),$$

B 介质处于子区间 $0.5 < x \leqslant 1$ 中, 其初始条件为

$$(\rho, u, p) = (0.125, \ 0, \ 0.1).$$

将区间 $0 \leqslant x \leqslant 1$ 等分为 400 个网格, 并设时间步长满足 CFL 条件. 用基于一维含参 (η, ξ)-模型 (3.5.15)-(3.5.16) 的五阶 FD-WENO-FMT 格式来求解上述多介质问题. 算至时刻 $t = 0.15$, 所获数值解绘于图 3.5.1, 数值解的质量守恒误差、动量守恒误差及总能量守恒误差列于表 3.5.1.

从图 3.5.1 可以看出, 所获数值结果未出现任何非物理振动, 而且完全符合 Riemann 问题可允许弱解的基本性质, 由此可见整个计算是正确的; 另一方面, 所算出的激波十分陡峭, 这充分显示了高阶方法的固有优势. 从表 3.5.1 可以看出, 数值解很好地保持了质量守恒、动量守恒和总能量守恒. 从而证实了基于含参 (η, ξ)-模型的 WENO-FMT 格式的确是保守恒的, 完全符合辐射流体计算及内爆压缩过程数值模拟的实际需求. 此外, 本例中的形如 (3.5.1) 的状态方程是我们为了考核计算方法而任意给定的, 但计算效果却如此之好. 由此可以预见基于含参 (η, ξ)-模型的 WENO-FMT 格式的通用性较强.

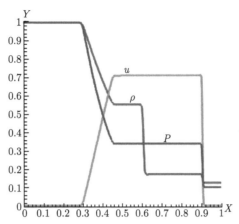

图 3.5.1 用五阶 FD-WENO-FMT 格式求解多介质 Sod Riemann 问题所获数值解

表 3.5.1 多介质 Sod Riemann 问题数值解的守恒误差

质量守恒误差	2.428613×10^{-17}
动量守恒误差	5.637851×10^{-18}
总能量守恒误差	2.109424×10^{-15}

例 3.5.2 考虑描述高温高压下某种爆轰气体 (左) 与铜 (右) 相互作用的多介质 Riemann 问题. 参照文献 [29, 34], 爆轰气体满足 Jones-Wilkins-Lee 状态方程, 这是一类由式 (3.5.2) 表示的 Mie-Gruneisen 状态方程, 其中

$$
\begin{cases}
p_{\mathrm{ref}} = A \exp\left(\dfrac{-R_1 V}{V_0}\right) + B \exp\left(\dfrac{-R_2 V}{V_0}\right), \\[2mm]
e_{\mathrm{ref}} = \dfrac{AV_0}{R_1} \exp\left(\dfrac{-R_1 V}{V_0}\right) + \dfrac{BV_0}{R_2} \exp\left(\dfrac{-R_2 V}{V_0}\right) - e_0, \\[2mm]
\Gamma = \Gamma_0, \quad V = 1/\rho, \quad V_0 = 1/\rho_0,
\end{cases}
\tag{3.5.25}
$$

爆轰气体的参数值取为 (我们约定下文中一律使用米-千克-秒单位制)

$$
\begin{cases}
A = 854.5 \text{ MPa}, \quad B = 20.5 \text{ MPa}, \quad \rho_0 = 1840 \text{ kg/m}^3, \\[2mm]
\Gamma_0 = 0.25, \quad R_1 = 4.6, \quad R_2 = 1.35, \quad e_0 = 0;
\end{cases}
\tag{3.5.26}
$$

铜满足 Cochran-Chan 状态方程, 这也是一类由式 (3.5.2) 表示的 Mie-Gruneisen 状态方程, 其中

$$
\begin{cases}
p_{\mathrm{ref}} = A\left(\dfrac{V}{V_0}\right)^{-\varepsilon_1} - B\left(\dfrac{V}{V_0}\right)^{-\varepsilon_2}, \\[2mm]
e_{\mathrm{ref}} = \dfrac{-AV_0}{1-\varepsilon_1}\left[\left(\dfrac{V}{V_0}\right)^{1-\varepsilon_1} - 1\right] + \dfrac{BV_0}{1-\varepsilon_2}\left[\left(\dfrac{V}{V_0}\right)^{1-\varepsilon_2} - 1\right] - e_0, \\[2mm]
\Gamma = \Gamma_0, \quad V = 1/\rho, \quad V_0 = 1/\rho_0,
\end{cases}
\tag{3.5.27}
$$

铜的参数值取为

$$
\begin{cases}
A = 145.67~\mathrm{MPa}, \quad B = 145.67~\mathrm{MPa}, \quad \rho_0 = 8900~\mathrm{kg/m^3}, \\[1mm]
\Gamma_0 = 2, \quad \varepsilon_1 = 2.99, \quad \varepsilon_2 = 1.99, \quad e_0 = 0,
\end{cases}
\tag{3.5.28}
$$

由此可见, 这两种介质组成的多介质混合流体的状态方程亦可用 Mie-Gruneisen 状态方程表示, 或者等价地, 通过使用式 (3.5.3), 可用 (η, ξ)-状态方程 (3.5.1) 表示, 其中

$$
\begin{cases}
p_{\mathrm{ref}} = r_1 \exp\left(\dfrac{-r_7 r_5}{\rho}\right) + r_2 \exp\left(\dfrac{-r_8 r_5}{\rho}\right) \\[2mm]
\qquad + r_3\left(\dfrac{r_5}{\rho}\right)^{-r_7} - r_4\left(\dfrac{r_5}{\rho}\right)^{-r_8}, \\[2mm]
e_{\mathrm{ref}} = \dfrac{r_1}{r_5 r_7}\exp\left(\dfrac{-r_5 r_7}{\rho}\right) + \dfrac{r_2}{r_5 r_8}\exp\left(\dfrac{-r_5 r_8}{\rho}\right) \\[2mm]
\qquad - \dfrac{r_3}{r_5(1-r_7)}\left[\left(\dfrac{r_5}{\rho}\right)^{1-r_7} - 1\right] + \dfrac{r_4}{r_5(1-r_8)}\left[\left(\dfrac{r_5}{\rho}\right)^{1-r_8} - 1\right] - r_9, \\[2mm]
\Gamma = r_6.
\end{cases}
$$

$$
\tag{3.5.29}
$$

上式中共包含九个状态方程参数, 它们可用公式 (3.5.6) 计算, 其中需要用到上述两种介质的材料参数. 从式 (3.5.25)—(3.5.28) 容易看出, 爆轰气体的材料参数为

$$
\begin{cases}
r_{11} = 854.5~\mathrm{MPa}, \quad r_{21} = 20.5~\mathrm{MPa}, \quad r_{31} = 0, \quad r_{41} = 0, \\[1mm]
r_{51} = 1840~\mathrm{kg/m^3}, \quad r_{61} = 0.25, \quad r_{71} = 4.6, \quad r_{81} = 1.35, \quad r_{91} = 0.
\end{cases}
\tag{3.5.30}
$$

铜的材料参数为

$$
\begin{cases}
r_{12} = 0, \quad r_{22} = 0, \quad r_{32} = 145.67~\mathrm{MPa}, \quad r_{42} = 145.67~\mathrm{MPa}, \\[1mm]
r_{52} = 8900~\mathrm{kg/m^3}, \quad r_{62} = 2, \quad r_{72} = 2.99, \quad r_{82} = 1.99, \quad r_{92} = 0.
\end{cases}
\tag{3.5.31}
$$

由于上述多介质问题满足由式 (3.5.1)-(3.5.3)-(3.5.29) 所表示的 (η, ξ)-状态方程, 因而我们可用一维含参 (η, ξ)-模型 (3.5.15)-(3.5.16) 来描述它, 并用 WENO-FMT 格式仿照 3.4 节中所提供的改进了的计算流程来求解它.

为此, 设一维含参 (η, ξ)-模型问题 (3.5.15)-(3.5.16) 的空间积分区间为 $0 \leqslant x \leqslant 1$, 在其左右两侧采用紧支边界条件, 并设于初始时刻 $t = 0$, 爆轰气体处于区间 $0 \leqslant x \leqslant 0.5$, 满足初始条件

$$(\rho, u, p) = (2485.37 \ \text{kg/m}^3, \ 0, \ 3.7 \times 10^{10} \ \text{Pa}),$$

铜处于区间 $0.5 \leqslant x \leqslant 1$, 满足初始条件

$$(\rho, u, p) = (8900 \ \text{kg/m}^3, \ 0, \ 10^5 \ \text{Pa}).$$

将区间 $0 \leqslant x \leqslant 1$ 等分为 400 个网格, 并设时间步长满足 CFL 条件. 我们用五阶 FD-WENO-FMT 格式来求解该含参 (η, ξ)-模型初边值问题, 算至时刻 $t = 90\mu s$, 所获数值解的密度 ρ, 速度 u, 压强 p 及比内能 e 分别绘于图 3.5.2(a), 图 3.5.2(b), 图 3.5.2(c) 及图 3.5.2(d). 从这些图可以看出, 所获数值结果未出现任

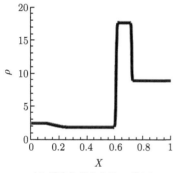

(a) 爆轰气体与铜相互作用
多介质 Riemann 问题问题数值解: 密度

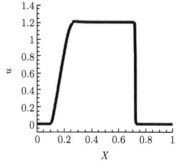

(b) 爆轰气体与铜相互作用
多介质 Riemann 问题问题数值解: 速度

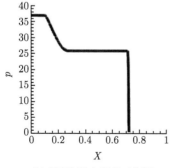

(c) 爆轰气体与铜相互作用
多介质 Riemann 问题问题数值解: 压强

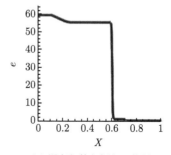

(d) 爆轰气体与铜相互作用
多介质 Riemann 问题问题数值解: 比内能

图 3.5.2

何非物理振动, 完全符合 Riemann 问题可允许弱解的基本性质, 而且的确较好地反映了真实的物理过程, 由此可见整个计算是正确的; 所算出的激波和接触间断均十分陡峭, 这充分显示了高阶方法的固有优势. 另一方面, 我们将所获数值解的守恒误差列于表 3.5.2. 从该表可看出数值解很好地保持了质量守恒、动量守恒和总能量守恒. 从而再一次证实了基于含参 (η, ξ)-模型的 WENO-FMT 格式的确是保守恒的, 完全符合辐射流体计算及内爆压缩过程数值模拟的需求. 本题的计算仅花费时间 6.831 秒.

表 3.5.2　爆轰气体与铜相互作用多介质 Riemann 问题数值解的守恒误差

质量守恒误差	6.390620×10^{-16}
动量守恒误差	1.118709×10^{-15}
总能量守恒误差	4.540314×10^{-15}

在以下两个例子中仍然采用米-千克-秒单位制, 但为简单计, 我们不再写出单位.

例 3.5.3　考虑如图 3.5.3 所示的由高温高压下的铜和水组成的二维多介质流体界面 RT 不稳定性问题. 求解区域取为 $\{(x, y) \mid 0 \leqslant x \leqslant 20,\ 0 \leqslant y \leqslant 100\}$, 图中上方为铜, 下方为水, 二者的界面由方程

$$y - 50 - 2\cos\left(\frac{\pi x}{10}\right) = 0 \tag{3.5.32}$$

确定, 并设在整个求解区域中单位质点所受的外力为

$$F_x = 0, \quad F_y = -9.8 \times 10^6, \tag{3.5.33}$$

水的初始状态为

$$\begin{cases} \rho = 1004, \quad u = v = 0, \\ p = 15 \times 10^{10}, \end{cases} \tag{3.5.34}$$

铜的初始状态为

$$\begin{cases} \rho = 8900, \quad u = v = 0, \\ p = 15 \times 10^{10}, \end{cases} \tag{3.5.35}$$

这里 ρ 表示密度, u 和 v 分别表示流体沿 X-轴和 Y-轴方向的速度, p 表示压强. 此外我们在图中积分区域的左、右边及下边采用固壁边界条件, 上边采用紧支边界条件.

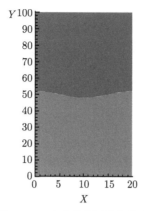

图 3.5.3 上方为铜, 下方为水

设铜满足 Cochran-Chan 状态方程, 如上例中所述, 这类状态方程可等价地视为形如

$$
\begin{cases}
p = \dfrac{\rho e + \xi(r, \rho)}{\eta(r, \rho)}, \\[2mm]
\eta(r, \rho) = \dfrac{1}{\Gamma(\rho)}, \quad \xi(r, \rho) = \dfrac{p_{\text{ref}}(\rho)}{\Gamma(\rho)} - \rho e_{\text{ref}}(\rho), \\[2mm]
p_{\text{ref}}(\rho) = A \left(\dfrac{\rho_0}{\rho} \right)^{-\varepsilon_1} - B \left(\dfrac{\rho_0}{\rho} \right)^{-\varepsilon_2}, \\[2mm]
e_{\text{ref}}(\rho) = \dfrac{-A}{\rho_0(1 - \varepsilon_1)} \left[\left(\dfrac{\rho_0}{\rho} \right)^{1 - \varepsilon_1} - 1 \right] + \dfrac{B}{\rho_0(1 - \varepsilon_2)} \left[\left(\dfrac{\rho_0}{\rho} \right)^{1 - \varepsilon_2} - 1 \right] - e_0, \\[2mm]
\Gamma(\rho) = \Gamma_0
\end{cases}
\tag{3.5.36}
$$

的 (η, ξ)-状态方程, 本例中铜需用的参数值取为

$$
\begin{cases}
A = 145.67 \times 10^9, \quad B = 147.75 \times 10^9, \quad \rho_0 = 8900, \\[2mm]
\Gamma_0 = 2, \quad \varepsilon_1 = 2.99, \quad \varepsilon_2 = 1.99, \quad e_0 = 117900.
\end{cases}
\tag{3.5.37}
$$

设水满足 stiffened 状态方程, 这类状态方程同样可等价地视为 (η, ξ)-状态方程, 只要令

$$
\eta = \frac{1}{\gamma - 1}, \quad \xi = -\frac{\gamma \, p_\infty}{\gamma - 1},
\tag{3.5.38}
$$

本例中水需用的参数值取为

$$\gamma = 5.5, \quad P_\infty = 4921.15 \times 10^5. \tag{3.5.39}$$

由式 (3.5.36)—(3.5.39) 容易看出, 由这两种介质所组成的混合流体满足统一的由式 (3.5.1) 表示的 (η, ξ)-状态方程, 其中

$$
\begin{cases}
\eta(r, \rho) = \dfrac{1}{\Gamma(\rho)}, \quad \xi(r, \rho) = \dfrac{p_{\mathrm{ref}}(\rho)}{\Gamma(\rho)} - \rho e_{\mathrm{ref}}(\rho), \\[2mm]
p_{\mathrm{ref}}(\rho) = r_1 \left(\dfrac{r_3}{\rho} \right)^{-r_5} - r_2 \left(\dfrac{r_3}{\rho} \right)^{-r_6} + r_8, \\[2mm]
e_{\mathrm{ref}}(\rho) = \dfrac{-r_1}{r_3(1 - r_5)} \left[\left(\dfrac{r_3}{\rho} \right)^{1 - r_5} - 1 \right] + \dfrac{r_2}{r_3(1 - r_6)} \left[\left(\dfrac{r_3}{\rho} \right)^{1 - r_6} - 1 \right] - r_7, \\[2mm]
\Gamma(\rho) = r_4.
\end{cases}
\tag{3.5.40}
$$

上式中含有 8 个状态方程参数, 它们可用公式 (3.5.6) 计算, 其中需要用到上述两种介质的材料参数: 水的材料参数为

$$
\begin{cases}
r_{11} = 0, \quad r_{21} = 0, \quad r_{31} = 0, \quad r_{41} = 4, 5, \\[2mm]
r_{51} = 0, \quad r_{61} = 0, \quad r_{71} = 0, \quad r_{81} = -5.5 \times 4921.15 \times 10^5,
\end{cases}
\tag{3.5.41}
$$

铜的材料参数为

$$
\begin{cases}
r_{12} = 145.67 \times 10^9, \quad r_{22} = 147.75 \times 10^9, \quad r_{32} = 8900, \quad r_{42} = 2, \\[2mm]
r_{52} = 2.99, \quad r_{62} = 1.99, \quad r_{72} = 117900, \quad r_{82} = 0.
\end{cases}
\tag{3.5.42}
$$

由于本例中的二维多介质流体满足由式 (3.5.1)-(3.5.40) 所表示的 (η, ξ)-状态方程, 因而可用满足上述初边值条件的二维含参 (η, ξ)-模型 (3.5.22)-(3.5.23) 来描述它, 并用 WENO-FMT 格式仿照 3.4 节中所提供的改进了的计算流程来求解它. 但须特别注意由于本例中的流体受有外力, 在模型方程组 (3.5.22) 的第三、四两个方程中必须分别添加右端项 ρF_y 和 $\rho v F_y$.

我们采用 120×1200 的均匀矩形网格, 并设时间步长满足 CFL 条件, 用五阶 FD-WENO-FMT 格式进行计算. 算至时刻 $t = 0.00376$, 所获数值结果中的密度分布绘于见图 3.5.4. 以此图与图 3.3.4 及第 2 章中的图 2.3.4 比较, 可以看出这些关于流体界面 RT 不稳定性问题的数值密度分布图形状是完全一致的, 但由于本例所讨论的是高温高压下的多介质问题, 状态方程不同, 而且所使用的数据存在量级上的差异, 因而导致图形的细节差异较大, 这也是很正常的.

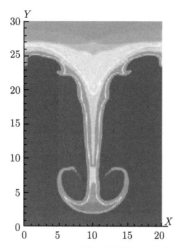

图 3.5.4　RT 不稳定性问题铜与水的密度分布

例 3.5.4　考虑初始状态如图 3.3.5 所示的激波与重气泡相互作用问题, 这是一个以 X-轴为对称轴的柱对称问题. 设气泡内、外分别为高温高压下的铜和水, 并设这两种介质以及它们所组成的多介质混合流体的状态方程与上一个例子 (即例 3.5.3) 中所述的完全相同, 因而本例中的多介质混合流体同样满足 (η,ξ)-状态方程 (3.5.40), 其中水和铜的材料参数可分别由式 (3.5.41) 和 (3.5.42) 确定.

设水于初始时刻有一个激波, 图中直线 $x=1$ 的左边为激波波后区, 右边为激波波前区, 水的波后初始密度为 $\rho=1200$, 压强为 $p=4\times10^{10}$, 沿轴向和径向的速度分量分别为 $u=10$ 和 $v=0$, 波前初始密度为 $\rho=1004$, 压强为 $p=3\times10^{10}$, 沿轴向和径向的速度分量为 $u=v=0$. 设气泡的初始半径 $r=1.5$, 并设气泡内的铜的初始状态为 $\rho=8900$, $p=3\times10^{10}$, $u=v=0$. 此外, 我们恒设该问题在图 3.3.5 所示的矩形积分区域的上、下两侧满足固壁边界条件, 左侧满足入流边界条件, 右侧满足出流边界条件.

由于本例中的二维多介质混合流体满足 (η,ξ)-状态方程, 因而可用满足上述初边值条件的二维含参 (η,ξ)-模型 (3.5.22)-(3.5.23) 来描述它, 并用 WENO-FMT 格式来求解它. 但须注意由于这里遇到的是柱对称问题, 在方程组 (3.5.22) 的各个方程中, 所涉及的散度必须按柱坐标下的散度公式进行计算.

我们采用 480×120 的一致空间矩形网格, 并设时间步长满足 CFL 条件, 用五阶 FD-WENO-FMT 格式来求解上述问题, 算至时刻 $t=0.019$, 所获数值结果中的密度分布绘于图 3.5.5. 以此图与图 3.3.6 及第 2 章中的图 2.4.6 比较, 可以看出这些关于激波与重气泡相互作用问题的数值密度分布图形状是完全一致的, 但由于这些问题所涉及的状态方程各不相同, 而且所使用的数据存在量级上的差异, 由此导致这些图形的细节有明显差异, 这种差异是很正常的.

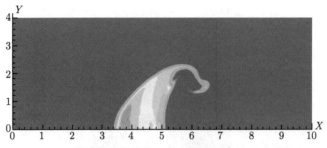

图 3.5.5　激波与重气泡相互作用问题铜与水的密度分布

参 考 文 献

[1] Abgrall R. Generalisation of the Roe scheme for the computation of mixture of perfect gases. Rech. Aérospatiale, 1988, 6: 31-43.

[2] Abgrall R. How to prevent pressure oscillations in multicomponent flow calculations: A quasi conservative approach. J. Comput. Phys., 1996, 125: 150-160.

[3] Abgrall R, Karni S. Computations of compressible multifluids. J. Comput. Phys., 2001, 169: 594-623.

[4] 柏劲松, 陈森华, 李平, 张展冀. 多介质可压缩流体动力学界面捕捉方法. 爆炸与冲击, 2004, 24(1): 37-43.

[5] Chargy D, Abgrall R, Fezoui L, et al. Comparisons of several upwind schemes for multicomponent one-dimensional inviscid flows. INRIA Rep. 1253, 1990.

[6] Cocchi J P, Saurel R, Loraud J C. Treatment of interface problems with Godunov-type scheme. Shock Waves, 1996, 5: 347-357.

[7] Fedkiw R P, Aslam T, Merriman B, et al. A non-oscillatory Eulerian approach to interfaces in multimaterial flows (the Ghost Fluid method). J. Comput. Phys., 1999, 152: 457-492.

[8] Fedkiw R, Marquina A, Merriman B. An isobaric fix for the overheating problem in multimaterial compressible flows. J. Comput. Phys., 1999, 148: 545-578.

[9] Jiang S, Ni G. A γ-model BGK scheme for compressible multifluids. Int. J. Numer. Methods Fluids, 2004, 46: 163-182.

[10] Jiang G S, Peng D P. Weighted ENO schemes for Hamilton-Jacobi equations. SIAM J. Sci. Comput., 2000, 21: 2126-2143.

[11] Johnsen E, Colonius T. Implementation of WENO schemes in compressible multicomponent flow problems. J. Comput. Phys., 2006, 219: 715-732.

[12] Karni S. Hybrid multifluid algorithms. SIAM J. Sci. Comput., 1996, 17: 1019-1039.

[13] Karni S. Multicomponent flow calculations by a consistent primitive algorithm. J. Comput. Phys., 1994, 112: 31-43.

[14]　Larouturou B, Fezoui L. On the equations of multicomponent perfect or real gas inviscid Flow // Carasso C, Charrier P, Hanouzet B, Joly J L, eds. Lecture Notes in Mathematics. Berlin, New York: Springer-Verlag, 1989, 1402: 69-98.

[15]　Larrouturou B. How to preserve the mass fraction positive when computing compressible multicomponent flow. J. Comput. Phys., 1991, 95: 59-84.

[16]　LeVeque R J. Wave propagation algorithms for multidimensional hyperbolic systems. J. Comput. Phys., 1997, 131: 327-353.

[17]　李寿佛. 多介质可压缩流体高阶流体混合型 FV-WENO 方法. 国家 863 高技术惯性约束聚变主题研究报告, 2008 年 7 月.

[18]　李寿佛. 多介质可压缩流体高阶流体混合型 FD-WENO 方法. 国家 863 高技术惯性约束聚变主题研究报告, 2009 年 7 月.

[19]　李寿佛. FD-WENO-FMT 格式的改进. 国家 863 高技术惯性约束聚变主题研究报告, 2010 年 7 月.

[20]　李寿佛. 非守恒多介质流体方程组的 FD-WENO-FMT-B 格式. 国家 863 高技术惯性约束聚变主题研究报告, 2011 年 7 月.

[21]　李寿佛. 高温高密度多介质大变形流体 Euler 数值模拟方法研究. 国家 NSAF 联合基金资助项目结题报告, 2009 年 11 月.

[22]　刘儒勋, 舒其望. 计算流体力学的若干新方法. 北京: 科学出版社, 2003.

[23]　Liu X D, Osher S, Chan T. Weighted essentially non-oscillatory schemes. J. Comput. Phys., 1994, 115: 200-212.

[24]　马东军, 孙德军, 尹协远. 高密度比多介质可压缩流动的 PPM 方法. 计算物理, 2001, 18(6): 517-522.

[25]　Mulder W, Osher S, Sethian J A. Computing interface motion in compressible gas dynamics. J. Comput. Phys., 1992, 100: 209-228.

[26]　Osher S, Sethian J A. Fronts propagating with curvature-dependent speed: Algorithms based on Hamilton-Jacobi formulations. J. Comput. Phys., 1988, 79: 12-49.

[27]　Pilliod J E, Puckett E G. Second-order accurate volume-of-fluid algorithms for tracking material interfaces. J. Comput. Phys. 2004, 199: 465-502.

[28]　Saurel R, Abgrall R. A simple method for compressible multifluid flows. SIAM J. Sci. Comput., 1999, 21: 1115-1145.

[29]　Saurel R, Abgrall R. A multiphase Godunov method for compressible multifluid and multiphase flows. J. Comput. Phys. 1999, 150: 425-467.

[30]　Shu C W. Essentially non-oscillatory and weighted essentially non-oscillatory schemes for hyperbolic conservation laws. NASA/CR-97-206253, ICASE Report No.97-65, 1997.

[31]　水鸿寿. 一维流体力学差分方法. 北京: 国防工业出版社, 1998.

[32]　Shyue K M. An efficient shock-capturing algorithm for compressible multicomponent problems. J. Comput. Phys., 1998, 142: 208-242.

[33]　Shyue K M. A fluid-Mixture type algorithm for compressible multicomponent flow with van der Waals equation of state. J. Comput. Phys., 1999, 156: 43-88.

[34]　Shyue K M. A fluid-mixture type algorithm for compressible multicomponent flow with Mie-Grüneisen equation of state. J. Comput. Phys., 2001, 171: 678-707.

[35]　Ton V. Improved shock-capturing methods for multicomponent and reacting flows. J. Comput. Phys., 1996, 128: 237-253.

[36]　Tsien H S. One-dimensional flows of a gas characterized by van der Waals equation of state. J. Math. Phys. Mass. Inst. Tech. 1947, 25.

[37]　张学莹, 赵宁, 朱君. 多流体界面不稳定性的守恒和非守恒高精度数值模拟方法. 爆炸与冲击, 2006, 26(1): 65-70.

第 4 章　流体界面计算方法

4.1　概　　述

对于实际问题中所遇到的互不掺混的多介质流体, 在不发生化学反应和相变的情形下, 相邻介质之间存在严格清晰的界面 (如气-液界面及水中气泡运动等). 为了数值模拟这类多介质流, 当界面拓扑结构变化不是十分复杂时, 可行算法之一是我们在 3.1 节中所提及的分区计算方法. 即是在每一时间步中, 首先尽可能精确地算出流体界面, 然后再按照所算出的界面划分区域, 分区计算不同类型介质的物理量 (参见 3.1 节). 对于分区计算方法来说, 流体界面的高精度计算无疑至关重要.

另一方面, 由于流体界面随着流体运动而不断运动, 其拓扑结构有可能变得十分复杂, 例如有可能出现黏合 (merging)、断裂 (tearing) 及成丝 (filament) 等十分复杂的情况, 因此流体界面计算同时又是一项困难的工作. 为了解决分区计算方法所遇到的这一至关重要而又困难的问题, 迄今人们已提出了计算流体界面的多种不同数值方法, 例如 Lagrange 方法、ALE 方法、基于粒子方法、边界积分法、流体体积方法、锋面跟踪法及水平集方法等 (参见文献 [32, 39, 59]), 这些方法各有特色, 但均存在不同程度的缺陷和局限性. 在 Euler 坐标下使用分区计算方法数值模拟多介质流体问题时, 使用较多的计算流体界面的方法是流体体积方法、锋面跟踪法和水平集方法.

然而, 内爆压缩过程所涉及的是超高温下易于相互掺混的十分复杂的多介质气体, 由于在流动过程中相邻介质会相互掺混, 界面会逐渐变得模糊不清. 对于这类相邻介质易于相互掺混的十分复杂的多介质流, 更为合适的数值模拟方法是 1996 年以后逐渐发展起来的流体混合型方法, 例如 Abgrall[1] 提出的基于 γ-模型的 1 阶及 2 阶方法, Shyue 提出的基于 (γ, P_∞)-模型的流体混合型 2 阶波传播方法及本书作者提出的基于 (η, ξ)-模型的任意高阶 WENO-FMT 方法等 (参见 [30,31,48] 及本书第 3 章). 用流体混合型方法数值模拟多介质流具有一系列突出优点 (参见第 3 章), 而且不需要计算流体界面.

尽管流体混合型方法本身不需要计算流体界面, 但由于流体界面是十分重要的参考资料, 使用单位的科技人员无疑要问: 如果相邻介质互不掺混, 它们之间严格清晰的界面应落在怎样的位置?　因此, 即使是用流体混合型方法进行计算,我们也同样有必要在相邻介质互不掺混的虚拟假设下, 为用户提供平均意义下的清晰的流体界面, 以供其参考. 但须特别注意此情形下所算出的清晰的流体界面是仅供用户参考的平均意义下的虚拟流体界面, 丝毫不会影响物理量的计算精度, 因此对界面的计算精度无须作过于苛刻的要求; 另一方面, 此情形下在每一时间步中无须首先计算流体界面, 既可以在计算物理量的同时计算流体界面, 也可以在计算出物理量之后再计算流体界面, 因而流体界面的计算方案可以有多种不同的选择.

由此可见, 数值模拟多介质流的流体混合型方法与分区计算方法相比, 计算流体界面的目的、要求及方法均有很大差异. 尽管当使用分区计算方法时, 人们已提出了计算流体界面的多种不同数值方法, 但当使用流体混合型方法时怎样来更好地计算平均意义下的虚拟流体界面, 此前却未见有人问津. 为此, 在 2012—2015 年期间, 我们结合在 Euler 坐标下使用流体混合型方法数值模拟多介质可压缩理想流体问题的实际需求以及内爆压缩过程数值模拟的实际需求, 在文献 [26—29] 中专门研究了这个问题. 我们构造了一类新的高稳定高精度水平集函数重新初始化方法及一类通用的近似保质量守恒水平集方法, 在使用流体混合型方法数值模拟多介质流的前提下, 构造了专用于计算平均意义下虚拟流体界面的改进的水平集方法, 改进的锋面跟踪法及改进的流体体积法, 并对这些新的方法的实际计算效果进行了比较. 本章专门介绍这些研究成果.

4.2　一类新的高稳定高精度水平集函数重新初始化方法

水平集方法 (level set method) 是 Osher 和 Sethian 于 1988 年提出的 (参见 [36]), 是指用一个 Lipschitz 连续函数 $\varphi(X,t) : \mathbf{R}^N \times \mathbf{R} \longrightarrow \mathbf{R}$ 的零水平集 $\{X \in \mathbf{R}^N \mid \varphi(X,t) = 0\}$ 来表示于任给时刻 t 的流体界面 $\Gamma(t)$, 并且通过求解一个对流方程 (称之为水平集方程)

$$\varphi_t + U \cdot \mathrm{grad}\varphi = 0 \tag{4.2.1}$$

来追踪界面运动, 这里及下文中, 符号 $\mathrm{grad}\varphi$ 表示函数 φ 的梯度, U 表示运动速度, $\varphi(X,t)$ 称为水平集函数 (level-set function). 水平集方法把追踪物质界面运动的几何问题转换为求解偏微分方程的数学问题.

在实际应用中, 为了提高计算质量, 人们通常把水平集函数的初始状态取为符号距离函数, 或即 Eikonal 方程

$$\begin{cases} \|\mathrm{grad}\,\varphi\| = 1, \\ \mathrm{sgn}(\varphi) = \mathrm{sgn}(\varphi^0) \end{cases}$$

的粘性解, 这里 sgn 表示符号函数, $\varphi^0(X)$ 是使得其零水平集刚好与流体初始界面重合的任给的一个函数. 然而在求解上述对流方程的过程中, 水平集函数 $\varphi(X,t)$ 会随着时间 t 而不断变化, 这种变化往往会导致其状态逐渐偏离甚至严重偏离符号距离函数, 以致其零水平集附近梯度的范数变得过大或者过小, 在此情形下, 对水平集函数的任何微小扰动都有可能引起大的计算误差, 造成所算出的界面位置严重失真. 因此我们十分期望在保持零水平集不变的前提下用一个新的符号距离函数去取代原有的已经变坏了的水平集函数. 这个过程称为水平集函数重新初始化 (reinitialization of level-set function).

关于水平集函数重新初始化, 迄今人们已做了大量研究, 获得了很好的成果 (参见 [2—6, 8—10, 14, 15, 17, 19—21, 23, 25, 33, 36—38, 42, 51, 60]). 例如 1994 年 Sussman 等[51] 提出可通过求解一类特殊的 Hamilton-Jacobi 方程初值问题来实现水平集函数重新初始化, 为了提高计算精度, 2008 年 Hartmann 等[14] 提出了约束重新初始化方法, 简称 CR 方法 (Constrained Reinitialization method), 2010 年他们[15] 进一步构造了高阶 CR 方法.

本节的目的是进一步研究与发展水平集函数重新初始化方法, 使其既具有高精度, 又具有很好的数值稳定性. 首先我们回顾了 Sussman 等于 1994 年所提出的基于求解一类带静态符号函数的 Hamilton-Jacobi 方程的水平集函数重新初始化高精度方法, 并通过数值试验检测了该方法的有效性及其不足之处. 然后我们提出改用一类带动态符号函数的 Hamilton-Jacobi 方程, 在此基础上, 我们构造了一类新的水平集函数重新初始化高精度方法, 设计了与其相应的新的水平集函数重新初始化软件, 并与上述 Sussman 等所提出的水平集函数重新初始化高精度方法作了比较. 数值测试表明, 我们所构造的新的水平集函数重新初始化高精度方法不仅保持了上述 Sussman 等的方法的高精度, 而且显著改善了其数值稳定性. 例如计算人员在内爆压缩过程数值模拟中计算物质界面时, 曾经遇到过一个严重偏离了符号距离函数的水平集函数, 当时他们曾试图使用已有的各种相关软件来重新初始化这个水平集函数, 但始终未能成功. 后来改用我们的新方法和新软件, 居然获得了令人喜出望外的十分满意的数值结果 (请参见例 4.2.6).

4.2.1 Sussman 等的水平集函数重新初始化高精度方法

1. 基于求解一类 Hamilton-Jacobi 方程的重新初始化方法

1994 年, Sussman 等 (参见 [51]) 提出通过求解形如

$$
\begin{cases}
\varphi_t + \mathrm{sgn}_\varepsilon(\varphi^0)(\|\mathrm{grad}\varphi\| - 1) = 0, & (4.2.2a) \\
\varphi(X,0) = \varphi^0(X) & (4.2.2b)
\end{cases}
$$

的 Hamilton-Jacobi 方程初值问题来实现水平集函数重新初始化, 这里 $\varphi = \varphi(X, t)$, $X \in \Omega$, $t \in \mathbf{R}$, 通常设 Ω 是空间 $\mathbf{R}^N$ 中的有界闭集, 符号 $\mathrm{grad}\varphi$ 表示 φ 的梯度, $\varphi^0(X)$ 表示一个被扰动了的已在某种程度上偏离了符号距离函数的需要重新初始化的水平集函数,

$$\mathrm{sgn}_\varepsilon(\varphi^0) = \frac{\varphi^0}{\sqrt{(\varphi^0)^2 + \varepsilon^2}} \tag{4.2.2c}$$

是水平集函数 φ^0 的光滑化符号函数, 其中 $\varepsilon > 0$ 是事先适当取定的光滑化参数. 可以证明问题 (4.2.2) 存在唯一粘性解 (参见 [8—10]). 当时间 $t \to +\infty$ 时, 问题 (4.2.2) 的粘性解的极限 $\tilde{\varphi}(X)$ (稳态解) 是一个与初始函数 $\varphi^0(X)$ 具有相同零水平集的符号距离函数. 由此可见稳态解 $\tilde{\varphi}(X)$ 便可作为原有水平集函数 $\varphi^0(X)$ 重新初始化的结果.

注意即使初始函数 $\varphi^0(X) \in C^\infty$, 问题 (4.2.2) 的粘性解的空间导数也可能出现间断 (参见 [37,42]). 通常来说, 仅能保证粘性解在空间积分区域上一致连续且分片连续可微, 但未必处处连续可微.

注意对于直角坐标下的二维问题, (4.2.2) 可等价地写成

$$\begin{cases} \varphi_t + \mathrm{sgn}_\varepsilon(\varphi^0)\left(\sqrt{\varphi_x^2 + \varphi_y^2} - 1\right) = 0, & (4.2.3a) \\ \varphi(x, y, 0) = \varphi^0(x, y), & (4.2.3b) \end{cases}$$

这里的光滑化符号函数 $\mathrm{sgn}_\varepsilon(\varphi^0)$ 仍由式 (4.2.2c) 确定. 为简单计, 下文中主要以二维问题为例进行讨论, 但所获结果及所构造的方法可直接推广到高维情形.

2. 逼近空间导数的高精度 WENO 格式

由于 Hamilton-Jacobi 方程初值问题 (4.2.3) 与双曲守恒律初值问题之间存在密切关系 (参见 [37]), 用高精度 WENO 格式来逼近方程 (4.2.3a) 中的空间导数是十分适宜的. 我们建议采用 Jiang 和 Peng[19] 所提出的用 5 阶 WENO 格式在每个网格中心点处分别从正负两侧逼近空间导数的方案.

为简单计, 设 φ 是 X-轴上的一致连续且分段光滑的函数, $\{x_i\}$ 是 X-轴上的一致网格, 网格长度记为 Δx, 并记

$$\varphi_k = \varphi(x_k), \quad \Delta^+\varphi_k = \varphi_{k+1} - \varphi_k, \quad \Delta^-\varphi_k = \varphi_k - \varphi_{k-1}.$$

Jiang 和 Peng[19] 所提出的用 5 阶 WENO 格式在点 x_i 处从左侧 (使用偏于左侧的模板) 逼近导数值 $\varphi_x(x_i)$ 的计算公式为

$$\varphi_{xi}^- = \frac{1}{12}\left(-\frac{\Delta^+\varphi_{i-2}}{\Delta x} + 7\frac{\Delta^+\varphi_{i-1}}{\Delta x} + 7\frac{\Delta^+\varphi_i}{\Delta x} - \frac{\Delta^+\varphi_{i+1}}{\Delta x}\right)$$

$$- \Phi^{\text{WENO}} \left(\frac{\Delta^- \Delta^+ \varphi_{i-2}}{\Delta x}, \frac{\Delta^- \Delta^+ \varphi_{i-1}}{\Delta x}, \frac{\Delta^- \Delta^+ \varphi_i}{\Delta x}, \frac{\Delta^- \Delta^+ \varphi_{i+1}}{\Delta x} \right), \quad (4.2.4)$$

这里

$$\Phi^{\text{WENO}}(a, b, c, d) = \frac{1}{3} \omega_0 (a - 2b + c) + \frac{1}{6} \left(\omega_2 - \frac{1}{2} \right) (b - 2c + d), \quad (4.2.5\text{a})$$

其中权 ω_0, ω_2 定义为

$$\begin{cases} \omega_0 = \dfrac{\alpha_0}{\alpha_0 + \alpha_1 + \alpha_2}, \quad \omega_2 = \dfrac{\alpha_2}{\alpha_0 + \alpha_1 + \alpha_2}, \\ \alpha_0 = \dfrac{1}{(\varepsilon + IS_0)^2}, \quad \alpha_1 = \dfrac{6}{(\varepsilon + IS_1)^2}, \quad \alpha_2 = \dfrac{3}{(\varepsilon + IS_2)^2}, \\ IS_0 = 13(a - b)^2 + 3(a - 3b)^2, \quad IS_1 = 13(b - c)^2 + 3(b + c)^2, \\ IS_2 = 13(c - d)^2 + 3(3c - d)^2, \end{cases} \quad (4.2.5\text{b})$$

式中充分小的正数 ε 用于避免分母为零, 通常取 $\varepsilon = 10^{-6}$. 类似地, 在点 x_i 处从右侧 (使用偏于右侧的模板) 逼近 $\varphi_x(x_i)$ 的计算公式为

$$\begin{aligned} \varphi_{xi}^+ = {}& \frac{1}{12} \left(-\frac{\Delta^+ \varphi_{i-2}}{\Delta x} + 7 \frac{\Delta^+ \varphi_{i-1}}{\Delta x} + 7 \frac{\Delta^+ \varphi_i}{\Delta x} - \frac{\Delta^+ \varphi_{i+1}}{\Delta x} \right) \\ & + \Phi^{\text{WENO}} \left(\frac{\Delta^- \Delta^+ \varphi_{i+2}}{\Delta x}, \frac{\Delta^- \Delta^+ \varphi_{i+1}}{\Delta x}, \frac{\Delta^- \Delta^+ \varphi_i}{\Delta x}, \frac{\Delta^- \Delta^+ \varphi_{i-1}}{\Delta x} \right), \quad (4.2.6) \end{aligned}$$

其中函数 $\Phi^{\text{WENO}}(a, b, c, d)$ 仍由式 (4.2.5) 定义.

3. 单调数值流函数

为了叙述简单, 我们仅考虑直角坐标下的二维 Hamilton-Jacobi 方程初值问题

$$\begin{cases} \varphi_t + H(x, y, t, \varphi, \varphi_x, \varphi_y) = 0, \\ \varphi(x, y, 0) = \varphi^0(x, y), \end{cases} \quad (4.2.7)$$

这里恒设 H 是连续函数, φ^0 是有界且一致连续的函数. 1984 年, Crandall 和 Lions[9] 首次构造了求解问题 (4.2.7) 的一类单调数值格式, 证明了这类单调格式收敛到问题的粘性解. 尽管其精度不超过一阶, 但这项重要工作为进一步构造高精度格式提供了重要理论基础及有效途径. 1991 年, Osher 和 Shu[37] 构造了

Hamilton-Jacobi 方程的高阶 ENO 格式, 2000 年, Jiang 和 Peng[19] 进一步构造了高阶 WENO 格式, 其半离散形式为

$$
\begin{cases}
\dfrac{\mathrm{d}\phi_{i,j}}{\mathrm{d}t} = -\hat{H}(x_i, y_j, t, \phi_{i,j}, \phi_{x,i,j}^{+}, \phi_{x,i,j}^{-}, \phi_{y,i,j}^{+}, \phi_{y,i,j}^{-}), \\
\phi_{i,j}(0) = \varphi^0(x_i, y_j).
\end{cases}
\tag{4.2.8}
$$

这里设 $\{x_i, y_j\}$ 是 XY-平面上的一致网格, 沿 X-轴方向及沿 Y-轴方向网格长度分别记为 Δx 及 Δy; 对于任给的时间 $t \in [0, T]$ 及任给的网格中心点 (x_i, y_j), 这里的 $\phi_{ij} = \phi_{ij}(t)$ 是对问题 (4.2.7) 的粘性解的值 $\varphi(x_i, y_j, t)$ 的逼近, ϕ_{xij}^{-} 和 ϕ_{xij}^{+} 分别是从左侧和右侧对偏导数 $\varphi_x(x_i, y_j, t)$ 的 WENO 逼近, ϕ_{yij}^{-} 和 ϕ_{yij}^{+} 分别是从下侧和上侧对偏导数 $\varphi_y(x_i, y_j, t)$ 的 WENO 逼近. 这里的 Lipschitz 连续函数 $\hat{H}$ 称为单调数值 Hamilton, 或者称为单调数值流通量, 它必须满足下面两个条件:

(a) $\hat{H}$ 必须与 H 相容, 或即

$$
\hat{H}(x, y, t, \phi, u, u, v, v) = H(x, y, t, \phi, u, v).
$$

(b) $\hat{H}$ 关于其第五个和第七个变元是广义单调递减函数, 关于其第六个和第八个变元是广义单调递增函数.

Osher 和 Shu 在文 [37] 中列举了多种不同的单调数值流通量. 为了减小粘性, 我们建议使用其中的 Godunov 型流通量 (为简单计, 在下式中部分变元 x, y, t, ϕ 省略未写):

$$
\hat{H}(u^+, u^-, v^+, v^-) =
\begin{cases}
\min\limits_{u^- \leqslant u \leqslant u^+} \min\limits_{v^- \leqslant v \leqslant v^+} H(u, v), & u^- \leqslant u^+,\ v^- \leqslant v^+, \\
\min\limits_{u^- \leqslant u \leqslant u^+} \max\limits_{v^+ \leqslant v \leqslant v^-} H(u, v), & u^- \leqslant u^+,\ v^- > v^+, \\
\max\limits_{u^+ \leqslant u \leqslant u^-} \min\limits_{v^- \leqslant v \leqslant v^+} H(u, v), & u^- > u^+,\ v^- \leqslant v^+, \\
\max\limits_{u^+ \leqslant u \leqslant u^-} \max\limits_{v^+ \leqslant v \leqslant v^-} H(u, v), & u^- > u^+,\ v^- > v^+.
\end{cases}
\tag{4.2.9}
$$

由此容易看出, 对于直角坐标下特殊的二维 Hamilton-Jacobi 方程 (4.2.3a) 有

$$
H(u, v) = \operatorname{sgn}_{\varepsilon}(\varphi^0)\left(\sqrt{u^2 + v^2} - 1\right),
$$

其 Godunov 型单调数值流通量为

$$
\hat{H}(u^+, u^-, v^+, v^-) = H(\hat{u}, \hat{v}),
\tag{4.2.10a}
$$

这里

$$
\hat{u} = \begin{cases} \max\{\,|u^+|, |u^-|\,\}, & \varphi^0(u^+ - u^-) \leqslant 0, \\ \min\{\,|u^+|, |u^-|\,\}, & \varphi^0(u^+ - u^-) > 0, u^+ u^- \geqslant 0, \\ 0, & \varphi^0(u^+ - u^-) > 0, u^+ u^- < 0, \end{cases} \tag{4.2.10b}
$$

$$
\hat{v} = \begin{cases} \max\{\,|v^+|, |v^-|\,\}, & \varphi^0(v^+ - v^-) \leqslant 0, \\ \min\{\,|v^+|, |v^-|\,\}, & \varphi^0(v^+ - v^-) > 0, v^+ v^- \geqslant 0, \\ 0, & \varphi^0(v^+ - v^-) > 0, v^+ v^- < 0. \end{cases} \tag{4.2.10c}
$$

应用式 (4.2.8) 和 (4.2.10), 我们便可写出问题 (4.2.3) 的半离散形式

$$
\begin{cases} \dfrac{\mathrm{d}\phi_{ij}}{\mathrm{d}t} = L(\phi)_{ij} = -\mathrm{sgn}_\varepsilon(\varphi_{ij}^0)\left(\sqrt{\hat{u}_{ij}^2 + \hat{v}_{ij}^2} - 1\right), & (4.2.11\mathrm{a}) \\ \phi_{ij}(0) = \varphi_{ij}^0, & (4.2.11\mathrm{b}) \end{cases}
$$

其中 $\varphi_{ij}^0 = \varphi^0(x_i, y_j)$,

$$
\hat{u}_{ij} = \begin{cases} \max\{\,|\phi_{xij}^+|, |\phi_{xij}^-|\,\}, & \varphi^0(\phi_{xij}^+ - \phi_{xij}^-) \leqslant 0, \\ \min\{\,|\phi_{xij}^+|, |\phi_{xij}^-|\,\}, & \varphi^0(\phi_{xij}^+ - \phi_{xij}^-) > 0, \phi_{xij}^+ \phi_{xij}^- \geqslant 0, \\ 0, & \varphi^0(\phi_{xij}^+ - \phi_{xij}^-) > 0, \phi_{xij}^+ \phi_{xij}^- < 0, \end{cases} \tag{4.2.11c}
$$

$$
\hat{v}_{ij} = \begin{cases} \max\{\,|\phi_{yij}^+|, |\phi_{yij}^-|\,\}, & \varphi^0(\phi_{yij}^+ - \phi_{yij}^-) \leqslant 0, \\ \min\{\,|\phi_{yij}^+|, |\phi_{yij}^-|\,\}, & \varphi^0(\phi_{yij}^+ - \phi_{yij}^-) > 0, \phi_{yij}^+ \phi_{yij}^- \geqslant 0, \\ 0, & \varphi^0(\phi_{yij}^+ - \phi_{yij}^-) > 0, \phi_{yij}^+ \phi_{yij}^- < 0, \end{cases} \tag{4.2.11d}
$$

应用本小节 2 中所提供的用五阶 FD-WENO 格式分别从正、负两侧逼近空间导数的公式, 易算出

$$
\begin{aligned}
\phi_{xij}^+ = {}& \frac{1}{12}\left(-\frac{\Delta_x^+ \phi_{i-2,j}}{\Delta x} + 7\frac{\Delta_x^+ \phi_{i-1,j}}{\Delta x} + 7\frac{\Delta_x^+ \phi_{ij}}{\Delta x} - \frac{\Delta_x^+ \phi_{i+1,j}}{\Delta x}\right) \\
& + \Phi^{\mathrm{WENO}}\left(\frac{\Delta_x^- \Delta_x^+ \phi_{i+2,j}}{\Delta x}, \frac{\Delta_x^- \Delta_x^+ \phi_{i+1,j}}{\Delta x}, \frac{\Delta_x^- \Delta_x^+ \phi_{ij}}{\Delta x}, \frac{\Delta_x^- \Delta_x^+ \phi_{i-1,j}}{\Delta x}\right),
\end{aligned} \tag{4.2.12a}
$$

$$
\begin{aligned}
\phi^-_{xij} = \frac{1}{12}\left(-\frac{\Delta^+_x \phi_{i-2,j}}{\Delta x} + 7\frac{\Delta^+_x \phi_{i-1,j}}{\Delta x} + 7\frac{\Delta^+_x \phi_{ij}}{\Delta x} - \frac{\Delta^+_x \phi_{i+1,j}}{\Delta x} \right) \\
-\Phi^{\mathrm{WENO}}\left(\frac{\Delta^-_x \Delta^+_x \phi_{i-2,j}}{\Delta x}, \frac{\Delta^-_x \Delta^+_x \phi_{i-1,j}}{\Delta x}, \frac{\Delta^-_x \Delta^+_x \phi_{ij}}{\Delta x}, \frac{\Delta^-_x \Delta^+_x \phi_{i+1,j}}{\Delta x} \right),
\end{aligned}
$$

$$(4.2.12\mathrm{b})$$

$$
\begin{aligned}
\phi^+_{yij} = \frac{1}{12}\left(-\frac{\Delta^+_y \phi_{i,j-2}}{\Delta y} + 7\frac{\Delta^+_y \phi_{i,j-1}}{\Delta y} + 7\frac{\Delta^+_y \phi_{ij}}{\Delta y} - \frac{\Delta^+_y \phi_{i,j+1}}{\Delta y} \right) \\
+\Phi^{\mathrm{WENO}}\left(\frac{\Delta^-_y \Delta^+_y \phi_{i,j+2}}{\Delta y}, \frac{\Delta^-_y \Delta^+_y \phi_{i,j+1}}{\Delta y}, \frac{\Delta^-_y \Delta^+_y \phi_{ij}}{\Delta y}, \frac{\Delta^-_y \Delta^+_y \phi_{i,j-1}}{\Delta y} \right),
\end{aligned}
$$

$$(4.2.12\mathrm{c})$$

$$
\begin{aligned}
\phi^-_{yij} = \frac{1}{12}\left(-\frac{\Delta^+_y \phi_{i,j-2}}{\Delta y} + 7\frac{\Delta^+_y \phi_{i,j-1}}{\Delta y} + 7\frac{\Delta^+_y \phi_{ij}}{\Delta y} - \frac{\Delta^+_y \phi_{i,j+1}}{\Delta y} \right) \\
-\Phi^{\mathrm{WENO}}\left(\frac{\Delta^-_y \Delta^+_y \phi_{i,j-2}}{\Delta y}, \frac{\Delta^-_y \Delta^+_y \phi_{i,j-1}}{\Delta y}, \frac{\Delta^-_y \Delta^+_y \phi_{ij}}{\Delta y}, \frac{\Delta^-_y \Delta^+_y \phi_{i,j+1}}{\Delta y} \right),
\end{aligned}
$$

$$(4.2.12\mathrm{d})$$

注意在式 (4.2.12) 中, 除函数 $\Phi^{\mathrm{WENO}}(a,b,c,d)$ 由式 (4.2.5) 定义外, 我们作如下符号约定:

$$
\Delta^+_x \phi_{ij} = \phi_{i+1,j} - \phi_{ij}, \quad \Delta^-_x \phi_{ij} = \phi_{ij} - \phi_{i-1,j},
$$

$$
\Delta^+_y \phi_{ij} = \phi_{i,j+1} - \phi_{ij}, \quad \Delta^-_y \phi_{ij} = \phi_{ij} - \phi_{i,j-1}.
$$

应用式 (4.2.12) 算出 ϕ^+_{xij}, ϕ^-_{xij}, ϕ^+_{yij} 及 ϕ^-_{yij}, 代入式 (4.2.11), 便得到直角坐标下二维 Hamilton-Jacobi 方程初值问题 (4.2.3) 的半离散逼近, 它在解的光滑区域上具有五阶精度.

4. 时间离散化方法

我们建议使用舒其望等的最佳三阶 TVD Runge-Kutta 法求解半离散问题 (4.2.11)-(4.2.12), 其计算公式如下:

$$
\begin{cases}
\phi^{(1)} = \phi^n + \Delta t L(\phi^n), \\
\phi^{(2)} = \dfrac{3}{4}\phi^n + \dfrac{1}{4}\phi^{(1)} + \dfrac{1}{4}\Delta t L(\phi^{(1)}), \\
\phi^{n+1} = \dfrac{1}{3}\phi^n + \dfrac{2}{3}\phi^{(2)} + \dfrac{2}{3}\Delta t L(\phi^{(2)}).
\end{cases}
\qquad (4.2.13)
$$

这里 $\phi^n = \phi^n_{ij}$ 表示函数 ϕ 于时刻 t_n 的已知网格值, $\phi^{n+1} = \phi^{n+1}_{ij}$ 表示该函数于时刻 $t_{n+1} = t_n + \Delta t$ 的欲求的网格值, Δt 是满足 CFL 条件的时间步长.

注 4.2.1　当在柱坐标 (ρ, φ, z) 或球坐标 (ρ, φ, θ) 下重新初始化水平集函数时, 除了需要从形式上修改坐标变量名称外, 最关键的工作是在方程 (4.2.2a) 中计算梯度 $\mathrm{grad}\varphi$ 时必须使用不同坐标下不同的梯度计算公式. 除此之外, 以上计算方法无须作其他任何实质修改. 以球坐标下的柱对称问题为例, 梯度范数计算公式为

$$\|\mathrm{grad}\varphi\| = \sqrt{\varphi_\rho^2 + \left(\frac{\varphi_\theta}{\rho}\right)^2}. \tag{4.2.14}$$

4.2.2　Sussman 等的水平集函数重新初始化方法应用举例

本小节通过数值试验来检测 Sussman 等的水平集函数重新初始化高精度方法的有效性及其不足之处.

例 4.2.1　考虑球坐标 (ρ, φ, θ) 下的柱对称流动. 由于柱对称性, 我们仅需在极坐标平面 (ρ, θ) 内进行计算. 设

$$\Phi^0(\rho, \theta) = \frac{1}{4} - (\rho\cos\theta - 1)^2 - (\rho\sin\theta - 1)^2 \tag{4.2.15}$$

是定义在区域 $\Omega = \{(\rho, \theta) : 0 \leqslant \rho \leqslant 3,\ 0 \leqslant \theta \leqslant \pi/2\}$ 上的被扰动了的水平集函数, 其零水平集所定义的流体界面是一个圆心位于点 $\left(\sqrt{2}, \frac{\pi}{4}\right)$ 半径为 $\frac{1}{2}$ 的圆周. $\Phi^0(\rho, \theta)$ 的零水平集连同高度分别为 $z_i = \frac{i}{8}$, $i = -8, -7, \cdots, -1, 1$ 的 9 条等高线绘于图 4.2.1(a). 从该图可看出 $\Phi^0(\rho, \theta)$ 偏离了符号距离函数.

我们在 Hamilton-Jacobi 方程初值问题

$$\begin{cases} \varphi_t + \mathrm{sgn}_\varepsilon(\varphi^0)\left(\sqrt{\varphi_\rho^2 + \left(\dfrac{\varphi_\theta}{\rho}\right)^2} - 1\right) = 0, & (4.2.3a)' \\[4mm] \varphi(\rho, \theta, 0) = \varphi^0(\rho, \theta) & (4.2.3b)' \end{cases}$$

(这里的光滑化符号函数 $\mathrm{sgn}_\varepsilon(\varphi^0)$ 由式 (4.2.2c) 确定) 中令初始函数 $\varphi^0(\rho, \theta) = \Phi^0(\rho, \theta)$, 定义空间网格 $\left\{(\rho_i, \theta_j) : \rho_i = \left(i - \dfrac{1}{2}\right)\Delta\rho, i = 1, \cdots, 300, \Delta\rho = 10^{-2};\right.$ $\left. \theta_j = \left(i - \dfrac{1}{2}\right)\Delta\theta,\ j = 1, \cdots, 50, \Delta\theta = 10^{-2}\pi\right\}$, 并设时间步长 $\Delta t > 0$ 满足 CFL 条件. 注意问题 (4.2.3)$'$ 可视为一般的 Hamilton-Jacobi 方程初值问题 (4.2.7) 的特例 (用 (ρ, θ) 去代替其中的 (x, y)). 于是可用 4.2.1 小节所推荐的空间离散化方法 (4.2.8)-(4.2.9) (其中单侧空间导数用公式 (4.2.4) 和 (4.2.6) 计算) 及时间离散化

方法 (4.2.13) 来求解问题 (4.2.3)′, 直至稳定状态. 所获数值结果 $\{\Phi_{i,j}\}$ 是该问题稳态解的逼近, 其零水平集连同高度分别为 $z_i = \dfrac{i}{8}, i = -8, -7, \cdots, -1, 1, 2, 3, 4$ 的 12 条等高线绘于图 4.2.1(b). 从该图可清楚看出重新初始化结果 Φ_{ij} 已十分接近于符号距离函数, 且其零水平集与 $\Phi^0(\rho, \theta)$ 的零水平集保持一致. 故 Φ_{ij} 可作为 $\Phi^0(\rho, \theta)$ 的重新初始化结果.

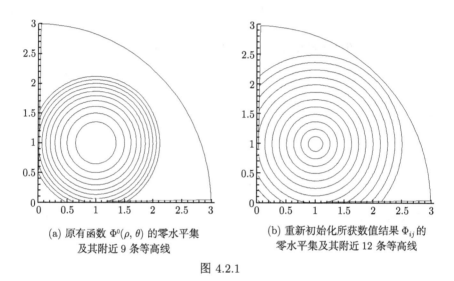

(a) 原有函数 $\Phi^0(\rho, \theta)$ 的零水平集 及其附近 9 条等高线

(b) 重新初始化所获数值结果 Φ_{ij} 的 零水平集及其附近 12 条等高线

图 4.2.1

例 4.2.2　考虑被扰动了的水平集函数

$$
\widetilde{\Phi}^0(x, y) = \begin{cases} \left(\dfrac{x}{4} + 1\right)(4 - (x-1)^2 - y^2), & 0 \leqslant x \leqslant 3, \quad -3 \leqslant y \leqslant 3, \\[2mm] \left(\dfrac{x}{4} + 1\right)(4 - (x+1)^2 - y^2), & -3 \leqslant x < 0, \quad -3 \leqslant y \leqslant 3, \end{cases}
$$

$$(4.2.16)$$

这里 (x, y) 是平面直角坐标. $\widetilde{\Phi}^0(x, y)$ 的零水平集为

$$
\left\{ (x, y) \mid (x-1)^2 + y^2 - 4 = 0 \;\&\&\; x \geqslant 0 \;\|\; (x+1)^2 + y^2 - 4 = 0 \;\&\&\; x < 0 \right\},
$$

它是 XY-平面内的一条与 Y-轴对称的封闭曲线. 其零水平集连同高度分别为 $z_{\pm i} = \pm\dfrac{i}{4}, i = 1, 2, \cdots, 8$ 的 16 条等高线绘于图 4.2.2(a). 从该图可看出 $\widetilde{\Phi}^0(x, y)$ 已严重偏离了符号距离函数.

我们在 Hamilton-Jacobi 方程初值问题 (4.2.3) 中令初始函数 $\varphi^0(x, y) = \widetilde{\Phi}^0(x, y)$, 采用 600×600 均匀空间网格, 并设时间步长 $\Delta t > 0$ 满足 CFL 条件, 用 4.2.1

小节所推荐的空间离散化方法 (4.2.11)-(4.2.12) 及时间离散化方法 (4.2.13) 来求解该问题, 直至稳定状态. 所获数值结果 $\{\widetilde{\Phi}_{ij}\}$ 是该问题的稳态解的逼近, 其零水平集连同高度分别为 $z_{\pm i} = \pm\dfrac{i}{4}, i = 1, 2, \cdots, 8$ 的 16 条等高线绘于图 4.2.2(b). 从该图可以看出 $\widetilde{\Phi}_{ij}$ 已十分接近于符号距离函数, 且其零水平集与 $\widetilde{\Phi}^0(x, y)$ 的零水平集基本保持一致. 故 $\widetilde{\Phi}_{ij}$ 可作为 $\widetilde{\Phi}^0(x, y)$ 的重新初始化结果. 但仔细观察不难发现, 在图 4.2.2(b) 右侧, 水平集曲线及其附近的几条等高线有轻微振动, 这是美中不足之处.

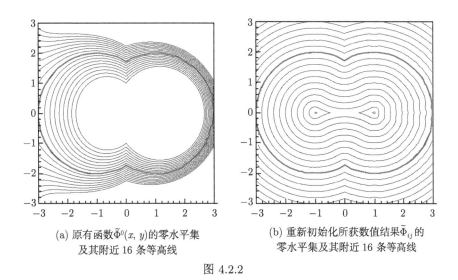

(a) 原有函数$\widetilde{\Phi}^0(x, y)$的零水平集
及其附近 16 条等高线

(b) 重新初始化所获数值结果$\widetilde{\Phi}_{ij}$的
零水平集及其附近 16 条等高线

图 4.2.2

为了弄清上例中数值解出现轻微振动是否为偶然现象, 让我们再看一个算例.

例 4.2.3 考虑球坐标 (ρ, φ, θ) 下的柱对称流动. 设

$$\widehat{\Phi}^0(\rho, \theta) = \begin{cases} 1 - \sqrt{\dfrac{\left(\rho\cos\theta - \dfrac{1}{2}\right)^2}{\left(\dfrac{1}{4}\right)^2} + \dfrac{(\rho\sin\theta - 1)^2}{\left(\dfrac{1}{2}\right)^2}}, & \rho\cos\theta \leqslant 1, \\[4mm] 1 - \sqrt{\dfrac{\left(\rho\cos\theta - \dfrac{3}{2}\right)^2}{\left(\dfrac{1}{4}\right)^2} + \dfrac{(\rho\sin\theta - 1)^2}{\left(\dfrac{1}{2}\right)^2}}, & \rho\cos\theta > 1 \end{cases} \tag{4.2.17}$$

是一个定义在极坐标平面区域 $\left\{(\rho, \theta) : 0.1 \leqslant \rho \leqslant 3,\ 0 \leqslant \theta \leqslant \dfrac{\pi}{2}\right\}$ 上的已被扰动了的水平集函数, 其零水平集连同高度分别为 $z_i = \dfrac{i}{8}, i = -12, -11, \cdots, -1, 1, 2$ 的 14 条等高线绘于图 4.2.3(a). 从该图可看出 $\widehat{\Phi}^0(\rho, \theta)$ 已严重偏离了符号距离函数.

我们在 Hamilton-Jacobi 方程初值问题 (4.2.3)′ 中令初始函数 $\varphi^0(\rho, \theta) = \widehat{\Phi}^0(\rho, \theta)$, 定义空间网格 $\left\{(\rho_i, \theta_j) : \rho_i = 0.1 + \left(i - \dfrac{1}{2}\right)\Delta\rho, \Delta\rho = 10^{-2}, i = 1, \cdots, 290; \theta_j = \left(i - \dfrac{1}{2}\right)\Delta\theta,\ \Delta\theta = 10^{-2}\pi,\ j = 1, \cdots, 50\right\}$, 并设时间步长 $\Delta t > 0$ 满足 CFL 条件, 用与例 4.2.1 中同样的数值方法求解问题 (4.2.3)′, 所获数值结果 $\{\widehat{\Phi}_{ij}\}$ 的零水平集连同其附近的若干条等高线绘于图 4.2.3(b). 然而不幸得很, 从该图可看出重新初始化的数值结果存在严重的不断发展的振动. 由此可见, 至少对于某些特殊类型的被严重扰动了的水平集函数, Sussman 等的水平集函数重新初始化方法是不稳定的.

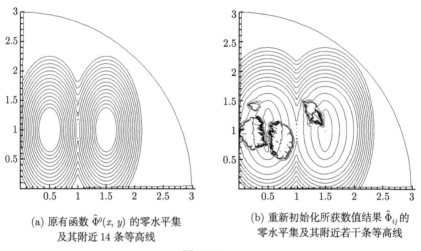

(a) 原有函数 $\widehat{\Phi}^0(x, y)$ 的零水平集　　　　　(b) 重新初始化所获数值结果 $\widehat{\Phi}_{ij}$ 的
　　及其附近 14 条等高线　　　　　　　　　　零水平集及其附近若干条等高线

图 4.2.3

4.2.3　改进的水平集函数重新初始化高精度高稳定方法

以上数值试验表明, Sussman 等的水平集函数重新初始化方法尽管具有高精度, 但仅对偏离符号距离函数不很严重的水平集函数有效 (参见例 4.2.1); 对于偏离符号距离函数已较严重或很严重的水平集函数, 数值解可能出现振动, 甚至可能出现严重的不断发展的振动, 导致重新初始化失败 (参见例 4.2.2 及例 4.2.3).

因此当务之急是需要找到产生振动的原因, 对症下药, 来改善方法的数值稳定性.

首先注意重新初始化微分方程 (4.2.3a) 的右函数由两个因子 $-\mathrm{sgn}_\varepsilon(\varphi^0)$ 与 $\sqrt{\varphi_x^2 + \varphi_y^2} - 1$ 的乘积组成, 其半离散形式 (4.2.11a) 的右函数也是由相应的两个因子 $-\mathrm{sgn}_\varepsilon(\varphi_{ij}^0)$ 与 $\sqrt{\hat{u}_{ij}^2 + \hat{v}_{ij}^2} - 1$ 的乘积组成. 以后者为例, 第 1 个因子依赖于静态初始函数 φ^0 的网格值 φ_{ij}^0, 而第 2 个因子依赖于动态发展的数值解 ϕ_{ij} (参见式 (4.2.11)-(4.2.12)). 当计算刚开始时, φ_{ij}^0 与 ϕ_{ij} 是完全一致的. 在例 4.2.1 中, φ^0 是一个与符号距离函数仅有较小差别的初始水平集函数, 由于 ϕ_{ij} 在发展过程中越来越接近于符号距离函数, 因此在整个计算过程中 φ_{ij}^0 与 ϕ_{ij} 自始至终保持仅有较小差异. 例 4.2.1 的计算结果表明, 在此情形下计算是稳定的. 另一方面, 在例 4.2.2 和例 4.2.3 中 φ^0 已严重偏离符号距离函数, 因此在 ϕ_{ij} 向符号距离函数发展的过程中, 它与 φ_{ij}^0 的差异越变越大. 例 4.2.2 和例 4.2.3 的计算结果表明, 当 ϕ_{ij} 与 φ_{ij}^0 的差异变大到超过一定限度时, 数值解就会出现不稳定现象, 导致重新初始化失败.

通过以上观察分析, 我们得到如下结论:

命题 4.2.1 在求解形如 (4.2.3) (或者 (4.2.3)′, 或者更一般地 (4.2.2)) 的重新初始化微分方程时, 数值解有时候会出现不稳定现象. 这主要是由于微分方程右函数中第 1 个因子所依赖的函数 φ^0 (或者网格值 φ_{ij}^0) 与第 2 个因子所依赖的函数 φ (或者网格值 ϕ_{ij}) 差异过大, 产生剧烈矛盾而引起的. 因此只要适当修改重新初始化微分方程, 使得上述两个因子所分别依赖的函数 (或网格值) 始终保持较小差异或者始终保持一致, 便能确保数值解稳定.

以命题 4.2.1 的结论为依据, 我们自然会想到将上述微分方程右函数中第 1 个因子所依赖的函数 φ^0 也改成 φ, 以便达到与第 2 个因子所依赖的函数完全保持一致, 从而确保数值解稳定的目的. 于是我们引进一类带动态符号函数的 Hamilton-Jacobi 方程初值问题

$$
\begin{cases}
\varphi_t + \mathrm{sgn}_\varepsilon(\varphi)(\|\mathrm{grad}\varphi\| - 1) = 0, & (4.2.18a) \\
\varphi(X, 0) = \varphi^0(X), & (4.2.18b)
\end{cases}
$$

这里

$$
\mathrm{sgn}_\varepsilon(\varphi) = \frac{\varphi(X, t)}{\sqrt{\varphi^2(X, t) + \varepsilon^2}} \tag{4.2.19}
$$

是一个关于 φ 的光滑化动态符号函数, ε 是适当选定的光滑化因子. 注意初值问题 (4.2.18) 与初值问题 (4.2.2) 的差别仅在于后者用的是由式 (4.2.2c) 所确定的

静态符号函数 $\mathrm{sgn}_\varepsilon(\varphi^0)$. 在式 (4.2.18) 中, 其余诸符号的意义与式 (4.2.2) 中完全相同, 无须复述.

由于问题 (4.2.18) 同样可视为一般的 Hamilton-Jacobi 方程初值问题的特例, 故它存在唯一粘性解. 容易看出, 当时间 $t \to +\infty$ 时, 问题 (4.2.18) 的粘性解的极限 $\tilde{\varphi}(X)$ (稳态解) 是一个与初始函数 $\varphi^0(X)$ 具有相同零水平集的符号距离函数. 事实上, 对于稳态解 $\tilde{\varphi}(X)$ 来说, 从 $\tilde{\varphi}_t = 0$ 可推出 $\|\mathrm{grad}\tilde{\varphi}\| = 1$, 故可断言 $\tilde{\varphi}(X)$ 是符号距离函数; 其次, 由于 $\varphi(X,0) = \varphi^0(X)$, 故当 $t = 0$ 时 $\varphi(X,t)$ 与 $\varphi^0(X)$ 具有完全相同的零水平集, 又因对于任意时刻 t 及 $\varphi(X,t)$ 的零水平集上任意一点 X, 恒有 $\mathrm{sgn}_\varepsilon(\varphi(X,t)) = 0$ 及 $\varphi_t(X,t) = 0$, 由此表明 $\varphi(X,t)$ 的零水平集不会随时间 t 而变化, 因此当 $t \to +\infty$ 时, $\varphi(X,t)$ 的极限函数 $\tilde{\varphi}(X)$ (即稳态解) 同样会保持原有的零水平集不变, 或即 $\tilde{\varphi}(X)$ 与 $\varphi^0(X)$ 具有完全相同的零水平集.

以上分析表明, 问题 (4.2.18) 的稳态解 $\tilde{\varphi}(X)$ 可作为原有水平集函数 $\varphi^0(X)$ 重新初始化的结果. 由此我们立刻得到一类由以下两个步骤组成的新的水平集函数重新初始化方法:

第一步. 适当选定一个用于求解一般的 Hamilton-Jacobi 方程初值问题的高效数值方法.

第二步. 以该数值方法求解初值问题 (4.2.18), 直至稳定状态, 以所获数值结果作为初始水平集函数 $\varphi^0(X)$ 的重新初始化结果.

为方便计, 我们把 Sussman 等的通过数值求解带静态符号函数的 Hamilton-Jacobi 方程初值问题 (4.2.2) 来实现水平集函数重新初始化的方法称为 "基于静态符号函数的水平集函数重新初始化方法", 把本小节所提出的通过数值求解带动态符号函数的 Hamilton-Jacobi 方程初值问题 (4.2.18) 来实现水平集函数重新初始化的方法称为 "改进的水平集函数重新初始化方法 (简记为 ILSreini)", 或者称为 "基于动态符号函数的水平集函数重新初始化方法".

由于重新初始化微分方程 (4.2.18a) 的右函数系由两个因子 $-\mathrm{sgn}_\varepsilon(\varphi)$ 与 $\|\mathrm{grad}\varphi\| - 1$ 的乘积组成, 而且这两个因子所依赖的函数是完全一致的, 都是 $\varphi(X, t)$. 由此及命题 4.2.1 立得

命题 4.2.2　基于动态符号函数的水平集函数重新初始化方法 (或即 ILSreini 方法) 具有很好的数值稳定性, 在这方面比基于静态符号函数的重新初始化方法 (或即 Sussman 等的水平集函数重新初始化方法) 远为优越.

尽管命题 4.2.2 的严格理论证明尚待进一步探索, 但我们已做了许多数值试验, 所有这些数值试验的结果均表明该命题结论正确.

注 4.2.2　问题 4.2.2 中光滑化因子 ε 的值若选择不恰当, 同样会影响计算稳定性. 以在二维直角坐平面内的均匀矩形网格上进行计算为例, 通常取 $\varepsilon = \max\{\Delta x, \Delta y\}$, 这里 Δx 及 Δy 分别表示沿 X-轴及沿 Y-轴方向的网格长. 在极坐

标平面内的非均匀网格 $\{(\rho_i, \theta_j)\}$ 上进行计算时, 我们建议取 $\varepsilon = \max\{\Delta\rho_i, \rho_i\Delta\theta_j\}$.

注 4.2.3 Peng 等在文 [38] 中曾给出在问题 (4.2.18) 的动态符号函数中确定参数 ε 的一种特殊方法, 以其作为重新初始化微分方程来实现对水平集函数的重新初始化. 文中强调指出这种特定的方法可确保在重新初始化过程中, 由零水平集所确定的界面不会发生越过网格的移动. 但该文未讨论重新初始化方法的数值稳定性及其与符号函数之间的关系. 本书刚好相反, 由于我们所处理的是多介质混合流体, 对于界面的过于苛刻的精度要求是没有实际意义的, 故本书着重关心与研究数值稳定性的改进及计算效率的提高. 为了不增加额外工作量, 我们建议仍采用注 4.2.2 中所提出的参数 ε 的选取方法.

注 4.2.4 对于 4.2.1 小节所介绍的用于求解带静态符号函数的 Hamilton-Jacobi 方程初值问题的数值方法, 无论是求解一维、二维还是高维问题, 无论是在直角坐标、柱坐标还是球坐标下进行求解, 只要将其中半离散形式所使用的静态符号函数改成相应的动态符号函数 (例如对于二维问题需要将式 (4.2.11a) 中的 $\mathrm{sgn}_\varepsilon(\varphi_{ij}^0)$ 改成 $\mathrm{sgn}_\varepsilon(\phi_{ij})$), 无须作其他任何修改, 便可用于求解带动态符号函数的 Hamilton-Jacobi 方程初值问题 (4.2.18), 而且保持方法原有精确阶不变. 于是对于每一个基于静态符号函数的水平集函数重新初始化方法, 使用上述技巧略作修改, 便可轻而易举地得到一个与之相应的基于动态符号函数的新的水平集函数重新初始化方法 (或即 ILSreini 方法), 新方法 ILSreini 与原有方法具有完全相同的精确阶, 但其数值稳定性比原有方法远为优越.

4.2.4 改进的水平集函数重新初始化方法应用举例

例 4.2.4 通过对例 4.2.2 中所使用的基于静态符号函数的重新初始化高精度方法略作修改, 构造一个与之相应的基于动态符号函数的新的重新初始化高精度方法 ILSreini. 然后采用与例 4.2.2 中完全相同的空间网格及时间步长, 用 ILSreini 方法来重新初始化由式 (4.2.16) 所确定的已严重偏离了符号距离函数的水平集函数 $\widetilde{\Phi}^0(x, y)$, 并将所获数值结果 $\{\widetilde{\widetilde{\Phi}}_{ij}\}$ 的高度分别为 $z_i = \dfrac{i}{5}, i = -7, -6, \cdots, 8, 9$ 的 17 条等高线 (包括零水平集在内) 绘于图 4.2.4. 从该图可看出 $\widetilde{\widetilde{\Phi}}_{ij}$ 已十分接近于符号距离函数, 其零水平集与 $\widetilde{\Phi}^0(x, y)$ 的零水平集保持一致, 未见图形中诸曲线有任何振动. 以图 4.2.4 与图 4.2.2(b) 比较, 可看出新方法显著改善了原有方法的数值稳定性.

例 4.2.5 通过对例 4.2.3 中所使用的基于静态符号函数的重新初始化高精度方法略作修改, 构造一个与之相应的基于动态符号函数的新的重新初始化高精度方法 ILSreini. 然后采用与例 4.2.3 中完全相同的空间网格及时间步长, 用所构造的 ILSreini 方法来重新初始化由式 (4.2.17) 所确定的已严重偏离了符号距离函

数的水平集函数 $\widehat{\Phi}^0(\rho,\theta)$, 并将所获数值结果 $\{\widehat{\tilde{\Phi}}_{ij}\}$ 的零水平集连同高度分别为 $z_{\pm i} = \pm\dfrac{i}{4}, i = 1, 2, \cdots, 8$ 的 16 条等高线绘于图 4.2.5. 未见到该图中曲线有任何振动、扭曲或发生其他异常现象, 从该图可看出 $\widehat{\tilde{\Phi}}_{ij}$ 已十分接近于符号距离函数, 且其零水平集与 $\widehat{\Phi}^0(\rho,\theta)$ 的零水平集很好地保持一致, 因此 $\widehat{\tilde{\Phi}}_{ij}$ 可作为 $\widehat{\Phi}^0(\rho,\theta)$ 的重新初始化结果. 以图 4.2.5 与图 4.2.3(b) 比较便可看出 ILSreini 方法不仅具有高精度, 而且确实具有很好的数值稳定性, 而与之相应的基于静态符号函数的重新初始化方法则是不稳定的, 由于计算严重不稳定而导致重新初始化失败.

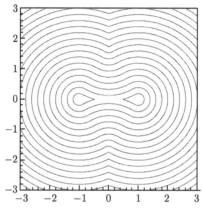

图 4.2.4　基于动态符号函数的新方法用于重新初始化例 4.2.2 中
水平集函数 $\widetilde{\Phi}^0(x,y)$ 所获数值结果 $\widetilde{\tilde{\Phi}}_{ij}$

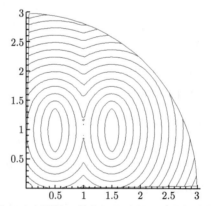

图 4.2.5　基于动态符号函数的新方法用于重新初始化例 4.2.3 中
水平集函数 $\widehat{\Phi}^0(\rho,\theta)$ 所获数值结果 $\widehat{\tilde{\Phi}}_{ij}$

在 Euler 坐标下对内爆压缩过程进行数值模拟并用水平集方法捕捉流体界面

的实际计算过程中, 人们曾遇到用来表示氘氚区界面的水平集函数于某一特定时刻 t 的网格值 $\{\Psi_{ij}\}$ 被过度扰动以致十分严重地偏离了符号距离函数的现象. 这里所讨论的是球坐标下的柱对称问题, 所使用的空间网格是一个如图 4.2.6 所示的径向渐扩光滑网格 $\{(\rho_i, \theta_j)\}$. 图 4.2.7(a) 和图 4.2.7(b) 中分别表示的是 $\{\Psi_{i,j}\}$ 的零水平集及沿横向放大了的零水平集, 亦即于此特定时刻 t 氘氚区的界面及沿横向放大了的界面. 从图 4.2.7(b) 可清楚看出该界面已经产生了微小的不规则的振动. 图 4.2.7(c) 中画出了 $\{\Psi_{ij}\}$ 的包括零水平集在内的若干条等高线, 从该图可看出用来表示上述带有微小不规则振动的界面的水平集函数已严重偏离了符号距离函数. 人们曾试图用已有的相关软件来重新初始化上述网格值 $\{\Psi_{i,j}\}$ 所表示的水平集函数, 但始终未能成功. 作为本小节的结束, 现在来考验一下我们所构造的基于动态符号函数的改进的水平集函数重新初始化方法 ILSreini 能否用于解决上述实际问题.

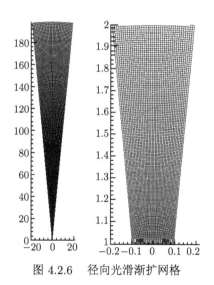

图 4.2.6　径向光滑渐扩网格

例 4.2.6　在 Hamilton-Jacobi 方程初值问题 $(4.2.3)'$ 中, 令初始函数 $\varphi^0(\rho, \theta)$ 在图 4.2.6 所示的径向渐扩光滑网格上的网格值为 $\varphi^0(\rho_i, \theta_j) = \Psi_{ij}$. 然后对例 4.2.1 中所使用的方法作若干必要的修改, 添入对径向坐标作光滑变换及在光滑变换下计算径向导数的功能, 使其在上述径向渐扩光滑网格上同样能很好地运行. 用修改后的新方法 (即 ILSreini 方法) 求解初值问题 $(4.2.3)'$ 到稳定状态, 所获数值结果 $\{\widehat{\Psi}_{ij}\}$ 是该问题稳态解的逼近, 亦即重新初始化结果, 其零水平集连同其附近的若干条等高线绘于图 4.2.8(a), 看上去已十分接近于符号距离函数, 重新初始化后的界面绘于图 4.2.8(b), 看上去与初始化之前的界面没有差别. 由此表明 ILSreini 方法确实成功地解决了上述困难实际问题.

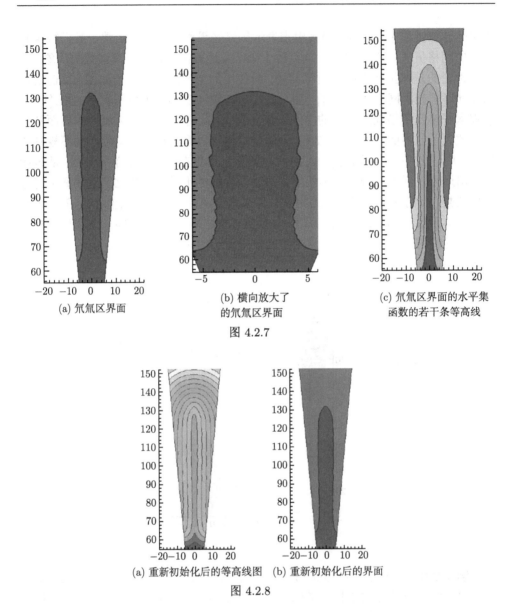

(a) 氘氚区界面

(b) 横向放大了
的氘氚区界面

(c) 氘氚区界面的水平集
函数的若干条等高线

图 4.2.7

(a) 重新初始化后的等高线图　(b) 重新初始化后的界面

图 4.2.8

4.3　改进的水平集方法

4.3.1　改进的水平集方法构造

当在 Euler 坐标下用流体混合型方法数值模拟多介质流时, 为了用水平集方法捕捉平均意义下的虚拟流体界面, 可以考虑以下两种不同计算方案:

方案 1 在用流体混合型方法计算诸物理量的每一时间步之后, 同时利用该时间步前后两个已知的速度场, 用 5 阶 FD-WENO 格式及 2 阶 TVD Runge-Kutta 法单独求解水平集方程 (4.2.1), 并用 ILSreini 方法对所获新的水平集函数进行重新初始化, 从而实现流体界面捕捉.

以一个空间维的特殊情形为例, 设已知时刻 t_n 的已经重新初始化的水平集函数网格值为 $\varphi_i^{(n)}$, $i = 1|N$, 则求解水平集方程 (4.2.1) 的计算方法为

$$\begin{cases} \Phi_i^{(n+1)} = \varphi_i^{(n)} + \tau f_i(\varphi^{(n)}), \\ \varphi_i^{(n+1)} = \dfrac{1}{2}\left(\varphi_i^{(n)} + \Phi_i^{(n+1)} + \tau f_i(\Phi^{(n+1)})\right), \end{cases} \tag{4.3.1a}$$

其中

$$f_i(\varphi^{(n)}) = -u_i^{(n)} \cdot \frac{\hat{\varphi}_{i+\frac{1}{2}}^{(n)} - \hat{\varphi}_{i-\frac{1}{2}}^{(n)}}{\Delta x}, \tag{4.3.1b}$$

上式右端除 "−" 号外的第一及第二因子分别表示 t_n 时刻在点 x_i 处的速度逼近值及 t_n 时刻偏导数 $\dfrac{\partial \varphi}{\partial x}$ 在点 x_i 处的 5 阶 FD-WENO 逼近, $\varphi_i^{(n+1)}$ 表示所获得的 $t_{n+1} = t_n + \tau$ 时刻的新的水平集函数在点 x_i 处的逼近值, 这里 $i = 1, 2, \cdots, N$.

对于多个空间维的情形, 计算公式可类似写出.

方案 2 将水平集方程 (4.2.1) 并入描述多介质理想流体问题的数学模型之中, 形成一个扩张的数学模型. 然后通过用流体混合型方法来求解这个扩张的数学模型, 并用 ILSreini 方法对所获新的水平集函数进行重新初始化, 从而同时实现物理量的计算及流体界面的捕捉.

由于流体界面的运动仅取决于流体运动的速度场, 与流体的类型、流体的复杂程度及流体的其他诸物理量的变化无直接关系, 因此, 为了突出流体界面计算方法研究这一重点, 在本节及 4.5 节和 4.6 节中, 我们仅以一些最简单的流体问题为例来计算流体界面, 或者更简单地, 仅对任意给定的速度场来计算流体界面并比较各种不同流体界面计算方法的优劣.

具体地来说, 在本节中, 我们拟通过如下一个十分简单的算例来考核上述两种不同计算方案的有效性.

例 4.3.1 在图 4.3.1 中, 设介质 A 和 B 都是绝热指数为 $\gamma_a = 1.4$ 的完全气体, 其初始界面为直线 $x = 0.2$, 设 B 气体的初始密度、初始压强、沿 X-轴及 Y-轴方向初速度依次为 $\rho_b = 1, P_b = 0.5, u_b = v_b = 0$, A 气体的初始密度、初始压强及其沿 Y-轴方向的初始速度依次为 $\rho_a = 2, P_a = 1, v_a = 0$, 并设 A 气体

沿 X-轴正向有较大初速

$$u_a = \begin{cases} 4 - 3|\sin(5\pi y)|, & 0 \leqslant x < 0.1,\ 0 \leqslant y \leqslant 0.4, \\ \dfrac{1}{3}(4 - 100x^2)(4 - 3|\sin(5\pi y)|), & 0.1 \leqslant x \leqslant 0.2,\ 0 \leqslant y \leqslant 0.4, \end{cases}$$

从而压缩 B 气体, 导致流体界面运动.

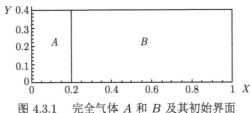

图 4.3.1　完全气体 A 和 B 及其初始界面

　　注意上述问题实际上是一个单介质理想流体问题, 整个流动过程可用直角坐标下的 Euler 方程来描述. 由于水平集函数是 Lipschitz 连续函数, 而且这里所讨论的是单介质问题, 我们可以以再增加用水平集方法捕捉流体界面的如下一种计算方案, 以便与上述两种计算方案一起进行比较:

方案 3　将守恒型水平集方程

$$\frac{\partial(\rho\varphi)}{\partial t} + \mathrm{div}(\rho\varphi U) = 0 \tag{4.3.2}$$

并入描述本例中理想流体问题的数学模型之中, 形成一个扩张的数学模型. 然后通过用适当的流体计算方法来求解这个扩张的数学模型, 并用 ILSreini 方法对所获新的水平集函数进行重新初始化, 从而同时实现物理量的计算及流体界面的捕捉.

　　为确定计, 我们在积分区域 $\{(x, y) \mid 0 \leqslant x \leqslant 1, 0 \leqslant y \leqslant 0.4\}$ 的上下方及右方采用固壁边界条件, 左方采用紧支边界条件, 采用 200×160 的一致空间网格, 并设时间步长满足 CFL 条件, 用 5 阶 FD-WENO-FMT 格式及 3 阶 TVD Runge-Kutta 法求解流体方程组, 并用水平集方法分别按方案 1、方案 2 及方案 3 来捕捉流体界面. 算至时刻 $t = 0.48811$ 所捕捉到的流体界面分别绘于图 4.3.2(a), 图 4.3.2(b) 及图 4.3.2(c), 算至时刻 $t = 0.8$ 所捕捉到的流体界面分别绘于图 4.3.3 (a), 图 4.3.3(b) 及图 4.3.3(c).

　　在图 4.3.2 中, 我们用红色表示 A 介质, 蓝色表示被压缩的 B 介质. 为了清晰, 将图形沿纵向作了适当扩大.

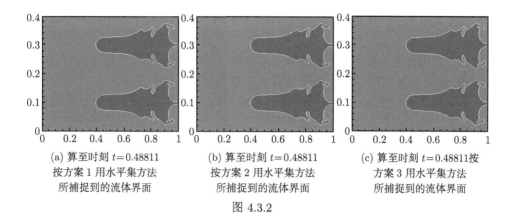

(a) 算至时刻 $t=0.48811$
按方案 1 用水平集方法
所捕捉到的流体界面

(b) 算至时刻 $t=0.48811$
按方案 2 用水平集方法
所捕捉到的流体界面

(c) 算至时刻 $t=0.48811$按
方案 3 用水平集方法
所捕捉到的流体界面

图 4.3.2

在图 4.3.3 中, 我们用蓝色表示 A 介质, 红色表示 B 介质, 将图形沿纵向作了适当扩大.

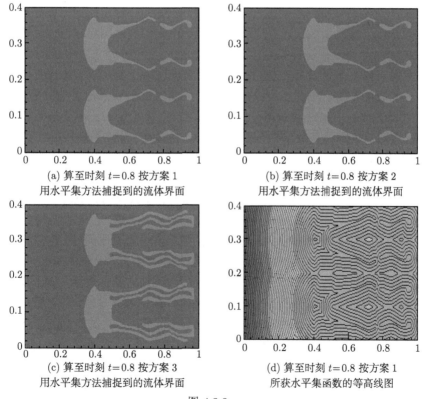

(a) 算至时刻 $t=0.8$ 按方案 1
用水平集方法捕捉到的流体界面

(b) 算至时刻 $t=0.8$ 按方案 2
用水平集方法捕捉到的流体界面

(c) 算至时刻 $t=0.8$ 按方案 3
用水平集方法捕捉到的流体界面

(d) 算至时刻 $t=0.8$ 按方案 1
所获水平集函数的等高线图

图 4.3.3

当算至时刻 $t = 0.48811$ 时, 从图 4.3.2 中的三个图形几乎看不出用上述三种不同方案所捕捉到的流体界面有任何差别; 但当算至时刻 $t = 0.8$ 时, 从图 4.3.3 中的前三个图形可看出, 尽管按方案 1 和方案 2 所捕捉到的流体界面仍然完全保持一致, 但按方案 3 所捕捉到的流体界面右侧的细节已大为改观.

尽管由于我们所讨论的问题的真解是未知的, 无法直接估计所算出的流体界面的误差, 但在 4.4 节我们估计了本例中分别用上述三种不同方案所捕捉到的流体界面内所包含介质的质量守恒误差, 发现按方案 1 和方案 2 所捕捉到的流体界面内所包含介质的质量守恒误差是一致的, 均比较小, 但按方案 3 所捕捉到的流体界面内所包含介质的质量守恒误差比前二者大达十倍以上 (参见例 4.4.2), 由此可以得出结论: 按方案 1 和方案 2 所捕捉到的流体界面置信度较高, 但按方案 3 所捕捉到的流体界面不可靠, 不可使用.

此外应当指出, 尽管方案 3 中所使用的水平集方程是守恒形式的, 但其使用乘积 $\rho\varphi$ 作状态变量, 而其中的密度 ρ 在界面上是间断的, 从而导致其数值解出现非物理细节 (参见 [45, 47] 及本书注 2.3.1), 而且这些非物理细节强烈依赖于所用数值格式的数值粘性及网格的细密程度. 这就是使用方案 3 捕捉流体界面效果不好的实质原因. 回顾在 3.1 节中, 我们曾经指出, 人们曾试图将守恒型体积份额方程并入描述多介质理想流体问题的数学模型之中, 形成一个扩张的数学模型. 然而当用任何一种经典的流体数值格式在整个空间区域上整体求解这个扩张的数学模型时, 数值解中的压强和速度便会在物质界面附近出现强烈的非物理振动, 导致整个计算失败. 以上经验和理论分析告诉我们, 无论是对于单介质问题或多介质问题, 当为了计算流体界面而需要求解对流方程时, 一律不要利用密度 ρ 将其写成守恒形式.

另一方面, 从图 4.3.2 和图 4.3.3 仍然看不出用方案 1 和方案 2 所捕捉到的流体界面有任何差别. 这两种方案计算效果都很好, 那么我们究竟应当采用其中哪一种方案呢?

我们建议, 对于用流体混合型方法求解多介质理想流体问题, 当需要用水平集方法捕捉流体界面时, 一律使用基于方案 1 的水平集方法. 理由如下:

(1) **使用基于方案 1 的水平集方法对于用户更加方便、灵活**. 由于此情形下我们易于把计算物理量的主要软件与计算流体界面的软件分开, 各自独立. 例如我们可以单独研制基于方案 1 的水平集方法软件, 也可以单独研制界面跟踪法软件, 等等. 于是当用户希望用水平集方法捕捉流体界面, 或者希望用锋面跟踪法计算流体界面, 或者不需要计算流体界面时, 便可在用计算物理量的主要软件每计算一个时间步之后, 调用一次水平集方法软件, 或者调用一次锋面跟踪法软件. 或者不调用任何软件.

(2) **由于计算流体界面的软件是独立研制的, 不需要修改计算物理量的主要**

软件. 特别是对于 (η, ξ)-模型所描述的十分复杂的多介质问题, 计算物理量的主要软件十分复杂, 如果为了计算流体界面而对其不断进行修改, 显然是不可取的.

为方便计, 我们称基于方案 1 的水平集方法为**改进的水平集方法** (Improved Level Set method, **ILS**).

4.3.2 用改进的水平集方法计算流体界面举例

例 4.3.2 在例 4.3.1 所考虑的单介质理想流体问题中, 我们改设 A 介质的绝热指数为 $\gamma_a = 1.4$, B 介质的绝热指数为 $\gamma_b = 5/3$, 但其余假设完全保持不变. 于是相应地得到一个多介质理想流体问题. 该问题可用含参 (η, ξ)-模型来描述 (参见 3.5 节). 采用与例 4.3.1 中所使用的完全相同的边界条件及完全相同的一致空间网格, 并设时间步长满足 CFL 条件, 用 5 阶 FD-WENO-FMT 格式及 3 阶 TVD Runge-Kutta 法来求解上述多介质理想流体问题, 并用改进的水平集方法 ILS 来捕捉流体界面. 算至时刻 $t = 0.48811$, 所捕捉到的流体界面及状态方程参数 $\eta = \dfrac{1}{\gamma - 1}$ 的分布分别绘于图 4.3.4(a) 及图 4.3.4(b), 由此可以看出我们所捕捉到的流体界面与真实的流体界面很好地保持一致. 此外图 4.3.4 与图 4.3.2 比较, 易见二者十分相似.

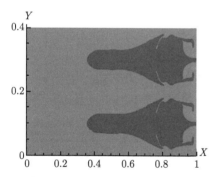 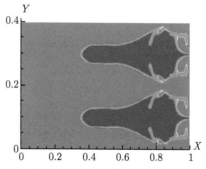

(a) 计算本例中多介质问题至时刻 $t=0.48811$ 用改进的水平集方法 ILS 所捕捉到的流体界面

(b) 计算本例中多介质问题至时刻 $t=0.48811$ 状态方程参数 $\eta = \dfrac{1}{\gamma - 1}$ 的分布图

图 4.3.4

4.4 一类通用的近似保质量守恒水平集方法

4.4.1 概述

对于互不掺混的多介质流体, 在不发生化学反应和相变的情形下, 相邻介质之间存在严格清晰的界面, 界面所包围区域内的介质应当始终是保持质量守恒的.

然而水平集方法不具有自动保持质量守恒的功能. 随着计算时间的增长, 用水平集方法所捕捉到的界面的位置有可能越来越偏离界面的实际位置, 从而捕捉到的界面所包围区域内的介质质量与实际界面所包围区域内的介质质量有可能相差越来越大, 带来不断发展的质量守恒误差. 当这种误差发展到超过允许限度时, 所搜索到的界面便失去实际意义.

迄今人们已对上述问题作了较多研究, 提出了多种保质量守恒的水平集方法, 例如可参见文献 [7, 12, 22, 35, 50, 52, 54, 55, 58]. 然而这些保质量守恒水平集方法通常都是针对不可压缩流、粘性流或者某些特殊问题的, 其中大多数都是建立在耦合水平集方法与 VOF 方法的基础上的 CLSVOF 型方法, 因而具有一定局限性. 迄今我们尚未见到适用于可压缩无粘流的保质量守恒水平集方法.

本节结合内爆压缩过程数值模拟的实际需求, 深入研究了当用水平集方法捕捉流体界面时, 流体界面所包围区域内的介质的质量守恒误差检测方法、校正方法, 在此基础上, 我们构造了一类通用的近似保质量守恒水平集方法. 由于该方法是通用的, 无疑也就适用于可压缩流和无粘流, 从而较好地解决了这一难题.

4.4.2　界面所包围区域内介质的质量守恒误差检测方法

为确定计, 不失一般性, 我们仅就直角坐标下矩形区域

$$\Omega = \{ (x, y) \mid a \leqslant x \leqslant b, \ c \leqslant y \leqslant d \} \tag{4.4.1}$$

上的平面问题进行讨论, 并采用 $M \times N$ 均匀矩形网格

$$\left\{ (x_i, y_j) \ \middle| \ x_i = a + \left(i - \frac{1}{2} \right) h_1, \ i = 1 | M, \ y_j = c + \left(j - \frac{1}{2} \right) h_2, \ j = 1 | N \right\}. \tag{4.4.2}$$

这里 $h_1 = \dfrac{b - a}{M}, \ h_2 = \dfrac{d - c}{N}$. 设所考虑的平面问题已在时间区间 $t_0 \leqslant t \leqslant T$ 上用高阶 FD-WENO-FMT 格式成功地进行求解, 已用水平集方法捕捉流体界面, 并已将水平集函数重新初始化到足够的精度, 因而该问题在初始时刻 $t = t_0$ 及在任一时刻 $t = t_n$ (这里 $t_0 \leqslant t_n \leqslant T$) 的诸物理量的网格值、水平集函数的网格值及其梯度的网格值都是已知的, 并设于初始时刻 $t = t_0$ 在我们所考虑的流体界面所包围区域内流体的初始总质量的精确值 m_0 也是已知的. 为确定计, 我们恒设水平集函数在界面所包围区域内取正值, 在界面外取负值.

此情形下界面所包围区域内流体的总质量于时刻 $t = t_n$ 的逼近值可表示为

$$m = \sum_{i=1}^{M} \sum_{j=1}^{N} \rho_{ij} \nu_{ij} h_1 h_2, \tag{4.4.3}$$

其中 ρ_{ij} 和 ν_{ij} 分别表示于时刻 $t = t_n$ 流体密度 ρ 在网格

$$I_{ij} = \left\{ x_i - \frac{h_1}{2} \leqslant x \leqslant x_i + \frac{h_1}{2}, y_j - \frac{h_2}{2} \leqslant y \leqslant y_j + \frac{h_2}{2} \right\}$$

的中心点 (x_i, y_j) 处的值及界面所包围区域内的介质在网格 $I_{i,j}$ 中所占有的体积份额. 由此得到于时刻 $t = t_n$ 界面所包围区域内介质的质量守恒误差估计

$$\text{er} = \frac{m - m_0}{m_0} = \frac{\displaystyle\sum_{i=1}^{M} \sum_{j=1}^{N} \rho_{ij} \nu_{ij} h_1 h_2}{m_0} - 1, \tag{4.4.4}$$

注意这里所获得的是带符号的相对误差, "−" ("+") 号表示 $t = t_n$ 时刻所算出的数值总质量比应有的初始总质量 m_0 小 (大).

剩下来的问题是怎样计算于时刻 $t = t_n$ 界面所包围区域内的介质在每个网格 I_{ij} 中所占有的体积份额 ν_{ij}.

为此, 在下文中, 我们恒设于时刻 $t = t_n$, 在任给网格 $I_{i,j}$ 的中心点 (x_i, y_j) 处水平集函数 $\varphi(x, y, t)$ 的逼近值为 φ_{ij}, 其梯度的逼近为 $g_{i,j} = [\varphi_{xij}, \varphi_{yij}]^{\mathrm{T}}$. 这些值都是已知的. 于是在点 (x_i, y_j) 的十分微小的邻域内, 任意一条等高线可近似地视为与梯度 g_{ij} 垂直的一条直线 l, 其方程为

$$\varphi_{xij}(x - x_i) + \varphi_{yij}(y - y_j) = d \, \|g_{i,j}\|, \tag{4.4.5}$$

这里 $\|g_{ij}\| = \sqrt{\varphi_{xij}^2 + \varphi_{yij}^2}$ 表示梯度 g_{ij} 的模, d 表示点 (x_i, y_j) 到该直线的符号距离, 与梯度 g_{ij} 方向相同为正, 否则为负. 以 $(\bar{x}_i, \bar{y}_j)$ 表示点 (x_i, y_j) 在等高线 l 上的垂直投影点 (垂足). 于是在点 (x_i, y_j) 的十分微小的邻域内, 等高线 l 的高度可近似地视为

$$H(l) = \varphi(\bar{x}_i, \bar{y}_j, T) \approx \varphi_{ij} + d \, \|g_{ij}\|.$$

令 $H(l) = 0$, 得到

$$d = -\frac{\varphi_{ij}}{\|g_{ij}\|}. \tag{4.4.6}$$

这就是零等高线 (即界面) 的必要充分条件. 以 (4.4.6) 代入 (4.4.5), 便近似地得到流体界面 l_0 的方程

$$\varphi_{xij}(x - x_i) + \varphi_{yij}(y - y_j) + \varphi_{ij} = 0. \tag{4.4.7}$$

应当强调指出, 方程 (4.4.7) 仅在点 (x_i, y_j) 的十分微小的邻域内适用, 而我们也仅仅需要在点 (x_i, y_j) 的十分微小的邻域内使用这个方程.

现在我们可通过将流体界面方程 (4.4.7) 分别与表示网格 I_{ij} 的每一条边的方程联立求解, 来确定流体界面与该网格的每一条边是否有交点, 在有交点的情形下就算出交点的坐标. 以该网格的左侧边为例, 其方程为 $x = x_i - \dfrac{h_1}{2}$, 代入方程 (4.4.7) 得到

$$\varphi_{yij}(y - y_j) = \frac{h_1}{2}\varphi_{xij} - \varphi_{ij}.$$

当 $\varphi_{yij} = 0$ 时, 上式表明左侧边与界面无交点或者与界面重合; 当 $\varphi_{yij} \neq 0$ 时, 上述方程组的解为

$$xl = x_i - \frac{h_1}{2}, \quad yl = y_j + \frac{\dfrac{h_1}{2}\varphi_{xij} - \varphi_{ij}}{\varphi_{yij}}.$$

若上式中的 yl 满足条件 $y_j - \dfrac{h_2}{2} \leqslant yl \leqslant y_j + \dfrac{h_2}{2}$, 则左侧边与界面有唯一交点 (xl, yl), 否则仍属于左侧边与界面无交点的情形.

在通过上述方法确定了流体界面与网格 I_{ij} 的四条边是否相交, 并且在有交点的情形下确定了交点的坐标之后, 我们就很容易弄清楚界面是否划分网格 I_{ij} 成两部分, 并且很容易算出这两部分的面积. 为了避免混淆, 这里及下文中, 我们约定恒用符号 $S_{ij}^{(0)}$ 表示较小的那一部分的面积, 用 $S_{ij}^{(1)}$ 表示较大的那一部分的面积, 因而恒有 $S_{ij}^{(0)} \leqslant S_{ij}^{(1)}$ 及 $S_{ij}^{(1)} = h_1 h_2 - S_{ij}^{(0)}$.

情形 1　界面与网格的左、右两边各有一个交点, 依次为 (xl, yl) 及 (xr, yr). 这里 $xl = x_i - \dfrac{h_1}{2}$, $xr = x_i + \dfrac{h_1}{2}$. 很容易算出

$$S_{ij}^{(0)} = \frac{h_1}{2}(h_2 - |yl + yr - 2y_j|). \tag{4.4.8a}$$

情形 2　界面与网格的上、下两边各有一个交点, 依次为 (xu, yu) 及 (xd, yd). 这里 $yu = y_j + \dfrac{h_2}{2}$, $yd = y_j - \dfrac{h_2}{2}$. 很容易算出

$$S_{ij}^{(0)} = \frac{h_2}{2}(h_1 - |xd + xu - 2x_i|). \tag{4.4.8b}$$

情形 3　界面与网格的两条相邻边各有一个交点, 而且这两个交点都不与这两条相邻边的交点重合. 设已知这两个点的坐标分别为 (xa, ya) 及 (xb, yb). 则很容易算出

$$S_{ij}^{(0)} = \frac{1}{2}|xa - xb||ya - yb|. \tag{4.4.8c}$$

其他情形 这里所说的其他情形包括除了上述三种情形以外的其他一切特殊情形, 例如网格 I_{ij} 与界面无任何公共点, 仅有一个公共点, 或者网格的一条边与界面重合等等. 在所有这些特殊情形下, 界面不可能划分网格 I_{ij} 成两个非空集合. 但为了形式统一和编程方便, 我们仍然可视该网格已被划分成两部分, 不过其中较小的那一部分是空集. 于是在所有这些特殊情形下, 我们可令 $S_{ij}^{(0)} = 0$, $S_{ij}^{(1)} = h_1 h_2$.

在通过上述方法算出了面积 $S_{ij}^{(0)}$ 和 $S_{ij}^{(1)}$ 之后, 便可顺利算出于时刻 $t = t_n$ 界面所包围区域内的介质在每个网格 I_{ij} 中所占有的体积份额

$$
\nu_{ij} = \begin{cases} \dfrac{S_{ij}^{(0)}}{h_1 h_2}, & \varphi_{ij} \leqslant 0, \\[3mm] 1 - \dfrac{S_{ij}^{(0)}}{h_1 h_2}, & \varphi_{ij} > 0. \end{cases} \tag{4.4.9}
$$

将式 (4.4.9) 代入 (4.4.3), 便可成功地算出于时刻 $t = t_n$ 界面所包围区域内介质的总质量的逼近值 m, 并通过式 (4.4.4) 算出质量守恒误差 er.

例 4.4.1 作为应用我们所建立的上述质量守恒误差检测方法的第一个例子, 我们通过编程计算, 检测了当数值求解例 4.3.1 中的流体问题至时刻 $t = 0.48811$ 时, 用水平集方法分别按照 4.3 节中所提出的方案 1、方案 2 及方案 3 所捕捉到的流体界面 (见图 4.3.2(a), 图 4.3.2(b) 及图 4.3.2(c)), 发现这些界面所包围区域内介质的质量守恒误差依次为

$$
\text{er1} = 0.193\%, \quad \text{er2} = 0.190\%, \quad \text{er31} = -1.63\%. \tag{4.4.10}
$$

例 4.4.2 作为第二个例子, 我们检测了当数值求解例 4.3.1 中的流体问题至时刻 $t = 0.8$ 时, 用水平集方法分别按照 4.3 节中所提出的方案 1、方案 2 及方案 3 所捕捉到的流体界面 (见图 4.3.3(a), 图 4.3.3(b) 及图 4.3.3(c)), 发现这些界面所包围区域内介质的质量守恒误差依次为

$$
\text{er1} = -2.99\%, \quad \text{er2} = -2.99\%, \quad \text{er3} = 32.5\%. \tag{4.4.11}
$$

4.4.3 界面所包围区域内介质的质量守恒误差校正方法

对于用水平集方法所算出的于任一给定时刻的数值水平集函数 $\varphi_{i,j}$ 及与其相应的流体界面, 设已用上述检测方法算出了界面所包围区域内介质的质量守恒误差 er. 如果该误差的绝对值超过了工程实际问题所允许的误差容限 er0, 那么可按下列流程对数值水平集函数 φ_{ij} 进行微调与校正, 使界面位置作适当的微小移动, 从而使界面内介质的质量守恒误差的绝对值尽可能减小到符合实际要求的程

度. 在以下流程中, 符号 φ_{ij} 和 er 在流程入口时分别表示原有的尚未进行校正的数值水平集函数及与之相应的不满足条件 $|\mathrm{er}| \leqslant \mathrm{er}0$ 的界面所包围区域内介质的质量守恒误差, 在流程出口时它们分别变成已进行校正的新的数值水平集函数及与新的数值水平集函数相应的已满足 (或者已十分接近于满足) 条件 $|\mathrm{er}| \leqslant \mathrm{er}0$ 的新的界面所包围区域内介质的质量守恒误差.

步骤 1　若 er < 0, 则执行以下流程, 否则转至步骤 2.

(1) 令 $\varepsilon = \dfrac{1}{2} h_1 h_2$.

(2) 令 $\widehat{\varphi}_{ij} = \varphi_{ij} + \varepsilon$, $i = 1|M$, $j = 1|N$.

(3) 通过对微调后的水平集函数 $\widehat{\varphi}_{i,j}$ 进行检测, 算出与之相应的质量守恒误差 $\widehat{\mathrm{er}}$.

(4) 若 $|\widehat{\mathrm{er}}| \leqslant \mathrm{er}0$, 则令 er $= \widehat{\mathrm{er}}$, $\varphi_{ij} = \widehat{\varphi}_{ij}$, $i = 1|M$, $j = 1|N$, 结束整个计算.

(5) 若 $\widehat{\mathrm{er}} < 0$, 则令 $\varphi_{ij} = \widehat{\varphi}_{ij}$, $i = 1|M$, $j = 1|N$, 然后转 (2), 否则转至步骤 3.

步骤 2　若 er > 0, 则执行以下流程, 否则转至步骤 3.

(1) 令 $\varepsilon = \dfrac{1}{2} h_1 h_2$.

(2) 令 $\widehat{\varphi}_{ij} = \varphi_{ij} - \varepsilon$, $i = 1|M$, $j = 1|N$.

(3) 通过对微调后的水平集函数 $\widehat{\varphi}_{i,j}$ 进行检测, 算出与之相应的质量守恒误差 $\widehat{\mathrm{er}}$.

(4) 若 $|\widehat{\mathrm{er}}| \leqslant \mathrm{er}0$, 则令 er $= \widehat{\mathrm{er}}$, $\varphi_{ij} = \widehat{\varphi}_{ij}$, $i = 1|M$, $j = 1|N$, 结束整个计算.

(5) 若 $\widehat{\mathrm{er}} > 0$, 则令 $\varphi_{ij} = \widehat{\varphi}_{ij}$, $i = 1|M$, $j = 1|N$, 然后转 (2), 否则在整个网格上将 φ_{ij} 与 $\widehat{\varphi}_{ij}$ 的值互换, 然后转步骤 3.

步骤 3　执行以下流程后, 结束整个计算.

(1) 令 $n = 0$.

(2) 令 $n = n + 1$, $\widetilde{\varphi}_{ij} = (\widehat{\varphi}_{ij} + \varphi_{ij})/2$, $i = 1|M$, $j = 1|N$.

(3) 通过对微调后的水平集函数 $\widetilde{\varphi}_{ij}$ 进行检测, 算出与之相应的质量守恒误差 $\widetilde{\mathrm{er}}$.

(4) $|\widetilde{\mathrm{er}}| \leqslant \mathrm{er}0$ 或者 $n > 100$, 则令 er $= \widetilde{\mathrm{er}}$, $\varphi_{ij} = \widetilde{\varphi}_{ij}$, $i = 1|M$, $j = 1|N$, 结束整个计算.

(5) 若 $\widetilde{\mathrm{er}} > 0$, 则令 $\widehat{\varphi}_{ij} = \widetilde{\varphi}_{ij}$, $i = 1|M$, $j = 1|N$, 否则令 $\varphi_{ij} = \widetilde{\varphi}_{ij}$, $i = 1|M$, $j = 1|N$. 然后转 (2).

例 4.4.3　在例 4.4.2 中, 我们已检测了当数值求解例 4.3.1 中的流体问题至时刻 $t = 0.8$ 时, 用水平集方法分别按照 4.3 节中所提出的方案 1、方案 2 及方案 3 所捕捉到的三个流体界面所包围区域内介质的质量守恒误差, 发现质量守恒误差均已超过了通常工程实际问题所允许的误差容限. 现在我们按照上述流程, 通过编程计算来微调与校正与所捕捉到的上述流体界面相应的三个水平集函数. 校正后的水平集函数所确定的流体界面依次绘于图 4.4.1(a), 图 4.4.1(b) 及图 4.4.1(c). 我们发现校正后的界面所包围区域内的介质的质量守恒误差均已小于 10^{-4}. 然而以图 4.4.1(c) 与图 4.3.3(c) 比较, 易见按方案 3 所捕捉到的校正后的流体界面尽管已经瘦身, 但其复杂结构的非物理细节仍然存在, 故仍然不可使用.

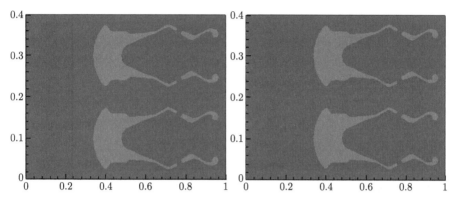

(a) 校正图4.3.3(a)中的界面后所获得的新的界面   (b) 校正图4.3.3(b)中的界面后所获得的新的界面

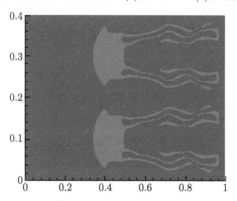

(c) 校正图4.3.3(c)中的界面后所获得的新的界面

图 4.4.1

4.4.4 一类通用的近似保质量守恒水平集方法

至此我们已经看到, 当用任何恰当的有限差分格式数值模拟任给类型多介质流, 用任何恰当的有限差分方法数值求解水平集方程, 并对水平集函数实现重新初始化时, 均可应用我们于 4.4.2 小节中所提供的方法来检测流体界面所包围区域内的介质的质量守恒误差, 而且当这种质量守恒误差的绝对值超过允许的误差容限时, 均可用我们于 4.4.3 小节中所提供的方法对水平集函数进行微调与校正,使这种质量守恒误差尽可能减小到符合要求的程度.

在上述基础上, 很容易构造一类通用的近似保质量守恒水平集方法. 为确定计, 我们仅考虑由 A, B 两种不同介质所构成的直角坐标下的二维多介质流, 仅考虑包围 A 介质的流体界面, 并设已给定时间积分区间 $0 \leqslant t \leqslant T$ 及矩形空间积分区域和均匀空间网格. 整个计算流程如下:

步骤 1　赋初值. 令 $n = 0$, $t_n = t_0$, $W^{(n)} = W^{(0)}$, $\phi^{(n)} = \phi^{(0)}$, 并设已算出初始界面所包围区域内介质的初始总质量 m_0, 已适当给定界面所包围区域内介质的质量守恒误差容限 er0. 这里 $W^{(0)}$ 和 $\phi^{(0)}$ 分别表示于初始时刻 $t_n = t_0$ 的已知的状态变量网格值和水平集函数网格值, 并设这里的初始水平集函数网格值已重新初始化到充分接近于符号距离函数.

步骤 2　适当选定可保证计算稳定性 (和计算精度) 的充分小的时间步长 $\tau > 0$, 计算一个时间步, 从而获得 $t_{n+1} = t_n + \tau$ 时刻的新的状态变量网格值 $W^{(n+1)}$ 及已经重新初始化到足够精度的新的水平集函数网格值 $\phi^{(n+1)}$.

步骤 3　应用 4.4.2 小节中的方法计算水平集函数 $\phi^{(n+1)}$ 的零水平集所描述的界面内介质的质量守恒误差 er.

步骤 4　若 $|\mathrm{er}| \leqslant \mathrm{er0}$, 则直接转下一步. 否则, 便应用 4.4.3 小节中的方法微调与校正水平集函数 $\phi^{(n+1)}$, 尽可能使其零水平集所描述的界面内介质的质量守恒误差 er 满足不等式 $|\mathrm{er}| \leqslant \mathrm{er0}$. 此情形下须将微调后的水平集函数仍然用符号 $\phi^{(n+1)}$ 表示, 然后再转下一步.

步骤 5　令 $n := n + 1$; $t_n := t_n + \tau$; $W^{(n)} := W^{(n+1)}$; $\phi^{(n)} := \phi^{(n+1)}$.

步骤 6　若 $t_n < T$, 则转至步骤 2, 否则结束整个计算.

注 4.4.1　由于上述通用的近似保质量守恒水平集方法适用于任给类型的多介质流, 因而也就适用于一般的多介质可压缩理想流体问题, 从而解决了我们在 4.4.1 小节中所指出的国际上迄今尚未解决的难题.

注 4.4.2　由于上述通用的近似保质量守恒水平集方法对于计算物理量和求解水平集方程的差分格式未作任何限制, 因而可适用于用基于含参 (η, ξ)-模型的高阶 FD-WENO-FMT 格式求解一般的多介质可压缩理想流体问题, 并用 ILS 方法求解水平集方程, 从而较好地满足了内爆压缩过程数值模拟的实际需求.

注 4.4.3　由于所算出的诸物理量和水平集函数的网格值都存在误差, 而且 4.4.2 小节和 4.4.3 小节中所提供的方法也都是数值方法, 因而也都不可避免地存在误差, 因而所检测到的质量守恒误差 er 本身也会具有与上述各种误差同量级的误差. 由此可见, 上述误差容限 er0 > 0 仅能取得小到与上述各种数值误差相匹配的程度, 不宜取得过小, 否则达不到使 $|\mathrm{er}| \leqslant \mathrm{er0}$ 的主要目的. 这是上述通用的近似保质量守恒水平集方法的主要缺点. 幸好, 当某些实际问题确实需要进一步

缩小上述质量守恒误差容限 er0 时, 我们可通过网格加密的方法来满足这种需求. 由此可见, 从实践的层面来说, 上述近似保质量守恒水平集方法是合理可行的.

4.5 改进的锋面跟踪法

4.5.1 概述

锋面跟踪法 (Front Tracking method) 是 Richtmyer 和 Morton[43] 于 1967 年首先提出的, Moretti[34] 在空气动力学的背景下进一步发展了这类方法, 其后, 国内外学者对锋面跟踪法作了大量研究和改进, 并已广泛应用于流体界面数值模拟、激波数值模拟及其他各种类型间断的数值模拟. 例如 Glimm 等于 1998 年研究了三维锋面跟踪法 (参见 [13]), Risebro 等于 1992 年提出了一类无网格锋面跟踪法 (参见 [44]), 该方法不仅可用于跟踪双曲守恒律组的解的各种类型的间断, 同时又可用于计算其解的光滑部分达到一阶精度, 2007 至 2010 年, Witteveen 等改进了无网格锋面跟踪法 (参见 [56,57]), 2000 至 2013 年, Mao 及 Ullah 等针对两个空间维的双曲守恒律组构造了一类保守恒锋面跟踪法 (参见 [53]).

在本节中, 结合内爆过程数值模拟的实际需求, 在使用流体混合型方法数值模拟多介质流的前提下, 我们借鉴已有的锋面跟踪法, 构造了一类专用于计算流体界面的新的锋面跟踪法, 为方便计, 称其为改进的锋面跟踪法. 其特色是具有二阶时间离散精度, 比目前常用的锋面跟踪法的时间离散精度高一阶. 另一方面, 改进的锋面跟踪法也和改进的水平集方法 ILS 一样, 可以与计算物理量的主要软件分开, 独立编程, 以便更好地方便用户.

为确定计, 不失一般性, 我们以直角坐标平面内的矩形积分区域

$$\Omega = \{ (x,y) \mid a \leqslant x \leqslant b, \ c \leqslant y \leqslant d \} \tag{4.5.1a}$$

及均匀矩形网格

$$\{(x_i, y_j) \mid x_i = a + (i - 0.5)h_1, y_j = c + (j - 0.5)h_2, \ i = 1|M, \ j = 1|N \} \tag{4.5.1b}$$

为例进行讨论, 这里 $h_1 = (b-a)/M$, $h_2 = (d-c)/N$, $h := \min\{h1, h2\}$, M 和 N 是事先适当给定的正整数; 并设区域 Ω 中仅有两种不同介质 A 和 B, 它们的初始界面是一条简单闭曲线 $\Gamma(0)$, 位于 $\Gamma(0)$ 内部的是介质 A, 其外部是介质 B, 而且在整个物理过程中, 恒设随时间 t 而运动的流体界面 $\Gamma(t)$ 始终不越出积分区域 Ω 的边界 $\partial\Omega$. 我们的目的就是要在已知初始界面 $\Gamma(0)$ 和运动的速度场 (u, v) 的前提下跟踪界面的运动, 计算出在任意时刻 $t > 0$ 的界面 $\Gamma(t)$, 这里 $u = u(x, y, t)$, $v = v(x, y, t)$ 分别表示沿 X-轴方向和 Y-轴方向的速度分量.

我们的基本思想是直接对位于界面上的点进行跟踪. 通常的做法是在初始界面 $\Gamma(0)$ 上设置足够多的跟随流体质点而运动的标志点 $(x_k(0), y_k(0))$, $k = 1$, $2, \cdots, Q$, 这里自然数 Q 表示标志点的个数, 然后通过数值求解运动方程来跟踪这些标志点的运动, 算出它们在任意时刻 t_n 的位置 $(x_k(t_n), y_k(t_n))$ 的逼近值 $(x_k^{(n)}, y_k^{(n)})$, 并用集合 $\{(x_k^{(n)}, y_k^{(n)}) : k = 1, 2, \cdots, Q\}$ 来近似表征时刻 t_n 的界面 $\Gamma(t_n)$.

为简单计, 对于界面 $\Gamma(t)$ 上任给的一个标志点 $(x(t), y(t))$, 我们分别以符号 $R(t) = [x(t), y(t)]^{\mathrm{T}}$ 及 $U(R(t), t) = [u(R(t), t), v(R(t), t)]^{\mathrm{T}}$ 来表示它的位置矢量和相应的速度矢量. 该标志点的运动方程为

$$R'(t) = U(R(t), t), \quad 0 \leqslant t \leqslant T, \tag{4.5.2}$$

初始位置为 $R(0) = [x(0), y(0)]^{\mathrm{T}}$. 这是一个经典的常微分方程初值问题, 且通常不会具有刚性, 因而从理论上来说, 可使用常微分方程的任何高阶显式数值方法来求解它.

然而由于实际问题的复杂性, 当我们试图使用先算界面后算流体方程组所涉及的诸物理量的分区计算方法来完成从时刻 t_n 到 t_{n+1} 的一个时间步的计算时, 为了计算 t_{n+1} 时刻的物质界面, 仅有 t_n 时刻的速度场是已知的和可供利用的. 因此我们不得不使用仅具有一阶时间离散精度的显式 Euler 方法

$$R^{(n+1)} = R^{(n)} + \tau_n U(R^{(n)}, t_n) \tag{4.5.3}$$

来求解微分方程 (4.5.2), 这里 $R^{(n)} = [x^{(n)}, y^{(n)}]^{\mathrm{T}}$ 和 $R^{(n+1)} = [x^{(n+1)}, y^{(n+1)}]^{\mathrm{T}}$ 分别是时刻 t_n 和时刻 t_{n+1} 的位移矢量 $R(t_n) = [x(t_n), y(t_n)]^{\mathrm{T}}$ 和 $R(t_{n+1}) = [x(t_{n+1}), y(t_{n+1})]^{\mathrm{T}}$ 的逼近, $U(R^{(n)}, t_n)$ 是时刻 t_n 的速度矢量 $U(R(t_n), t_n)$ 的逼近, τ_n 表示时间步长.

由于现在我们不使用多介质流体的分区计算法, 而是在 Euler 坐标下使用流体混合型方法数值模拟多介质流, 因而可以先算出 t_{n+1} 时刻的诸物理量 (包括速度场), 然后再来计算 t_{n+1} 时刻的流体界面. 于此情形下, 当我们计算 t_{n+1} 时刻的流体界面时, t_n 及 t_{n+1} 时刻的速度场的网格值都是已知的和可供利用的, 因而使我们有可能改用具有二阶时间离散精度的常微分方程数值方法来求解微分方程 (4.5.2).

为确定计, 我们拟使用改进的 Euler 方法 (improved Euler method, 参见 [24])

$$\begin{cases} \tilde{R}^{(n+1)} = R^{(n)} + \tau_n U(R^{(n)}, t_n), & (4.5.4a) \\ R^{(n+1)} = R^{(n)} + \dfrac{\tau_n}{2} [U(R^{(n)}, t_n) + U(\tilde{R}^{(n+1)}, t_{n+1})]. & (4.5.4b) \end{cases}$$

该方法可视为一个二级显式 Runge-Kutta 法, 它具有二阶整体精度. 由此可见, 在不考虑其他原因所引起的误差的前提下, 所获数值解与问题 (4.5.2) 的真解的差为 $O(\tau^2)$, 这里 $\tau = \max\limits_{n} \tau_n$. 此外, 方法 (4.5.4) 的稳定域比显式 Euler 法的稳定域更大, 因而只要时间步长 τ_n 取得足够小, 使点 $\tau_n \lambda_1$ 和 $\tau_n \lambda_2$ 都落在该方法的稳定域内, 便能保证计算稳定. 这里 λ_1 和 λ_2 表示 Jacobi 矩阵 $\dfrac{\partial U}{\partial R}$ 的特征值. 由于求解流体方程组时, 稳定性对时间步长 τ_n 的要求通常比上述要求要苛刻得多, 因而计算流体界面时稳定性对时间步长的上述要求通常均能自动满足.

另一方面, 在实际计算中, 用有限差分格式所算出的仅仅是速度在网格中心点处的值 $U_{ij}(t_n) = U(x_i, y_j, t_n)$ 的逼近值 $U_{ij}^{(n)}$, 这里 $i = 1|M$, $j = 1|N$, $0 \leqslant t_n \leqslant T$, 而式 (4.5.4) 中的点 $R^{(n)}$ 和 $\tilde{R}^{(n+1)}$ 却未必与网格中心点重合. 因此我们不得不通过插值来近似地计算式 (4.5.4) 中的 $U(R^{(n)}, t_n)$ 和 $U(\tilde{R}^{(n+1)}, t_{n+1})$.

我们拟采用双线性插值来处理上述插值问题. 详言之, 对于任给时刻 $t \in [0, T]$, 设已知该时刻速度的网格值 $U(x_i, y_j, t)$ 的逼近值 $U_{ij}(t)$, $i = 1|M$, $j = 1|N$, 并已应用边界条件对其进行必要的扩展, 我们想要计算该时刻于任意一点 $(\bar{x}, \bar{y}) \in \Omega$ 处的速度 $U(\bar{x}, \bar{y}, t)$ 的逼近值 $\bar{U}(\bar{x}, \bar{y}, t)$. 为此, 我们可首先通过适当方式找到一个网格中心点 (x_i, y_j), 使得

$$x_i \leqslant \bar{x} \leqslant x_{i+1}, \quad y_j \leqslant \bar{y} \leqslant y_{j+1}.$$

然后通过双线性插值得到

$$\begin{aligned}
\bar{U}(\bar{x}, \bar{y}, t) = {} & U_{ij}(t) + \alpha(U_{i+1,j}(t) - U_{ij}(t)) + \beta\left(U_{i,j+1}(t) - U_{ij}(t)\right) \\
& + \alpha\beta\left(U_{i+1,j+1}(t) + U_{ij}(t) - U_{i+1,j}(t) - U_{i,j+1}(t)\right),
\end{aligned} \tag{4.5.5a}$$

这里

$$\alpha = (\bar{x} - x_i)/h_1, \quad \beta = (\bar{y} - y_j)/h_2. \tag{4.5.5b}$$

所算出的 $U(\bar{x}, \bar{y}, t)$ 的逼近值 $\bar{U}(\bar{x}, \bar{y}, t)$ 具有二阶精度 $O(h^2)$, $h = \max\{h_1, h_2\}$.

4.5.2 改进的锋面跟踪法构造

综合 4.5.1 小节中的论述, 便可设计跟踪流体界面的流程. 具体地说, 设已知于任给时刻 t_n 流体界面标志点的逼近值 $R_k^{(n)} = [x_k^{(n)}, y_k^{(n)}]^{\mathrm{T}}$ $(k = 1|Q)$ 及诸物理量的网格值的逼近值, 其中包括速度的网格值 $U(x_i, y_j, t_n)$ 的逼近值 $U_{ij}^{(n)} = [u_{ij}^{(n)}, v_{ij}^{(n)}]^{\mathrm{T}}$ $(i = 1|M, \ j = 1|N)$, 并设已用流体混合型方法算出于时刻 $t_{n+1} = t_n + \tau_n$ 的诸物理量的网格值的逼近值, 其中包括速度的网格值 $U(x_i, y_j, t_{n+1})$ 的逼近值 $U_{ij}^{(n+1)} = [u_{ij}^{(n+1)}, v_{ij}^{(n+1)}]^{\mathrm{T}}$ $(i = 1|M, \ j = 1|N)$. 则可按以下流程算出于时刻 t_{n+1} 的流体界面标志点的逼近值 $R_k^{(n+1)} = [x_k^{(n+1)}, y_k^{(n+1)}]^{\mathrm{T}}$ $(k = 1|Q)$.

步骤 1   令 $k = 1$.

步骤 2   应用已知的 $R_k^{(n)} = [x_k^{(n)}, y_k^{(n)}]^{\mathrm{T}}$, 已知的 $U_{ij}^{(n)}$ $(i = 1|M, \ j = 1|N)$ 及插值公式 (4.4.5), 计算于时刻 t_n 在点 $R_k^{(n)}$ 处的速度的逼近值 $U_k^{(n)} = [u_k^{(n)}, v_k^{(n)}]^{\mathrm{T}}$:

$$U_k^{(n)} = U_{ij}^{(n)} + \alpha(U_{i+1,j}^{(n)} - U_{ij}^{(n)}) + \beta\,(U_{i,j+1}^{(n)} - U_{ij}^{(n)}) \\ + \alpha\beta\,(U_{i+1,j+1}^{(n)} + U_{ij}^{(n)} - U_{i+1,j}^{(n)} - U_{i,j+1}^{(n)}), \tag{4.5.6a}$$

其中

$$x_i \leqslant x_k^{(n)} \leqslant x_{i+1}, \quad y_j \leqslant y_k^{(n)} \leqslant y_{j+1}, \quad \alpha = (x_k^{(n)} - x_i)/h_1, \quad \beta = (y_k^{(n)} - y_j)/h_2. \tag{4.5.6b}$$

步骤 3   应用已知的 $R_k^{(n)} = [x_k^{(n)}, y_k^{(n)}]^{\mathrm{T}}$, 已算出的 $U_k^{(n)}$ 及式 (4.5.4a), 计算 $\tilde{R}_k^{(n+1)} = [\tilde{x}_k^{(n+1)}, \tilde{y}_k^{(n+1)}]^{\mathrm{T}}$:

$$\tilde{R}_k^{(n+1)} = R_k^{(n)} + \tau_n U_k^{(n)}. \tag{4.5.7}$$

注意这里必须检测点 $\tilde{R}_k^{(n+1)}$ 是否越出了积分区域 Ω 的边界, 如若已越出边界, 就必须立即将其校正到边界上.

步骤 4   应用已算出的 $\tilde{R}_k^{(n+1)} = [\tilde{x}_k^{(n+1)}, \tilde{y}_k^{(n+1)}]^{\mathrm{T}}$, 已知的 $U_{ij}^{(n+1)}$ $(i = 1|M, \ j = 1|N)$ 及插值公式 (4.5.5), 计算于时刻 t_{n+1} 在点 $\tilde{R}_k^{(n+1)}$ 处的速度的逼近值 $\tilde{U}_k^{(n+1)} = [\tilde{u}_k^{(n+1)}, \tilde{v}_k^{(n+1)}]^{\mathrm{T}}$:

$$\tilde{U}_k^{(n+1)} = U_{ij}^{(n+1)} + \alpha(U_{i+1,j}^{(n+1)} - U_{ij}^{(n+1)}) + \beta\,(U_{i,j+1}^{(n+1)} - U_{ij}^{(n+1)}) \\ + \alpha\beta\,(U_{i+1,j+1}^{(n+1)} + U_{ij}^{(n+1)} - U_{i+1,j}^{(n+1)} - U_{i,j+1}^{(n+1)}), \tag{4.5.8a}$$

其中

$$x_i \leqslant \tilde{x}_k^{(n+1)} \leqslant x_{i+1}, \quad y_j \leqslant \tilde{y}_k^{(n+1)} \leqslant y_{j+1}, \\ \alpha = (\tilde{x}_k^{(n+1)} - x_i)/h_1, \quad \beta = (\tilde{y}_k^{(n+1)} - y_j)/h_2. \tag{4.5.8b}$$

步骤 5   应用已知的 $R_k^{(n)}$, 已算出的 $U_k^{(n)}$, $\tilde{U}_k^{(n+1)}$ 及式 (4.5.4b), 计算于时刻 t_{n+1} 的流体界面上第 k 个标志点的逼近值 $R_k^{(n+1)} = [x_k^{(n+1)}, y_k^{(n+1)}]^{\mathrm{T}}$:

$$R_k^{(n+1)} = R_k^{(n)} + \frac{\tau_n}{2}\,[U_k^{(n)} + \tilde{U}_k^{(n+1)}]. \tag{4.5.9}$$

注意这里必须检测点 $R_k^{(n+1)}$ 是否越出了积分区域 Ω 的边界, 如若已越出边界, 就必须立即将其校正到边界上.

步骤 6 令 $k = k + 1$. 如果 $k \leqslant Q$, 则转至步骤 2, 否则结束计算.

注 4.5.1 在 4.5.1 小节中, 我们已假设在整个物理过程中, 随时间 t 而运动的流体界面 $\Gamma(t)$ 始终不越出空间积分区域 Ω 的边界 $\partial\Omega$. 在通常情形下这一假设的合理性是显然的, 例如在内爆压缩过程中, 氘氚区的界面事实上不会越出空间积分区域的边界. 以上计算流程正是在这一假设下而设计的. 因此, 若因计算误差较大而偶然引起某个标志点越出了积分区域 Ω 的边界 $\partial\Omega$ 时, 就必须立即进行人工校正, 通过插值将其移动到区域边界 $\partial\Omega$ 上 (参见步骤 3 和步骤 5).

注 4.5.2 在每次按照上述流程近似地算出下一时刻的新的流体界面标志点序列

$$R_k^{(n+1)} = [x_k^{(n+1)}, y_k^{(n+1)}]^{\mathrm{T}}, \quad k = 1, 2, \cdots, Q$$

之后, 都必须对其进行检测. 若发现相邻两个标志点之间的距离变得太大时, 应在它们之间插入新的标志点; 反之, 若相邻的一些标志点之间的距离变得过小, 则应删除其中一些标志点. 在完成这项检测与修改之后, 还必须修改表示标志点总个数的自然数 Q 的值.

我们建议, 当使用流体混合型方法数值模拟多介质流时, 如果用户需要用界面跟踪法来计算流体界面, 则一律按照上述流程和注释来进行计算. 为方便计, 我们称按照上述流程和注释来计算流体界面的方法为**改进的锋面跟踪法** (Improved Front Tracking method, IFT).

4.5.3 用改进的锋面跟踪法计算流体界面举例

例 4.5.1 在求解多介质理想流体问题的例 4.3.2 中, 我们改用 IFT 方法来跟踪流体界面, 算至时刻 $t = 0.48811$ 所跟踪到的界面绘于图 4.5.1. 以其与例 4.3.2 中用 ILS 方法所捕捉到的流体界面 (图 4.3.4(a)) 比较, 易见二者十分相似.

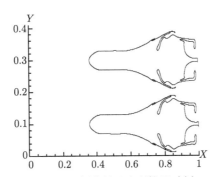

图 4.5.1　在例 4.3.2 中改用 IFT 方法所跟踪到的于时刻 $t = 0.48811$ 的流体界面

例 4.5.2 在例 4.3.1 所考虑的单介质理想流体问题中, 我们改设 A 和 B 介质都满足 (γ, P_∞)-状态方程, A 介质的参数 $\gamma_a = 5.5$, $(P_\infty)_a = 1.505$, B 介质的参

数 $\gamma_b = 1.4$, $(P_\infty)_b = 0$, 但其余假设完全保持不变. 于是相应地得到一个多介质理想流体问题. 该问题同样可用含参 (η, ξ)-模型来描述 (参见 3.5 节). 采用与例 4.3.1 中所使用的完全相同的边界条件及完全相同的一致空间网格, 并设时间步长满足 CFL 条件, 用 5 阶 FD-WENO-FMT 格式及 3 阶 TVD Runge-Kutta 法来求解上述多介质理想流体问题, 并用改进的锋面跟踪法 IFT 来跟踪流体界面. 算至时刻 $t = 0.560088$, 所跟踪到的流体界面及所获得的状态方程参数 $\eta = \dfrac{1}{\gamma - 1}$ 的分布分别绘于图 4.5.2(a) 及图 4.5.2(b); 算至时刻 $t = 0.704033$, 所跟踪到的流体界面及所获得的状态方程参数 $\eta = \dfrac{1}{\gamma - 1}$ 的分布分别绘于图 4.5.3(a) 及图 4.5.3(b). 通过比较, 易见界面的图形与参数 $\eta = \dfrac{1}{\gamma - 1}$ 的分布图形大体上是一致的.

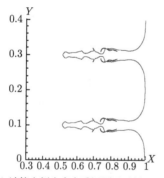 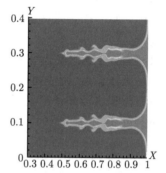

(a) 计算本例中多介质问题至时刻 $t = 0.560088$用 IFT 方法所跟踪到的流体界面　　(b) 计算本例中多介质问题至时刻 $t = 0.560088$状态方程参数 $\eta = \dfrac{1}{\gamma - 1}$ 的分布图

图 4.5.2

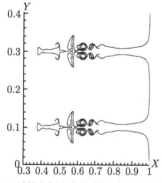 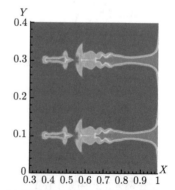

(a) 计算本例中多介质问题至时刻 $t = 0.704033$用 IFT 方法所跟踪到的流体界面　　(b) 计算本例中多介质问题至时刻 $t = 0.704033$状态方程参数 $\eta = \dfrac{1}{\gamma - 1}$ 的分布图

图 4.5.3

此外我们曾用本节所构造的 IFT 方法来计算本书例 3.3.2, 例 3.3.3 及例 3.3.4 中所涉及的各种不同流体界面, 均获得了令人满意的计算结果 (参见图 3.3.4, 图 3.3.6 及图 3.3.9).

4.6　改进的流体体积法 IVOF 及其与 ILS 和 IFT 方法比较

4.6.1　改进的流体体积法

流体体积法 (Volume of Fluid method, VOF) 是 Hirt 和 Nichols(参见 [16]) 于 1981 年首先提出的. 当用分区计算方法来数值模拟多介质理想流体问题时, 为了尽可能精确地计算流体界面, 迄今国内外学者已结合界面重构方法对 VOF 方法进行了大量研究, 获得了许多新的成果, 并已广泛应用于流体界面计算 (参见 [11, 18, 39—41, 59]).

在本节中, 主要考虑求解辐射流体动力学方程组及内爆压缩过程数值模拟的实际需要, 在使用流体混合型方法数值模拟多介质流的前提下, 我们建议用函数

$$\Phi(X, t) = Y^{(q)}(X, t) - \delta \tag{4.6.1}$$

的零点集合 $\left\{ X \in \mathbf{R}^N \mid \Phi(X, t) = 0 \right\}$ 来表示于任给时刻 t 第 q 种介质 $(q = 1 | m)$ 的界面 $\Gamma^{(q)}(t)$, 这里 $Y^{(q)}(X, t)$ 表示混合流体中第 q 种介质的特征函数, 常数 $\delta = \dfrac{1}{2} + \varepsilon$, 其中 ε 是一个满足条件 $-0.5 < \varepsilon < 0.5$ 的常数, 其值可由用户根据实际情况和需要适当调整. 例如当我们希望界面所包围区域内的介质保持质量守恒时, 便可通过微调 ε 的值来达到这一目的; 在通常情形下可令 $\varepsilon = 0$. 由于这里的函数 $\Phi(X, t)$ 与 $Y^{(q)}(X, t)$ 仅相差一个常数, 我们可通过求解对流方程 (VOF 方程)

$$\frac{\partial Y^{(q)}}{\partial t} + U \cdot \mathrm{grad}(Y^{(q)}) = 0 \tag{4.6.2}$$

来更新函数 $Y^{(q)}$ 和 Φ, 从而捕捉新的界面. 注意我们提供的是平均意义下的仅供用户参考的虚拟界面, 对界面的计算精度无须作过于苛刻的要求, 因而无须对界面进行重构.

为方便计, 我们称上述捕捉流体界面的新方法为**改进的流体体积法** (Improved Volume of Fluid method, IVOF).

必须强调指出, 当求解用含参 γ-模型或含参 (γ, p_∞)-模型所描述的一些比较简单的多介质理想流体问题时, 或者当给定了流场和初始界面来数值模拟界面在流场中的运动过程时, 我们可仿照 4.3 节中所提出的方案 I 来求解对流方程 (4.6.2) (但不需要重新初始化), 从而实现用 IVOF 方法捕捉流体界面目的; 但我们所重点关心的是辐射流体计算和内爆压缩过程数值模拟中所遇到的各种十分复

杂的必须用含参 (η, ξ)-模型来描述的多介质问题, 此情形下在计算诸物理量的过程中对流方程 (4.6.2) 已被求解, 函数 $Y^{(q)}$ 已被更新 (参见 3.5 节), 可直接用于捕捉流体界面而无须花费任何额外的计算时间, 由此可见此情形下用 IVOF 方法来捕捉流体界面是最方便的, 是效率最高的.

例 4.6.1　在求解多介质理想流体问题的例 4.3.2 中, 我们改用 IVOF 方法来捕捉流体界面, 算至时刻 $t = 0.48811$ 所捕捉到的界面绘于图 4.6.1. 以其与例 4.3.2 中用 ILS 方法所捕捉到的流体界面 (图 4.3.4(a)) 及例 4.5.1 中用 IFT 方法所跟踪到的流体界面 (图 4.5.1(a)) 比较, 易见它们十分相似, 仅有细节上的差别.

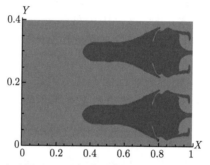

图 4.6.1　在例 4.3.2 中改用 IVOF 方法所捕捉到的于时刻 $t = 0.48811$ 的流体界面

例 4.6.2　在例 4.5.2 中, 我们改用 IVOF 方法来捕捉流体界面, 算至时刻 $t = 0.560088$ 及时刻 $t = 0.704033$ 所捕捉到的界面分别绘于图 4.6.2(a) 及图 4.6.2(b). 以其与图 4.5.2 及图 4.5.3 比较, 易见对于每个给定时刻, 这些界面的图形与参数 $\eta = \dfrac{1}{\gamma - 1}$ 的分布图大体上都是一致的.

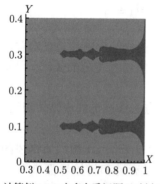 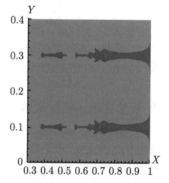

(a) 计算例 4.5.2 中多介质问题至时刻 $t = 0.560088$ 用 IVOF 所捕捉到的流体界面

(b) 计算例 4.5.2 中多介质问题至时刻 $t = 0.704033$ 用 IVOF 所捕捉到的流体界面

图 4.6.2

此外, 我们曾用本节所构造的 IVOF 方法来计算本书例 3.4.3 中所讨论的多介质完全气体周期漩涡问题所涉及的流体界面, 同样获得了令人满意的计算结果 (参见图 3.4.4).

4.6.2　IVOF 方法与 ILS 和 IFT 方法比较

本小节按照辐射流体计算和内爆压缩过程数值模拟的实际需要, 在使用流体混合型方法数值模拟多介质流的前提下, 来比较本章所提出的三种新的流体界面计算方法, 即 IVOF、ILS 及 IFT 方法的计算效率和计算质量, 从而为用户提供选择流体界面计算方法的依据.

首先容易看出, IVOF 方法与 ILS 方法的相似之处在于都是用一个函数的零点集合来表示流体界面, 都是通过求解对流方程来捕捉流体界面, 但二者之间有如下两方面主要差异: 一是 ILS 方法于每一时间步都需要额外花较多时间对水平集函数进行重新初始化, 而 IVOF 方法没有类似需求; 二是对于内爆压缩过程数值模拟及高新技术数值模拟中所遇到的必须用含参 (η, ξ)-模型来描述的各种复杂的多介质理想流体问题, 由于计算状态方程参数及其他相关参数 (例如混合流体的热传导系数等) 的需要, 在计算诸物理量的过程中, 对流方程 (4.6.2) 已被求解, 因此在用 IVOF 方法捕捉流体界面时已无须再花费额外时间来重复求解这个对流方程, 从而大幅度节约了计算时间, 而 ILS 方法没有这种类似优点. 由此可见, IVOF 方法的计算速度远远地高于 ILS 方法.

另一方面, 由于 IFT 方法仅需要对流体界面上的标志点进行跟踪, 其每跟踪一次流体界面的计算量比求解一次形如 (4.2.1) 或形如 (4.6.2) 的对流方程的计算量要小一个数量级. 由此可见在通常情形下 IFT 方法的计算速度比 IVOF 方法还要快一个数量级. 但须注意当求解用含参 (η, ξ)-模型来描述的各种复杂的多介质理想流体问题, 且同时计算流体界面时, 则正如刚才所述, 用 IVOF 方法捕捉流体界面时已无须再花费额外时间来重复求解对流方程 (4.6.2), 因而此重要情形下 IVOF 方法与 IFT 方法的计算速度都十分快, 在计算效率方面都远远地优于 ILS 方法.

现在我们通过数值试验来证实上述结论的正确性, 并比较上述三种计算流体界面方法的实际计算效果. 为确定计, 不失一般性, 在下文中我们恒以直角坐标平面内的矩形积分区域

$$\Omega = \{ (x,y) \mid a \leqslant x \leqslant b, \ c \leqslant y \leqslant d \} \tag{4.6.3a}$$

及矩形网格

$$\{(x_i, y_j) \mid x_i = a + (i - 0.5)h_1, y_j = c + (j - 0.5)h_2, \ i = 1|M, \ j = 1|N \},$$
$$\tag{4.6.3b}$$

为例进行讨论, 这里 $h_1 = (b-a)/M$, $h_2 = (d-c)/N$, $h := \min\{h_1, h_2\}$, M 和 N 是事先适当给定的正整数; 并恒设区域 Ω 中仅有两种不同介质 A 和 B, 它们的初始界面是一条简单闭曲线 $\Gamma(0)$, 位于 $\Gamma(0)$ 内部的是介质 A, 其外部是介质 B, 而且在整个物理过程中, 恒设随时间 t 而运动的流体界面 $\Gamma(t)$ 始终不越出积分区域 Ω 的边界 $\partial\Omega$. 我们的目的就是要在已知初始界面 $\Gamma(0)$ 和运动的速度场 (u, v) 的前提下跟踪界面的运动, 计算出在任意时刻 $t \in [0, T]$ 界面 $\Gamma(t)$, 这里常数 $T > 0$, $u = u(x, y, t)$, $v = v(x, y, t)$ 分别表示沿 X-轴方向和 Y-轴方向的速度分量.

例 4.6.3　在式 (4.6.3) 中令 $a = c = 0$, $b = d = 2$, $M = N = 800$, 并设在由式 (4.6.3a) 所确定的区域 Ω 中给定了速度场

$$u = \text{sgn}(1-x)(1 + \sin(4\pi y)), \quad v = 0, \tag{4.6.4a}$$

初始界面是由形如

$$(x - x_0)^2/a^2 + (y - y_0)^2/b^2 = 1 \tag{4.6.4b}$$

的方程所确定的两个椭圆, 其中 $a = 1/4$, $b = 1/2$, $y_0 = 1$, 第一个椭圆的 $x_0 = 1/2$, 第二个椭圆的 $x_0 = 3/2$. 设在这两个椭圆内是介质 A, 其外是介质 B. 我们分别用上述三种不同方法在由式 (4.6.3b) 所确定的矩形网格上来计算于时刻 $t = 1$ 该界面的新的位置. 计算结果见图 4.6.3, 计算所花费的时间见表 4.6.1.

从图 4.6.3 可以看出用上述三种不同计算方法所算出的新的界面的形状和大小均保持一致, 与所给定的速度场比较易见计算都是正确的, 尤其是 IFT 方法所跟踪到的界面更为清晰、细致, 连界面成丝的过程和细节也能反映出来. 另一方面, 从表 4.6.1 易见 ILS 方法算得实在太慢, 比另外两种方法慢许多.

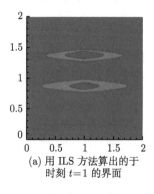
(a) 用 ILS 方法算出的于
时刻 $t=1$ 的界面

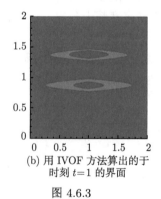
(b) 用 IVOF 方法算出的于
时刻 $t=1$ 的界面

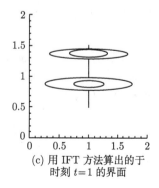
(c) 用 IFT 方法算出的于
时刻 $t=1$ 的界面

图 4.6.3

表 4.6.1   不同方法所花费的计算时间

方法类型	所花费的计算时间
ILS 方法	1 小时 46 分 3.187 秒
IVOF 方法	27 分 35.78 秒
IFT 方法	1 分 19.28 秒

例 4.6.4   在式 (4.6.3) 中令 $a = c = -1$, $b = d = 1$, $M = N = 400$, 并设在由式 (4.6.3a) 所确定的区域 Ω 中给定了描述按逆时针方向做螺旋形旋转运动的依赖于时间 t 的速度场

$$u = -\frac{\pi y}{2} - \frac{1}{16}\cos\left(\frac{\pi t}{2}\right), \quad v = \frac{\pi x}{2} - \frac{1}{16}\sin\left(\frac{\pi t}{2}\right), \tag{4.6.5a}$$

于初始时刻 $t = 0$, 在正方形区域

$$\{(x, y) : 0.2 \leqslant x \leqslant 0.8, \ -0.3 \leqslant y \leqslant 0.3\} \tag{4.6.5b}$$

内充满了介质 A, 其外是介质 B, 此正方形的边界即是二者的初始界面. 我们分别用上述三种不同方法在由式 (4.6.3b) 所确定的矩形网格上来计算于时刻 $t = 8$ 该界面的新的位置. 计算结果见图 4.6.4, 计算所花费的时间见表 4.6.2.

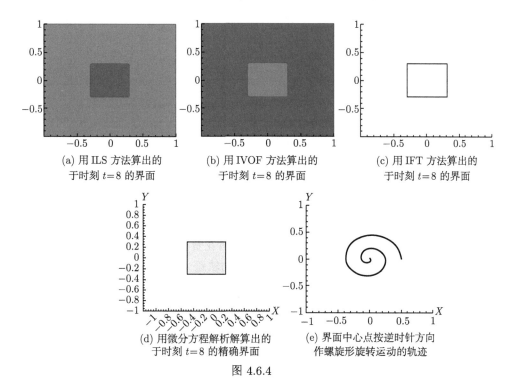

(a) 用 ILS 方法算出的
于时刻 $t=8$ 的界面

(b) 用 IVOF 方法算出的
于时刻 $t=8$ 的界面

(c) 用 IFT 方法算出的
于时刻 $t=8$ 的界面

(d) 用微分方程解析解算出的
于时刻 $t=8$ 的精确界面

(e) 界面中心点按逆时针方向
作螺旋形旋转运动的轨迹

图 4.6.4

表 4.6.2   不同方法所花费的计算时间

方法类型	所花费的计算时间
ILS 方法	4 小时 18 分 59.52 秒
IVOF 方法	1 小时 41 分 9.453 秒
IFT 方法	4 分 52.80 秒

从图 4.6.4(a), 图 4.6.4(b) 和图 4.6.4(c) 可以看出, 用上述三种不同计算方法所算出的三个界面都位于空间积分区域的正中央, 通过目测几乎看不出它们之间的差别, 也看不出它们与图 4.6.4(d) 中所提供的精确界面之间有任何差别; 从图 4.6.4(e) 可以断定, 界面从初始位置出发, 在绕坐标原点按逆时针方向做螺旋形旋转运动两个圈之后精准地到达了空间积分区域的正中央. 但另一方面, 从表 4.6.2 易见 ILS 方法算得实在太慢, 比 IFT 方法慢一个数量级.

例 4.6.5   在式 (4.6.3) 中令 $a = c = -1$, $b = d = 1$, $M = N = 400$, 并设在由式 (4.6.3a) 所确定的区域 Ω 中给定了描述按逆时针方向做螺旋形旋转运动的依赖于时间 t 的速度场

$$u = -\frac{\pi y}{4} + \frac{V_r}{16}\cos\left(\frac{\pi t}{4}\right), \quad v = \frac{\pi x}{4} + \frac{V_r}{16}\sin\left(\frac{\pi t}{4}\right), \tag{4.6.6a}$$

这里

$$V_r = \begin{cases} 0.78, & 0 \leqslant t \leqslant 16, \\ 0, & 16 < t < 24, \\ -0.78, & 24 \leqslant t \leqslant 40, \end{cases} \tag{4.6.6b}$$

设于初始时刻 $t = 0$, 在以坐标原点为圆心 0.2 为半径的圆内充满了 A 介质, 其外是 B 介质, 这个圆的圆周即是二者的初始界面. 我们分别用上述三种不同方法在由式 (4.6.3b) 所确定的矩形网格上来模拟界面的运动, 计算于时刻 $t = 40$ 该界面的新的位置. 表 4.6.3 中列出了不同方法所花费的计算时间; 图 4.6.5 画出了当时间 t 从 0 变到 40 时界面的中心点的运动轨迹; 图 4.6.6 画出了界面于时刻 $t = 40$ 所到达的最终位置.

表 4.6.3   不同方法所花费的计算时间

方法类型	所花费的计算时间
ILS 方法	10 小时 52 分 8.44 秒
IVOF 方法	4 小时 50 分 5.469 秒
IFT 方法	13 分 43.859 秒

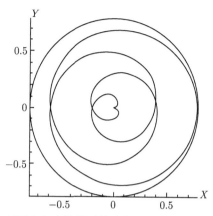

图 4.6.5 界面中心点按逆时针方向做螺旋形旋转运动的轨迹

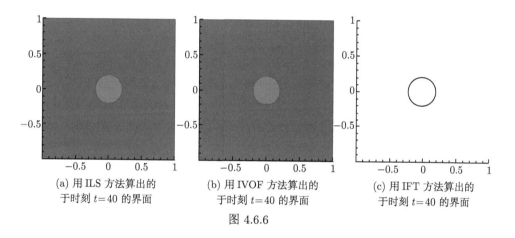

(a) 用 ILS 方法算出的
于时刻 $t=40$ 的界面

(b) 用 IVOF 方法算出的
于时刻 $t=40$ 的界面

(c) 用 IFT 方法算出的
于时刻 $t=40$ 的界面

图 4.6.6

从图 4.6.5 和图 4.6.6 可以断定, 界面从空间积分区域的正中央出发, 在绕坐标原点按逆时针方向做螺旋形旋转运动五个圈之后, 又精准地回到了空间积分区域的正中央, 而且尽管计算时间较长, 上述三种方法仍然都算得很好. 但另一方面, 从表 4.6.3 易见 ILS 方法实在算得太慢, 比 IFT 方法慢一个数量级.

通过以上分析和数值试验, 在使用流体混合型方法数值模拟多介质理想流体的前提下, 可以得出选择流体界面计算方法的如下结论:

(1) ILS 方法、IVOF 方法及 IFT 方法都可为用户提供高质量的平均意义下的虚拟流体界面.

(2) ILS 方法的计算速度远远慢于另外两种方法, 因此建议少用, 或者不用.

(3) 尤其是对于求解基于含参 (η, ξ)-模型的十分复杂的多介质问题, 一方面由于计算量特别大, 提高计算速度必须作为重点考虑的问题之一, 另一方面, 由于问题十分复杂, 水平集函数重新初始化往往需要花费更长的时间, 甚至有可能出现水平集函数重新初始化失败的十分糟糕的特殊情形 (参见例 4.2.6 及其前面的说明), 因此我们建议此情形下一定不要使用 ILS 方法, 一律使用 IVOF 方法和 IFT 方法来计算流体界面. 注意此情形下用 IVOF 方法计算界面不需要花费任何额外时间, 用 IFT 方法计算界面所需要花费时间与整个计算所需要花费时间相比也是微不足道的.

4.7 数 值 试 验

作为本章最后一节, 我们就基于含参 (η, ξ)-模型的复杂多介质问题的界面计算列举若干算例. 具体地说, 根据 4.6 节所获结论, 我们拟在用五阶 FD-WENO-FMT 格式求解高温高压下铜与水相互作用的多介质问题的每一时间步之后, 调用一次用 IFT 方法计算流体界面的软件, 从而在求解多介质问题的同时, 实现用 IFT 方法快速跟踪流体界面, 并用 IVOF 方法 (无须花任何额外时间) 捕捉流体界面的目的.

例 4.7.1   对于例 3.5.4 中所考虑的激波与重气泡相互作用问题, 我们完全按照该例中所采用的空间网格及满足 CFL 条件的时间步长, 在用五阶 FD-WENO-FMT 格式求解该问题的同时, 用 IVOF 方法及 IFT 方法计算流体界面. 算至时刻 $t = 0.019$ 所获数值解的密度分布及所算出的界面分别绘于图 4.7.1(a)、图 4.7.1(b) 及图 4.7.1(c).

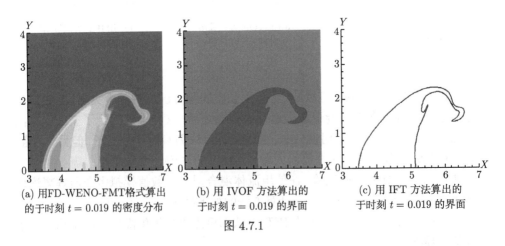

(a) 用FD-WENO-FMT格式算出
的于时刻 $t = 0.019$ 的密度分布

(b) 用 IVOF 方法算出的
于时刻 $t = 0.019$ 的界面

(c) 用 IFT 方法算出的
于时刻 $t = 0.019$ 的界面

图 4.7.1

例 4.7.2   对于例 3.5.3 中所考虑的二维多介质流体界面 RT 不稳定性问题, 我们完全按照该例中所采用的空间网格及满足 CFL 条件的时间步长, 在用五阶 FD-WENO-FMT 格式求解该问题的同时, 用 IVOF 方法及 IFT 方法计算流体界面. 算至时刻 $t = 0.003$, $t = 0.00336$ 及 $t = 0.00376$ 所获数值解的密度分布及所算出的界面分别绘于图 4.7.2、图 4.7.3 及图 4.7.4.

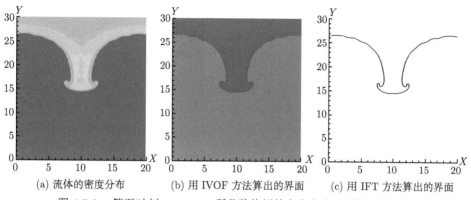

(a) 流体的密度分布   (b) 用 IVOF 方法算出的界面   (c) 用 IFT 方法算出的界面

图 4.7.2   算至时刻 $t = 0.003$ 所获数值解的密度分布及所算出的界面

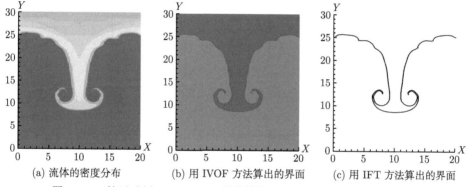

(a) 流体的密度分布   (b) 用 IVOF 方法算出的界面   (c) 用 IFT 方法算出的界面

图 4.7.3   算至时刻 $t = 0.00336$ 所获数值解的密度分布及所算出的界面

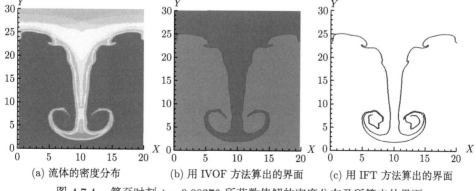

(a) 流体的密度分布   (b) 用 IVOF 方法算出的界面   (c) 用 IFT 方法算出的界面

图 4.7.4   算至时刻 $t = 0.00376$ 所获数值解的密度分布及所算出的界面

本例整个计算所花费的时间为 48 小时 44 分 1 秒.

例 4.7.3　考虑如图 4.7.5 所示的由高温高压下的铜和水组成的二维多介质流体问题. 求解区域取为 $\{(x,y)\,|-0.5 \leqslant x \leqslant 1, -0.5 \leqslant y \leqslant 0.5\}$, 图中左方为铜, 右方为水, 二者的初始界面由方程

$$x - \exp(-64y^2)/8 = 0 \qquad\qquad (4.7.1)$$

确定, 并设铜和水这两种介质以及它们所组成的多介质混合流体的状态方程与例 3.5.3 中所述的完全相同, 因而本例中的多介质混合流体同样满足 (η, ξ)-状态方程 (3.5.40), 其中水和铜的材料参数可分别由式 (3.5.41) 和 (3.5.42) 确定. 设水的初始状态为

$$\begin{cases} \rho = 1004, \quad u = v = 0, \\ p = 1.5 \times 10^{11}, \end{cases} \qquad\qquad (3.5.34)$$

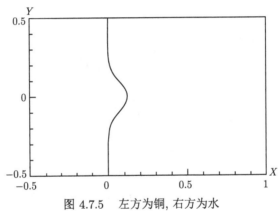

图 4.7.5　左方为铜, 右方为水

铜的初始状态为

$$\begin{cases} \rho = 8900, \quad u = v = 0, \\ p = 3 \times 10^{11}, \end{cases} \qquad\qquad (3.5.35)$$

这里 ρ 表示密度, u 和 v 分别表示流体沿 X-轴和 Y-轴方向的速度, p 表示压强. 此外我们在图中积分区域的上、下侧及右侧采用固壁边界条件, 左侧采用紧支边界条件.

　　由于本例中的二维多介质混合流体满足 (η, ξ)-状态方程, 因而可用满足上述初边值条件的二维含参 (η, ξ)-模型 (3.5.22)-(3.5.23) 来描述它, 并用 WENO-FMT 格式来求解它. 我们采用 150×100 的一致空间矩形网格, 设时间步长满足 CFL 条件, 用五阶 FD-WENO-FMT 格式来求解上述问题, 并同时用 IVOF 方法及 IFT

方法计算流体界面. 算至时刻 $t = 0.001$, 所获数值结果中的密度分布及所算出的流体界面绘于图 4.7.6.

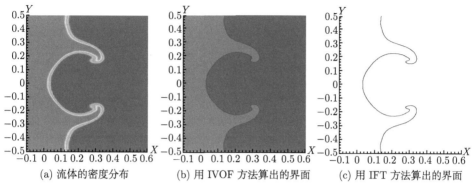

(a) 流体的密度分布　　　(b) 用 IVOF 方法算出的界面　　　(c) 用 IFT 方法算出的界面

图 4.7.6　算至时刻 $t = 0.001$ 所获数值解的密度分布及所算出的界面

本例整个计算所花费的时间为 3 小时 24 分 48 秒, 如果仅算流体, 不算界面, 则所花费的时间为 3 小时 20 分 50 秒. 由此可见计算界面所花费的时间仅为 3 分 58 秒, 以其与整个计算所花费的时间相比, 的确是微不足道的.

例 4.7.4　在例 4.7.3 所讨论的由高温高压下的铜和水组成的二维多介质流体问题中, 改设铜沿 X-轴方向运动的初始速度为 $u = 1000$, 但其余假设完全保持不变, 从而得到一个新的多介质流体问题. 我们采用 150×100 的一致空间矩形网格, 并设时间步长满足 CFL 条件, 用五阶 FD-WENO-FMT 格式来求解上述新的多介质流体问题, 并同时用 IVOF 方法及 IFT 方法计算流体界面. 算至时刻 $t = 0.0008$, 所获数值结果中的密度分布及所算出的流体界面绘于图 4.7.7.

本例整个计算所花费的时间为 3 小时 6 分 55 秒, 如果仅算流体, 不算界面, 则所花费的时间为 3 小时 1 分 17 秒. 由此可见计算界面所花费的时间仅为 5 分 38 秒, 以其与整个计算所花费的时间相比, 的确是微不足道的.

从以上数值试验可以看出, 对于用流体混合型数值格式求解多介质理想流体问题, 虽然由于相邻介质不可避免地会相互掺混, 导致界面会逐渐地变得模糊不清, 但 IVOF 方法和 IFT 方法的确都可为用户提供富有参考价值的平均意义下的虚拟流体界面. IVOF 方法所提供的界面大轮廓十分清楚, IFT 方法所提供的界面更加细致入微, 各有特色. 另一方面, 从 4.6.2 小节中的诸算例可以看出 IVOF 方法和 IFT 方法的计算速度的确都比较快, 尤其是对于求解基于含参 (η, ξ)-模型的复杂多介质问题, 从本节例 4.7.3 和例 4.7.4 可以看出用上述两种方法计算流体界面的速度更快, 计算界面所花费的时间与整个计算所花费的时间相比的确是微不足道的.

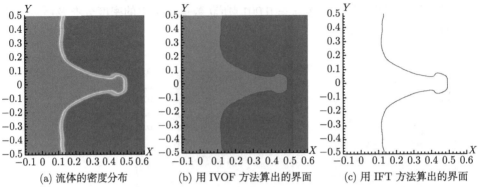

(a) 流体的密度分布　　　　(b) 用 IVOF 方法算出的界面　　　(c) 用 IFT 方法算出的界面

图 4.7.7　算至时刻 $t = 0.0008$ 所获数值解的密度分布及所算出的界面

参 考 文 献

[1]　Abgrall R. How to prevent pressure oscillations in multicomponent flow calculations: A quasi conservative approach. J. Comput. Phys., 1996, 125: 150-160.

[2]　Augoula S, Abgrall R. High order numerical discretization for Hamilton-Jacobi equations on triangular meshes. J. Sci. Comput., 2000, 15: 198-229.

[3]　Barth T J, Sethian J A, Numerical schemes for the Hamilton-Jacobi and level set equations on triangulated domains. J. Comput. Phys., 1998, 145: 1-40.

[4]　Bryson S, Levy D. High-order semi-discrete central-upwind schemes for multidimensional Hamilton-Jacobi equations. J. Comput. Phys., 2003, 189: 63-87.

[5]　Bryson S, Levy D. High-order central WENO schemes for multidimensional Hamilton-Jacobi equations. SIAM J. Numer. Anal. 2003, 41: 1339-1369.

[6]　Cecil T, Qian J, Osher S. Numerical methods for high dimensional Hamilton-Jacobi equations using radial basis functions. J. Comput. Phys., 2004, 196: 327-347.

[7]　Chakraborty I, Biswas G, Ghoshdastidar P S. A coupled level-set and volume-of-fluid method for the buoyant rise of gas bubbles in liquids. Int. J. Heat and Mass Transfer., 2013, 58: 240-259.

[8]　Crandall M G, Lions P L. Viscosity solutions of Hamilton-Jacobi equations. Trans. Amer. Math. Soc., 1983, 277: 1-42.

[9]　Crandall M G, Lions P L. Two approximations of solutions of Hamilton-Jacobi equations. Math. Comput., 1984, 43: 1-19.

[10]　Crandall M G, Ishii H, Lions P L. User's guide to viscosity solutions of second order partial equations. Bull. Amer. Math. Soc. (N.S), 1992, 27: 1-67.

[11]　Denner F, van Wachem B G M. Compressive VOF method with skewness correction to capture sharp interfaces on arbitrary meshes. J. Comput. Phys., 2014, 279: 127-144.

[12]　Desjardins O, Moureau V, Pitsch H. An accurate conservative level set/ghost fluid method for simulating turbulent atomization. J. Comp. Phys., 2008, 227: 8395-8416.

[13]   Glimm J, Grove J W, Li X L, Shyue K M, Zeng Y, Zhang Q. Three-dimensional front Tracking. SIAM J. Sci. Comput., 1998, 19(3): 703-727.

[14]   Hartmann D, Meinke M, Schroder W. Differential equation based constrained reinitialization for level set methods. J. Comput. Phys., 2008, 227: 6821-6845.

[15]   Hartmann D, Meinke M, Schrder W. The constrained reinitialization equation for level set methods. J. Comput. Phys., 2010, 229: 1514-1535.

[16]   Hirt C W, Nichols B D. Volume of fluid (VOF) method for the dynamics of free boundaries. J. Comput. Phys., 1981, 39: 201-225.

[17]   Hu C, Shu C W. A discontinuous Galerkin finite element method for Hamilton-Jacobi equations. SIAM J. Sci. Comput., 1999, 21: 666-690.

[18]   Ii S, Sugiyama K, Takeuchi S, Takagi S, Matsumoto Y, Xiao F. An interface capturing method with a continuous function: The THINC method with multi-dimensional reconstruction. J. Comput. Phys., 2012, 231: 2328-2358.

[19]   Jiang G, Peng D. Weighted ENO schemes for Hamilton-Jacobi equations. SIAM J. Sci. Comput., 2000, 21: 2126-2143.

[20]   Jin S, Xin Z. Numerical passage from systems of conservation laws to Hamilton-Jacobi equations, and relaxation schemes. SIAM J. Numer. Anal., 1998, 35: 2163-2186.

[21]   Kurganov A, Tadmor E. New high-resolution semi-discrete central schemes for Hamilton-Jacobi equations. J. Comput. Phys., 2000, 160: 720-742.

[22]   Kuzmin D. An optimization-based approach to enforcing mass conservation in level set methods. J. Comp. Appl. Math., 2014, 258: 78-86.

[23]   Lafon F, Osher S. High order two dimensional nonoscillatory methods for solving Hamilton-Jacobi scalar equations. J. Comput. Phys., 1996, 123: 235-253.

[24]   Lambert J D. Computational Methods in Ordinary Differential Equations. John Wiley & Sons Ltd., 1973.

[25]   Lepsky O, Hu C, Shu C W. Analysis of the discontinuous Galerkin method for Hamilton-Jacobi equations. Appl. Numer. Math., 2000, 33: 423-434.

[26]   李寿佛. 一类新的水平集函数重新初始化高稳定高精度方法. 国家十二五专项数值方法研究报告, 2012-2013.

[27]   李寿佛. 水平集方法高效实现及保质量守恒水平集法. 国家十二五专项数值方法研究报告, 2013-2014.

[28]   李寿佛. 流体体积法及界面跟踪法与水平集方法比较. 国家十二五专项数值方法研究报告, 2014-2015.

[29]   李寿佛. 一类具有二阶时间离散精度的界面跟踪法. 计算方法课题研究, 2015 年度报告.

[30]   李寿佛. 多介质可压缩流体的高阶流体混合型 FV-WENO 方法. 国家 863 高技术惯性约束聚变主题研究报告, 2008 年 7 月.

[31]   李寿佛. 多介质可压缩流体的高阶流体混合型 FD-WENO 方法. 国家 863 高技术惯性约束聚变主题研究报告, 2009 年 7 月.

[32]   刘全, 水鸿寿, 张晓轶. 数值模拟界面流方法进展. 力学进展, 2002, 32(2): 259-274.

[33] Min C. On reinitializing level set functions. J. Comput. Phys., 2010, 229: 2764-2772.

[34] Moretti G. Computations of flows with shocks. Ann. Rev. Fluid Mech., 1987, 19: 313-337.

[35] Olsson E, Kreiss G, Zahedi S. A conservative level set method for two phase flows II. J. Comput. Phys., 2007, 225: 785-807.

[36] Osher S, Sethian J. Fronts propagating with curvature-dependent speed: Algorithms based on Hamilton-Jacobi formulations. J. Comput. Phys., 1988, 79: 12-49.

[37] Osher S, Shu C W, High-order essentially non-oscillatory schemes for Hamilton-Jacobi equations. SIAM J. Numer. Anal., 1991, 28: 907-922.

[38] Peng D, Merriman B, Osher S, Zhao H, Kang M. A PDE-based fast local Level Set method. J. Comput. Phys., 1999, 155: 410-438.

[39] Pilliod J E, Puckett E G. Second-order accurate volume-of-fluid algorithms for tracking material interfaces. J. Comput. Phys., 2004, 199: 465-502.

[40] Pilliod J E. An analysis of piecewise linear interface reconstruction algorithms for volume-of-fluid methods. M. S. Thesis, University of California, 1992.

[41] Puckett E G. A volume-of-fluid interface tracking algorithm with applications to computing shock wave refraction. Proceedings of the Fourth International Symposium on Computational Fluid Dynamics, Davis, CA, 1991: 933-938.

[42] Qiu J, Shu C W. Hermite WENO schemes for Hamilton-Jacobi equations. J. Comput. Phys., 2005, 204: 82-99.

[43] Richtmyer R, Morton K. Difference Methods for Initial Value Problems, Interscience. New York, 1967.

[44] Risebro N H, Tveito A. A front tracking method for conservation laws in one dimension. J. Comput. Phys., 1992, 101: 130-139.

[45] Samtaney R, Pullin D I. Initial-value and self-similar solutions of the compressible Euler equations. Phys. Fluids, 1996, 8: 2650-2655.

[46] Saurel R, Abgrall R. A multiphase Godunov method for compressible multifluid and multiphase flows. J. Comput. Phys., 1999, 150: 425-467.

[47] Shi J, Zhang Y T, Shu C W. Resolution of high order WENO schemes for complicated flow structures. J. Comput. Phys., 2003, 186: 690-696.

[48] Shyue K M. An efficient shock-capturing algorithm for compressible multicomponent problems. J. Comput. Phys., 1998, 142: 208-242.

[49] Shyue K M. A fluid-mixture type algorithm for compressible multicomponent flow with Mie-Gruneisen equation of state. J. Comput. Phys., 2001, 171: 678-707.

[50] Sussman M. A second order coupled level set and volume-of-fluid method for computing growth and collapse of vapor bubbles. J. Comp. Phys., 2003, 187: 110-136.

[51] Sussman M, Smereka P, Osher S. A level set approach for computing solutions to incompressible two-phase flow. J. Comput. Phys., 1994, 114: 146-159.

[52] Sussman M, Puckett E. A coupled level set and volume-of-fluid method for computing 3D and axisymmetric incompressible twophase flows. J. Comp. Phys., 2000, 162: 301-337.

[53] Ullah M A, Gao W, Mao D. Towards front-tracking based on conservation in two space dimensions III, tracking interfaces. J. Comput. Phys., 2013, 242: 268-303.

[54] van der Pijl S P, Segal A, Vuik C, Wesseling P. A massconserving Level-Set method for modelling of multi-phase flows. Int. J. Numer. Methods Fluids, 2005, 47: 339-361.

[55] van der Pijl S P, Segal A, Vuik C, Wesseling P. Computing three-dimensional two-phase flows with a mass-conserving level set method. Comput. Visual Sci., 2008, 11: 221-235.

[56] Witteveen J A S, Koren B, Bakker P G. An improved front tracking method for the Euler equations, J. Comput. Phys., 2007, 224: 712-728.

[57] Witteveen J A S. Second order front tracking for the Euler equations. J. Comput. Phys., 2010, 229: 2719-2739.

[58] Yang X, James A, Lowengrub J, Zheng X, Cristini V. An addaptive coupled level-set/volume-of-fluid interface capturing method for unstructured triangular grids. J. Comput. Phys., 2006, 217: 364-394.

[59] Yokoi K. Efficient implementation of THINC scheme: A simple and practical smoothed VOF algorithm. J. Comput. Phys., 2007, 226: 1985-2002.

[60] Zhang Y T, Shu C W, High-order WENO schemes for Hamilton-Jacobi equations on triangular meshes. SIAM J. Sci. Comput., 2003, 24: 1005-1030.

第 5 章　非线性复合刚性问题的正则分裂方法

5.1　概　　述

目前国际上已有的经典算子分裂方法, 包括顺序分裂方法、对称加权顺序分裂方法、Strang-Marchuk 分裂方法及迭代分裂方法等, 其理论都是以 Banach 空间中线性算子及算子半群理论和局部分裂误差分析为基础的, 因而普遍适用于线性微分方程及非刚性问题, 但其理论不适用于一般的非线性微分方程问题及刚性问题. 即使是对于线性刚性常微分方程问题, 当有关线性算子的乘积不可交换时, 局部分裂误差的系数有可能变得十分巨大, 从而导致上述经典算子分裂方法失去理论基础和实用价值.

近年来, 人们使用局部线性化方法、Lie-导数方法及其他各种特殊方法和技巧来研究各种特殊类型的非线性问题的分裂算法, 获得了进展. 例如, 关于非线性双曲守恒律组的分裂算法可参见文献 [39, 42], 关于非定常对流-扩散-反应方程的分裂算法, 带有非线性对流项的可参见 [16, 38, 43], 带有非线性反应项的可参见 [17, 20, 23, 25, 34, 40], 带有非线性扩散项的可参见 [2, 13, 35, 41, 44]. 此外, 关于某些非线性延迟微分方程及积分微分方程的分裂算法, 可参见 [1, 4, 8, 14, 18, 22, 24]. 然而上述文献中各自提供的方法和理论仅适用于该文中所讨论的某些具有特殊结构的特殊问题, 仍然不适用于一般的非线性问题和刚性问题, 因而不可用于求解辐射扩散与电子、离子热传导耦合方程组初边值问题, 更不可能用于辐射驱动内爆压缩过程数值模拟.

为了克服经典算子分裂方法的上述局限, 2016 年, 我们首次提出了 "非线性复合刚性问题"(nonlinear composite stiff problems)、"刚性分解" (stiff decomposition) 及 "正则分裂方法"(Canonical Splitting method, CS) 等新的基本概念, 并就数值求解一般的非线性复合刚性问题, 构造和深入研究了基于刚性分解的以及基于广义刚性分解和实用稳定性条件的正则 Euler 分裂方法 (Canonical Euler Splitting method, CES), 证明了 CES 方法是定量稳定的、一阶定量相容且一阶定量收敛的 (参见 [26]). 最近几年, 我们又先后构造和研究了二阶正则中点分裂方法(CMS)、二阶正则嵌入分裂方法 (CES-CMS) 以及各种可达到任意高阶精度的正则 Runge-Kutta 分裂方法 (CRKS). 理论分析和数值试验表明: 当用基于刚性分解的或者基于广义刚性分解和实用稳定性条件的上述各类正则分裂方法来求解任给的非线性复合刚性问题时, 的确都可以在确保数值解达到预期计算精度的基础上成倍地大幅度地提高计算速度 (参见文献 [26—33]). 本章专门讲述以上新的科研成果.

注意这里所说的非线性复合刚性问题包括任意的强非线性扩散占优高维偏微分方程组初边值问题的半离散问题以及任意的强非线性扩散占优高维 Volterra 偏泛函微分方程组初边值问题的半离散问题. 在上述基础上, 我们于本章末尾, 对于怎样正确地选择扩散占优偏微分方程问题时间离散化方法提出了新的建议.

5.2 Volterra 泛函微分方程及非线性复合刚性问题

在本章及以下各章中, 恒以符号 $\mathbf{R}^m$ 表示带有标准内积 $\langle \cdot, \cdot \rangle$ 的 m 维欧几里得空间, 符号 $\| \cdot \|$ 表示相应的内积范数, 对于任意给定的闭区间 $\mathbf{I} \subset \mathbf{R}$, 以符号 $\mathbf{C}_m(\mathbf{I})$ 表示由所有连续映射 $x : \mathbf{I} \to \mathbf{R}^m$ 所组成的 Banach 空间, 这里范数定义为 $\|x\|_\infty = \max\limits_{t \in \mathbf{I}} \|x(t)\|$.

考虑一般的非线性 Volterra 泛函微分方程 (简记为 VFDE) 初值问题 (亦可视为一般的非线性非定常 Volterra 偏泛函微分方程组的半离散问题)

$$
\begin{cases}
y'(t) = f(t, y(t), y(\cdot)), & t \in [0, T], & (5.2.1a) \\
y(t) = \varphi(t), & t \in [-\tau, 0], & (5.2.1b)
\end{cases}
$$

其中 $T > 0$, $\tau \in [0, +\infty]$ 是常数, $f : [0, T] \times \mathbf{R}^m \times \mathbf{C}_m[-\tau, T] \to \mathbf{R}^m$ 是给定的连续映射, $\varphi \in \mathbf{C}_m[-\tau, 0]$ 是给定的初始函数. 我们恒设该问题是适定的, 其唯一真解 $y \in \mathbf{C}_m[-\tau, T]$.

定义 5.2.1　一切满足条件

$$
\begin{cases}
\langle f(t, u_1, \psi) - f(t, u_2, \psi), u_1 - u_2 \rangle \leqslant \alpha \|u_1 - u_2\|^2, \\
\qquad \forall t \in [0, T], u_1, u_2 \in \mathbf{R}^m, \psi \in \mathbf{C}_m[-\tau, T], \\
\|f(t, u, \psi_1) - f(t, u, \psi_2)\| \leqslant \beta \max\limits_{-\tau \leqslant \xi \leqslant t} \|\psi_1(\xi) - \psi_2(\xi)\|, \\
\qquad \forall t \in [0, T], u \in \mathbf{R}^m, \psi_1, \psi_2 \in \mathbf{C}_m[-\tau, T]
\end{cases} \tag{5.2.2a}
$$

的非线性 VFDE 初值问题 (5.2.1) 所构成的问题类记为 $\mathcal{D}(\alpha, \beta)$, 这里 α 和 β 分别是单边 Lipschitz 常数及经典 Lipschitz 常数, 我们恒设 $\alpha_+ := \max\{\alpha, 0\}$ 及 β 仅具有适度大小.

问题类 $\mathcal{D}(\alpha, \beta)$ 的重要性在于非线性刚性 Volterra 泛函微分方程的稳定性理论及 VFDE 正则 Runge-Kutta 法的 B-理论都是以其为基础而建立的 (参见文

献 [28] 第二部分第 1, 2 两章). 此外须注意当研究 VFDE 正则 Ruhge-Kutta 法的 B-相容性与 B-收敛性时, 除了恒设该问题属于问题类 $\mathcal{D}(\alpha, \beta)$ 外, 还必须进一步假设该问题的真解 $y(t)$ 是慢变的. 这里所说的 "慢变" 是指真解 $y(t)$ 充分光滑, 且 $y(t)$ 及需要用到的 $y(t)$ 的各阶导数均满足不等式

$$\left\| \frac{\mathrm{d}^i y(t)}{\mathrm{d} t^i} \right\| \leqslant M_i, \quad 0 \leqslant t \leqslant T, \tag{5.2.2b}$$

这里恒设每个常数 M_i 仅具有适度大小.

定义 5.2.2　我们称非线性 VFDE 初值问题 (5.2.1) 为非线性复合刚性问题, 如果

(1) 该问题是适定的, 其唯一真解 $y \in \mathbf{C}_m[-\tau, T]$, 且 $y(t)$ 是慢变的, 或即 $y(t)$ 充分光滑, 且 $y(t)$ 及需要用到的 $y(t)$ 的各阶导数均满足不等式 (5.2.2b).

(2) 该问题可进行刚性分解. 即方程组 (5.2.1a) 的右端映射 f 可分解为两个子映射之和

$$f(t, u, \psi(\cdot)) = f_1(t, u, \psi(\cdot)) + f_2(t, u, \psi(\cdot)), \quad \forall\, t \in (0, T], u \in \mathbf{R}^m, \psi \in \mathbf{C}_m[-\tau, T], \tag{5.2.3}$$

它们满足条件

$$\begin{cases} \|f_1(t, u, \psi(\cdot)) - f_1(t, v, \psi(\cdot))\| \leqslant \alpha_1 \|u - v\|, \\ \qquad \forall t \in [0, T], u, v \in \mathbf{R}^m, \psi \in \mathbf{C}_m[-\tau, T], & (5.2.4\text{a}) \\[2mm] \|f_1(t, u, \psi(\cdot)) - f_1(t, u, \chi(\cdot))\| \leqslant \beta_1 \max_{-\tau \leqslant \xi \leqslant t} \|\psi(\xi) - \chi(\xi)\|, \\ \qquad \forall t \in [0, T], u \in \mathbf{R}^m, \psi, \chi \in \mathbf{C}_m[-\tau, T], & (5.2.4\text{b}) \\[2mm] \langle f_2(t, u, \psi(\cdot)) - f_2(t, v, \psi(\cdot)), u - v \rangle \leqslant \alpha_2 \|u - v\|^2, \\ \qquad \forall t \in [0, T], u, v \in \mathbf{R}^m, \psi \in \mathbf{C}_m[-\tau, T], & (5.2.4\text{c}) \\[2mm] \|f_2(t, u, \psi(\cdot)) - f_2(t, u, \chi(\cdot))\| \leqslant \beta_2 \max_{-\tau \leqslant \xi \leqslant t} \|\psi(\xi) - \chi(\xi)\|, \\ \qquad \forall t \in [0, T], u \in \mathbf{R}^m, \psi, \chi \in \mathbf{C}_m[-\tau, T], & (5.2.4\text{d}) \end{cases}$$

其中 α_2 是单边 Lipschitz 常数, α_1, β_1 和 β_2 是经典 Lipschitz 常数, 我们恒设参数 α_1, β_1, β_2 及 $(\alpha_2)_+ := \max\{\alpha_2, 0\}$ 均仅具有适度大小. 此外恒设积分区间的长度 $T > 0$ 仅具有适度大小.

注 5.2.1　条件 (5.2.4) 和 (5.2.2a) 看起来似乎比较苛刻, 但这些条件通常可以弱化, 事实上, 我们只需要求在问题真解 $y(t)$ 的某个邻域内满足这些条件就可

以了 (参见文献 [9,19,28]). 此外, 从实用的观点来看, 在实际计算中没有必要严格校核这些条件.

注 5.2.2 相应于子映射 f_1 和 f_2 显然可构造两个子问题, 以子映射 f_1 作为右端映射的子问题称为第一个子问题, 从假设条件 (5.2.4) 容易看出它是非刚性的; 以子映射 f_2 作为右端映射的子问题称为第二个子问题, 由于假设条件 (5.2.4) 中仅要求 f_2 关于其第二个变元满足单边 Lipschitz 条件, 由此可见在任何情形下允许第二个子问题是刚性的 (或者是强刚性的). 正因为如此, 我们称上述分解为刚性分解, 称原问题 (5.2.1) 为带有刚性分解方案 (5.2.3)-(5.2.4) 的非线性复合刚性问题, 或简称为非线性复合刚性问题.

为了避免混淆, 我们约定: 当且仅当一个子问题的右端映射关于其第二个变元满足经典 Lipschitz 条件, 这里的最小经典 Lipschitz 常数或者仅具有适度大小, 或者较大, 或者很大, 或者十分巨大, 而且原问题 (5.2.1) 的唯一真解 $y(t)$ 是慢变的, 那么我们就说该子问题是非刚性的、轻度刚性的、刚性的或者强刚性的 (参见 [32]). 注意这里不要求该子问题的真解慢变.

为方便计, 下文中我们恒以符号 $\mathcal{S}(\alpha_1, \beta_1, \alpha_2, \beta_2, T)$ 来表示满足定义 5.2.2 中全部假设条件的一切形如 (5.2.1) 的非线性复合刚性 Volterra 泛函微分方程初值问题所构成的问题类.

现在考虑非线性复合刚性 Volterra 泛函微分方程初值问题 (5.2.1) 中映射 f 不依赖于真解 $y(t)$ 的过去值的特殊情形. 对于这一十分重要的特殊情形, 容易看出问题 (5.2.1) 蜕化为一般的非线性复合刚性常微分方程 (ODE) 初值问题 (亦可视为一般的非线性非定常偏微分方程 (PDE) 的半离散问题)

$$\begin{cases} y'(t) = f(t, y(t)), & t \in [0, T], & (5.2.5a) \\ y(0) = \varphi_0, & \varphi_0 \in \mathbf{R}^m, & (5.2.5b) \end{cases}$$

这里 $f : [0, T] \times \mathbf{R}^m \to \mathbf{R}^m$ 是连续映射, 积分区间长度 $T > 0$ 仅具有适度大小. 问题 (5.2.5) 满足如下两个条件:

(1) 该问题是适定的, 其唯一真解 $y(t) \in \mathbf{C}_m[0, T]$, 且 $y(t)$ 是慢变的.

(2) 该问题可进行刚性分解. 或即方程组 (5.2.5a) 的右端映射 f 可分解为两个子映射之和

$$f(t, u) = f_1(t, u) + f_2(t, u), \quad \forall\, t \in (0, T], u \in \mathbf{R}^m, \qquad (5.2.6)$$

它们分别满足经典 Lipschitz 条件

$$\|f_1(t, u) - f_1(t, v)\| \leqslant \alpha_1 \|u - v\|, \quad \forall\, t \in [0, T], u, v \in \mathbf{R}^m \qquad (5.2.7a)$$

及单边 Lipschitz 条件

$$\langle f_2(t,u) - f_2(t,v), u - v \rangle \leqslant \alpha_2 \|u - v\|^2, \quad \forall t \in [0,T], u, v \in \mathbf{R}^m, \qquad (5.2.7b)$$

这里的参数 α_1 及 $(\alpha_2)_+ := \max\{\alpha_2, 0\}$ 均仅具有适度大小. 或者换一种更加直观易懂的说法, "可进行刚性分解" 是指该问题可分解为与子映射 f_1 和 f_2 相应的两个子问题, 使得以 f_1 作为右端映射的第一个子问题是非刚性的, 它满足经典 Lipschitz 条件 (5.2.7a); 以 f_2 作为右端映射的第二个子问题可以是刚性的 (或者是强刚性的), 仅要求它满足单边 Lipschitz 条件 (5.2.7b).

我们约定用符号 $\mathcal{S}_0(\alpha_1, \alpha_2, T)$ 来表示由一切满足上述假设条件的形如 (5.2.5) 的非线性复合刚性 ODE 问题所构成的问题类. 容易看出它是问题类 $\mathcal{S}(\alpha_1, \beta_1, \alpha_2, \beta_2, T)$ 的子类.

5.3　正则 Euler 分裂方法及其理论

5.3.1　正则 Euler 分裂方法

首先, 针对求解问题类 $\mathcal{S}(\alpha_1, \beta_1, \alpha_2, \beta_2, T)$ 中形如 (5.2.1) 的一般的非线性复合刚性 VFDE 初值问题, 我们提出新的数值方法

$$\begin{cases} y^h(t) = \Pi^h(t; \psi, y_1, y_2, \cdots, y_n), & -\tau \leqslant t \leqslant t_{n+1}, & (5.3.1a) \\ y_{n+1} = y_n + h_n f_1(t_{n+1}, y_n, y^h(\cdot)) + h_n f_2(t_{n+1}, y_{n+1}, y^h(\cdot)), & (5.3.1b) \end{cases}$$

其中 $n = 0, 1, 2, \cdots, N-1$, 这里设时间网格 $\Delta_h := \{t_n \mid n = 0, 1, \cdots, N\}$ 满足条件 $0 - t_0 < t_1 < \cdots < t_N = T$, N 是适当给定的自然数, $h_n = t_{n+1} - t_n$ 表示时间积分步长, 并定义 $h = \max\limits_{0 \leqslant n \leqslant N-1} h_n$, 我们恒设时间积分步长满足附加条件

$$\frac{1}{M} \leqslant \frac{h_j}{h_{j-1}} \leqslant M, \quad \forall j = 1, 2, \cdots, N-1, \qquad (5.3.1c)$$

这里恒设常数 $M \geqslant 1$ 仅具有适度大小, 且不依赖于下标 j, $\psi \in \mathbf{C}_m[-\tau, 0]$ 是初始函数 φ 的逼近, $y_n \in \mathbf{R}^m$ ($n = 0, 1, \cdots, N$) 是问题真解 $y(t)$ 的值 $y(t_n)$ 的逼近, 其中 $y_0 = \psi(0)$, 函数 $y^h(t)$ 是问题真解 $y(t)$ 在区间 $-\tau \leqslant t \leqslant t_{n+1}$ 上的逼近, $\Pi^h : \mathbf{C}_m[-\tau, 0] \times \mathbf{R}^{mn} \to \mathbf{C}_m[-\tau, t_{n+1}]$ 是分段常数或分段线性 Lagrange 正则插值算子, 但须特别注意这里我们已对原有的正则插值算子概念作了一个关键性修改, 即是利用我们在文献 [28, 31, 32] 中所提出的技巧, 在插值时不再使用网格值 y_{n+1}, 当需要在子区间 $(t_n, t_{n+1}]$ 上进行插值时, 一律使用外插技术. 容易验证

修改后的正则插值算子同样满足正则性条件 (请参见文献 [28] 第二部分 §4.1 末尾的式 (2.1.10a)′ 及 (2.1.12)′)

$$\max_{-\tau\leqslant t\leqslant t_{n+1}} \|\Pi^h(t;\psi,y_1,\cdots,y_n) - \Pi^h(t;\chi,z_1,\cdots,z_n)\|$$

$$\leqslant c_\pi \max\{\max_{1\leqslant i\leqslant n} \|y_i - z_i\|, \max_{-\tau\leqslant t\leqslant 0} \|\psi(t) - \chi(t)\|\}$$

$$\forall\, \psi,\chi \in \mathbf{C}_m[-\tau,0],\ y_i,z_i \in \mathbf{R}^m,\ i=1,2,\cdots,n, \tag{5.3.1d}$$

这里常数 $c_\pi \geqslant 1$ 仅具有适度大小. 在这里及下文中, 我们恒以符号 f_1 和 f_2 来表示通过对问题 (5.2.1) 进行刚性分解而获得的右端映射 f 的两个子映射, 它们满足条件 (5.2.3) 和 (5.2.4).

用方法 (5.3.1) 求解初值问题 (5.2.1) 时, 我们可将每一时间积分步

$$(t_n,\psi,y_1,y_2,\cdots,y_n) \to (t_{n+1},\psi,y_1,y_2,\cdots,y_{n+1}) \tag{5.3.2}$$

划分成如下两个步骤来实现:

首先令

$$\bar{y}_{n+1} = y_n + h_n f_1(t_{n+1},y_n,y^h(\cdot)). \tag{5.3.3}$$

在这里及以下诸式中, 函数 $y^h(t)$ 一律由式 (5.3.1a) 确定. 式 (5.3.3) 中的 $\bar{y}_{n+1}$ 看上去好像是用显式 Euler 法按步长 h_n 求解常微分方程子问题

$$\begin{cases} \bar{y}\,'(t) = f_1(t,\bar{y}(t),y^h(\cdot)), & t \in [t_n,t_{n+1}], \\ \bar{y}(t_n) = y_n \end{cases} \tag{5.3.4}$$

所获得的结果, 然而应特别注意式 (5.3.3) 中所用的右函数值是 $f_1(t_{n+1},y_n,y^h(\cdot))$ 而不是经典显式 Euler 方法中所用的 $f_1(t_n,y_n,y^h(\cdot))$. 这是我们所提出的新的分裂方法与经典算子分裂方法的一个重要差别. 为方便计, 我们称方法 (5.3.3) 为广义显式 Euler 方法.

其次我们令

$$y_{n+1} = \bar{y}_{n+1} + h_n f_2(t_{n+1},y_{n+1},y^h(\cdot)). \tag{5.3.5}$$

这里的 y_{n+1} 看上去好像是用隐式 Euler 法按步长 h_n 求解常微分方程子问题

$$\begin{cases} \widehat{y}\,'(t) = f_2(t,\widehat{y}(t),y^h(\cdot)), & t \in [t_n,t_{n+1}], \\ \widehat{y}(t_n) = \bar{y}_{n+1} \end{cases} \tag{5.3.6}$$

所获得的结果. 然而应特别注意当我们用牛顿迭代法求解方程 (5.3.5) 以获得 y_{n+1} 的值时, 必须使用 y_n 作迭代起始值而决不可使用 $\bar{y}_{n+1}$ 作迭代起始值, 这是因为我们仅仅假设了原问题 (5.2.1) 的真解 $y(t)$ 是缓变的, 而子问题 (5.3.4) 的真解 $\bar{y}(t)$ 有可能变化十分迅速; 同时这也是我们的新的分裂方法与经典算子分裂方法的又一重要差别. 为方便计, 我们称方法 (5.3.5) 为广义隐式 Euler 方法.

从以上分析讨论容易看出: 用方法 (5.3.1) 求解形如 (5.2.1) 的一般的非线性复合刚性 Volterra 泛函微分方程初值问题, 等价于用有序方法偶 (5.3.3)-(5.3.5) 依序求解子问题 (5.3.4) 和 (5.3.6).

定义 5.3.1 专用于求解形如 (5.2.1) 的非线性复合刚性 VFDE 初值问题的由广义显式 Euler 方法 (5.3.3) 和广义隐式 Euler 方法 (5.3.5) 所构成的有序方法偶 (5.3.3)-(5.3.5) 称为正则 Euler 分裂方法 (Canonical Euler Splitting method, CES), 其计算流程如下:

步骤 1 对问题 (5.2.1) 进行形如 (5.2.3) 的刚性分解, 从而获得满足条件 (5.2.4) 的两个子映射 f_1 和 f_2.

步骤 2 为了推进从任给时刻 t_n 到时刻 $t_{n+1} = t_n + h_n$ 的任一时间积分步

$$(t_n, \psi, y_1, y_2, \cdots, y_n) \rightarrow (t_{n+1}, \psi, y_1, y_2, \cdots, y_{n+1}) \tag{5.3.7}$$

(这里 h_n 表示时间积分步长, $\psi \in \mathbf{C}_m[-\tau, 0]$ 是初始函数 φ 的逼近), 将问题 (5.2.1) 分解为形如 (5.3.4) 和 (5.3.6) 的两个子问题, 其中 $y^h(t) = \Pi^h(t; \psi, y_1, y_2, \cdots, y_n)$, Π^h 是满足正则性条件的分段常数或分段线性插值算子.

步骤 3 用广义显式 Euler 方法 (5.3.3) 从时刻 t_n 出发按步长 h_n 求解以 y_n 为初值的第一个子问题 (5.3.4), 所获数值结果记为 $\bar{y}_{n+1} \in \mathbf{R}^m$.

步骤 4 用广义隐式 Euler 方法 (5.3.5) 从时刻 t_n 出发按步长 h_n 求解以第一个子问题的计算结果 $\bar{y}_{n+1}$ 为初值的第二个子问题 (5.3.6), 从而获得时间步 (5.3.7) 的最终计算结果 $y_{n+1} \in \mathbf{R}^m$.

现在我们着重讨论怎样用正则 Euler 分裂方法来求解问题类 $\mathcal{S}(\alpha_1, \beta_1, \alpha_2, \beta_2, T)$ 的子问题类 $\mathcal{S}_0(\alpha_1, \alpha_2, T)$ 中的形如 (5.2.5) 的非线性复合刚性 ODE 初值问题. 这是由于形如 (5.2.5) 的问题亦可视为一般的非线性非定常偏微分方程组初边值问题在进行空间离散化以后所得到的半离散问题, 因而这对于我们深入研究辐射流体动力学方程组的分裂算法及辐射扩散与电子、离子热传导耦合方程组的分裂算法具有特殊重要性. 尽管刚才我们已给出了正则 Euler 分裂方法的一般定义, 而且问题 (5.2.5) 可视为问题 (5.2.1) 的特殊情形, 但由于其特别重要, 我们情愿单独给出如下定义及注释.

首先注意子问题类 $\mathcal{S}_0(\alpha_1, \alpha_2, T)$ 中的形如 (5.2.5) 的问题都是右端映射 f 不依赖于真解 $y(t)$ 的过去值的问题, 因而此特殊情形下正则 Euler 分裂方法 (5.3.3)-

(5.3.5) 蜕化为由求解常微分方程初值问题的广义显式 Euler 方法

$$\bar{y}_{n+1} = y_n + h_n f_1(t_{n+1}, y_n) \tag{5.3.8a}$$

和广义隐式 Euler 方法

$$y_{n+1} = \bar{y}_{n+1} + h_n f_2(t_{n+1}, y_{n+1}) \tag{5.3.8b}$$

所构成的有序方法偶 (5.3.8a)-(5.3.8b), 其中 f_1 和 f_2 表示通过对问题 (5.2.5) 进行刚性分解而得到的两个子映射 (参见式 (5.2.6) 及 (5.2.7)).

定义 5.3.2 我们称有序方法偶 (5.3.8a)-(5.3.8b) 为专用于求解形如 (5.2.5) 的非线性复合刚性 ODE 初值问题的正则 Euler 分裂方法, 在不至于引起误解时, 亦可简称为正则 Euler 分裂方法 (简记为 CES), 其计算流程如下:

步骤 1 对问题 (5.2.5) 进行刚性分解, 从而获得满足条件 (5.2.6)-(5.2.7) 的子映射 f_1 和 f_2.

步骤 2 为了推进从时刻 t_n 到 t_{n+1} 的任一时间积分步 $(t_n, y_n) \to (t_{n+1}, y_{n+1})$ (这里 $t_{n+1} = t_n + h_n$, h_n 表示时间积分步长), 将问题 (5.2.5) 分解为两个子问题

$$\begin{cases} \bar{y}\,'(t) = f_1(t, \bar{y}(t)), & t \in [t_n, t_{n+1}], \\ \bar{y}(t_n) = y_n \end{cases} \tag{5.3.9a}$$

及

$$\begin{cases} \widehat{y}\,'(t) = f_2(t, \widehat{y}(t)), & t \in [t_n, t_{n+1}], \\ \widehat{y}(t_n) = \bar{y}_{n+1}\,. \end{cases} \tag{5.3.9b}$$

步骤 3 用广义显式 Euler 方法 (5.3.8a) 从时刻 t_n 出发按步长 h_n 求解以 y_n 为初值的第一个子问题 (5.3.9a), 所获数值结果记为 $\bar{y}_{n+1} \in \mathbf{R}^m$.

步骤 4 用广义隐式 Euler 方法 (5.3.8b) 从时刻 t_n 出发按步长 h_n 求解以第一个子问题的计算结果 $\bar{y}_{n+1}$ 为初值的第二个子问题 (5.3.9b), 从而获得当前时间步的最终计算结果 $y_{n+1} \in \mathbf{R}^m$.

必须特别注意的是: 当用广义隐式 Euler 方法 (5.3.8b) 求解第二个子问题 (5.3.9b) 时, 通常需要用牛顿迭代法来求解非线性方程组 (5.3.8b), 但此情形下我们决不可使用问题 (5.3.9b) 的初值 $\bar{y}_{n+1}$ 作为牛顿迭代的起始值, 而必须使用第一个子问题 (5.3.9a) 的初值 y_n 作为牛顿迭代起始值. 而这正是我们的广义隐式 Euler 方法与经典的隐式 Euler 方法的实质差别.

注 5.3.1 每个非线性复合刚性问题的刚性分解方案都不是唯一的. 理论分析和数值试验表明 (参见本章的数值试验及以下两章), 当用正则 Euler 分裂方法

求解任给的非线性复合刚性问题时, 如果该问题的刚性分解方案设计得恰当, 则的确可在确保预期计算精度的基础上成倍地大幅度地提高计算速度; 反之, 如若刚性分解方案设计得不恰当, 则效果适得其反. 由此可见, 对于每一个欲求解的十分复杂的非线性复合刚性问题, 怎样来进行刚性分解及怎样来选择可确保数值稳定性和计算精度的时间步长, 是一个有待进一步深入研究的十分重要的困难问题.

注 5.3.2 正则 Euler 分裂方法的稳定性、相容性与收敛性理论 (参见 5.3.2 小节及 5.3.3 小节) 是直接基于 Volterra 泛函微分方程正则 Runge-Kutta 方法的经典理论与 B-理论而建立的 (参见文献 [26, 28—32]), 完全不需要用到经典算子分裂理论. 正因为正则 Euler 分裂方法与经典算子分裂方法的这一实质区别, 前者特别适合于求解形如 (5.2.1) 及 (5.2.5) 的非线性复合刚性问题, 即使对于某些局部分裂误差十分巨大, 所有经典算子分裂方法都无能为力的问题, 而正则 Euler 分裂方法却仍然可能算得很好、实用而又高效 (参见 5.3.4 小节中的诸例).

注 5.3.3 由于正则 Euler 分裂方法的稳定性、相容性与收敛性理论是直接针对非线性问题而建立的, 在任何情况下都不需要使用局部线性化假设, 因而可以避免由于局部线性化而引起的额外误差. 由此可见正则 Euler 分裂方法特别适合于求解强非线性问题.

注 5.3.4 从形式上看, 正则 Euler 分裂方法好像是一类特殊的 IMEX 方法, 例如 IMEX Runge-Kutta 法、IMEX 线性多步法及 Additive Runge-Kutta 法等 (参见文献 [3, 7, 11, 21, 24, 25]). 然而上述各类方法的理论大都是针对线性模型问题或半线性模型问题而建立的, 迄今未见到任何理论依据表明这些类型的方法可以用于求解一般的非线性复合刚性问题.

5.3.2 稳定性分析

为简单计, 从本小节开始我们一律用符号 CES 来表示正则 Euler 分裂方法.

定理 5.3.1 当用 CES 方法 (5.3.3)-(5.3.5) (等价于方法 (5.3.1)) 在任给的时间网格 Δ_h 上求解任给的非线性复合刚性问题 (5.2.1) $\in \mathcal{S}(\alpha_1, \beta_1, \alpha_2, \beta_2, T)$ 时, 对于任意两个平行的积分步 $(t_n, \psi, y_1, y_2, \cdots, y_n) \to (t_{n+1}, \psi, y_1, y_2, \cdots, y_{n+1})$ 及 $(t_n, \chi, z_1, z_2, \cdots, z_n) \to (t_{n+1}, \chi, z_1, z_2, \cdots, z_{n+1})$, 稳定性不等式

$$\|y_{n+1} - z_{n+1}\| \leqslant (1 + ch_n) \max\{\max_{1 \leqslant i \leqslant n} \|y_i - z_i\|, \max_{-\tau \leqslant t \leqslant 0} \|\psi(t) - \chi(t)\|\}, \quad h_n \leqslant \bar{h}$$

$$(5.3.10)$$

成立. 这里第一个积分步由式 (5.3.1) 确定, 第二个积分步由式

$$\begin{cases} z^h(t) = \Pi^h(t; \chi, z_1, z_2, \cdots, z_n), \quad -\tau \leqslant t \leqslant t_{n+1}, & (5.3.11a) \\ z_{n+1} = z_n + h_n f_1(t_{n+1}, z_n, z^h(\cdot)) + h_n f_2(t_{n+1}, z_{n+1}, z^h(\cdot)) & (5.3.11b) \end{cases}$$

确定, $h_n = t_{n+1} - t_n$ 表示时间步长, $n = 0, 1, \cdots, N-1$, 常数

$$c = \begin{cases} 2(\bar{c} + \alpha_2), & \alpha_2 > 0, \\ \max\{\bar{c} + \alpha_2, 0\}, & \alpha_2 \leqslant 0, \end{cases} \qquad \bar{h} = \begin{cases} \dfrac{1}{2\alpha_2}, & \alpha_2 > 0, \\ h^*, & \alpha_2 \leqslant 0, \end{cases} \tag{5.3.12}$$

其中常数 $\bar{c} = \alpha_1 + \beta_1 + \beta_2$, 常数 $h^* > 0$ 可事先任意给定. 由于问题 (5.2.1) 属于问题类 $\mathcal{S}(\alpha_1, \beta_1, \alpha_2, \beta_2, T)$, 不难看出常数 c 和 $\bar{h}^{-1}$ 仅具有适度大小.

不等式 (5.3.10) 表征着 CES 方法 (5.3.3)-(5.3.5) 关于背后值的定量稳定性.

注 5.3.5 由于在稳定性不等式 (5.3.10) 中, 常数 c 及 $\bar{h}^{-1}$ 均仅具有适度大小, 我们称这种稳定性为定量稳定性. 它与经典的零稳定性概念显然有实质差别. 类似地, 在 5.3.3 小节所建立的 CES 方法的相容性与收敛性理论中, 同样要求与这些概念相关的参数仅具有适度大小, 因而称之为定量相容性与定量收敛性.

证 从式 (5.3.1) 和 (5.3.11) 可推出

$$\begin{aligned} y_{n+1} - z_{n+1} = {} & y_n - z_n + h_n[f_1(t_{n+1}, y_n, y^h(\cdot)) - f_1(t_{n+1}, z_n, y^h(\cdot)) \\ & + f_1(t_{n+1}, z_n, y^h(\cdot)) - f_1(t_{n+1}, z_n, z^h(\cdot))] \\ & + h_n[f_2(t_{n+1}, y_{n+1}, y^h(\cdot)) - f_2(t_{n+1}, z_{n+1}, y^h(\cdot)) \\ & + f_2(t_{n+1}, z_{n+1}, y^h(\cdot)) - f_2(t_{n+1}, z_{n+1}, z^h(\cdot))], \end{aligned}$$

由此及式 (5.2.4) 进一步得到

$$\begin{aligned} \|y_{n+1} - z_{n+1}\|^2 \leqslant {} & \langle y_n - z_n, y_{n+1} - z_{n+1} \rangle \\ & + h_n \langle f_1(t_{n+1}, y_n, y^h(\cdot)) - f_1(t_{n+1}, z_n, y^h(\cdot)), y_{n+1} - z_{n+1} \rangle \\ & + h_n \langle f_1(t_{n+1}, z_n, y^h(\cdot)) - f_1(t_{n+1}, z_n, z^h(\cdot)), y_{n+1} - z_{n+1} \rangle \\ & + h_n \langle f_2(t_{n+1}, y_{n+1}, y^h(\cdot)) - f_2(t_{n+1}, z_{n+1}, y^h(\cdot)), y_{n+1} - z_{n+1} \rangle \\ & + h_n \langle f_2(t_{n+1}, z_{n+1}, y^h(\cdot)) - f_2(t_{n+1}, z_{n+1}, z^h(\cdot)), y_{n+1} - z_{n+1} \rangle \\ \leqslant {} & \|y_n - z_n\| \, \|y_{n+1} - z_{n+1}\| \\ & + h_n \alpha_1 \|y_n - z_n\| \, \|y_{n+1} - z_{n+1}\| \\ & + h_n \beta_1 \max_{-\tau \leqslant \xi \leqslant t_{n+1}} \|y^h(\xi) - z^h(\xi)\| \, \|y_{n+1} - z_{n+1}\| \\ & + h_n \alpha_2 \|y_{n+1} - z_{n+1}\|^2 \\ & + h_n \beta_2 \max_{-\tau \leqslant \xi \leqslant t_{n+1}} \|y^h(\xi) - z^h(\xi)\| \, \|y_{n+1} - z_{n+1}\|. \end{aligned}$$

整理得

$$(1 - \alpha_2 h_n) \, \|y_{n+1} - z_{n+1}\| \leqslant (1 + \alpha_1 h_n) \, \|y_n - z_n\|$$
$$+ (\beta_1 + \beta_2) h_n \max_{-\tau \leqslant \xi \leqslant t_{n+1}} \|y^h(\xi) - z^h(\xi)\|, \quad (5.3.13)$$

由此及式 (5.3.1a), (5.3.11a) 和 (5.3.1d) 得到

$$(1 - \alpha_2 h_n) \, \|y_{n+1} - z_{n+1}\|$$

$$\leqslant (1 + \alpha_1 h_n) \, \|y_n - z_n\|$$

$$+ (\beta_1 + \beta_2) h_n \max\{\max_{1 \leqslant i \leqslant n} \|y_i - z_i\|, \max_{-\tau \leqslant t \leqslant 0} \|\psi(t) - \chi(t)\|\}$$

$$\leqslant (1 + \bar{c} \, h_n) \max\{\max_{1 \leqslant i \leqslant n} \|y_i - z_i\|, \max_{-\tau \leqslant t \leqslant 0} \|\psi(t) - \chi(t)\|\}, \quad (5.3.14a)$$

这里

$$\bar{c} = \alpha_1 + \beta_1 + \beta_2. \quad (5.3.14b)$$

对于 $\alpha_2 \leqslant 0$ 的情形, 从式 (5.3.14) 可推出

$$\|y_{n+1} - z_{n+1}\| \leqslant (1 + ch_n) \max\{\max_{1 \leqslant i \leqslant n} \|y_i - z_i\|, \max_{-\tau \leqslant t \leqslant 0} \|\psi(t) - \chi(t)\|\}, \quad (5.3.15)$$

其中

$$c = \max\{\bar{c} + \alpha_2, 0\}. \quad (5.3.16a)$$

对于 $\alpha_2 > 0$ 的情形, 我们设 $h_n \leqslant \dfrac{1}{2\alpha_2}$. 由此易推出

$$0 < \frac{1}{1 - \alpha_2 h_n} \leqslant 1 + 2\alpha_2 h_n.$$

由上式及式 (5.3.14) 可进一步推出形如 (5.3.15) 的不等式, 但其中常数

$$c = 2(\bar{c} + \alpha_2). \quad (5.3.16b)$$

从式 (5.3.15) 和 (5.3.16) 便可推出定量稳定性不等式 (5.3.10), 定理 5.3.1 得证.

作为十分重要的特殊情形, 注意当用 CES 方法 (5.3.8) 求解属于问题类 $\mathcal{S}_0$ (α_1, α_2, T) 的形如 (5.2.5) 的非线性复合刚性 ODE 或半离散 PDE 问题时, 不等式 (5.3.14) 蜕化为

$$(1 - \alpha_2 h_n) \, \|y_{n+1} - z_{n+1}\| \leqslant (1 + \alpha_1 h_n) \, \|y_n - z_n\|, \quad (5.3.14)'$$

由此容易校核在此特殊情形下稳定性不等式 (5.3.10) 蜕化为

$$\|y_{n+1} - z_{n+1}\| \leqslant (1 + ch_n) \|y_n - z_n\|, \quad h_n \leqslant \bar{h}, \qquad (5.3.10)'$$

这里 $n = 0, 1, \cdots, N-1$, 常数

$$c = \begin{cases} 2(\alpha_1 + \alpha_2), & \alpha_2 > 0, \\ \max\{\alpha_1 + \alpha_2, 0\}, & \alpha_2 \leqslant 0, \end{cases} \qquad \bar{h} = \begin{cases} \dfrac{1}{2\alpha_2}, & \alpha_2 > 0, \\ h^*, & \alpha_2 \leqslant 0, \end{cases} \qquad (5.3.12)'$$

其中常数 $h^* > 0$ 可事先任意给定. 由此得到

推论 5.3.1 当用 CES 方法 (5.3.8) 求解形如 (5.2.5) 的非线性复合刚性 ODE 问题或半离散 PDE 问题时, 对于从任给时刻 t_n 到 $t_{n+1} = t_n + h_n$ 的任意两个平行的积分步 $(t_n, y_n) \to (t_{n+1}, y_{n+1})$ 及 $(t_n, z_n) \to (t_{n+1}, z_{n+1})$, 定量稳定性不等式 (5.3.10)′ 成立, 其中常数 c 和 $\bar{h}$ 由式 (5.3.12)′ 确定. 容易看出 c 和 $\bar{h}^{-1}$ 仅具有适度大小.

定理 5.3.2 以 $\{y_n\}$ 和 $\{z_n\}$ 表示用 CES 方法 (5.3.3)-(5.3.5) (等价于方法 (5.3.1)) 分别从两个不同初始函数 $\psi(t)$ 和 $\chi(t)$ 出发, 在同样的时间网格 Δ_h 上求解同一个属于问题类 $\mathcal{S}(\alpha_1, \beta_1, \alpha_2, \beta_2, T)$ 的形如 (5.2.1) 的非线性复合刚性问题时所得到的两个逼近序列, 那么我们有

$$\|y_n - z_n\| \leqslant \exp(ct_n) \max_{-\tau \leqslant t \leqslant 0} \|\psi(t) - \chi(t)\|, \quad \max_{0 \leqslant i \leqslant n-1} h_i \leqslant \bar{h}, \qquad (5.3.17)$$

这里 $n = 1, 2, \cdots, N$, 常数 $c \geqslant 0$ 和 $\bar{h} > 0$ 由式 (5.3.12) 确定, c 和 $\bar{h}^{-1}$ 仅具有适度大小.

不等式 (5.3.17) 表明 CES 方法 (5.3.1) 关于初始函数是定量稳定的.

证 令

$$X_n = \max\{\max_{1 \leqslant i \leqslant n} \|y_i - z_i\|, \max_{-\tau \leqslant t \leqslant 0} \|\psi(t) - \chi(t)\|\}.$$

由稳定性不等式 (5.3.10) 推出

$$X_n \leqslant (1 + ch_{n-1})X_{n-1}, \quad h_{n-1} \leqslant \bar{h},$$

由此及简单归纳法得到

$$\|y_n - z_n\| \leqslant X_n \leqslant \prod_{i=0}^{n-1}(1 + ch_i)X_0 \leqslant \prod_{i=0}^{n-1} \exp(ch_i)X_0$$

$$= \exp(ct_n) \max_{-\tau \leqslant t \leqslant 0} \|\psi(t) - \chi(t)\|, \quad \max_{0 \leqslant i \leqslant n-1} h_i \leqslant \bar{h}, \ n = 1, 2, \cdots, N.$$

定理 5.3.2 得证.

将定理 5.3.2 应用于问题类 $\mathcal{S}(\alpha_1, \beta_1, \alpha_2, \beta_2, T)$ 的子问题类 $\mathcal{S}_0(\alpha_1, \alpha_2, T)$, 可直接得到

推论 5.3.2　以 $\{y_n\}$ 和 $\{z_n\}$ 表示用 CES 方法 (5.3.8) 分别从两个不同初始值 y_0 和 z_0 出发, 在同样的时间网格 Δ_h 上求解同一个属于问题类 $\mathcal{S}_0(\alpha_1, \alpha_2, T)$ 的形如 (5.2.5) 的非线性复合刚性 ODE 或半离散 PDE 问题时所得到的两个逼近序列, 那么我们有

$$\|y_n - z_n\| \leqslant \exp(ct_n)\|y_0 - z_0\|, \quad \max_{0 \leqslant i \leqslant n-1} h_i \leqslant \bar{h}, \tag{5.3.18}$$

这里 $n = 1, 2, \cdots, N$, 常数 $c \geqslant 0$ 和 $\bar{h} > 0$ 由式 (5.3.12)′ 确定, c 和 $\bar{h}^{-1}$ 仅具有适度大小.

不等式 (5.3.18) 表明 CES 方法 (5.3.8) 关于初值是定量稳定的.

5.3.3　相容性与收敛性分析

定理 5.3.3　CES 方法 (5.3.3)-(5.3.5)(等价于方法 (5.3.1)) 按下述意义是一阶定量相容的:

对于任给的属于问题类 $\mathcal{S}(\alpha_1, \beta_1, \alpha_2, \beta_2, T)$ 的非线性复合刚性问题 (5.2.1), 任给的时间网格 Δ_h 及任一由式

$$\begin{cases} \tilde{y}^h(t) = \Pi^h(t; \varphi, y(t_1), y(t_2), \cdots, y(t_n)), \quad \tau \leqslant t \leqslant t_{n+1}, & (5.3.19\text{a}) \\ \tilde{y}_{n+1} = y(t_n) + h_n f_1(t_{n+1}, y(t_n), \tilde{y}^h(\cdot)) + h_n f_2(t_{n+1}, \tilde{y}_{n+1}, \tilde{y}^h(\cdot)) & (5.3.19\text{b}) \end{cases}$$

所定义的虚拟积分步 $(t_n, \varphi, y(t_1), y(t_2), \cdots, y(t_n)) \longrightarrow (t_{n+1}, \varphi, y(t_1), y(t_2), \cdots, y(t_n), \tilde{y}_{n+1})$, 我们有

$$\|\tilde{y}_{n+1} - y(t_{n+1})\| \leqslant \check{c} \left(\max_{0 \leqslant i \leqslant n} h_i \right) h_n, \quad h_n \leqslant \check{h}, \tag{5.3.20}$$

这里 $n = 0, 1, \cdots, N-1$, 常数 $\check{c} > 0$ 仅依赖于参数 α_1, β_1, α_2, β_2 及问题 (5.2.1) 的真解 $y(t)$ 的某些导数界 M_i, 常数 $\check{h} > 0$ 仅依赖于 α_2. 这里 $\check{c}$ 和 $\check{h}^{-1}$ 仅具有适度大小.

证　由 Taylor 公式可知

$$y(t_n) = y(t_{n+1}) - h_n y'(t_{n+1}) + R, \tag{5.3.21}$$

这里

$$R = h_n^2 \int_0^1 y''(t_{n+1} - \theta h_n)(1 - \theta)\mathrm{d}\theta, \quad \|R\| \leqslant \frac{M_2}{2} h_n^2. \tag{5.3.22}$$

由式 (5.3.21), (5.2.1) 及 (5.2.3) 推出

$$y(t_{n+1}) = y(t_n) + h_n f_1(t_{n+1}, y(t_{n+1}), y(\cdot)) + h_n f_2(t_{n+1}, y(t_{n+1}), y(\cdot)) - R,$$

由此及式 (5.3.19b) 得到

$$\begin{aligned}
\tilde{y}_{n+1} - y(t_{n+1}) = {} & h_n(f_1(t_{n+1}, y(t_n), \tilde{y}^h(\cdot)) - f_1(t_{n+1}, y(t_{n+1}), \tilde{y}^h(\cdot))) \\
& + h_n(f_1(t_{n+1}, y(t_{n+1}), \tilde{y}^h(\cdot)) - f_1(t_{n+1}, y(t_{n+1}), y(\cdot))) \\
& + h_n(f_2(t_{n+1}, \tilde{y}_{n+1}, \tilde{y}^h(\cdot)) - f_2(t_{n+1}, y(t_{n+1}), \tilde{y}^h(\cdot))) \\
& + h_n(f_2(t_{n+1}, y(t_{n+1}), \tilde{y}^h(\cdot)) - f_2(t_{n+1}, y(t_{n+1}), y(\cdot))) + R.
\end{aligned}$$

由上式及式 (5.2.4) 可进一步推出

$$\begin{aligned}
& \|\tilde{y}_{n+1} - y(t_{n+1})\|^2 \\
= {} & h_n\langle f_1(t_{n+1}, y(t_n), \tilde{y}^h(\cdot)) - f_1(t_{n+1}, y(t_{n+1}), \tilde{y}^h(\cdot)), \tilde{y}_{n+1} - y(t_{n+1})\rangle \\
& + h_n\langle f_1(t_{n+1}, y(t_{n+1}), \tilde{y}^h(\cdot)) - f_1(t_{n+1}, y(t_{n+1}), y(\cdot)), \tilde{y}_{n+1} - y(t_{n+1})\rangle \\
& + h_n\langle f_2(t_{n+1}, \tilde{y}_{n+1}, \tilde{y}^h(\cdot)) - f_2(t_{n+1}, y(t_{n+1}), \tilde{y}^h(\cdot)), \tilde{y}_{n+1} - y(t_{n+1})\rangle \\
& + h_n\langle f_2(t_{n+1}, y(t_{n+1}), \tilde{y}^h(\cdot)) - f_2(t_{n+1}, y(t_{n+1}), y(\cdot)), \tilde{y}_{n+1} - y(t_{n+1})\rangle \\
& + \langle R, \tilde{y}_{n+1} - y(t_{n+1})\rangle \\
\leqslant {} & h_n\alpha_1\|y(t_n) - y(t_{n+1})\|\|\tilde{y}_{n+1} - y(t_{n+1})\| \\
& + h_n\beta_1 \max_{-\tau\leqslant\xi\leqslant t_{n+1}} \|\tilde{y}^h(\xi) - y(\xi)\| \, \|\tilde{y}_{n+1} - y(t_{n+1})\| \\
& + h_n\alpha_2 \|\tilde{y}_{n+1} - y(t_{n+1})\|^2 \\
& + h_n\beta_2 \max_{-\tau\leqslant\xi\leqslant t_{n+1}} \|\tilde{y}^h(\xi) - y(\xi)\| \, \|\tilde{y}_{n+1} - y(t_{n+1})\| \\
& + \|R\| \, \|\tilde{y}_{n+1} - y(t_{n+1})\|,
\end{aligned}$$

因而有

$$(1 - \alpha_2 h_n)\|\tilde{y}_{n+1} - y(t_{n+1})\|$$

$$\leqslant \alpha_1 h_n\|y(t_n) - y(t_{n+1})\|$$

$$+ (\beta_1 + \beta_2)h_n \max_{-\tau\leqslant\xi\leqslant t_{n+1}} \|\tilde{y}^h(\xi) - y(\xi)\| + \|R\|. \tag{5.3.23}$$

由于 Π^h 是一个分段常数 (或分段线性) 插值算子, 我们有

$$\max_{-\tau\leqslant\xi\leqslant t_{n+1}} \|\Pi^h(\xi; \varphi, y(t_1), y(t_2), \cdots, y(t_n)) - y(\xi)\| \leqslant M_1 \max_{0\leqslant i\leqslant n} h_i. \tag{5.3.24}$$

从式 (5.3.23), (5.3.24), (5.3.19a) 和 (5.3.22) 立得

$$(1 - \alpha_2 h_n) \left\| \tilde{y}_{n+1} - y(t_{n+1}) \right\| \leqslant \left(\alpha_1 M_1 + \frac{M_2}{2} \right) h_n^2 + (\beta_1 + \beta_2) M_1 (\max_{0 \leqslant i \leqslant n} h_i) h_n$$

$$\leqslant \left(\bar{c} M_1 + \frac{M_2}{2} \right) (\max_{0 \leqslant i \leqslant n} h_i) h_n, \tag{5.3.25}$$

这里常数 $\bar{c}$ 由式 (5.3.14b) 确定.　令

$$\check{c} = \begin{cases} 2\bar{c} M_1 + M_2, & \alpha_2 > 0, \\ \bar{c} M_1 + \dfrac{M_2}{2}, & \alpha_2 \leqslant 0, \end{cases} \qquad \check{h} = \begin{cases} \dfrac{1}{2\alpha_2}, & \alpha_2 > 0, \\ h^*, & \alpha_2 \leqslant 0, \end{cases} \tag{5.3.26}$$

其中常数 $h^* > 0$ 可事先任意给定, $\check{c}$ 及 $\check{h}^{-1}$ 仅具有适度大小. 从式 (5.3.25) 和 (5.3.26) 便可推出定量相容不等式 (5.3.20), 定理 5.3.3 得证.

当用 CES 方法 (5.3.8) 求解问题类 $\mathcal{S}_0(\alpha_1, \alpha_2, T)$ 中任给的形如 (5.2.5) 的非线性复合刚性 ODE 问题或半离散 PDE 问题时, 不等式 (5.3.25) 蜕化为

$$(1 - \alpha_2 h_n) \| \tilde{y}_{n+1} - y(t_{n+1}) \| \leqslant \left(\alpha_1 M_1 + \frac{M_2}{2} \right) h_n^2, \tag{5.3.25$'$}$$

由此容易校核在此特殊情形下定量相容性不等式 (5.3.20) 蜕化为

$$\| \tilde{y}_{n+1} - y(t_{n+1}) \| \leqslant \check{c} \, h_n^2, \quad h_n \leqslant \check{h}, \tag{5.3.20$'$}$$

这里 $n = 0, 1, \cdots, N - 1$, 常数

$$\check{c} = \begin{cases} 2\alpha_1 M_1 + M_2, & \alpha_2 > 0, \\ \alpha_1 M_1 + \dfrac{M_2}{2}, & \alpha_2 \leqslant 0, \end{cases} \qquad \check{h} = \begin{cases} \dfrac{1}{2\alpha_2}, & \alpha_2 > 0, \\ h^*, & \alpha_2 \leqslant 0, \end{cases} \tag{5.3.26$'$}$$

$h^* > 0$ 可事先任意给定. 由此得到

推论 5.3.3　CES 方法 (5.3.8) 是一阶定量相容的. 详言之, 对于任给的属于问题类 $\mathcal{S}_0(\alpha_1, \alpha_2, T)$ 的非线性复合刚性 ODE 或半离散 PDE 问题 (5.2.5), 任给的时间网格 Δ_h 及任一由 CES 方法 (5.3.8) 所确定的虚拟积分步 $(t_n, y(t_n))$ $\longrightarrow (t_{n+1}, \tilde{y}_{n+1})$, 相容性不等式 (5.3.20)$'$ 成立, 其中常数 $\check{c}$ 和 $\check{h}$ 由式 (5.3.26)$'$ 确定, $\check{c}$ 和 $\check{h}^{-1}$ 仅具有适度大小.

定理 5.3.4　CES 方法 (5.3.3)-(5.3.5)(等价于方法 (5.3.1)) 按下述意义是一阶定量收敛的: 对于用 CES 方法 (5.3.3)-(5.3.5) 从任给起始函数 $\psi \in \mathbf{C}_m[-\tau, 0]$

出发, 在任给时间网格 Δ_h 上求解任给的属于问题类 $\mathcal{S}(\alpha_1, \beta_1, \alpha_2, \beta_2, T)$ 的非线性复合刚性问题 (5.2.1) 所获得的逼近序列 $\{y_n\}$, 我们有

$$\|y_n - y(t_n)\| \leqslant C_0(t_n) \max_{-\tau \leqslant t \leqslant 0} \|\psi(t) - \varphi(t)\|$$

$$+ C(t_n) \max_{0 \leqslant i \leqslant n-1} h_i, \quad \max_{0 \leqslant i \leqslant n-1} h_i \leqslant H_0, \tag{5.3.27}$$

这里 $n = 1, 2, \cdots, N$, 连续函数 $C_0(t)$ 仅依赖于参数 α_1, β_1, α_2 和 β_2, 连续函数 $C(t)$ 仅依赖于参数 α_1, β_1, α_2, β_2 和问题 (5.2.1) 的真解 $y(t)$ 的某些导数界 M_i, 最大容许步长 H_0 仅依赖于 α_2, 且 $C_0(t)$, $C(t)$ 和 H_0^{-1} 仅具有适度大小.

证 从定理 5.3.3 可知, 对于由式 (5.3.19) 定义的任一虚拟积分步

$$(t_n, \varphi, y(t_1), y(t_2), \cdots, y(t_n)) \longrightarrow (t_{n+1}, \varphi, y(t_1), y(t_2), \cdots, y(t_n), \tilde{y}_{n+1}),$$

相容性不等式 (5.3.20) 成立. 另一方面, 应用定理 5.3.1 可得

$$\|\tilde{y}_{n+1} - y_{n+1}\| \leqslant (1 + ch_n) \max\{\max_{1 \leqslant i \leqslant n} \|y(t_i) - y_i\|,$$

$$\max_{-\tau \leqslant t \leqslant 0} \|\varphi(t) - \psi(t)\|\}, \quad h_n \leqslant \bar{h}, \tag{5.3.28}$$

由式 (5.3.20) 和 (5.3.28) 推出

$$\|y(t_{n+1}) - y_{n+1}\|$$

$$\leqslant \check{c} \left(\max_{0 \leqslant i \leqslant n} h_i \right) h_n$$

$$+ (1 + ch_n) \max\{\max_{1 \leqslant i \leqslant n} \|y(t_i) - y_i\|, \max_{-\tau \leqslant t \leqslant 0} \|\varphi(t) - \psi(t)\|\}, \quad h_n \leqslant H_0,$$

$$\tag{5.3.29}$$

这里常数 $H_0 = \min\{\check{h}, \bar{h}\}$ 仅依赖于参数 α_2, 常数 $\check{c}$ 和 c 分别由式 (5.3.26) 和 (5.3.12) 确定. 令

$$X_n = \max\{\max_{1 \leqslant i \leqslant n} \|y(t_i) - y_i\|, \max_{-\tau \leqslant t \leqslant 0} \|\varphi(t) - \psi(t)\|\}.$$

由此及式 (5.3.29) 推出

$$X_{n+1} \leqslant \check{c} \left(\max_{0 \leqslant i \leqslant n} h_i \right) h_n + \exp(ch_n) X_n, \quad h_n \leqslant H_0, \ n = 0, 1, \cdots, N-1, \tag{5.3.30}$$

由此及简单归纳法得到

$$\|y(t_n) - y_n\| \leqslant X_n$$

$$\leqslant \check{c} \left(\max_{0 \leqslant i \leqslant n-1} h_i \right) h_{n-1} + \exp(ch_{n-1}) X_{n-1}$$

$$\leqslant \exp(ch_{n-1}) \left[\check{c} \left(\max_{0 \leqslant i \leqslant n-1} h_i \right) h_{n-1} + X_{n-1} \right]$$

$$\leqslant \exp(c \, (h_{n-1} + h_{n-2})) \left[\check{c} \left(\max_{0 \leqslant i \leqslant n-1} h_i \right) (h_{n-1} + h_{n-2}) + X_{n-2} \right]$$

$$\leqslant \cdots$$

$$\leqslant \exp \left(c \sum_{i=0}^{n-1} h_i \right) \left[\check{c} \left(\max_{0 \leqslant i \leqslant n-1} h_i \right) \sum_{i=0}^{n-1} h_i + X_0 \right]$$

$$= \exp(ct_n) \left[\check{c} \, t_n \left(\max_{0 \leqslant i \leqslant n-1} h_i \right) + X_0 \right]$$

$$= C_0(t_n) \max_{-\tau \leqslant t \leqslant 0} \|\varphi(t) - \psi(t)\| + C(t_n) \max_{0 \leqslant i \leqslant n-1} h_i,$$

$$\max_{0 \leqslant i \leqslant n-1} h_i \leqslant H_0, \quad n = 1, 2, \cdots, N,$$

这里

$$C_0(t) = \exp(ct), \quad C(t) = \check{c} \, t \, \exp(ct). \tag{5.3.31}$$

容易看出函数 $C_0(t)$, $C(t)$ 和最大容许步长 H_0 均满足上述要求. 定理 5.3.4 得证.

当用 CES 方法 (5.3.8) 求解属于问题类 $\mathcal{S}_0(\alpha_1, \alpha_2, T)$ 的形如 (5.2.5) 的非线性复合刚性 ODE 或半离散 PDE 问题时, 利用不等式 (5.3.10)$'$ 和 (5.3.20)$'$ 容易校核收敛性不等式 (5.3.27) 蜕化为

$$\|y_n - y(t_n)\| \leqslant C_0(t_n)\|y_0 - \varphi_0\| + C(t_n) \max_{0 \leqslant i \leqslant n-1} h_i,$$

$$\max_{0 \leqslant i \leqslant n-1} h_i \leqslant H_0, \quad n = 1, 2, \cdots, N, \tag{5.3.27$'$}$$

这里连续函数 $C_0(t)$ 和 $C(t)$ 由式 (5.3.31) 确定, $H_0 = \min\{\check{h}, \bar{h}\}$, 常数 c 和 $\bar{h}$ 由 (5.3.12)$'$ 确定, 常数 $\check{c}$ 和 $\check{h}$ 由 (5.3.26)$'$ 确定, 易验证 $C_0(t)$, $C(t)$ 和 H_0^{-1} 仅具适度大小. 由此得到

推论 5.3.4　CES 方法 (5.3.8) 是一阶定量收敛的. 详言之, 对于用 CES 方法 (5.3.8) 从任给起始值 $y_0 \in \mathbf{R}^m$ 出发, 在任给时间网格 Δ_h 上求解任给的属于问题类 $\mathcal{S}_0(\alpha_1, \alpha_2, T)$ 的非线性复合刚性问题 (5.2.5) 所获得的逼近序列 $\{y_n\}$, 收敛性不等式 (5.3.27)$'$ 成立, 其中连续函数 $C_0(t)$ 和 $C(t)$ 由式 (5.3.31) 确定, $H_0 = \min\{\check{h}, \bar{h}\}$, 且易验证 $C_0(t)$, $C(t)$ 和 H_0^{-1} 仅具适度大小.

5.3.4 数值试验

例 5.3.1 考虑非线性 ODE 初值问题

$$
\begin{cases}
y_1'(t) = -y_1^2(t)y_2(t) - y_2^3(t), & (5.3.32a) \\
y_2'(t) = y_1(t) - 10^8 \left(2\cos t \, y_2(t) - \sin 2t \right), & (5.3.32b) \\
y_1(0) = 1, \quad y_2(0) = 0, & (5.3.32c)
\end{cases}
$$

这里 $0 \leqslant t \leqslant 1.5$. 该问题有唯一真解 $y_1(t) = \cos t$, $y_2(t) = \sin t$.

为了推进任一从时刻 t_n 到 t_{n+1} 的时间积分步

$$
(t_n, y_{1,n}, y_{2,n}) \to (t_{n+1}, y_{1,n+1}, y_{2,n+1}),
$$

我们将问题 (5.3.32) 分解成两个子问题

$$
\begin{cases}
u_1'(t) = -u_1^2(t)u_2(t) - u_2^3(t), \\
u_2'(t) = u_1(t) + 10^8 \sin 2t, \quad t \in [t_n, t_{n+1}], \\
u_1(t_n) = y_{1,n}, \quad u_2(t_n) = y_{2,n}
\end{cases} \tag{5.3.33a}
$$

和

$$
\begin{cases}
v_1'(t) = 0, \\
v_2'(t) = -2 \times 10^8 \cos t \, v_2(t), \quad t \in [t_n, t_{n+1}], \\
v_1(t_n) = u_{1,n+1}, \quad v_2(t_n) = u_{2,n+1}.
\end{cases} \tag{5.3.33b}
$$

容易看出第一个子问题 (5.3.33a) 是以 $(y_{1,n}, y_{2,n})$ 为初值的非刚性问题, 第二个子问题 (5.3.33b) 是以求解第一个子问题所获得的计算结果 $(u_{1,n+1}, u_{2,n+1})$ 为初值的强刚性问题.

现在分别取步长 $h = 10^{-2}$, 10^{-3}, 10^{-4}, 10^{-5}, 用 CES 方法 (5.3.8) 求解该问题. 此外, 为了进行比较, 我们同时用下列经典的顺序算子分裂方法按同样的时间步长及同样的子问题分解 (5.3.33a)-(5.3.33b) 在同样的 Dell OptiPlex GX270 微机上求解同一 ODE 问题 (5.3.32):

(1) SOSExIm12: 表示顺序算子分裂方法, 先用显式 Euler 法求解第一个子问题, 再用隐式 Euler 法求解第二个子问题;

(2) SOSExIm21: 表示顺序算子分裂方法, 先用隐式 Euler 法求解第二个子问题, 再用显式 Euler 法求解第一个子问题;

(3) SOSImIm12: 表示顺序算子分裂方法, 用隐式 Euler 法先求解第一个子问题, 再求解第二个子问题;

(4) SOSImIm21: 表示顺序算子分裂方法, 用隐式 Euler 法先求解第二个子问题, 再求解第一个子问题.

数值结果在整个积分区间 $[0, 1.5]$ 上的最大整体误差 E 列于表 5.3.1, 由此可以看出对于求解这类复合刚性问题, 我们的 CES 方法是高效的, 但上述所有经典算子分裂方法均不适用.

表 5.3.1　用不同分裂方法所获数值解的最大整体误差 E

分裂方法的类型	数值解的最大整体误差 E			
	$h = 10^{-2}$	$h = 10^{-3}$	$h = 10^{-4}$	$h = 10^{-5}$
CES	2.69×10^{-3}	2.70×10^{-4}	2.71×10^{-5}	2.71×10^{-6}
SOSExIm12	$2.00 \times 10^{+4}$	$2.01 \times 10^{+2}$	2.82	1.84×10^{-1}
SOSExIm21	$6.42 \times 10^{+11}$	$1.00 \times 10^{+5}$	$1.00 \times 10^{+4}$	$1.00 \times 10^{+3}$
SOSImIm12	失败	失败	失败	失败
SOSImIm21	失败	失败	失败	失败

注 5.3.6 表 5.3.1 及下文类似表格中的 "失败" 二字, 是指在计算过程中遭受浮点数溢出而引起的整个计算失败.

注 5.3.7 本书中恒使用简化牛顿迭代法来求解相关的非线性方程组, 并且约定: 在重算 Jacobi 矩阵之后, 如果进行牛顿迭代 30 次而迭代误差的最大范数仍然大于 10^{-8}, 便认为牛顿迭代不收敛. 此情形下需要进一步缩小时间步长重新计算.

例 5.3.2 考虑强非线性二维抛物型方程初边值问题

$$
\begin{cases}
\dfrac{\partial u}{\partial t} = \dfrac{\partial}{\partial x}\left(u^6 \dfrac{\partial u}{\partial x}\right) + \dfrac{\partial}{\partial y}\left(u^6 \dfrac{\partial u}{\partial y}\right) + \varphi, & x, y \in \Omega,\ 0 < t \leqslant \dfrac{\pi}{2}, \\
u(x, y, 0) = 0, & x, y \in \Omega, \\
u(x, y, t) = 0, & x, y \in \partial\Omega,\ 0 \leqslant t \leqslant \dfrac{\pi}{2},
\end{cases} \tag{5.3.34}
$$

这里 $\Omega = \{(x, y) : 0 < x < 2,\ 0 < y < 10\}$, $\partial\Omega$ 表示 Ω 的 Lipschitz 连续边界,

$$
\begin{aligned}
\varphi = {} & 2\sin\left(\frac{\pi y}{10}\right)\sin\left(\frac{\pi x}{2}\right)\cos t + \frac{13\pi^2}{50}u^7 - 6\pi^2 u^5 \sin^2 t \\
& \cdot \left[\frac{1}{25}\cos^2\left(\frac{\pi y}{10}\right)\sin^2\left(\frac{\pi x}{2}\right) + \sin^2\left(\frac{\pi y}{10}\right)\cos^2\left(\frac{\pi x}{2}\right)\right].
\end{aligned}
$$

该问题有唯一真解

$$
u(x, y, t) = 2\sin\left(\frac{\pi y}{10}\right)\sin\left(\frac{\pi x}{2}\right)\sin t, \quad x, y \in \Omega,\ 0 \leqslant t \leqslant \frac{\pi}{2}. \tag{5.3.35}
$$

采用均匀空间网格

$$\{(x_i, y_j) : x_i = ih_x, \ y_j = jh_y, \ i = 0|100, \ j = 0|80, \ h_x = 0.02, \ h_y = 0.125\},$$

用有限差分法对问题 (5.3.34) 进行空间离散, 从而得到半离散格式

$$\frac{\mathrm{d}u_{ij}}{\mathrm{d}t} = \frac{(u_{i+1,j}^6 + u_{ij}^6)(u_{i+1,j} - u_{ij}) - (u_{ij}^6 + u_{i-1,j}^6)(u_{ij} - u_{i-1,j})}{2h_x^2}$$

$$+ \frac{(u_{i,j+1}^6 + u_{ij}^6)(u_{i,j+1} - u_{ij}) - (u_{ij}^6 + u_{i,j-1}^6)(u_{ij} - u_{i,j-1})}{2h_y^2} + \varphi(x_i, y_j, t),$$

$$(5.3.36)$$

这里 $u_{ij} = u_{ij}(t)$ 是 $u(x_i, y_j, t)$ 的逼近, $i = 1, 2, \cdots, 99, \ j = 1, 2, \cdots, 79$.

对于从时刻 t_n 到 $t_{n+1} = t_n + \tau$ 的每一时间积分步, 将半离散问题 (5.3.36) 分解成两个子问题, 即轻度刚性子问题

$$\frac{\mathrm{d}\bar{u}_{ij}}{\mathrm{d}t} = \frac{(\bar{u}_{i,j+1}^6 + \bar{u}_{ij}^6)(\bar{u}_{i,j+1} - \bar{u}_{ij}) - (\bar{u}_{ij}^6 + \bar{u}_{i,j-1}^6)(\bar{u}_{ij} - \bar{u}_{i,j-1})}{2h_y^2} + \varphi(x_i, y_j, t)$$

$$(5.3.37a)$$

和强刚性子问题

$$\frac{\mathrm{d}\tilde{u}_{ij}}{\mathrm{d}t} = \frac{(\tilde{u}_{i+1,j}^6 + \tilde{u}_{ij}^6)(\tilde{u}_{i+1,j} - \tilde{u}_{ij}) - (\tilde{u}_{ij}^6 + \tilde{u}_{i-1,j}^6)(\tilde{u}_{ij} - \tilde{u}_{i-1,j})}{2h_x^2}. \qquad (5.3.37b)$$

注意为了书写简单, 在这里及后文中, 我们将不再写出子问题的初值.

首先, 我们取非常小的时间步长 $\tau = 3 \times 10^{-6}$, 用 CES 方法 (5.3.8) 求解带有子问题分解 (5.3.37a)-(5.3.37b) 的半离散问题 (5.3.36), 获得高精度的数值解 $\{u_{ij}^{(n)}\}$, 以其作为半离散问题 (5.3.36) 的近似真解.

注意使用半离散问题 (5.3.36) 的高精度近似真解 $u_{i,j}^{(n)}$ 和原 PDE 问题 (5.3.34) 的已知的真解 $u(x, y, t)$, 容易估计空间离散误差的 L_2-范数 $E_{L_2}^{(\mathrm{sp})} = 1.667789 \times 10^{-3}$ 和最大范数 $E_{\max}^{(\mathrm{sp})} = 1.581609 \times 10^{-2}$.

其次, 我们取时间步长 $\tau = 10^{-4}$, 用 CES 方法 (5.3.8) 求解带有广义刚性分解方案 (5.3.37a)-(5.3.37b) 的半离散问题 (5.3.36). 为了比较, 我们同时用经典顺序算子分裂方法 SOSExIm12, SOSExIm21, SOSImIm12 和 SOSImIm21 按同样的时间步长在同样的 Dell OptiPlex GX270 微机上求解带有同样的广义刚性分解方案 (5.3.37a)-(5.3.37b) 的同一半离散问题 (5.3.36), 所获数值解于最终时刻 $t = \pi/2$ 的时间离散整体误差的 L_2-范数 $E_{L_2}^{(t)}$ 和最大范数 $E_{\max}^{(t)}$ 及所花费的计算

时间 t_{cpu} 列于表 5.3.2. 由此可以看出对于求解这一特定问题, 尽管所有的经典顺序算子分裂方法都可以进行计算, 但 CES 方法确实比它们更为优越, CES 方法不仅具有更高的计算精度, 而且计算速度更快.

表 5.3.2　取时间步长 $\tau = 10^{-4}$ 用不同分裂方法求解半离散问题 (5.3.36) 时所获数值结果的时间离散整体误差 $E_{L_2}^{(t)}$, $E_{max}^{(t)}$ 及所花费的计算时间 t_{cpu}

分裂方法	$E_{L_2}^{(t)}$	$E_{max}^{(t)}$	t_{cpu}
CES	2.373968×10^{-4}	2.111209×10^{-3}	$3'40.422''$
SOSExIm12	3.461163×10^{-4}	4.061362×10^{-3}	$3'51.953''$
SOSExIm21	3.606977×10^{-3}	1.577615×10^{-2}	$3'51.734''$
SOSImIm12	4.221511×10^{-2}	5.627422×10^{-1}	$8'29.688''$
SOSImIm21	4.240298×10^{-2}	5.627498×10^{-1}	$8'30.875''$

从表 5.3.2 和图 5.3.1 还可以看出, 用 SOSImIm12 和 SOSImIm21 方法所获得的数值结果的整体误差过度地大, 因而这些数值结果实际上是无用的. 如果用户使用这样的方法在没有严格估计误差的条件下去求解非线性复合刚性问题, 有可能会带来隐蔽的不可预知的严重后果, 这种严重后果比 "无用" 更糟糕, 因为它有可能误导计算人员去做一些不正确的工作.

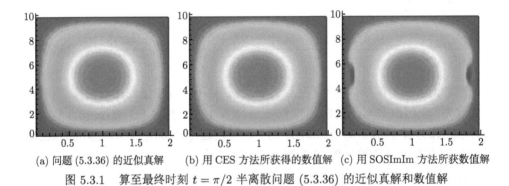

(a) 问题 (5.3.36) 的近似真解　(b) 用 CES 方法所获得的数值解　(c) 用 SOSImIm 方法所获数值解

图 5.3.1　算至最终时刻 $t = \pi/2$ 半离散问题 (5.3.36) 的近似真解和数值解

注 5.3.8　在例 5.3.2 及以下两个例子中, 由于问题的复杂性, 为了使实际计算效果更好, 计算效率更高, 我们没有完全按照定义 5.2.2 对问题进行刚性分解, 而是把问题分解为都具有刚性的两个子问题, 仅要求第二个子问题的刚性比第一个子问题的刚性强一个数量级. 例如允许第一个子问题是轻度刚性的 (或即允许式 (5.2.4a) 中的参数 α_1 较大) 但第二个子问题是刚性的或强刚性的; 又如允许第一个子问题是刚性的 (或即允许式 (5.2.4a) 中的参数 α_1 很大) 但第二个子问题是强刚性的. 由于这样的刚性分解不完全符合定义 5.2.2 的要求, 我们称

其为 "广义刚性分解". 当用基于上述广义刚性分解的 CES 方法来求解非线性复合刚性问题时, 由于必须用广义显式 Euler 方法来求解具有刚性的第一个子问题, 因而必须应用线性稳定性理论严格地控制时间步长, 才有可能确保数值解的稳定性.

正是由于上述原因, 在例 5.3.2 中, 我们使用了较小的时间步长 $\tau = 10^{-4}$ 来求解带有广义刚性分解方案 (5.3.37a)-(5.3.37b) 的半离散问题 (5.3.36). 另一方面, 从表 5.3.2 中可以看出, 用 CES 方法所获得的数值解的时间离散误差已远小于空间离散误差, 故进一步缩小时间步长也是没有必要的. 注意例 5.3.3 和例 5.3.4 中也有类似情况.

例 5.3.3 考虑二维非线性对流-扩散-反应方程初边值问题

$$
\begin{cases}
\dfrac{\partial u}{\partial t} + 0.2\dfrac{\partial u}{\partial x} = \dfrac{\partial}{\partial x}\left(u^{6.3}\dfrac{\partial u}{\partial x}\right) + \dfrac{\partial}{\partial y}\left(u^{6.3}\dfrac{\partial u}{\partial y}\right) + 0.5(v - u), & x, y \in \Omega, \ 0 < t \leqslant 2, \\[3mm]
\dfrac{\partial v}{\partial t} + 0.2\dfrac{\partial v}{\partial x} = \dfrac{\partial}{\partial x}\left(v^{2.5}\dfrac{\partial v}{\partial x}\right) + \dfrac{\partial}{\partial y}\left(v^{2.5}\dfrac{\partial v}{\partial y}\right) + 0.5(u - v), & x, y \in \Omega, \ 0 < t \leqslant 2, \\[3mm]
u(x, y, 0) = v(x, y, 0) = 3 \times 10^{-4}, & x, y \in \Omega,
\end{cases}
$$

$$(5.3.38)$$

这里 u 和 v 都是未知函数,

$$
\Omega = \{(x, y) \ : \ 0 < x < 10, \ 0 < y < 8\}
$$

是空间积分区域, 在积分区域 Ω 的上、下方采用对称边界条件, 左、右方分别采用入流和出流边界条件, 这里入流边界条件为

$$
\begin{cases}
u(0, y, t) = 3 \times 10^{-4} + \begin{cases} (1 - \cos(\pi t))(1 + 0.5(1 + \cos(\pi y/2)))/2, & 0 \leqslant t \leqslant 1, \\ 2(1 + 0.5(1 + \cos(\pi y/2)))/2, & 1 \leqslant t \leqslant 2, \end{cases} \\[3mm]
v(0, y, t) = 3 \times 10^{-4}.
\end{cases}
$$

$$(5.3.39)$$

为简单计, 我们使用均匀空间网格

$$
\{(x_i, y_j) : x_i = (i - 0.5)h_x, y_j = (j - 0.5)h_y,
$$

$$
i = 1|1000, \ j = 1|40, h_x = 0.01, \ h_y = 0.2\},
$$

用差分法对空间变量进行离散, 从而得到下面的半离散问题

$$\begin{cases}
\dfrac{\mathrm{d}u_{ij}}{\mathrm{d}t} = -0.2\dfrac{u_{ij}-u_{i-1,j}}{h_x} + \dfrac{(u_{i+1,j}^{6.3}+u_{ij}^{6.3})(u_{i+1,j}-u_{ij})-(u_{ij}^{6.3}+u_{i-1,j}^{6.3})(u_{ij}-u_{i-1,j})}{2h_x^2}\\
\qquad + \dfrac{(u_{i,j+1}^{6.3}+u_{ij}^{6.3})(u_{i,j+1}-u_{ij})-(u_{ij}^{6.3}+u_{i,j-1}^{6.3})(u_{ij}-u_{i,j-1})}{2h_y^2}+0.5(v_{ij}-u_{ij}),\\
\dfrac{\mathrm{d}v_{ij}}{\mathrm{d}t} = -0.2\dfrac{v_{ij}-v_{i-1,j}}{h_x} + \dfrac{(v_{i+1,j}^{2.5}+v_{ij}^{2.5})(v_{i+1,j}-v_{ij})-(v_{ij}^{2.5}+v_{i-1,j}^{2.5})(v_{ij}-v_{i-1,j})}{2h_x^2}\\
\qquad + \dfrac{(v_{i,j+1}^{2.5}+v_{ij}^{2.5})(v_{i,j+1}-v_{ij})-(v_{ij}^{2.5}+v_{i,j-1}^{2.5})(v_{ij}-v_{i,j-1})}{2h_y^2}+0.5(u_{ij}-v_{ij}),\\
u_{ij}(0) = v_{ij}(0) = 3\times 10^{-4},
\end{cases}$$

$$(5.3.40)$$

这里 $i=1,2,\cdots,1000,\ j=1,2,\cdots,40,$

$$\begin{cases}
u_{0,j}(t) = 3\times 10^{-4} + \begin{cases}(1-\cos(\pi t))(1+0.5(1+\cos(\pi y_j/2)))/2, & 0\leqslant t\leqslant 1,\\ 2(1+0.5(1+\cos(\pi y_j/2)))/2, & 1\leqslant t\leqslant 2,\end{cases}\\
u_{1001,j}(t) = u_{1000,j}(t),\\
u_{i,0}(t) = u_{i,1}(t),\\
u_{i,41}(t) = u_{i,40}(t),
\end{cases}$$

$$\begin{cases}
v_{0,j}(t) = 3\times 10^{-4},\\
v_{1001,j}(t) = v_{1000,j}(t),\\
v_{i,0}(t) = v_{i,1}(t),\\
v_{i,41}(t) = v_{i,40}(t),
\end{cases}$$

未知函数 $u_{ij}(t)$ 和 $v_{ij}(t)$ 分别是 $u(x_i,y_j,t)$ 和 $v(x_i,y_j,t)$ 的逼近.

为了用 CES 方法 (5.3.8) 求解半离散问题 (5.3.40), 对于从时刻 t_n 到 t_{n+1} 的每一时间积分步, 我们将这个半离散问题分解成两个子问题, 即轻度刚性子问题

$$\begin{cases}
\dfrac{\mathrm{d}\bar{u}_{ij}}{\mathrm{d}t} = -0.2\dfrac{\bar{u}_{ij}-\bar{u}_{i-1,j}}{h_x} + 0.5(\bar{v}_{ij}-\bar{u}_{ij})\\
\qquad + \dfrac{(\bar{u}_{i,j+1}^{6.3}+\bar{u}_{ij}^{6.3})(\bar{u}_{i,j+1}-\bar{u}_{ij})-(\bar{u}_{ij}^{6.3}+\bar{u}_{i,j-1}^{6.3})(\bar{u}_{ij}-\bar{u}_{i,j-1})}{2h_y^2},\\
\dfrac{\mathrm{d}\bar{v}_{ij}}{\mathrm{d}t} = -0.2\dfrac{\bar{v}_{ij}-\bar{v}_{i-1,j}}{h_x} + 0.5(\bar{u}_{ij}-\bar{v}_{ij})\\
\qquad + \dfrac{(\bar{v}_{i,j+1}^{2.5}+\bar{v}_{ij}^{2.5})(\bar{v}_{i,j+1}-\bar{v}_{ij})-(\bar{v}_{ij}^{2.5}+\bar{v}_{i,j-1}^{2.5})(\bar{v}_{ij}-\bar{v}_{i,j-1})}{2h_y^2},
\end{cases}$$

$$(5.3.41)$$

和强刚性子问题

$$\begin{cases} \dfrac{\mathrm{d}\tilde{u}_{ij}}{\mathrm{d}t} = \dfrac{(\tilde{u}_{i+1,j}^{6.3} + \tilde{u}_{ij}^{6.3})(\tilde{u}_{i+1,j} - \tilde{u}_{ij}) - (\tilde{u}_{ij}^{6.3} + \tilde{u}_{i-1,j}^{6.3})(\tilde{u}_{ij} - \tilde{u}_{i-1,j})}{2h_x^2}, \\[3mm] \dfrac{\mathrm{d}\tilde{v}_{ij}}{\mathrm{d}t} = \dfrac{(\tilde{v}_{i+1,j}^{2.5} + \tilde{v}_{ij}^{2.5})(\tilde{v}_{i+1,j} - \tilde{v}_{ij}) - (\tilde{v}_{ij}^{2.5} + \tilde{v}_{i-1,j}^{2.5})(\tilde{v}_{ij} - \tilde{v}_{i-1,j})}{2h_x^2}. \end{cases}$$

$$(5.3.42)$$

定义时间积分步长 $\tau_q = \dfrac{10^{-3}}{3q}$，这里常数 q 可根据需要适当选定. 首先，我们取非常小的时间步长 τ_{16}，用 CES 方法 (5.3.8) 求解带有子问题分解 (5.3.41)-(5.3.42) 的半离散问题 (5.3.40)，从而获得一个高精度的数值解 $\{u_{ij}^{(n)}, v_{ij}^{(n)}\}$，我们近似地将它当作半离散问题 (5.3.40) 的真解，算至最终时刻 $t = 2$，其图绘于图 5.3.2，由此可以看出数值结果的确与真实的物理过程很好地保持一致.

其次，我们依次取适度小的时间步长 τ_1, τ_2, τ_4, τ_8，用 CES 方法 (5.3.8) 求解带有子问题分解 (5.3.41)-(5.3.42) 的半离散问题 (5.3.40)，所获数值结果于最终时刻 $t = 2$ 的时间离散整体误差的 L_2-范数 $E_{L_2}^{(t)}$、CES 方法的观测阶 P 及所花费的计算时间 t_{cpu} 列于表 5.3.3，由此可以看出，对于求解非线性复合刚性对流-扩散-反应方程问题，CES 方法确实能迅速地获得预期的高精度数值结果，且观测阶保持不小于 1. 关于 "观测阶" 的概念可参见文献 [9,32].

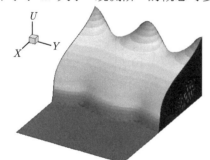 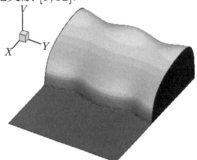

(a) 用 CES 方法按步长 τ_{16} 算至时刻 $t = 2$ 所获半离散问题 (5.3.40) 的数值解 $u_{ij}^{(n)}$

(b) 用 CES 方法按步长 τ_{16} 算至时刻 $t = 2$ 所获半离散问题 (5.3.40) 的数值解 $v_{ij}^{(n)}$

图 5.3.2

表 **5.3.3** 取不同步长 τ_q 用 **CES** 方法求解问题 (5.3.40) 算至时刻 $t = 2$ 所获数值解的 L_2 整体误差 $E_{L_2}^{(t)}$，观测阶 P 和计算所花费的时间 t_{cpu}

τ_q	$E_{L_2}^{(t)}$	P	t_{cpu}
$10^{-3}/3$	2.772052×10^{-4}		$18'31.609''$
$10^{-3}/6$	1.285432×10^{-4}	1.107652	$31'55.640''$
$10^{-3}/12$	5.491857×10^{-5}	1.222283	$58'55.860''$
$10^{-3}/24$	1.827796×10^{-5}	1.587401	$108'43.360''$

例 5.3.4　考虑强非线性三维抛物型方程初边值问题

$$
\begin{cases}
\dfrac{\partial u}{\partial t} = \dfrac{\partial}{\partial x}\left(u^6\dfrac{\partial u}{\partial x}\right) + \dfrac{\partial}{\partial y}\left(u^6\dfrac{\partial u}{\partial y}\right) + \dfrac{\partial}{\partial z}\left(u^6\dfrac{\partial u}{\partial z}\right) + \varphi, & (x,y,z)\in\Omega, 0<t\leqslant\pi/2, \\[2mm]
u(x,y,z,0) = 0, & (x,y,z)\in\Omega, \\[2mm]
u(x,y,z,t) = 0, & (x,y,z)\in\partial\Omega, 0<t\leqslant\pi/2,
\end{cases}
$$

$$(5.3.43)$$

这里 $\Omega = \{(x,y,z): 0<x<1, 0<y<10, 0<z<10\}, \partial\Omega$ 表示 Ω 的 Lipschitz 连续边界,

$$
\begin{aligned}
\varphi = {} & 2\sin(\pi x)\sin\left(\frac{\pi y}{10}\right)\sin\left(\frac{\pi z}{10}\right)\cos t + \frac{51\pi^2}{50}u^7 \\[2mm]
& - 6\pi^2 u^5\sin^2 t\Bigg[4\cos^2(\pi x)\sin^2\left(\frac{\pi y}{10}\right)\sin^2\left(\frac{\pi z}{10}\right) \\[2mm]
& + \frac{1}{25}\sin^2(\pi x)\cos^2\left(\frac{\pi y}{10}\right)\sin^2\left(\frac{\pi z}{10}\right) \\[2mm]
& + \frac{1}{25}\sin^2(\pi x)\sin^2\left(\frac{\pi y}{10}\right)\cos^2\left(\frac{\pi z}{10}\right)\Bigg].
\end{aligned}
$$

该问题有唯一真解

$$
u(x,y,z,t) = 2\sin(\pi x)\sin\left(\frac{\pi y}{10}\right)\sin\left(\frac{\pi z}{10}\right)\sin t, \quad x,y,z\in\Omega, \quad 0\leqslant t\leqslant\frac{\pi}{2}.
$$

$$(5.3.44)$$

采用均匀空间网格

$$\{(x_i,y_j,z_k)\mid x_i=ih_x, y_j=jh_y, z_k=kh_z, \ i,j,k=0,1,\cdots,100,$$

$$h_x=0.01, \ h_y=h_z=0.1\},$$

用差分法得到半离散格式

$$
\frac{\mathrm{d}u_{ijk}}{\mathrm{d}t} = \frac{(u^6_{i+1,j,k}+u^6_{ijk})(u_{i+1,j,k}-u_{ijk}) - (u^6_{ijk}+u^6_{i-1,j,k})(u_{ijk}-u_{i-1,j,k})}{2h_x^2}
$$

$$+ \frac{(u_{i,j+1,k}^6 + u_{ijk}^6)(u_{i,j+1,k} - u_{ijk}) - (u_{ijk}^6 + u_{i,j-1,k}^6)(u_{ijk} - u_{i,j-1,k})}{2h_y^2}$$

$$+ \frac{(u_{i,j,k+1}^6 + u_{ijk}^6)(u_{i,j,k+1} - u_{ijk}) - (u_{ijk}^6 + u_{i,j,k-1}^6)(u_{ijk} - u_{i,j,k-1})}{2h_z^2} + \varphi_{ijk}(t),$$

$$(5.3.45)$$

这里 $\varphi_{ijk}(t) = \varphi(x_i, y_j, z_k, t)$, 未知函数 $u_{ijk}(t)$ 是 $u(x_i, y_j, z_k, t)$ 的逼近, $i, j, k = 1, 2, \cdots, 99$.

对于从时刻 t_n 到 $t_{n+1} = t_n + \tau$ 的每一时间积分步, 将半离散问题 (5.3.45) 分解成两个子问题, 即轻度刚性子问题

$$\frac{\mathrm{d}\bar{u}_{ijk}}{\mathrm{d}t} = \frac{(\bar{u}_{i,j+1,k}^6 + \bar{u}_{ijk}^6)(\bar{u}_{i,j+1,k} - \bar{u}_{ijk}) - (\bar{u}_{ijk}^6 + \bar{u}_{i,j-1,k}^6)(\bar{u}_{ijk} - \bar{u}_{i,j-1,k})}{2h_y^2}$$

$$+ \frac{(\bar{u}_{i,j,k+1}^6 + \bar{u}_{ijk}^6)(\bar{u}_{i,j,k+1} - \bar{u}_{ijk}) - (\bar{u}_{ijk}^6 + \bar{u}_{i,j,k-1}^6)(\bar{u}_{ijk} - \bar{u}_{i,j,k-1})}{2h_z^2}$$

$$+ \varphi_{i,j,k}(t)$$

$$(5.3.46a)$$

和强刚性子问题

$$\frac{\mathrm{d}\tilde{u}_{ijk}}{\mathrm{d}t} = \frac{(\tilde{u}_{i+1,j,k}^6 + \tilde{u}_{ijk}^6)(\tilde{u}_{i+1,j,k} - \tilde{u}_{ijk}) - (\tilde{u}_{ijk}^6 + \tilde{u}_{i-1,j,k}^6)(\tilde{u}_{ijk} - \tilde{u}_{i-1,j,k})}{2h_x^2}.$$

$$(5.3.46b)$$

取时间步长 $\tau = 4 \times 10^{-5}$, 用我们的 CES 方法 (5.3.8) 按上述子问题分解来求解半离散问题 (5.3.45). 我们发现所获数值解关于原 PDE 问题 (5.3.43) 的真解的整体误差的 L_2-范数为 $E_{L_2} = 1.219268 \times 10^{-3}$, 计算仅仅花费了 17 小时 9 分 22 秒.

注意这里有将近 10^6 个空间网格, 有将近 10^6 个未知函数 $u_{ijk}(t)$, $0 \leqslant t \leqslant \frac{\pi}{2}$, 需要计算.

注意在本书中, 我们所有的程序都是在 Dell OptiPlex GX270 微机上串行计算的, 而且一律要求牛顿迭代误差 $\varepsilon < 10^{-8}$ 才停止迭代. 如果使用多个处理器并行计算, 计算速度必将进一步大幅度提高.

因此我们可以得出结论: CES 方法非常适合于求解强非线性复合刚性半离散高维抛物型方程初边值问题, 其特色是可在确保预期计算精度的基础上大幅度提高计算速度.

例 5.3.5 考虑非线性偏泛函微分方程初边值问题

$$\begin{cases} \dfrac{\partial u}{\partial t} = t^4 \dfrac{\partial}{\partial x}\left(u\dfrac{\partial u}{\partial x}\right) - u^2(x,t) - 2\,u^2\left(x,\dfrac{t}{2}\right) \\[2mm] \qquad - (4x^2 - 4x + 1)\,u\left(x, t - \dfrac{\pi}{2}\right) + \displaystyle\int_{t-\frac{\pi}{2}}^{t} \cos\theta \cos 2\theta u(x,\theta)\mathrm{d}\theta \\[2mm] \qquad - 16(6x^2 - 6x + 1)t^4 \sin^2 t + 16x^2(1-x)^2(1+\sin^2 t), \quad x \in (0,1),\ t \in [0,\pi], \\[2mm] u(0,t) = u(1,t) = 0, \hspace{5.2cm} t \in [0,\pi], \\[2mm] u(x,t) = 4x(1-x)\sin t, \hspace{3.6cm} x \in (0,1),\ t \in \left[-\dfrac{\pi}{2}, 0\right]. \end{cases}$$

$$(5.3.47)$$

该问题有唯一真解 $u(x,t) = 4x(1-x)\sin t$. 采用均匀空间网格

$$\{x_i : x_i = ih_x,\ i = 0, 1, \cdots, 1001,\ h_x = 1/1001\},$$

用差分法得到半离散格式

$$\begin{cases} \dfrac{\mathrm{d}u_i(t)}{\mathrm{d}t} = t^4 \dfrac{u_{i+1}^2(t) - 2\,u_i^2(t) + u_{i-1}^2(t)}{2h_x^2} - u_i^2(t) - 2u_i^2\left(\dfrac{t}{2}\right) \\[2mm] \qquad - (4x_i^2 - 4x_i + 1)\,u_i\left(t - \dfrac{\pi}{2}\right) + \displaystyle\int_{t-\frac{\pi}{2}}^{t} \cos\theta \cos 2\theta u_i(\theta)\mathrm{d}\theta \\[2mm] \qquad - 16(6x_i^2 - 6x_i + 1)t^4 \sin^2 t + 16x_i^2(1 - x_i)^2(1 + \sin^2 t), \quad t \in [0,\pi], \\[2mm] u_i(t) = 4x_i(1 - x_i)\sin t, \hspace{4.6cm} t \in \left[-\dfrac{\pi}{2}, 0\right]. \end{cases}$$

$$(5.3.48)$$

这里 $i = 1, 2, \cdots, 1000$, $u_0(t) = u_{1001}(t) = 0$.

对于从时刻 t_n 到 $t_{n+1} = t_n + \tau$ 的每一时间积分步, 将半离散问题 (5.3.48) 分解成两个子问题, 即非刚性子问题

$$\begin{aligned} \dfrac{\mathrm{d}\bar{u}_i(t)}{\mathrm{d}t} = &- \bar{u}_i^2(t) - 2\,\bar{u}_i^2\left(\dfrac{t}{2}\right) \\[2mm] &- (4x_i^2 - 4x_i + 1)\,\bar{u}_i\left(t - \dfrac{\pi}{2}\right) + \int_{t-\frac{\pi}{2}}^{t} \cos\theta \cos 2\theta \bar{u}_i(\theta)\mathrm{d}\theta \\[2mm] &- 16(6x_i^2 - 6x_i + 1)t^4 \sin^2 t + 16x_i^2(1 - x_i)^2(1 + \sin^2 t) \end{aligned} \tag{5.3.49a}$$

和强刚性子问题

$$\dfrac{\mathrm{d}\tilde{u}_i(t)}{\mathrm{d}t} = t^4 \dfrac{\tilde{u}_{i+1}^2(t) - 2\,\tilde{u}_i^2(t) + \tilde{u}_{i-1}^2(t)}{2h_x^2}. \tag{5.3.49b}$$

用 CES 方法 (5.3.3)-(5.3.5) 分别按时间步长 $\tau = 10^{-3}$, 10^{-4} 求解带有子问题分解 (5.3.49a)-(5.3.49b) 的半离散 VFDE 问题 (5.3.48). 为了进行比较, 我们同时按同样的时间步长在同样的 Dell OptiPlex GX270 微机上用经典顺序算子分裂方法 SOSExIm12, SOSExIm21, SOSImIm12, SOSImIm21 及不分裂的经典隐式 Euler 方法求解带有同样子问题分解 (5.3.49a)-(5.3.49b) 的同一半离散问题 (5.3.48). 用不同方法所获得的数值解在整个积分区间 $[0, \pi]$ 上关于原 PDE 问题 (5.3.47) 的最大整体误差 $E_{\max}$ 及所花费的计算时间 t_{cpu} 列于表 5.3.4.

表 5.3.4 用不同方法按不同时间步长 τ 求解问题 (5.3.48) 所获数值解的最大整体误差 $E_{\max}$ 及所花费的计算时间 t_{cpu}

方法 名称	$E_{\max}$		t_{cpu}/s	
	$\tau = 10^{-3}$	$\tau = 10^{-4}$	$\tau = 10^{-3}$	$\tau = 10^{-4}$
隐式 Euler	7.730167×10^{-5}	7.533648×10^{-6}	22.312	133.969
CES	1.699950×10^{-4}	1.710165×10^{-5}	6.547	52.203
SOSExIm12	失败	失败		
SOSExIm21	失败	失败		
SOSImIm12	失败	失败		
SOSImIm21	失败	失败		

从表 5.3.4 可以看出, 尽管所有的经典顺序算子分裂算法都遭到了失败, 但 CES 方法却仍然能算得很好, 计算速度快, 且所获数值结果达到了预期的精度; 另一方面从该表还可看出 CES 方法的计算速度远高于不分裂的经典隐式 Euler 方法的计算速度.

5.4 高阶正则分裂方法

5.4.1 高阶正则分裂方法的构造

非线性复合刚性 VFDE 初值问题 (5.2.1) 显然可表示为

$$\begin{cases} y'(t) = f_1(t, y(t), y(\cdot)) + f_2(t, y(t), y(\cdot)), & t \in [0, T], \\ y(t) = \varphi(t), & t \in [-\tau, 0], \end{cases}$$

其中 $T > 0$ 和 $\tau \in [0, +\infty]$ 是常数, T 仅具有适度大小, $\varphi \in \mathbf{C}_m[-\tau, 0]$ 是给定的初始函数, f_1 和 f_2 是对问题 (5.2.1) 的右端映射 $f : [0, T] \times \mathbf{R}^m \times \mathbf{C}_m[-\tau, T] \to \mathbf{R}^m$ 进行刚性分解而得到的两个子映射, 它们满足条件 (5.2.3) 和 (5.2.4); 恒设该问题是适定的, 其唯一真解 $y(t)$ 充分光滑, $y(t)$ 及需要用到的 $y(t)$ 的各阶导数均满足

不等式

$$\left\|\frac{\mathrm{d}^i y(t)}{\mathrm{d}t^i}\right\| \leqslant M_i, \quad 0 \leqslant t \leqslant T,$$

这里设每个常数 M_i 仅具有适度大小. 令

$$\widetilde{f}(t, u, \psi(\cdot)) = f_2(t, u, \psi(\cdot)) + f_1(t, \psi(t), \psi(\cdot)), \quad \forall\, t \in (0, T],\ u \in \mathbf{R}^m,\ \psi \in \mathbf{C}_m[-\tau, T].$$
$$(5.4.1)$$

易验证

$$\widetilde{f}(t, y(t), y(\cdot)) \equiv f_1(t, y(t), y(\cdot)) + f_2(t, y(t), y(\cdot))$$

$$\equiv f(t, y(t), y(\cdot)), \quad \forall\, t \in (0, T],\ y \in \mathbf{C}_m[-\tau, T],$$

由此可见非线性复合刚性问题 (5.2.1) 与问题

$$\begin{cases} y'(t) = \widetilde{f}(t, y(t), y(\cdot)), & t \in (0, T], \\ y(t) = \varphi(t), & t \in [-\tau, 0] \end{cases} \qquad (5.2.1)'$$

等价. 换言之, 这两个形式上不同的问题实际上是同一个问题, 故我们可通过研究问题 $(5.2.1)'$ 来实现研究原问题 (5.2.1) 的目的.

对于任给的 $t \in (0, T]$, $u, v \in \mathbf{R}^m$, $\psi, \chi \in \mathbf{C}_m[-\tau, T]$, 应用式 (5.4.1) 及 (5.2.4) 可推出

$$\langle \widetilde{f}(t, u, \psi(\cdot)) - \widetilde{f}(t, v, \psi(\cdot)), u - v \rangle = \langle\, f_2(t, u, \psi(\cdot)) - f_2(t, v, \psi(\cdot)), u - v\,\rangle$$

$$\leqslant \alpha_2 \|u - v\|^2$$

及

$$\|\widetilde{f}(t, u, \psi(\cdot)) - \widetilde{f}(t, u, \chi(\cdot))\|$$

$$\leqslant \|f_2(t, u, \psi(\cdot)) - f_2(t, u, \chi(\cdot))\|$$

$$\quad + \|f_1(t, \psi(t), \psi(\cdot)) - f_1(t, \chi(t), \psi(\cdot))\|$$

$$\quad + \|f_1(t, \chi(t), \psi(\cdot)) - f_1(t, \chi(t), \chi(\cdot))\|$$

$$\leqslant (\beta_1 + \beta_2) \max_{-\tau \leqslant \xi \leqslant t} \|\psi(\xi) - \chi(\xi)\| + \alpha_1 \|\psi(t) - \chi(t)\|$$

$$\leqslant (\alpha_1 + \beta_1 + \beta_2) \max_{-\tau \leqslant \xi \leqslant t} \|\psi(\xi) - \chi(\xi)\|.$$

由此及定义 5.2.1 可见 Volterra 泛函微分方程初值问题 (5.2.1)′ 属于问题类 $\mathscr{D}(\alpha, \beta)$, 其中

$$\alpha = \alpha_2, \quad \beta = \alpha_1 + \beta_1 + \beta_2, \tag{5.4.2}$$

由于 $\alpha_1, \beta_1, \beta_2$ 及 $(\alpha_2)_+ := \max\{\alpha_2, 0\}$ 均仅具有适度大小, 故 $\alpha_+ := \max\{\alpha, 0\}$ 及 β 仅具有适度大小, $\alpha + \beta$ 不可能取大的正值. 由此及文献 [28] 第二部分第 1, 2, 4 章中所建立的基本概念与理论及所构造的数值方法, 不难看出问题 (5.2.1)′ (或即 (5.2.1)) 特别适合于用带有 p-阶 Lagrange 正则插值算子 Π^h 的 B-稳定、p-阶 B-相容且 p-阶最佳 B-收敛的正则 Runge-Kutta 法

$$\begin{cases} y^h(t) = \Pi^h(t; \psi, y_1, y_2, \cdots, y_n), & -\tau \leqslant t \leqslant t_{n+1}, \\[2mm] Y_i^{(n+1)} = y_n + h_n \sum_{j=1}^{s} a_{ij} f(t_n + c_j h_n, Y_j^{(n+1)}, y^h(\cdot)), & i = 1, 2, \cdots, s, \\[2mm] y_{n+1} = y_n + h_n \sum_{j=1}^{s} b_j f(t_n + c_j h_n, Y_j^{(n+1)}, y^h(\cdot)) \end{cases} \tag{5.4.3}$$

来求解, 这里 $p \geqslant 1$. 在这里及下文中, 形如 (5.4.3) 的正则 Runge-Kutta 法所涉及的各种符号的意义请参见文献 [28] 第二部分式 (2.1.10) 及其后对各种相关符号的详细说明. 但须特别注意这里我们已对 p-阶 Lagrange 正则插值算子 Π^h 作了一个关键性修改: 即是利用我们在文献 [28,32] 中所提出的技巧, 在插值时不再使用网格值 y_{n+1}, 当需要在子区间 $(t_n, t_{n+1}]$ 上进行插值时, 一律使用外插技术. 容易验证修改后的正则插值算子同样满足正则性条件 (请参见文献 [28] 第二部分 §4.1 末尾的式 (2.1.10a)′ 及 (2.1.12)′). 此外应注意由于对正则插值算子作了上述修改, 当用带有 p-阶 Lagrange 正则插值算子的正则 Runge-Kutta 法进行计算时, 所需要的附加起始值的个数最多可达到 $p - 1$ 个.

由于问题 (5.2.1) 与问题 (5.2.1)′ 等价, 这两个形式上不同的问题实际上是同一个问题, 故方法 (5.4.3) 可等价地写为

$$\begin{cases} y^h(t) = \Pi^h(t; \psi, y_1, y_2, \cdots, y_n), & -\tau \leqslant t \leqslant t_{n+1}, \\[2mm] Y_i^{(n+1)} = y_n + h_n \sum_{j=1}^{s} a_{ij} \widetilde{f}(t_n + c_j h_n, Y_j^{(n+1)}, y^h(\cdot)), & i = 1, 2, \cdots, s, \\[2mm] y_{n+1} = y_n + h_n \sum_{j=1}^{s} b_j \widetilde{f}(t_n + c_j h_n, Y_j^{(n+1)}, y^h(\cdot)), \end{cases}$$

应用式 (5.4.1), 易将其进一步等价地写为

$$
\begin{cases}
y^h(t) = \Pi^h(t; \psi, y_1, y_2, \cdots, y_n), \quad -\tau \leqslant t \leqslant t_{n+1}, \\[2mm]
Y_i^{(n+1)} = y_n + h_n \sum_{j=1}^{s} a_{ij} \big[f_2(t_n + c_j h_n, Y_j^{(n+1)}, y^h(\cdot)) \\[2mm]
\qquad\qquad + f_1(t_n + c_j h_n, y^h(t_n + c_j h_n), y^h(\cdot)) \big], \quad i = 1|s, \\[2mm]
y_{n+1} = y_n + h_n \sum_{j=1}^{s} b_j \big[f_2(t_n + c_j h_n, Y_j^{(n+1)}, y^h(\cdot)) \\[2mm]
\qquad\qquad + f_1(t_n + c_j h_n, y^h(t_n + c_j h_n), y^h(\cdot)) \big],
\end{cases}
$$

或即

$$
\begin{cases}
y^h(t) = \Pi^h(t; \psi, y_1, y_2, \cdots, y_n), \quad -\tau \leqslant t \leqslant t_{n+1}, \\[2mm]
Y_i^{(n+1)} = y_n + h_n \sum_{j=1}^{s} a_{ij} f_1(t_n + c_j h_n, \Pi^h(t_n + c_j h_n), y^h(\cdot)) \\[2mm]
\qquad\qquad + h_n \sum_{j=1}^{s} a_{ij} f_2(t_n + c_j h_n, Y_j^{(n+1)}, y^h(\cdot)), \qquad i = 1, 2, \cdots, s, \\[2mm]
y_{n+1} = y_n + h_n \sum_{j=1}^{s} b_j f_1(t_n + c_j h_n, \Pi^h(t_n + c_j h_n), y^h(\cdot)) \\[2mm]
\qquad\qquad + h_n \sum_{j=1}^{s} b_j f_2(t_n + c_j h_n, Y_j^{(n+1)}, y^h(\cdot)),
\end{cases}
$$

或即

$$
\begin{cases}
y^h(t) = \Pi^h(t; \psi, y_1, y_2, \cdots, y_n), \quad -\tau \leqslant t \leqslant t_{n+1}, \\[2mm]
Y_i^{(n+1)} = \overline{Y}_i^{(n+1)} + h_n \sum_{j=1}^{s} a_{ij} f_2(t_n + c_j h_n, Y_j^{(n+1)}, y^h(\cdot)), \quad i = 1, 2, \cdots, s, \\[2mm]
y_{n+1} = \overline{y}_{n+1} + h_n \sum_{j=1}^{s} b_j f_2(t_n + c_j h_n, Y_j^{(n+1)}, y^h(\cdot)),
\end{cases}
$$

$$\text{(5.4.4b)}$$

其中

$$
\begin{cases}
y^h(t) = \Pi^h(t; \psi, y_1, y_2, \cdots, y_n), & -\tau \leqslant t \leqslant t_{n+1}, \\[2mm]
\overline{Y}_i^{(n+1)} = y_n + h_n \sum_{j=1}^{s} a_{ij} f_1(t_n + c_j h_n, \Pi^h(t_n + c_j h_n), y^h(\cdot)), & i = 1, 2, \cdots, s, \\[2mm]
\overline{y}_{n+1} = y_n + h_n \sum_{j=1}^{s} b_j f_1(t_n + c_j h_n, \Pi^h(t_n + c_j h_n), y^h(\cdot)).
\end{cases}
$$
$$(5.4.4a)$$

注意由于每个 $t_n + c_j h_n \in [t_n, t_{n+1}]$, 这里 $\Pi^h(t_n + c_j h_n)$ $(j = 1, 2, \cdots, s)$ 的值应通过使用数值解的 p 个已知的背后值 y_{n+1-i} $(i = 1, 2, \cdots, p)$ 进行 Lagrange 外插而获得, 详言之, 我们有

$$
\Pi^h(t_n + c_j h_n) = \begin{cases}
\sum_{i=1}^{p} y_{n+1-i}\, \varphi^{(n+1-i)}(t_n + c_j h_n), & p > 1, \\[4mm]
y_n, & p = 1,
\end{cases}
\qquad (5.4.5a)
$$

其中插值基函数

$$
\varphi^{(n+1-i)}(t) = \prod_{\substack{j=1 \\ j \neq i}}^{p}(t - t_{n+1-j}) \bigg/ \prod_{\substack{j=1 \\ j \neq i}}^{p}(t_{n+1-i} - t_{n+1-j}), \quad i = 1, 2, \cdots, p. \quad (5.4.5b)
$$

不难看出, 对于求解问题 $(5.2.1)'$ (或即问题 $(5.2.1)$), 与方法 $(5.4.3)$ 等价的方法 $(5.4.4)$ 是由两个子方法 $(5.4.4a)$ 及 $(5.4.4b)$ 所组成的有序方法偶, 为了推进任一时间积分步

$$
(t_n, \psi, y_1, y_2, \cdots, y_n) \to (t_{n+1}, \psi, y_1, y_2, \cdots, y_{n+1}),
$$

先用子方法 $(5.4.4a)$ (为方便计, 称其为广义显式正则 Runge-Kutta 法) 从时刻 t_n 及初值 y_n 出发按时间步长 $h_n = t_{n+1} - t_n$ 求解第一个子问题

$$
\begin{cases}
y^h(t) = \Pi^h(t; \psi, y_1, y_2, \cdots, y_n), & -\tau \leqslant t \leqslant t_{n+1}, \\[2mm]
\overline{y}\,'(t) = f_1(t, \overline{y}(t), y^h(\cdot)), & t \in [t_n, t_{n+1}], \\[2mm]
\overline{y}(t_n) = y_n
\end{cases}
\qquad (5.4.6a)
$$

所获数值结果记为 $(\overline{y}_{n+1}, \overline{Y}_1^{(n+1)}, \overline{Y}_2^{(n+1)}, \cdots, \overline{Y}_s^{(n+1)})$; 然后, 用子方法 $(5.4.4b)$ (称其为广义隐式正则 Runge-Kutta 法) 从时刻 t_n 及求解第一个子问题的计算结

果 $(\overline{y}_{n+1}, \overline{Y}_1^{(n+1)}, \overline{Y}_2^{(n+1)}, \cdots, \overline{Y}_s^{(n+1)})$ 出发按步长 h_n 求解第二个子问题

$$
\begin{cases}
y^h(t) = \Pi^h(t; \psi, y_1, y_2, \cdots, y_n), & -\tau \leqslant t \leqslant t_{n+1}, \\
\widetilde{y}\,'(t) = f_2(t, \widetilde{y}(t), y^h(\cdot)), & t \in [t_n, t_{n+1}], \\
\widetilde{y}(t_n) = \overline{y}_{n+1},
\end{cases}
\tag{5.4.6b}
$$

所获数值结果 y_{n+1} 就是该时间步的最终计算结果. 然而应特别注意当我们用牛顿迭代法求解式 (5.4.4b) 中相关的非线性代数方程组时, 必须使用 y_n 作迭代起始值而决不可使用 $\overline{y}_{n+1}$ 作迭代起始值.

小结以上关于方法的等价性讨论, 我们给出如下定义:

定义 5.4.1　对于任给的带有 p-阶 Lagrange 正则插值算子 Π^h 的 B-稳定、p-阶 B-相容且 p-阶最佳 B-收敛的 s-级正则 Runge-Kutta 方法 (5.4.3), 都可构造一类与其等价的专用于求解带有满足条件 (5.2.3)-(5.2.4) 的刚性分解 (f_1, f_2) 的非线性复合刚性 VFDE 初值问题 (5.2.1) 的形如 (5.4.4) 的 s-级正则 Runge-Kutta 分裂方法 (Canonical Runge-Kutta splitting methods, CaRKS). 我们称方法 (5.4.4) 为方法 (5.4.3) 的导出 CaRKS 方法, 称方法 (5.4.3) 为 CaRKS 方法 (5.4.4) 的母方法.

由于母方法 (5.4.3) 是 B-稳定、p-阶 B-相容且 p-阶最佳 B-收敛的, 故与其等价的正则 Runge-Kutta 分裂方法 (5.4.4) 同样应当是 B-稳定、p-阶 B-相容且 p-阶最佳 B-收敛的. 但由于分裂算法与通常的数值方法有明显差异, 为了避免混淆, 此情形下我们将正则 Runge-Kutta 分裂方法 (5.4.4) 的上述性质改称为定量稳定性、p-阶定量相容性及 p-阶定量收敛性.

具体地说, 此情形下, 应用式 (5.4.2) 及文献 [28] 第二部分中的定理 2.1.1, 定理 2.2.3, 定理 2.2.4, 定义 2.3.3 及定义 2.3.4, 可直接得到如下结论:

定理 5.4.1　问题 (5.2.1) (或即 (5.2.1)′) 的真解 $y(t)$ 关于初始函数 $\varphi(t)$ 是稳定的, 详言之, 对于任给的扰动问题

$$
\begin{cases}
z'(t) = f(t, z(t), z(\cdot)), & t \in [0, T], \\
z(t) = \chi(t), & t \in [-\tau, 0]
\end{cases}
$$

的解 $z(t)$, 我们有

$$
\|y(t) - z(t)\| \leqslant \exp(c_+ t) \max_{-\tau \leqslant t \leqslant 0} \|\varphi(\xi) - \chi(\xi)\|, \quad \forall t \in [0, T],
\tag{5.4.7}
$$

这里常数 $c = \alpha + \beta$, $c_+ = \max\{c, 0\}$ 仅具有适度大小. 特别地, 当 $c \leqslant 0$ 时有

$$
\|y(t) - z(t)\| \leqslant \max_{-\tau \leqslant t \leqslant 0} \|\varphi(\xi) - \chi(\xi)\|, \quad \forall t \in [0, T].
\tag{5.4.8}
$$

不等式 (5.4.8) 表征着问题 (5.2.1) 的广义收缩性.

定理 5.4.2 当用 s-级正则 Runge-Kutta 分裂方法 (5.4.4) 在任给时间网域 $\Delta_h \in \{\Delta_h\}$ 上求解任给的非线性复合刚性问题 (5.2.1) (或即 (5.2.1)′) 时, 那么

(1) 对于任意两个平行的积分步 $(t_n, \psi, y_1, y_2, \cdots, y_n) \to (t_{n+1}, \psi, y_1, y_2, \cdots, y_{n+1})$ 及 $(t_n, \chi, z_1, z_2, \cdots, z_n) \to (t_{n+1}, \chi, z_1, z_2, \cdots, z_{n+1})$, 我们有

$$\|y_{n+1} - z_{n+1}\| \leqslant (1 + ch_n) \max\{\max_{1 \leqslant i \leqslant n} \|y_i - z_i\|, \max_{-\tau \leqslant t \leqslant 0} \|\psi(t) - \chi(t)\|\},$$

$$\alpha\, h_n \leqslant \bar{c}_3, \quad \beta\, h_n \leqslant \bar{c}_4, \tag{5.4.9}$$

其中 $c = \bar{c}_1 \alpha_+ + \bar{c}_2 \beta$, 常数 $\bar{c}_1, \bar{c}_2, \bar{c}_3, \bar{c}_4 > 0$ 仅依赖于方法, $n \geqslant k_0$.

(2) 对于分别从任给的两组不同起始数据 $\psi(t), y_1, y_2, \cdots, y_{k_0}$ 和 $\chi(t), z_1, z_2, \cdots, z_{k_0}$ 出发进行计算所获得的两个不同的逼近序列 $\{y_n\}$ 和 $\{z_n\}$, 我们有

$$\|y_n - z_n\| \leqslant \exp(c(t_n - t_{k_0})) \max\{\max_{1 \leqslant i \leqslant k_0} \|y_i - z_i\|, \max_{-\tau \leqslant t \leqslant 0} \|\psi(t) - \chi(t)\|\},$$

$$\alpha \max_{k_0 \leqslant i \leqslant n-1} h_i \leqslant \bar{c}_3, \quad \beta \max_{k_0 \leqslant i \leqslant n-1} h_i \leqslant \bar{c}_4, \tag{5.4.10}$$

其中 $c = \bar{c}_1 \alpha_+ + \bar{c}_2 \beta$, 常数 $\bar{c}_1, \bar{c}_2, \bar{c}_3, \bar{c}_4 > 0$ 仅依赖于方法, $n = k_0 + 1, k_0 + 2, \cdots, N$.

不等式 (5.4.9) 及 (5.4.10) 分别表征着 CaRKS 方法 (5.4.4) 关于背后值的定量稳定性及关于初始数据的定量稳定性.

注意在这里及下文中, 我们恒以符号 k_0 表示方法所需的附加起始值的个数, 恒以符号 $\{\Delta_h\}$ 表示由一切满足正则插值算子 $\varPi^h$ 所需的附加条件的时间网域 $\Delta_h = \{t_0, t_1, \cdots, t_N\}$ 所构成的集合 (参见文献 [28] 第二部分 §2.1).

定理 5.4.3 当用 s-级正则 Runge-Kutta 分裂方法 (5.4.4) 在任给时间网域 $\Delta_h \in \{\Delta_h\}$ 上求解任给的非线性复合刚性问题 (5.2.1) (或即 (5.2.1)′) 时, 以 $y(t)\ (-\tau \leqslant t \leqslant T)$ 表示问题 (5.2.1) 的真解, 那么

(1) 对于任何虚拟积分步

$$(t_n, \varphi, y(t_1), y(t_2), \cdots, y(t_n)) \to (t_{n+1}, \varphi, y(t_1), y(t_2), \cdots, y(t_n), \tilde{y}_{n+1}),$$

我们有

$$\|y(t_{n+1}) - \tilde{y}_{n+1}\| \leqslant \tilde{d}\, (\max_{0 \leqslant i \leqslant n} h_i)^p\, h_n, \quad h_n \leqslant \tilde{h}, \tag{5.4.11}$$

其中常数 $\tilde{d} > 0$ 仅依赖方法, $\max\{\alpha, 0\}$, β 和问题真解 $y(t)$ 的某些导数界 M_i, $\tilde{h} > 0$ 仅依赖于 $\max\{\alpha, 0\}$, β 和方法.

(2) 对于从任给起始数据 $\psi \in \mathbf{C}_m[-\tau, T], y_1, y_2, \cdots, y_{k_0} \in \mathbf{R}^m$ 出发进行计算所获得的逼近序列 $\{y_n\}$, 其整体误差有估计

$$\|y_n - y(t_n)\| \leqslant C_0(t_n) \max\{\max_{1 \leqslant i \leqslant k_0} \|y_i - y(t_i)\|,$$

$$\max_{-\tau \leqslant t \leqslant 0} \|\psi(t) - \varphi(t)\|\} + C(t_n)(\max_{0 \leqslant i \leqslant n-1} h_i)^p,$$

$$\max_{k_0 \leqslant i \leqslant n-1} h_i \leqslant H_0, \quad n > k_0, \tag{5.4.12}$$

其中 $y_1, y_2, \cdots, y_{k_0} \in \mathbf{R}^m$ 是附加起始值, 连续函数 $C_0(t)$ 及 $C(t)$ 仅依赖于方法, $\max\{\alpha, 0\}$, β 和问题真解 $y(t)$ 的某些导数界 M_i, 最大容许步长 $H_0 > 0$ 仅依赖于 $\max\{\alpha, 0\}$, β 和方法.

不等式 (5.4.11) 和 (5.4.12) 分别表征着 CaRKS 方法 (5.4.4) 的 p-阶定量相容性及 p-阶定量收敛性.

现在我们转而讨论非线性复合刚性 VFDE 初值问题 (5.2.1) 中映射 f 不依赖于真解 $y(t)$ 的过去值的这一十分重要的特殊情形, 此情形下问题 (5.2.1) 蜕化为非线性复合刚性 ODE 初值问题 (5.2.5), CaRKS 方法 (5.4.4) 蜕化为专用于求解带有满足条件 (5.2.6)-(5.2.7) 的刚性分解 (f_1, f_2) 的非线性复合刚性 ODE 初值问题 (5.2.5) 的 s-级正则 Runge-Kutta 分裂方法, 或即有序方法偶

$$\begin{cases} \overline{Y}_i^{(n+1)} = y_n + h_n \sum_{j=1}^s a_{ij} f_1(t_n + c_j h_n, \Pi^h(t_n + c_j h_n)), & i = 1, 2, \cdots, s, \\ \overline{y}_{n+1} = y_n + h_n \sum_{j=1}^s b_j f_1(t_n + c_j h_n, \Pi^h(t_n + c_j h_n)) \end{cases}$$

$$\tag{5.4.4a}'$$

及

$$\begin{cases} Y_i^{(n+1)} = \overline{Y}_i^{(n+1)} + h_n \sum_{j=1}^s a_{ij} f_2(t_n + c_j h_n, Y_j^{(n+1)}), & i = 1, 2, \cdots, s, \\ y_{n+1} = \overline{y}_{n+1} + h_n \sum_{j=1}^s b_j f_2(t_n + c_j h_n, Y_j^{(n+1)}), \end{cases}$$

$$\tag{5.4.4b}'$$

注意式 $(5.4.4a)'$ 中诸 $\Pi^h(t_n + c_j h_n)$ $(j = 1, 2, \cdots, s)$ 的值由式 (5.4.5) 确定. 当用 CaRKS 方法 $(5.4.4a)'$-$(5.4.4b)'$ 求解非线性复合刚性 ODE 初值问题 (5.2.5) 时, 为了推进任一时间积分步 $(t_n, y_n) \to (t_{n+1}, y_{n+1})$, 先用子方法 $(5.4.4a)'$ (称其为

广义显式 Runge-Kutta 法) 从时刻 t_n 及初值 y_n 出发按步长 $h_n = t_{n+1} - t_n$ 求解第一个子问题

$$
\begin{cases}
\overline{y}\,'(t) = f_1(t, \overline{y}(t)), & t \in [t_n, t_{n+1}], \\
\overline{y}(t_n) = y_n
\end{cases}
\tag{5.4.6a}'
$$

所获数值结果记为 $(\overline{y}_{n+1}, \overline{Y}_1^{(n+1)}, \overline{Y}_2^{(n+1)}, \cdots, \overline{Y}_s^{(n+1)})$; 然后, 用子方法 (5.4.4b)' (称其为广义隐式 Runge-Kutta 法) 从时刻 t_n 及求解第一个子问题的计算结果 $(\overline{y}_{n+1}, \overline{Y}_1^{(n+1)}, \overline{Y}_2^{(n+1)}, \cdots, \overline{Y}_s^{(n+1)})$ 出发按步长 h_n 求解第二个子问题

$$
\begin{cases}
\widetilde{y}\,'(t) = f_2(t, \widetilde{y}(t)), & t \in [t_n, t_{n+1}], \\
\widetilde{y}(t_n) = \overline{y}_{n+1}
\end{cases}
\tag{5.4.6b}'
$$

所获数值结果 y_{n+1} 就是该时间步的最终计算结果. 然而应特别注意当我们用牛顿迭代法求解式 (5.4.4b)' 中相关的非线性代数方程组时, 必须使用 y_n 作迭代起始值.

5.4.2 高阶正则分裂方法举例

从文献 [28] 第二部分中的推论 2.3.1 可知: 用于求解 Volterra 泛函微分方程初值问题的一切带有 s-阶正则插值算子 Π^h 的 s-级 Gauss 型及 Radau IIA 型正则 Runge-Kutta 法都是 B-稳定、s-阶 B-相容且 s-阶最佳 B-收敛的, 这里 $s \geqslant 1$. 因而按照定义 5.4.1, 相应于每个这种类型的正则 Runge-Kutta 法, 都可构造一类专用于求解非线性复合刚性 VFDE 初值问题 (5.2.1) 的基于任给刚性分解方案 (5.2.3)-(5.2.4) 的形如 (5.4.4) 的 s-级正则 Runge-Kutta 分裂方法, 作为特殊情形, 还可以构造一类专用于求解非线性复合刚性 ODE 初值问题 (5.2.5) 的基于任给刚性分解方案 (5.2.6)-(5.2.7) 的形如 (5.4.4)' 的 s-级正则 Runge-Kutta 分裂方法. 从定理 5.4.2 及定理 5.4.3 易知所构造的这些 CaRKS 方法都是定量稳定、s-阶定量相容且 s-阶定量收敛的.

例 5.4.1 带有 1-阶 Lagrange 正则插值算子 Π^h 的一级 Radau IIA 型正则 Runge-Kutta 法即是正则隐式 Euler 法 (Cananical Implicit Euler methods, CaIE):

$$
\begin{cases}
y^h(t) = \Pi^h(t; \psi, y_1, y_2, \cdots, y_n), & -\tau \leqslant t \leqslant t_{n+1}, \\
y_{n+1} = y_n + h_n f(t_{n+1}, y_{n+1}, y^h(\cdot)).
\end{cases}
\tag{5.4.13}
$$

应用式 (5.4.4)-(5.4.5) 易写出与其等价的求解非线性复合刚性 VFDE 初值问题 (5.2.1) 的基于任给刚性分解方案 f_1, f_2 的 CaRKS 方法, 或即有序方法偶

$$
\begin{cases}
y^h(t) = \Pi^h(t; \psi, y_1, y_2, \cdots, y_n), & -\tau \leqslant t \leqslant t_{n+1}, \\
\overline{y}_{n+1} = y_n + h_n f_1(t_{n+1}, y_n, y^h(\cdot))
\end{cases}
\tag{5.4.13a}'
$$

及

$$
\begin{cases}
y^h(t) = \Pi^h(t; \psi, y_1, y_2, \cdots, y_n), & -\tau \leqslant t \leqslant t_{n+1}, \\
y_{n+1} = \overline{y}_{n+1} + h_n f_2(t_{n+1}, y_{n+1}, y^h(\cdot)).
\end{cases}
\tag{5.4.13b}'
$$

应用式 (5.4.4)'-(5.4.5) 易写出与其等价的求解非线性复合刚性 ODE 初值问题 (5.2.5) 的基于任给刚性分解方案 f_1, f_2 的 CaRKS 方法, 或即有序方法偶

$$
\overline{y}_{n+1} = y_n + h_n f_1(t_{n+1}, y_n)
\tag{5.4.13a}''
$$

及

$$
y_{n+1} = \overline{y}_{n+1} + h_n f_2(t_{n+1}, y_{n+1}).
\tag{5.4.13b}''
$$

以上 CaRKS 方法都是定量稳定、一阶定量相容且一阶定量收敛的. 容易看出, 这就是我们在 5.3 节中所讨论的正则 Euler 分裂方法, 或即 CES 方法.

例 5.4.2　与带有 2-阶 Lagrange 正则插值算子 Π^h 的二级 Radau IIA 型正则 Runge-Kutta 法

$$
\begin{cases}
y^h(t) = \Pi^h(t; \psi, y_1, y_2, \cdots, y_n), & -\tau \leqslant t \leqslant t_{n+1}, \\
Y_1 = y_n + h_n\left(\dfrac{5}{12}f\left(t_n + \dfrac{h_n}{3}, Y_1, y^h(\cdot)\right) - \dfrac{1}{12}f(t_{n+1}, Y_2, y^h(\cdot))\right), \\
Y_2 = y_n + h_n\left(\dfrac{3}{4}f\left(t_n + \dfrac{h_n}{3}, Y_1, y^h(\cdot)\right) + \dfrac{1}{4}f(t_{n+1}, Y_2, y^h(\cdot))\right), \\
y_{n+1} = Y_2
\end{cases}
\tag{5.4.14}
$$

等价的求解复合刚性 VFDE 初值问题 (5.2.1) 的 CaRKS 方法是有序方法偶

$$
\begin{cases}
y^h(t) = \Pi^h(t; \psi, y_1, y_2, \cdots, y_n), \quad -\tau \leqslant t \leqslant t_{n+1}, \\[2mm]
\overline{Y}_1 = y_n + h_n \bigg(\dfrac{5}{12} f_1 \bigg(t_n + \dfrac{h_n}{3}, \bigg(1 + \dfrac{h_n}{3h_{n-1}} \bigg) y_n - \dfrac{h_n}{3h_{n-1}} y_{n-1}, y^h(\cdot) \bigg) \\[2mm]
\qquad\qquad - \dfrac{1}{12} f_1 \bigg(t_{n+1}, \bigg(1 + \dfrac{h_n}{h_{n-1}} \bigg) y_n - \dfrac{h_n}{h_{n-1}} y_{n-1}, y^h(\cdot) \bigg) \bigg), \\[2mm]
\overline{Y}_2 = y_n + h_n \bigg(\dfrac{3}{4} f_1 \bigg(t_n + \dfrac{h_n}{3}, \bigg(1 + \dfrac{h_n}{3h_{n-1}} \bigg) y_n - \dfrac{h_n}{3h_{n-1}} y_{n-1}, y^h(\cdot) \bigg) \\[2mm]
\qquad\qquad + \dfrac{1}{4} f_1 \bigg(t_{n+1}, \bigg(1 + \dfrac{h_n}{h_{n-1}} \bigg) y_n - \dfrac{h_n}{h_{n-1}} y_{n-1}, y^h(\cdot) \bigg) \bigg), \\[2mm]
\overline{y}_{n+1} = \overline{Y}_2
\end{cases}
$$

$$(5.4.14\text{a})'$$

及

$$
\begin{cases}
y^h(t) = \Pi^h(t; \psi, y_1, y_2, \cdots, y_n), \quad -\tau \leqslant t \leqslant t_{n+1}, \\[2mm]
Y_1 = \overline{Y}_1 + h_n \bigg(\dfrac{5}{12} f_2 \bigg(t_n + \dfrac{h_n}{3}, Y_1, y^h(\cdot) \bigg) - \dfrac{1}{12} f_2(t_{n+1}, Y_2, y^h(\cdot)) \bigg), \\[2mm]
Y_2 = \overline{Y}_2 + h_n \bigg(\dfrac{3}{4} f_2 \bigg(t_n + \dfrac{h_n}{3}, Y_1, y^h(\cdot) \bigg) + \dfrac{1}{4} f_2(t_{n+1}, Y_2, y^h(\cdot)) \bigg), \\[2mm]
y_{n+1} = Y_2.
\end{cases}
$$

$$(5.4.14\text{b})'$$

特别, 与其等价的求解复合刚性 ODE 初值问题 (5.2.5) 的 CaRKS 方法是有序方法偶

$$
\begin{cases}
\overline{Y}_1 = y_n + h_n \bigg(\dfrac{5}{12} f_1 \bigg(t_n + \dfrac{h_n}{3}, \bigg(1 + \dfrac{h_n}{3h_{n-1}} \bigg) y_n - \dfrac{h_n}{3h_{n-1}} y_{n-1} \bigg) \\[2mm]
\qquad\qquad - \dfrac{1}{12} f_1 \bigg(t_{n+1}, \bigg(1 + \dfrac{h_n}{h_{n-1}} \bigg) y_n - \dfrac{h_n}{h_{n-1}} y_{n-1} \bigg) \bigg), \\[2mm]
\overline{Y}_2 = y_n + h_n \bigg(\dfrac{3}{4} f_1 \bigg(t_n + \dfrac{h_n}{3}, \bigg(1 + \dfrac{h_n}{3h_{n-1}} \bigg) y_n - \dfrac{h_n}{3h_{n-1}} y_{n-1} \bigg) \\[2mm]
\qquad\qquad + \dfrac{1}{4} f_1 \bigg(t_{n+1}, \bigg(1 + \dfrac{h_n}{h_{n-1}} \bigg) y_n - \dfrac{h_n}{h_{n-1}} y_{n-1} \bigg) \bigg), \\[2mm]
\overline{y}_{n+1} = \overline{Y}_2
\end{cases}
$$

$$(5.4.14\text{a})''$$

及

$$
\begin{cases}
Y_1 = \overline{Y}_1 + h_n\left(\dfrac{5}{12}f_2\left(t_n + \dfrac{h_n}{3}, Y_1\right) - \dfrac{1}{12}f_2(t_{n+1}, Y_2)\right), \\[3mm]
Y_2 = \overline{Y}_2 + h_n\left(\dfrac{3}{4}f_2\left(t_n + \dfrac{h_n}{3}, Y_1\right) + \dfrac{1}{4}f_2(t_{n+1}, Y_2)\right), \\[3mm]
y_{n+1} = Y_2,
\end{cases}
\tag{5.4.14b}''
$$

注意这里所构造的 CaRKS 方法 (5.4.14)′ 及 (5.4.14)″ 都是定量稳定、二阶定量相容且二阶定量收敛的.

例 5.4.3　带有 3-阶 Lagrange 正则插值算子 Π^h 的三级 Radau IIA 型正则 Runge-Kutta 法为

$$
\begin{cases}
y^h(t) = \Pi^h(t; \psi, y_1, y_2, \cdots, y_n), \quad -\tau \leqslant t \leqslant t_{n+1}, \\[3mm]
Y_i = y_n + h_n \displaystyle\sum_{j=1}^{3} a_{ij} f(t_n + c_j h_n, Y_j, y^h(\cdot)), \quad i = 1, 2, 3, \\[3mm]
y_{n+1} = Y_3,
\end{cases}
\tag{5.4.15a}
$$

其中

$$
\begin{cases}
a_{11} = \dfrac{88 - 7\sqrt{6}}{360}, \quad a_{12} = \dfrac{296 - 169\sqrt{6}}{1800}, \quad a_{13} = \dfrac{-2 + 3\sqrt{6}}{225}, \\[3mm]
a_{21} = \dfrac{296 + 169\sqrt{6}}{1800}, \quad a_{22} = \dfrac{88 + 7\sqrt{6}}{360}, \quad a_{23} = \dfrac{-2 - 3\sqrt{6}}{225}, \\[3mm]
a_{31} = \dfrac{16 - \sqrt{6}}{36}, \quad a_{32} = \dfrac{16 + \sqrt{6}}{36}, \quad a_{33} = \dfrac{1}{9}, \\[3mm]
c_1 = \dfrac{4 - \sqrt{6}}{10}, \quad c_2 = \dfrac{4 + \sqrt{6}}{10}, \quad c_3 = 1.
\end{cases}
\tag{5.4.15b}
$$

与其等价的求解复合刚性 VFDE 初值问题 (5.2.1) 的 CaRKS 方法是有序方法偶

$$
\begin{cases}
y^h(t) = \Pi^h(t; \psi, y_1, y_2, \cdots, y_n), \quad -\tau \leqslant t \leqslant t_{n+1}, \\[3mm]
\overline{Y}_i = y_n + h_n \displaystyle\sum_{j=1}^{3} a_{ij} f_1(t_n + c_j h_n, \Pi^h(t_n + c_j h_n), y^h(\cdot)), \quad i = 1, 2, 3, \\[3mm]
\overline{y}_{n+1} = \overline{Y}_3
\end{cases}
$$

$$
\tag{5.4.15a}'
$$

及

$$
\begin{cases}
y^h(t) = \Pi^h(t; \psi, y_1, y_2, \cdots, y_n), \quad -\tau \leqslant t \leqslant t_{n+1}, \\[2mm]
Y_i = \overline{Y}_i + h_n \sum_{j=1}^{3} a_{ij} f_2(t_n + c_j h_n, Y_j, y^h(\cdot)), \quad i = 1, 2, 3, \\[2mm]
y_{n+1} = Y_3,
\end{cases} \tag{5.4.15b$'$}
$$

与其等价的求解复合刚性 ODE 初值问题 (5.2.5) 的 CaRKS 方法是有序方法偶

$$
\begin{cases}
\overline{Y}_i = y_n + h_n \sum_{j=1}^{3} a_{ij} f_1(t_n + c_j h_n, \Pi^h(t_n + c_j h_n)), \quad i = 1, 2, 3, \\[2mm]
\overline{y}_{n+1} = \overline{Y}_3
\end{cases} \tag{5.4.15a$''$}
$$

及

$$
\begin{cases}
Y_i = \overline{Y}_i + h_n \sum_{j=1}^{3} a_{ij} f_2(t_n + c_j h_n, Y_j), \quad i = 1, 2, 3, \\[2mm]
y_{n+1} = Y_3,
\end{cases} \tag{5.4.15b$''$}
$$

这里用到的诸 $\Pi^h(t_n + c_j h_n)$ $(j = 1, 2, 3)$ 的值由式 (5.4.5) 确定, 详言之, 我们有

$$
\begin{aligned}
\Pi^h(t_n + c_j h_n) =& \frac{(t_n + c_j h_n - t_{n-1})(t_n + c_j h_n - t_{n-2})}{(t_n - t_{n-1})(t_n - t_{n-2})} y_n \\[2mm]
& + \frac{(t_n + c_j h_n - t_{n-2})(t_n + c_j h_n - t_n)}{(t_{n-1} - t_{n-2})(t_{n-1} - t_n)} y_{n-1} \\[2mm]
& + \frac{(t_n + c_j h_n - t_n)(t_n + c_j h_n - t_{n-1})}{(t_{n-2} - t_n)(t_{n-2} - t_{n-1})} y_{n-2} \\[2mm]
=& \frac{(h_{n-1} + c_j h_n)(h_{n-1} + h_{n-2} + c_j h_n)}{h_{n-1}(h_{n-1} + h_{n-2})} y_n \\[2mm]
& + \frac{(h_{n-1} + h_{n-2} + c_j h_n) c_j h_n}{-h_{n-2} h_{n-1}} y_{n-1} \\[2mm]
& + \frac{c_j h_n(h_{n-1} + c_j h_n)}{(h_{n-1} + h_{n-2}) h_{n-2}} y_{n-2}, \quad j = 1, 2, 3.
\end{aligned} \tag{5.4.16}
$$

注意这里所构造的 CaRKS 方法 (5.4.15)′ 及 (5.4.15)″ 都是定量稳定, 三阶定量相容且三阶定量收敛的.

例 5.4.4 带有 1-阶 Lagrange 正则插值算子 Π^h 的一级 Gauss 型正则 Runge-Kutta 方法即是正则隐式中点方法 (Cananical Implicit Midpoint method, CaIM)

$$
\begin{cases}
y^h(t) = \Pi^h(t; \psi, y_1, y_2, \cdots, y_n), & -\tau \leqslant t \leqslant t_{n+1}, \\
y_{n+1} = y_n + h_n f(t_n + h_n/2, \dfrac{y_n + y_{n+1}}{2}, y^h(\cdot)),
\end{cases}
\tag{5.4.17}
$$

该方法是 B-稳定、一阶 B-相容且一阶最佳 B-收敛的. 应用式 (5.4.4)-(5.4.5) 易写出与其等价的求解非线性复合刚性 VFDE 初值问题 (5.2.1) 的正则分裂方法, 或即有序方法偶

$$
\begin{cases}
y^h(t) = \Pi^h(t; \psi, y_1, y_2, \cdots, y_n), & -\tau \leqslant t \leqslant t_{n+1}, \\
\bar{y}_{n+1} = y_n + h_n f_1(t_n + h_n/2, y_n, y^h(\cdot))
\end{cases}
\tag{5.4.17a}'
$$

及

$$
\begin{cases}
y^h(t) = \Pi^h(t; \psi, y_1, y_2, \cdots, y_n), & -\tau \leqslant t \leqslant t_{n+1}, \\
y_{n+1} = \bar{y}_{n+1} + h_n f_2\left(t_n + h_n/2, \dfrac{y_n + y_{n+1}}{2}, y^h(\cdot)\right),
\end{cases}
\tag{5.4.17b}'
$$

应用式 (5.4.4)′-(5.4.5) 易写出与其等价的求解非线性复合刚性 ODE 初值问题 (5.2.5) 的正则分裂方法, 或即有序方法偶

$$
\bar{y}_{n+1} = y_n + h_n f_1(t_n + h_n/2, y_n)
\tag{5.4.17a}''
$$

及

$$
y_{n+1} = \bar{y}_{n+1} + h_n f_2\left(t_n + h_n/2, \dfrac{y_n + y_{n+1}}{2}\right).
\tag{5.4.17b}''
$$

我们称所构造的上述分裂方法 (5.4.17)′ 及 (5.4.17)″ 为带有 1-阶 Lagrange 正则插值算子 Π^h 的正则中点分裂方法. 它们都是定量稳定、一阶定量相容且一阶定量收敛的.

例 5.4.5 带有 2-阶 Lagrange 正则插值算子 Π^h 的二级 Gauss 型正则 Runge-Kutta 法为

$$
\begin{cases}
y^h(t) = \Pi^h(t; \psi, y_1, y_2, \cdots, y_n), & -\tau \leqslant t \leqslant t_{n+1}, \\
Y_i = y_n + h_n \displaystyle\sum_{j=1}^{2} a_{ij} f(t_n + c_j h_n, Y_j, y^h(\cdot)), & i = 1, 2, \\
y_{n+1} = y_n + \dfrac{h_n}{2} \displaystyle\sum_{j=1}^{2} f\left(t_n + c_j h_n, Y_j, y^h(\cdot)\right),
\end{cases}
\tag{5.4.18a}
$$

其中

$$
\begin{cases}
a_{11} = \dfrac{1}{4}, & a_{12} = \dfrac{1}{4} - \dfrac{\sqrt{3}}{6}, \\
a_{21} = \dfrac{1}{4} + \dfrac{\sqrt{3}}{6}, & a_{22} = \dfrac{1}{4}, \\
c_1 = \dfrac{1}{2} - \dfrac{\sqrt{3}}{6}, & c_2 = \dfrac{1}{2} + \dfrac{\sqrt{3}}{6}.
\end{cases}
\tag{5.4.18b}
$$

与其等价的求解复合刚性 VFDE 初值问题 (5.2.1) 的 CaRKS 方法是有序方法偶

$$
\begin{cases}
y^h(t) = \Pi^h(t; \psi, y_1, y_2, \cdots, y_n), & -\tau \leqslant t \leqslant t_{n+1}, \\
\overline{Y}_i = y_n + h_n \displaystyle\sum_{j=1}^{2} a_{ij} f_1(t_n + c_j h_n, \Pi^h(t_n + c_j h_n), y^h(\cdot)), & i = 1, 2, \\
\overline{y}_{n+1} = y_n + \dfrac{h_n}{2} \displaystyle\sum_{j=1}^{2} f_1(t_n + c_j h_n, \Pi^h(t_n + c_j h_n), y^h(\cdot))
\end{cases}
\tag{5.4.18a}'
$$

及

$$
\begin{cases}
y^h(t) = \Pi^h(t; \psi, y_1, y_2, \cdots, y_n), & -\tau \leqslant t \leqslant t_{n+1}, \\
Y_i = \overline{Y}_i + h_n \displaystyle\sum_{j=1}^{2} a_{ij} f_2(t_n + c_j h_n, Y_j, y^h(\cdot)), & i = 1, 2, \\
y_{n+1} = \overline{y}_{n+1} + \dfrac{h_n}{2} \displaystyle\sum_{j=1}^{2} f_2(t_n + c_j h_n, Y_j, y^h(\cdot)),
\end{cases}
\tag{5.4.18b}'
$$

与其等价的求解复合刚性 ODE 初值问题 (5.2.5) 的 CaRKS 方法是有序方法偶

$$
\begin{cases}
\overline{Y}_i = y_n + h_n \sum_{j=1}^{2} a_{ij} f_1(t_n + c_j h_n, \Pi^h(t_n + c_j h_n)), \quad i = 1, 2, \\
\overline{y}_{n+1} = y_n + \dfrac{h_n}{2} \sum_{j=1}^{2} f_1(t_n + c_j h_n, \Pi^h(t_n + c_j h_n))
\end{cases}
\tag{5.4.18a}''
$$

及

$$
\begin{cases}
Y_i = \overline{Y}_i + h_n \sum_{j=1}^{2} a_{ij} f_2(t_n + c_j h_n, Y_j), \quad i = 1, 2, \\
y_{n+1} = \overline{y}_{n+1} + \dfrac{h_n}{2} \sum_{j=1}^{2} f_2(t_n + c_j h_n, Y_j),
\end{cases}
\tag{5.4.18b}''
$$

这里用到的诸 $\Pi^h(t_n + c_j h_n)$ $(j = 1, 2)$ 的值由式 (5.4.5) 确定, 详言之, 我们有

$$
\begin{aligned}
\Pi^h(t_n + c_j h_n) &= \frac{t_n + c_j h_n - t_{n-1}}{t_n - t_{n-1}} y_n + \frac{t_n + c_j h_n - t_n}{t_{n-1} - t_n} y_{n-1} \\
&= \frac{h_{n-1} + c_j h_n}{h_{n-1}} y_n - \frac{c_j h_n}{h_{n-1}} y_{n-1} = \left(1 + \frac{c_j h_n}{h_{n-1}}\right) y_n - \frac{c_j h_n}{h_{n-1}} y_{n-1}, \\
&\quad j = 1, 2.
\end{aligned}
\tag{5.4.19}
$$

注意这里的 CaRKS 方法 (5.4.18)′ 及 (5.4.18)″ 都是定量稳定、二阶定量相容且二阶定量收敛的. 此外注意在例 5.4.2 中, 诸 $\Pi^h(t_n + c_j h_n)$ $(j = 1, 2)$ 的值同样是用公式 (5.4.19) 算出来的.

注 5.4.1　仿照以上诸例的做法, 类似地可构造定量稳定且任意高阶定量收敛的 Gauss 型、Radau IIA 型及 Radau IA 型正则 Runge-Kutta 分裂方法. 此外, 基于文献 [28] 第二部分第 3 章中所建立的 VFDE 正则一般线性方法的 B-理论, 还可以进一步研究定量稳定且高阶定量收敛的正则一般线性分裂方法. 但由于篇幅有限, 这些工作留给读者去做.

注 5.4.2　在 5.3 节所建立的 CES 方法的定量稳定性与收敛性理论中, 仅要求原问题的真解是慢变的, 对子问题的真解无此要求. 但对于高于一阶的正则 Runge-Kutta 分裂方法来说这些理论不再成立, 由于我们实际上是在用高阶最佳 B-收敛的 Runge-Kutta 法来求解第二个子问题, 故必须要求第二个子问题的真解也是慢变的. 这是在使用高阶正则 Runge-Kutta 分裂方法时, 对于刚性分解的进一步要求.

最后, 作为数值试验, 我们用三阶定量收敛的 CaRKS 方法 (5.4.15)″ 按均匀时间步长 $h = 10^{-2}$ 来求解例 5.3.1 中的带有同样刚性分解方案的 ODE 初值问题, 我们发现所获数值解在整个积分区间 $[0, 1.5]$ 上的最大整体误差 $E = 7.09 \times 10^{-9}$, 的确达到了令人十分满意的高阶计算精度.

5.5　正则隐式中点方法与正则中点分裂方法 及嵌入分裂方法

尽管我们在 5.4 节中所讨论的 s-级 $(s \geqslant 1)$ Gauss 型及 Radau IIA 型 CaRK 法以及与其相应的 s-级正则 Runge-Kutta 分裂方法均可随着 s 的增大而达到任意高阶 B-收敛精度或任意高阶定量收敛精度, 但随着精度阶的提高, 每一时间积分步的计算量会迅速增加, 从而带来计算速度大幅度降低的十分不利的局面. 另一方面, 对于用线方法求解偏微分方程及偏泛函微分方程初边值问题来说, 时间离散精度必须与空间离散精度相匹配, 因此目前用得最多的时间离散化方法仍然是一阶和二阶方法.

令人十分遗憾的是 5.4 节中所讨论的计算量最小的 CaIE 方法及 CaIM 方法以及与其相应的两种正则分裂方法, 或即 CES 方法和带 1-阶 Lagrange 正则插值算子的正则中点分裂方法, 均仅具有一阶 B-收敛精度或一阶定量收敛精度. 因此我们十分迫切地盼望能进一步构造一种计算量小、B-稳定而又能达到二阶最佳 B-收敛精度的新的偏微分方程时间离散化方法, 以取代以往在进行时间离散化时常用的, 但在求解辐射扩散与电子、离子热传导耦合方程组初边值问题 (参见 1.1 节) 时由于其不稳定性而屡遭失败的梯形方法 (Trapezoidal method, 简记为 Tr, 又称为 Crank-Nicholson 格式, 参见 [37]). 更进一步, 我们十分迫切地盼望能进一步构造一种计算量小、B-稳定而又能达到二阶最佳 B-收敛精度的新的 Volterra 偏泛函微分方程时间离散化方法, 并在此基础上构造与其相应的计算量小而又具有二阶定量收敛精度的正则分裂方法. 为达到此目的, 我们首先讨论用于按均匀时间步长求解 VFDE 初值问题的带有 2-阶 Lagrange 正则插值算子的正则隐式中点方法的 B-理论.

5.5.1　正则隐式中点方法的 B-理论

在文献 [28] 第二部分推论 2.3.1 中我们已经证明: 用于求解 VFDE 初值问题 (5.2.1) 的带有 1-阶 Lagrange 正则插值算子 $\varPi^h$ 的 1- 级 Gauss 型正则 Runge-Kutta 法, 或即正则隐式中点方法 (5.4.17) (参见例 5.4.4), 是 B-稳定、一阶 B-相容且一阶最佳 B-收敛的. 注意这里允许任意改变时间步长 h_n 进行计算. 经过仔细探讨, 我们发现只要将上述假设条件适当地加强, 该方法可达到二阶最佳 B-收敛精度.

定理 5.5.1　用于按均匀时间步长 $h > 0$ 求解 Volterra 泛函微分方程初值问题 (5.2.1) 的带有 2-阶 Lagrange 正则插值算子 Π^h 的正则隐式中点方法 (简记为 CaIM)

$$
\begin{cases}
y^h(t) = \Pi^h(t; \psi, y_1, y_2, \cdots, y_n), & -\tau \leqslant t \leqslant t_{n+1}, \\
y_{n+1} = y_n + h\, f\left(t_n + h/2, \dfrac{y_n + y_{n+1}}{2}, y^h(\cdot)\right)
\end{cases}
\tag{5.5.1}
$$

是 B-稳定、一阶 B-相容且二阶最佳 B-收敛的.

证　由于这里的 B-稳定和一阶 B-相容结论已在文献 [28] 第二部分推论 2.3.1 中予以证明. 这里我们仅需进一步证明该方法是 2-阶最佳 B-收敛的.

为此目的, 我们恒设 VFDE 初值问题 (5.2.1) 属于问题类 $\mathcal{D}(\alpha, \beta)$, 且满足条件 (5.2.2b), 并以 $\{y_n\}$ 表示用带有 2-阶 Lagrange 正则插值算子 Π^h 的正则隐式中点方法 (5.5.1) 从起始函数 $\psi \in \mathbf{C}_m[-\tau, 0]$ 和附加起始值 $y_1, y_2, \cdots, y_{k_0} \in \mathbf{R}^m$ 出发, 按均匀时间步长 $h > 0$ 求解问题 (5.2.1) 所得到的逼近序列.

首先考虑一个虚拟计算步

$$
\begin{cases}
\widetilde{y}^h(t) = \Pi^h(t; \varphi, \widetilde{y}(t_1), \widetilde{y}(t_2), \cdots, \widetilde{y}(t_n)), & -\tau \leqslant t \leqslant t_{n+1}, & (5.5.2a) \\
\widetilde{y}_{n+1} = \widetilde{y}(t_n) + h\, f\left(t_n + \dfrac{h}{2}, \dfrac{\widetilde{y}(t_n) + \widetilde{y}_{n+1}}{2}, \widetilde{y}^h(\cdot)\right), & & (5.5.2b)
\end{cases}
$$

其中

$$
\widetilde{y}(t) = y(t) - \frac{h^2}{8} y''(t),
\tag{5.5.3}
$$

$y(t)$ 表示问题 (5.2.1) 的真解. 令

$$
\begin{cases}
y(t) = \Pi^h(t; \varphi, y(t_1), y(t_2), \cdots, y(t_n)) + \delta_0(t), & -\tau \leqslant t \leqslant t_{n+1}, & (5.5.4a) \\
y\left(t_n + \dfrac{h}{2}\right) = \widetilde{y}(t_n) + \dfrac{h}{2} f\left(t_n + \dfrac{h}{2}, y\left(t_n + \dfrac{h}{2}\right), y(\cdot)\right) + \Delta, & & (5.5.4b) \\
\widetilde{y}(t_{n+1}) = \widetilde{y}(t_n) + h\, f\left(t_n + \dfrac{h}{2}, y\left(t_n + \dfrac{h}{2}\right), y(\cdot)\right) + \delta, & & (5.5.4c) \\
\widehat{y} = \dfrac{1}{2}\left(\widetilde{y}_{n+1} + \widetilde{y}(t_n)\right). & & (5.5.4d)
\end{cases}
$$

由于 Π^h 是 2-阶 Lagrange 正则插值算子, 我们有

$$
\max_{-\tau \leqslant t \leqslant t_{n+1}} \| \delta_0(t) \| \leqslant c_0 h^2,
\tag{5.5.5a}
$$

另一方面, 应用 Taylor 级数展开, 可得到

$$\|\Delta\| \leqslant c_\Delta h^3, \quad \|\delta\| \leqslant c_\delta h^3, \tag{5.5.5b}$$

这里的常数 c_0, c_Δ 及 c_δ 仅依赖于问题 (5.2.1) 的真解 $y(t)$ 的某些导数界 M_i, 因而它们仅具有适度大小 (参见式 (5.2.2b)). 从式 (5.5.2b), (5.5.4b) 及 (5.5.4d) 可推出

$$y\left(t_n+\frac{h}{2}\right) - \widehat{y} = \frac{h}{2}\left(f\left(t_n+\frac{h}{2}, y\left(t_n+\frac{h}{2}\right), y(\cdot)\right) - f\left(t_n+\frac{h}{2}, \widehat{y}, \widetilde{y}^h(\cdot)\right)\right) + \Delta, \tag{5.5.6}$$

由于问题 (5.2.1) 属于问题类 $\mathcal{D}(\alpha, \beta)$, 从定义 5.2.1 易知其右端映射 f 满足不等式 (5.2.2a), 且常数 $\alpha_+ := \max\{\alpha, 0\}$ 及 β 仅具有适度大小. 从式 (5.5.6) 及 (5.2.2a) 可进一步推出

$$\begin{aligned}
&\left\|y\left(t_n+\frac{h}{2}\right) - \widehat{y}\right\|^2 \\
&= \frac{h}{2}\left\langle f\left(t_n+\frac{h}{2}, y\left(t_n+\frac{h}{2}\right), y(\cdot)\right) - f\left(t_n+\frac{h}{2}, \widehat{y}, y(\cdot)\right), y\left(t_n+\frac{h}{2}\right) - \widehat{y}\right\rangle \\
&\quad + \frac{h}{2}\left\langle f\left(t_n+\frac{h}{2}, \widehat{y}, y(\cdot)\right) - f\left(t_n+\frac{h}{2}, \widehat{y}, \widetilde{y}^h(\cdot)\right), y\left(t_n+\frac{h}{2}\right) - \widehat{y}\right\rangle \\
&\quad + \left\langle \Delta, y\left(t_n+\frac{h}{2}\right) - \widehat{y}\right\rangle \\
&\leqslant \frac{h\alpha}{2}\left\|y\left(t_n+\frac{h}{2}\right) - \widehat{y}\right\|^2 + \frac{h\beta}{2}\max_{-\tau \leqslant t \leqslant t_n+\frac{h}{2}}\|y(t) - \widetilde{y}^h(t)\|\left\|y\left(t_n+\frac{h}{2}\right) - \widehat{y}\right\| \\
&\quad + \|\Delta\|\left\|y\left(t_n+\frac{h}{2}\right) - \widehat{y}\right\|. \tag{5.5.7}
\end{aligned}$$

由于正则插值算子 Π^h 满足正则性条件 (5.3.1d), 由此及式 (5.5.5a) 易推出

$$\begin{aligned}
&\max_{-\tau \leqslant t \leqslant t_n+\frac{h}{2}}\|y(t) - \widetilde{y}^h(t)\| \\
&\leqslant \max_{-\tau \leqslant t \leqslant t_n+\frac{h}{2}}\|y(t) - \Pi^h(t; \varphi, y(t_1), y(t_2), \cdots, y(t_n))\| \\
&\quad + \max_{-\tau \leqslant t \leqslant t_n+\frac{h}{2}}\|\Pi^h(t; \varphi, y(t_1), y(t_2), \cdots, y(t_n)) - \Pi^h(t; \varphi, \widetilde{y}(t_1), \widetilde{y}(t_2), \cdots, \widetilde{y}(t_n))\| \\
&\leqslant \max_{-\tau \leqslant t \leqslant t_n+\frac{h}{2}}\|\delta_0(t)\| + c_\pi \max_{1 \leqslant i \leqslant n}\|y(t_i) - \widetilde{y}(t_i)\|
\end{aligned}$$

$$\leqslant c_0 h^2 + \frac{c_\pi h^2}{8} \max_{1 \leqslant i \leqslant n} \| y''(t_i) \|$$

$$\leqslant \frac{8c_0 + c_\pi M_2}{8} h^2. \tag{5.5.8}$$

从式 (5.5.7), (5.5.8) 和 (5.5.5b) 可进一步推出

$$\left(1 - \frac{h\alpha}{2}\right) \left\| y\left(t_n + \frac{h}{2}\right) - \widehat{y} \right\| \leqslant \frac{h\beta}{2} \frac{8c_0 + c_\pi M_2}{8} h^2 + c_\Delta h^3$$

$$\leqslant \left(\frac{(8c_0 + c_\pi M_2)\beta}{16} + c_\Delta\right) h^3,$$

因而有

$$\left\| y\left(t_n + \frac{h}{2}\right) - \widehat{y} \right\| \leqslant \left(\frac{(8c_0 + c_\pi M_2)\beta}{8} + 2 c_\Delta\right) h^3, \quad \forall h\alpha \leqslant 1. \tag{5.5.9}$$

从式 (5.5.2b), (5.5.4c) 及 (5.5.6) 可推出

$$\widetilde{y}(t_{n+1}) - \widetilde{y}_{n+1} = h\left(f\left(t_n + \frac{h}{2}, y\left(t_n + \frac{h}{2}\right), y(\cdot)\right) - f\left(t_n + \frac{h}{2}, \widehat{y}, \widetilde{y}^h(\cdot)\right)\right) + \delta$$

$$= 2\left(y\left(t_n + \frac{h}{2}\right) - \widehat{y} - \Delta\right) + \delta,$$

由此及式 (5.5.9) 及 (5.5.5b) 得到

$$\|\widetilde{y}(t_{n+1}) - \widetilde{y}_{n+1}\| \leqslant \left(\frac{(8c_0 + c_\pi M_2)\beta}{4} + 6c_\Delta + c_\delta\right) h^3, \quad \forall h\alpha \leqslant 1,$$

或即

$$\|\widetilde{y}(t_{n+1}) - \widetilde{y}_{n+1}\| \leqslant c_1 h^3, \quad \forall h\alpha \leqslant 1, \tag{5.5.10a}$$

这里常数

$$c_1 = \frac{(8c_0 + c_\pi M_2)\beta}{4} + 6c_\Delta + c_\delta \tag{5.5.10b}$$

仅具有适度大小, 它仅依赖于 β 及问题真解 $y(t)$ 的某些导数界 M_i.

　　另一方面, 由于方法 (5.5.1) 是 B-稳定的, 且 VFDE 初值问题 (5.2.1) 属于问题类 $\mathcal{D}(\alpha, \beta)$, 因而对于 (5.5.1) 和 (5.5.2) 这两个平行的计算步, B-稳定性不等式

$$\|y_{n+1} - \widetilde{y}_{n+1}\| \leqslant (1 + c\,h) \max\{\max_{1 \leqslant i \leqslant n} \|y_i - \widetilde{y}(t_i)\|,$$

$$\max_{-\tau \leqslant t \leqslant 0} \|\psi(t) - \varphi(t)\|\}, \quad \alpha h \leqslant \bar{c}_3, \beta h \leqslant \bar{c}_4 \tag{5.5.11a}$$

成立, 这里 $n \geqslant k_0$,

$$c = \bar{c}_1 \alpha_+ + \bar{c}_2 \beta, \tag{5.5.11b}$$

常数 $\bar{c}_1, \bar{c}_2, \bar{c}_3, \bar{c}_4 > 0$ 仅依赖于方法, 由此可见常数 $c \geqslant 0$ 仅具有适度大小 (参见文献 [28] 第二部分定理 (2.2.3)).

从式 (5.5.11) 及 (5.5.10) 立得

$$\|y_{n+1} - \widetilde{y}(t_{n+1})\| \leqslant (1 + c\,h) \max\{\max_{1 \leqslant i \leqslant n} \|y_i - \widetilde{y}(t_i)\|, \ \max_{-\tau \leqslant t \leqslant 0} \|\psi(t) - \varphi(t)\|\}$$

$$+ c_1\,h^3, \quad h \leqslant H_0, \ n \geqslant k_0, \tag{5.5.12}$$

这里

$$H_0 = \begin{cases} \min\left\{\dfrac{\min\{\bar{c}_3, 1\}}{\alpha}, \dfrac{\bar{c}_4}{\beta}\right\}, & \alpha > 0, \ \beta > 0, \\[3mm] \dfrac{\min\{\bar{c}_3, 1\}}{\alpha}, & \alpha > 0, \ \beta = 0, \\[3mm] \dfrac{\bar{c}_4}{\beta}, & \alpha \leqslant 0, \ \beta > 0, \end{cases} \tag{5.5.13}$$

注意当 $\alpha \leqslant 0$ 且 $\beta = 0$ 时, $H_0 > 0$ 的值可任给. 令

$$X_n = \max\{\max_{1 \leqslant i \leqslant n} \|y_i - \widetilde{y}(t_i)\|, \ \max_{-\tau \leqslant t \leqslant 0} \|\psi(t) - \varphi(t)\|\}.$$

那么当 $n \geqslant k_0$ 且 $h \leqslant H_0$ 时, 从式 (5.5.12) 可推出

$$X_{n+1} \leqslant (1 + ch)X_n + c_1 h^3,$$

因而当 $n > k_0$ 且 $h \leqslant H_0$ 时, 通过简单的归纳可得

$$\|y_n - \widetilde{y}(t_n)\| \leqslant X_n \leqslant (1 + ch)^{n-k_0} X_{k_0} + \sum_{i=0}^{n-k_0-1} (1 + ch)^i\, c_1 h^3$$

$$\leqslant (1 + ch)^{n-k_0} \left(X_{k_0} + (n - k_0)c_1 h^3\right)$$

$$\leqslant \exp(c\,(t_n - t_{k_0}))\left(X_{k_0} + c_1\,(t_n - t_{k_0})\,h^2\right)$$

$$= C_0(t_n)\Bigg[\max\{\max_{1 \leqslant i \leqslant k_0} \|y_i - \widetilde{y}(t_i)\|,$$

$$\max_{-\tau \leqslant t \leqslant 0} \|\psi(t) - \varphi(t)\|\} + c_1(t_n - t_{k_0})h^2\Bigg], \tag{5.5.14}$$

这里

$$C_0(t) = \exp(c(t - t_{k_0})), \tag{5.5.15}$$

k_0 是所用的附加起始值的个数. 应用式 (5.5.3) 及 (5.2.2b) 易算出

$$\begin{cases} \|y_n - y(t_n)\| = \left\|y_n - \widetilde{y}(t_n) - \dfrac{h^2}{8} y''(t_n)\right\| \leqslant \|y_n - \widetilde{y}(t_n)\| + \dfrac{M_2}{8} h^2, \\[2mm] \max\limits_{1 \leqslant i \leqslant k_0} \|y_i - \widetilde{y}(t_i)\| = \max\limits_{1 \leqslant i \leqslant k_0} \left\|y_i - y(t_i) + \dfrac{h^2}{8} y''(t_i)\right\| \leqslant \max\limits_{1 \leqslant i \leqslant k_0} \|y_i - y(t_i)\| + \dfrac{M_2}{8} h^2. \end{cases}$$

由此及式 (5.5.14) 及 (5.5.15) 立得整体误差估计

$$\|y_n - y(t_n)\| \leqslant C_0(t_n)\bigg(\max\{ \max_{1 \leqslant i \leqslant k_0} \|y_i - y(t_i)\|, \max_{-\tau \leqslant t \leqslant 0} \|\psi(t) - \varphi(t)\| \}$$

$$+ \left(\frac{M_2}{8} + c_1(t_n - t_{k_0}) \right) h^2 \bigg) + \frac{M_2}{8} h^2$$

$$= C_0(t_n) \, \max\{ \max_{1 \leqslant i \leqslant k_0} \|y_i - y(t_i)\|, \max_{-\tau \leqslant t \leqslant 0} \|\psi(t) - \varphi(t)\| \} + C(t_n) \, h^2,$$

$$h \leqslant H_0, \quad n > k_0, \tag{5.5.16}$$

这里

$$C(t) = \left(\frac{M_2}{8} + c_1(t - t_k) \right) \exp\left(c(t - t_k) \right) + \frac{M_2}{8}. \tag{5.5.17}$$

从式 (5.5.13), (5.5.15), (5.5.17), (5.5.10b) 及 (5.5.11b) 容易看出 $C_0(t), C(t)$ 及 $\mathit{\Pi}_0^{-1}$ 均仅具有适度大小, 由此可见不等式 (5.5.16) 表征着按均匀时间步长 $h > 0$ 进行计算的带有 2-阶 Lagrange 正则插值算子 $\mathit{\Pi}^h$ 的正则隐式中点方法 (5.5.1) 是二阶最佳 B-收敛的 (参见文献 [28] 第二部分定义 2.3.4), 定理 5.5.1 证毕.

　　注意当我们把整个时间积分区间 $[0, T]$ 划分成 $[0, T_1]$, $[T_1, T]$ 两个子区间 (这里 $0 < T_1 < T$), 用带有 2-阶 Lagrange 正则插值算子 $\mathit{\Pi}^h$ 的 CaIM 方法在这两个子区间上分别按不同的时间步长 $h_1 > 0$ 和 $h_2 > 0$ 来进行计算时, 按照定理 5.5.1, 当我们在这两个子区间上分别按均匀时间步长进行计算时, 数值解均具有二阶最佳 B-收敛的整体精度, 但当我们从特殊的节点 T_1 出发进行计算时, 由于改变了步长, 数值解仅具有一阶最佳 B-收敛的整体精度, 然而此情形下数值解仍然是一阶 B-相容的, 因而仍具有二阶局部精度. 由于在这个特殊节点上计算时仍然具有二阶局部精度, 它显然不会影响到整个计算在整个时间区间 $[0, T]$ 上具有二阶最佳 B-收敛的整体精度. 由此可见此情形下带有 2-阶 Lagrange 正则插值算子 $\mathit{\Pi}^h$ 的

CaIM 方法仍然是 B-稳定、一阶 B-相容且二阶最佳 B-收敛的. 但须注意将二阶最佳 B-收敛不等式 (5.5.16) 修改为

$$\|y_n - y(t_n)\| \leqslant C_0(t_n) \max\{\max_{1 \leqslant i \leqslant k_0} \|y_i - y(t_i)\|,$$
$$\max_{-\tau \leqslant t \leqslant 0} \|\psi(t) - \varphi(t)\|\} + C(t_n) (\max_{1 \leqslant i \leqslant 2} h_i)^2,$$
$$\max_{1 \leqslant i \leqslant 2} h_i \leqslant H_0, \quad n > k_0. \quad (5.5.16)'$$

由此得到如下推论:

推论 5.5.1 按分段均匀时间步长 $h_n = t_{n+1} - t_n$ 求解 Volterra 泛函微分方程初值问题 (5.2.1) 的带有 2-阶 Lagrange 正则插值算子 Π^h 的正则隐式中点方法 (简记为 CaIM)

$$\begin{cases} y^h(t) = \Pi^h(t; \psi, y_1, y_2, \cdots, y_n), \quad -\tau \leqslant t \leqslant t_{n+1}, \\ y_{n+1} = y_n + h_n f\left(t_n + \dfrac{h_n}{2}, \dfrac{y_n + y_{n+1}}{2}, y^h(\cdot)\right) \end{cases} \quad (5.5.1)'$$

是 B-稳定、一阶 B-相容且二阶最佳 B-收敛的, 只要用于分段的节点个数远小于时间节点的总个数.

由于按分段均匀时间步长 $h_n = t_{n+1} - t_n$ 求解 ODE 初值问题 (5.2.5) 的隐式中点方法 (简记为 IM)

$$y_{n+1} = y_n + h_n f\left(t_n + \frac{h_n}{2}, \frac{y_n + y_{n+1}}{2}\right) \quad (5.5.1)''$$

可视为求解 VFDE 初值问题的正则隐式中点方法 (5.5.1)$'$ 的特殊情形, 因而从推论 5.5.1 可进一步得到

推论 5.5.2 按分段均匀时间步长 $h_n = t_{n+1} - t_n$ 求解 ODE 初值问题 (5.2.5) 的隐式中点方法 (简记为 IM) (5.5.1)$''$ 是 B-稳定、一阶 B-相容且二阶最佳 B-收敛的, 只要用于分段的节点个数远小于时间节点的总个数.

注 5.5.1 由于定理 5.5.1 及推论 5.5.1 中的正则隐式中点方法 (5.5.1) 所携带的是 2-阶 Lagrange 正则插值算子, 我们可取附加起始值的个数 $k_0 = 1$.

至此, 我们终于找到了计算量很小、B-稳定而又能达到二阶最佳 B-收敛精度的偏微分方程时间离散化方法, 那就是 IM 方法和 CaIM 方法. 这确实是一件值得庆幸的事. 因为 IM 方法是 B-稳定的而梯形方法 (简记为 Tr, 又称为 Crank-Nicholson 格式) 仅仅是 A-稳定的, 当用于强非线性复合刚性抛物型方程初边值问题时间离散化时, 特别是当用于多尺度强非线性复合刚性辐射扩散方程组初边值问题时间离散化时, IM 方法可确保数值稳定性, 而 Tr 方法常常会因为计算不稳定

而导致整个计算失败 (参见例 5.6.2 及例 5.6.3). 另一方面, 由于 IM 方法是二阶最佳 B-收敛的, 且其计算公式中仅包含一次右函数求值, 而 Tr 方法仅仅是二阶经典收敛的, 且其计算公式中需要两次右函数求值, 故即使在这两种方法都可用作时间离散化方法的通常情况下, IM 方法比 Tr 方法的计算精度更高, 而且计算速度更快 (参见例 5.6.1).

5.5.2　CMS 方法及 CES-CMS 方法

对于带有 2-阶 Lagrange 正则插值算子 $\varPi^h$ 的 CaIM 方法 (5.5.1)′, 应用式 (5.4.4)-(5.4.5) 易构造一类与其等价的专用于求解带有刚性分解 $(f_1,\ f_2)$ 的非线性复合刚性 VFDE 初值问题 (5.2.1) 的正则中点分裂方法, 或即有序方法偶 (参见定义 5.4.1)

$$
\begin{cases}
y^h(t) = \varPi^h(t; \psi, y_1, y_2, \cdots, y_n), & -\tau \leqslant t \leqslant t_{n+1}, \\
\overline{y}_{n+1} = y_n + h_n f_1\left(t_n + \dfrac{h_n}{2}\ ,\ \left(1 + \dfrac{h_n}{2h_{n-1}}\right) y_n - \dfrac{h_n}{2h_{n-1}}\, y_{n-1}\ ,\ y^h(\cdot)\right)
\end{cases}
$$
(5.5.18a)

及

$$
\begin{cases}
y^h(t) = \varPi^h(t; \psi, y_1, y_2, \cdots, y_n), & -\tau \leqslant t \leqslant t_{n+1}, \\
y_{n+1} = \overline{y}_{n+1} + h_n f_2\left(t_n + \dfrac{h_n}{2}, \dfrac{y_n + y_{n+1}}{2}, y^h(\cdot)\right).
\end{cases}
$$
(5.5.18b)

应用式 (5.4.4)′-(5.4.5) 易构造一类与其等价的专用于求解带有刚性分解 $(f_1,\ f_2)$ 的非线性复合刚性 ODE 初值问题 (5.2.5) 的正则中点分裂方法, 或即有序方法偶

$$
\overline{y}_{n+1} = y_n + h_n f_1\left(t_n + \dfrac{h_n}{2}\ ,\ \left(1 + \dfrac{h_n}{2h_{n-1}}\right) y_n - \dfrac{h_n}{2h_{n-1}}\, y_{n-1}\right)
$$
(5.5.19a)

及

$$
y_{n+1} = \overline{y}_{n+1} + h_n f_2\left(t_n + \dfrac{h_n}{2}, \dfrac{y_n + y_{n+1}}{2}\right).
$$
(5.5.19b)

注意其中第二个子方法 (5.5.18b) 和 (5.5.19b) 是隐式中点方法, 为方便计, 我们称其中第一个子方法 (5.5.18a) 和 (5.5.19a) 为广义显式中点方法 (Generalized Explicit Midpoint method, GExMid). 正则中点分裂方法就是由广义显式中点方法和隐式中点方法所构成的有序方法偶. 此外注意当使用定步长 $h > 0$ 进行计算时,

广义显式中点方法 (5.5.18a) 和 (5.5.19a) 分别简化为

$$
\begin{cases}
y^h(t) = \Pi^h(t; \psi, y_1, y_2, \cdots, y_n), & -\tau \leqslant t \leqslant t_{n+1}, \\
\overline{y}_{n+1} = y_n + h_n f_1(t_n + h_n/2, (3\,y_n - y_{n-1})/2, y^h(\cdot))
\end{cases}
\tag{5.5.18a}'
$$

及

$$
\overline{y}_{n+1} = y_n + h_n f_1(t_n + h_n/2, (3\,y_n - y_{n-1})/2).
\tag{5.5.19a}'
$$

由于当按分段均匀时间步长进行计算时, 方法 (5.5.1)$'$ 是 B-稳定、一阶 B-相容且二阶最佳 B-收敛的, 故与其等价的正则中点分裂方法 (5.5.18) 及 (5.5.19) 当按分段均匀时间步长进行计算时, 都是定量稳定、一阶定量相容且二阶定量收敛的.

正则中点分裂方法的英文名为 Cananical Midpoint Splitting method, 故我们将方法 (5.5.18) 和 (5.5.19) 简称为 CMS 方法. 至此, 我们终于找到了一类计算量很小、定量稳定而又能达到二阶定量收敛精度的新的正则分裂方法, 那就是 CMS 方法. 从计算量很小但仅具有一阶定量收敛精度的 CES 方法跃升至计算量同样很小而又具有二阶定量收敛精度的 CMS 方法, 这的确是一件值得庆幸的事.

另一方面, 由于在 CMS 方法的计算公式中包含有 y_n 和 y_{n-1}, CMS 方法实际上是一个二步方法, 因而它不适宜用作具有间断的偏微分方程初边值问题的时间离散化方法, 更不适宜用作辐射流体动力学方程组初边值问题的时间离散化方法. 因此我们迫切地希望能将 CMS 方法修改为单步方法.

为达到此目的, 我们把 CES 方法和 CMS 方法适当地结合起来, 用于按分段均匀时间步长 $h_n = t_{n+1} - t_n$ 求解带有任给刚性分解方案 f_1, f_2 的非线性复合刚性 VFDE 初值问题 (5.2.1), 并考虑推进任一时间积分步

$$(t_n, \psi, y_1, y_2, \cdots, y_n) \to (t_{n+1}, \psi, y_1, y_2, \cdots, y_{n+1}),$$

的如下计算流程:

步骤 1 用 CES 方法 (5.3.3)-(5.3.5) 从时刻 t_n 及初值 y_n 出发按时间步长 $\widehat{h} = h_n/2$ 求解带有刚性分解方案 f_1, f_2 的非线性复合刚性问题 (5.2.1), 计算一步, 所获计算结果记为 $(t_n + h_n/2, \widehat{y}_{n+1/2})$.

步骤 2 将上述用 CES 方法所获得的计算结果 $\widehat{y}_{n+1/2}$ 嵌入到广义显式中点方法 (5.5.18a) 中右函数 f_1 的第 2 个变元, 去取代用外插方法得到的表达式 $\left(1 + \dfrac{h_n}{2\,h_{n-1}}\right) y_n - \dfrac{h_n}{2\,h_{n-1}} y_{n-1}$, 从而获得与有序方法偶 (5.5.18a)-(5.5.18b) 相应的一

种新的有序方法偶

$$
\begin{cases}
y^h(t) = \Pi^h(t; \psi, y_1, y_2, \cdots, y_n), & -\tau \leqslant t \leqslant t_{n+1}, \\
\overline{y}_{n+1} = y_n + h_n \, f_1(t_n + h_n/2, \widehat{y}_{n+1/2}, y^h(\cdot))
\end{cases}
\tag{5.5.20a}
$$

及

$$
\begin{cases}
y^h(t) = \Pi^h(t; \psi, y_1, y_2, \cdots, y_n), & -\tau \leqslant t \leqslant t_{n+1}, \\
y_{n+1} = \overline{y}_{n+1} + h_n \, f_2\left(t_n + \dfrac{h_n}{2}, \dfrac{y_n + y_{n+1}}{2}, y^h(\cdot)\right).
\end{cases}
\tag{5.5.20b}
$$

步骤 3　用有序方法偶 (5.5.20a)-(5.5.20b), 从时刻 t_n 及初值 y_n 出发, 按时间步长 $h_n > 0$ 再一次求解带有刚性分解方案 f_1, f_2 的非线性复合刚性问题 (5.2.1), 计算一步, 以所获计算结果 (t_{n+1}, y_{n+1}) 作为上述时间步的最终计算结果.

为方便计, 我们称按照上述流程, 用有序方法偶 (5.5.20a)-(5.5.20b) 来求解非线性复合刚性问题 (5.2.1) 的正则分裂方法为基于 CES 和 CMS 方法的正则嵌入分裂方法, 简称为嵌入分裂方法, 简记为 CES-CMS. 上述有序方法偶中的第二个子方法 (5.5.20b) 是隐式中点方法, 为方便计, 我们称其中第一个子方法 (5.5.20a) 为嵌入中点方法 (Embedded Midpoint method, EmbMid). 嵌入分裂方法 CES-CMS 就是由嵌入中点方法和隐式中点方法所构成的有序方法偶.

由于 ODE 初值问题可视为 VFDE 初值问题的特殊情形, 故嵌入分裂方法 CES-CMS 同样可用于求解非线性复合刚性 ODE 初值问题 (5.2.5), 其计算流程是类似的, 但需注意此情形下有序方法偶 (5.5.20a)-(5.5.20b) 蜕化为更简单的有序方法偶

$$
\overline{y}_{n+1} = y_n + h_n \, f_1(t_n + h_n/2, \widehat{y}_{n+1/2})
\tag{5.5.21a}
$$

及

$$
y_{n+1} = \overline{y}_{n+1} + h_n \, f_2\left(t_n + \dfrac{h_n}{2}, \dfrac{y_n + y_{n+1}}{2}\right),
\tag{5.5.21b}
$$

其中 $\widehat{y}_{n+1/2}$ 表示用 CES 方法 (5.3.8a)-(5.3.8b) 从时刻 t_n 及初值 y_n 出发按时间步长 $\widehat{h} = h_n/2$ 求解非线性复合刚性 ODE 初值问题 (5.2.5) 时, 计算一步所获得的计算结果.

用于求解非线性复合刚性 VFDE 及 ODE 初值问题的 CES-CMS 方法都是单步方法, 类似地可以证明, 当按分段均匀时间步长进行计算时, 它们都是定量稳定且二阶定量收敛的.

5.6 扩散占优偏微分方程时间离散化方法

5.6.1 关于时间离散化方法的数值试验

例 5.6.1 考虑扩散占优偏微分方程初边值问题

$$
\begin{cases}
\dfrac{\partial U}{\partial t} + \exp(-U)\dfrac{\partial U}{\partial x} = \dfrac{\partial}{\partial x}\left(U^6\dfrac{\partial U}{\partial x}\right) + \dfrac{2}{5}\left(1 - \dfrac{127}{625t+2}\right)U, & 0 < x < \pi,\, 0 < t \leqslant 3, \\
U(x,0) = \sin x, & 0 < x < \pi, \\
U(0,t) = U(\pi,t) = 0, & 0 \leqslant t \leqslant 3.
\end{cases}
\tag{5.6.1}
$$

在均匀空间网格

$$
\left\{x_i \ \middle|\ x_i = i\,\Delta x,\ \Delta x = \frac{\pi}{N},\ i = 0,1,2,\cdots,N,\ N = 3000\right\}
$$

上用有限差分法对问题 (5.6.1) 进行空间离散, 从而得到半离散格式

$$
\begin{cases}
\dfrac{\mathrm{d}u_i}{\mathrm{d}t} = \dfrac{(u_{i+1}^6 + u_i^6)(u_{i+1} - u_i) - (u_i^6 + u_{i-1}^6)(u_i - u_{i-1})}{2\Delta x^2} \\
\qquad\quad - \exp(-u_i)\dfrac{u_i - u_{i-1}}{\Delta x} + \dfrac{2}{5}\left(1 - \dfrac{127}{625t+2}\right)u_i, \\
\qquad\qquad 0 < t \leqslant 3,\ i = 1,2,\cdots,N-1, \\
u_i(0) = \sin x_i, \qquad i = 1,2,\cdots,N-1, \\
u_0(t) = u_N(t) = 0,\quad 0 \leqslant t \leqslant 3,
\end{cases}
\tag{5.6.2}
$$

这里的每个 $u_i = u_i(t)$ 是原问题的真解 $U(x_i, t)$ 的逼近.

首先, 我们用 3 阶最佳 B-收敛的三级 Radau IIA 型 Runge-Kutta 法按极小时间步长 $h = 10^{-5}$ 在整个时间积分区间 $0 \leqslant t \leqslant 3$ 上求解半离散问题 (5.6.2), 并以所获得的高精度数值解作为半离散问题的近似真解, 以供估计误差之用. 然后, 我们分别用隐式中点方法 IM 及梯形方法 Tr (或即 Crank-Nicholson 格式) 依次按时间步长 $h_\delta = 10^{-3}/\delta, \delta = 1, 2, 4, 8, 16, 32$ 在整个时间区间 $0 \leqslant t \leqslant 3$ 上来求解半离散问题 (5.6.2), 并将所获数值结果关于半离散问题真解的最大整体误差 $E_{\max}$、计算所花费的时间 t_{cpu} 以及方法的观测阶 P 列于表 5.6.1.

表 5.6.1　分别用 IM 及 Tr 方法按不同时间步长 h_δ 求解半离散问题 (5.6.2) 时所获数值解关于半离散问题真解的最大整体误差 $E_{\max}$、计算所花费时间 t_{cpu} 及方法的观测阶 P

h_δ	最大整体误差 $E_{\max}$		计算花费时间 t_{cpu}		方法的观测阶 P	
	IM	Tr	IM	Tr	IM	Tr
$1.00\mathrm{e}{-3}$	$2.34\mathrm{e}{-3}$	$4.95\mathrm{e}{-3}$	$102\,\mathrm{s}$	$206\,\mathrm{s}$	1.96	1.92
$5.00\mathrm{e}{-4}$	$6.00\mathrm{e}{-4}$	$1.31\mathrm{e}{-3}$	$198\,\mathrm{s}$	$342\,\mathrm{s}$	1.96	1.92
$2.50\mathrm{e}{-4}$	$1.51\mathrm{e}{-4}$	$3.28\mathrm{e}{-4}$	$330\,\mathrm{s}$	$553\,\mathrm{s}$	1.99	2.00
$1.25\mathrm{e}{-4}$	$3.77\mathrm{e}{-5}$	$8.21\mathrm{e}{-5}$	$593\,\mathrm{s}$	$987\,\mathrm{s}$	2.00	2.00
$6.25\mathrm{e}{-5}$	$9.31\mathrm{e}{-6}$	$2.06\mathrm{e}{-5}$	$1178\,\mathrm{s}$	$1956\,\mathrm{s}$	2.02	1.99
$3.125\mathrm{e}{-5}$	$2.22\mathrm{e}{-6}$	$5.27\mathrm{e}{-6}$	$2268\,\mathrm{s}$	$3769\,\mathrm{s}$	2.07	1.97

从表 5.6.1 看到, 对于通常的扩散占优偏微分方程问题时间离散化, 线性稳定性理论仍然是适用的, 因而既可用 B-稳定的 IM 方法, 又可用 A-稳定的 Tr 方法作为时间离散化方法. 但另一方面, 从表 5.6.1 还可以清楚地看出, 正如我们在 5.5.1 小节末尾所指出的, IM 方法不仅计算精度比 Tr 方法更高, 而且计算速度比 Tr 方法更快.

例 5.6.2　考虑多尺度偏微分方程初边值问题

$$
\begin{cases}
\dfrac{\partial U}{\partial t} = \exp(5(6-t)) \left(\dfrac{\partial^2 U}{\partial x^2} + \dfrac{\partial U}{\partial x} \right) - U^2 \\
\qquad\quad + \exp(-2x)\cos^2(t) - \exp(-x)\sin(t), & 0 < x < 1,\ 0 \leqslant t \leqslant 10, \\
U(x,0) = \exp(-x), & 0 < x < 1, \\
U(0,t) = \cos(t), \quad U(1,t) = \exp(-1)\cos(t), & 0 \leqslant t \leqslant 10.
\end{cases}
$$

$$(5.6.3)$$

该问题有唯一真解

$$
U(x,t) = \exp(-x)\cos(t). \tag{5.6.4}
$$

在均匀空间网格

$$
\left\{ x_i \ \middle|\ x_i = i\,\Delta x,\ \Delta x = \frac{1}{N},\ i = 0,1,2,\cdots,N,\ N = 10000 \right\}
$$

上用有限差分法对问题 (5.6.3) 进行空间离散, 从而得到半离散格式

$$\begin{cases} \dfrac{\mathrm{d}u_i}{\mathrm{d}t} = \exp(5(6-t)) \left(\dfrac{u_{i+1} - 2u_i + u_{i-1}}{\Delta x^2} + \dfrac{u_{i+1} - u_i}{\Delta x} \right) - u_i^2 \\[3mm] \qquad + \exp(-2x_i)\cos^2(t) - \exp(-x_i)\sin(t), \quad 0 \leqslant t \leqslant 10, \ i=1,2,\cdots,N-1, \\[3mm] u_i(0) = \exp(-x_i), \qquad\qquad\qquad\qquad\quad i = 1, 2, \cdots, N-1, \\[3mm] u_0(t) = \cos(t), \ \ u_N(t) = \exp(-1)\cos(t), \qquad 0 \leqslant t \leqslant 10, \end{cases}$$
$$(5.6.5)$$

这里的每个 $u_i = u_i(t)$ 是原问题的真解 $U(x_i, t)$ 的逼近.

仿照例 5.3.2 中的做法, 首先我们取非常小的时间步长 $h = 10^{-5}$, 用具有二阶最佳 B-收敛精度的隐式中点方法 IM 来求解半离散问题 (5.6.5), 并以所获得的高精度数值解 $\{u_i^{(n)}\}$ 作为半离散问题 (5.6.5) 的近似真解. 然后使用半离散问题的近似真解 $u_i^{(n)}$ 和原问题 (5.6.3) 的已知的真解 $U(x,t) = e^{-x}\cos(t)$ 便很容易近似地估计出空间离散误差的最大范数为

$$E_{\max}^{(\mathrm{sp})} = 8.327 \times 10^{-6},$$

由于时间离散误差必须与空间离散误差相匹配, 以此可作为我们进行数值试验时选择时间步长的重要参考.

现在我们分别用隐式中点方法 IM、隐式 Euler 方法 (IE) 以及梯形方法 Tr (或即 Crank-Nicholson 格式) 从初始时刻 $t = 0$ 出发按不同时间步长 $h > 0$ 来求解半离散问题 (5.6.5), 所获计算结果关于原问题真解的最大整体误差 $E_{\max}$ 及计算所花费的时间 t_{cpu} 列于表 5.6.2.

表 5.6.2　当用不同方法按不同时间步长 h 求解问题 (5.6.5) 时所获数值解关于原问题真解的最大整体误差 $E_{\max}$ 及计算所花费的时间 t_{cpu}

方法名称	时间步长 h	计算终止时刻	$E_{\max}$	t_{cpu}	附注
IM	10^{-2}	10	1.994×10^{-4}	38s	计算速度快且
	10^{-3}	10	9.272×10^{-6}	6min 57s	计算精度最高
IE	10^{-2}	10	4.528×10^{-2}	40s	计算速度快但
	10^{-3}	10	4.488×10^{-3}	5min 2.4s	仅具有一阶最
	10^{-4}	10	4.487×10^{-4}	46min 20s	佳 B-收敛精度
Tr	10^{-2}	4.33	$1.799 \times 10^{+3}$	39s	因梯形方法
	10^{-3}	10	$1.879 \times 10^{+2}$	12min 18s	不稳定导致
	10^{-4}	10	$1.463 \times 10^{+2}$	1h 32min 27s	整个计算失败

从表 5.6.2 可以清楚地看出, 对于本例中的多尺度偏微分方程问题时间离散化, 线性稳定性理论不再成立, A-稳定的梯形方法 Tr (或即 Crank-Nicholson 格式) 其实是不稳定的, 不可使用. 另一方面, 由于隐式中点方法 IM 和隐式 Euler 方

法 IE 都是 B-稳定的, 理论分析和数值试验均已表明, 对于求解各种十分复杂的强非线性复合刚性问题及多尺度问题, B-稳定的方法均能确保计算稳定. 本例再一次证实了 IM 方法和 IE 方法都很健壮, 稳定性都很好. 尤其可喜的是从表中看到 IM 方法的计算精度确实比 IE 方法高一个数量级, 从而为提高偏微分方程问题的时间离散化精度指明了正确途径.

注 5.6.1　从表 5.6.2 还可以看到, 当用 Tr 方法按时间步长 10^{-2} 进行计算时, 仅算至时刻 $t = 4.33$ 整个计算便被迫中断, 这是由于牛顿迭代不收敛所带来的计算失败, 特此说明. 注意在例 5.6.3 中亦有类似情况发生.

例 5.6.3　考虑多尺度 Volterra 偏泛函微分方程初边值问题

$$
\begin{cases}
\dfrac{\partial U}{\partial t} = \exp(10(3-t))\left(\dfrac{\partial^2 U}{\partial x^2} + \dfrac{\partial U}{\partial x}\right) - U^2 + \exp(-2x) \\
\qquad -2\sin(t/2)(\exp(-x)\sin(t)+1)U(x, t/2-2\pi), \quad 0<x<1, 0\leqslant t\leqslant 10, \\
U(x,t) = \exp(-x)\cos(t), \qquad\qquad\qquad\qquad 0<x<1, -2\pi\leqslant t\leqslant 0, \\
U(0,t) = \cos(t), \quad U(1,t) = \exp(-1)\cos(t), \qquad 0\leqslant t\leqslant 10.
\end{cases}
$$
$$(5.6.6)$$

该问题有唯一真解

$$U(x,t) = \exp(-x)\cos(t). \tag{5.6.7}$$

在均匀空间网格

$$\left\{ x_i \ \middle| \ x_i = i\,\Delta x, \ \Delta x = \frac{1}{N}, \ i = 0, 1, 2, \cdots, N, \ N = 10000 \right\}$$

上用有限差分法对问题 (5.6.6) 进行空间离散, 从而得到半离散格式

$$
\begin{cases}
\dfrac{\mathrm{d}u_i}{\mathrm{d}t} = \exp(10(3-t))\left(\dfrac{u_{i+1}-2u_i+u_{i-1}}{\Delta x^2} + \dfrac{u_{i+1}-u_i}{\Delta x}\right) - u_i^2 \\
\qquad + \exp(-2x_i) - 2\sin(t/2)(\exp(-x_i)\sin(t)+1)u_i(t/2-2\pi), \\
\qquad\qquad\qquad\qquad\qquad\qquad 0\leqslant t\leqslant 10, \ i = 1, 2, \cdots, N-1, \\
u_i(t) = \exp(-x_i)\cos(t), \qquad\qquad -2\pi\leqslant t\leqslant 0, \ i = 1, 2, \cdots, N-1, \\
u_0(t) = \cos(t), \quad u_N(t) = \exp(-1)\cos(t), \quad 0\leqslant t\leqslant 10,
\end{cases}
$$
$$(5.6.8)$$

这里的每个 $u_i = u_i(t)$ 是原问题的真解 $U(x_i, t)$ 的逼近.

仿照例 5.3.2 中的做法, 首先我们取非常小的时间步长 $h = 10^{-5}$, 用具有二阶最佳 B-收敛精度的正则隐式中点方法 (5.6.1) 来求解半离散问题 (5.6.8), 并以所

获得的高精度数值解 $\{u_i^{(n)}\}$ 作为半离散问题 (5.6.8) 的近似真解. 然后使用半离散问题的近似真解 $u_i^{(n)}$ 和原问题 (5.6.6) 的已知的真解 $U(x,t) = e^{-x}\cos(t)$ 便很容易近似地估计出空间离散误差的最大范数

$$E_{\max}^{(\mathrm{sp})} = 1.717923 \times 10^{-5}.$$

由于时间离散误差必须与空间离散误差相匹配, 以此可作为我们进行数值试验时选择时间步长的重要参考.

现在我们分别用正则隐式中点方法 (简记为 CaIM), 正则隐式 Euler 方法 (简记为 CaIE) 以及正则梯形方法 (简记为 CaTr) 从初始时刻 $t = 0$ 出发按不同时间步长 $h > 0$ 来求解半离散问题 (5.6.8), 所获计算结果关于原问题真解的最大整体误差及计算所花费的时间列于表 5.6.3.

表 5.6.3 当用不同方法按不同时间步长 h 求解问题 (5.6.8) 时所获数值解关于原问题真解的最大整体误差 $E_{\max}$ 及计算所花费的时间 t_{cpu}

方法名称	时间步长 h	计算终止时刻 $\bar{t}$	$E_{\max}$	t_{cpu}	附注
CaIM	10^{-2}	10	2.399×10^{-4}	44s	计算速度快且
	10^{-3}	10	1.718×10^{-5}	6min 57s	计算精度最高
CaIE	10^{-2}	10	6.905×10^{-3}	49s	计算速度快但
	10^{-3}	10	1.140×10^{-3}	7min 15s	仅具有一阶最
	10^{-4}	10	1.033×10^{-4}	54min 22s	佳 B-收敛精度
CaTr	10^{-2}	2.15	$1.832 \times 10^{+3}$	37s	因正则梯形方
	10^{-3}	4.00	$6.755 \times 10^{+2}$	7min 56s	法不稳定导致
	10^{-4}	10	$7.628 \times 10^{+1}$	1h 57min 6s	整个计算失败

从表 5.6.3 可以清楚地看出, 对于本例中的多尺度 Volterra 偏泛函微分方程问题的时间离散化, 线性稳定性理论同样不成立, A-稳定的正则梯形方法 CaTr 实际上是不稳定的, 不可使用. 另一方面, 由于正则隐式中点方法 CaIM 和正则隐式 Euler 方法 CaIE 都是 B-稳定的, 当用于本例中的多尺度偏泛函微分方程问题时时间离散化时, 它们的稳定性都很好, 都很健壮, 尤其可喜的是从表中可看到 CaIM 方法的计算精度确实比 CaIE 方法高一个数量级, 从而为提高偏泛函微分方程问题的时间离散化精度指明了正确途径.

更进一步, 对于各种高新技术及辐射驱动内爆压缩过程数值模拟中经常遇到的高维非线性扩散占优偏微分方程组及偏泛函微分方程组初边值问题的时间离散化, 由于计算量特别大, 即使用 IM 方法或 CaIM 方法在巨型计算机上计算, 不仅很难保证预期计算精度, 而且计算所需要花费的时间通常都会长到使人无法承受的程度. 此情形下解决问题的最佳方案就是使用本章专门研究的正则分裂方法, 例如 CES 方法、CMS 方法、CES-CMS 方法以及各种类型的高阶 CaRKS 方法. 关于 CES 方法和 CaRKS 方法, 我们在本章作了数值试验, 关于 CMS 方法和

CES-CMS 方法的数值试验将移至本书第 6 章和第 7 章结合自适应正则分裂方法的研究进行 (参见本书 6.3 节, 6.5 节及 7.3 节).

5.6.2　怎样正确地选择扩散占优偏微分方程时间离散化方法

通过本章的理论分析和数值试验可以得出如下结论:

(1) 对于用线方法求解规模不是太大的扩散占优偏微分方程初边值问题, 包括通常的问题, 强非线性复合刚性问题及多尺度问题、最佳时间离散化方法是隐式 Euler 方法 IE 和隐式中点方法 IM, 而不是有的文献和教科书中所宣扬的梯形方法 Tr, 或即 Crank-Nicholson 格式. 对于特别强调方法的强壮性但对时间离散精度要求不高的问题可使用 IE 方法, 当希望提高时间离散精度时就应当使用 IM 方法.

(2) 对于用线方法求解高新技术问题数值模拟中经常遇到的高维扩散占优偏微分方程组初边值问题, 尤其是三维多尺度强非线性复合刚性问题, 由于计算量特别大, 此情形下最佳时间离散化方法是正则 Euler 分裂方法 CES 和正则嵌入分裂方法 CES-CMS, 而不是目前国际上已有的经典算子分裂方法或有的教科书中所宣扬的古老的交替方向隐格式. 对于特别强调方法的强壮性但对时间离散精度要求不高的问题可使用 CES 方法, 当希望提高时间离散精度时就应当使用 CES-CMS 方法.

(3) 对于用线方法求解扩散占优 Volterra 偏泛函微分方程初边值问题, 结论是类似的: 对于用线方法求解规模不是太大的扩散占优 Volterra 偏泛函微分方程初边值问题, 最佳时间离散化方法是 CaIE 和 CaIM 方法, 而不是 CaTr 方法. 对于用线方法求解规模很大的高维扩散占优多尺度强非线性复合刚性 Volterra 偏泛函微分方程组初边值问题, 最佳时间离散化方法是正则 Euler 分裂方法 CES 和正则嵌入分裂方法 CES-CMS, 而不是目前国际上已有的经典算子分裂方法.

参 考 文 献

[1] Araujo A, Branco J R, Ferreira J A. On the stability of a class of splitting methods for integro-differential equations. Applied Numerical Mathematics, 2009, 59: 436-453.

[2] Arrarás A, Portero L, Jorge J C. Locally linearized fractional step methods for nonlinear parabolic problems. Sci. Jcam., 2010, 234: 1117-1128.

[3] Ascher U M, Ruuth S J, Wetton B T R. Implicit-explicit methods for time-dependent differential equations. SIAM. J. Numer. Anal., 1995, 32: 797-823.

[4] Batkai A, Csomos P, Farkas B. Operator splitting for nonautonomous delay equations. Computers and Mathematics with Applications, 2013, 65: 315-324.

[5] Batkai A, Csomos P, Nickel G. Operator splittings and spatial approximations for evolution equations. J. Evol. Equ., 2009, 9: 613-636.

[6] Bellen A, Zennaro M. Numerical Methods for Delay Differential Equations. New York: Oxford University Press, 2003.

[7] Cooper G J, Sayfy A. Additive Runge-Kutta methods for stiff ordinary differential equations. Matic. Comp., 1983, 161: 207-218.

[8] Csomos P, Nickel G. Operator splitting for delay equations. Computers and Mathematics with Applications, 2008, 55: 2234-2246.

[9] Dekker K, Verwer J G. Stability of Runge-Kutta Methods for Stiff Nonlinear Differential Equations. Amsterdam: North Holland, 1984.

[10] Driver R D. Existence and stability of solutions of a delay-differential system. Arch. Rational Mech. Anal., 1962, 10: 401-426.

[11] Frank J, Hundsdorfer W, Verwer J G. On the stablity of implicit-explicit linear multistep method. Appl. J. Numer. Math., 1997, 25: 193-205.

[12] Frank R, Schneid J, Ueberhuber C W. Order results for implicit Runge-Kutta methods applied to stiff systems. SIAM J. Numer. Anal., 1985, 22: 515-534.

[13] Gasiorowski D. Impact of diffusion coefficient averaging on solution accuracy of the 2D nonlinear diffusive wave equation for floodplain inundation. Sic J. H., 2014, 517: 923-935.

[14] Geiser J. An iterative splitting approach for linear integro-differential equations. Applied Mathematics Letters, 2013, 26: 1048-1052.

[15] Geiser J. Iterative operator-splitting methods with higher-order time integration methods and applications for parabolic partial differential equations. Journal of Computational and Applied Mathematics, 2008, 217: 227-242.

[16] Geiser J. Operator-splitting methods in respect of eigenvalue problems for nonlinear equations and applications for Burgers equations. Sci. J. Cam., 2009, 231: 815-827.

[17] Geiser J. Operator-splitting methods via the Zassenhaus product formula. Sci. Amc., 2011, 217: 4557-4575.

[18] Guo H, Zhang J, Fu H. Two splitting positive definite mixed finite element methods for parabolic integro-differential equations. App. Math. Comp., 2012, 218: 11255-11268.

[19] Henrici P. Discrete Variable Methods in Ordinary Differential Equations. John Wiley & Sons, 1962.

[20] Ignat L I. A splitting method for the nonlinear Schröinger equation. Sci. Jde., 2011, 250: 3022-3046.

[21] in'tHout K J. On the contractivity of implicit-explivit linear multistep methods. Appl. Numer. Math., 2002, 42: 201-212.

[22] Jackiewicz Z, Liu H, Li B, Kuang Y. Numerical simulations of traveling wave solutions in a drift paradox inspired diffusive delay population model. Mathematics and Computers in Simulation, 2014, 96: 95-103.

[23] Koch O, Neuhauser Ch, Thalhammer M. Embedded exponential operator splitting methods for the time integration of nonlinear evolution equations. Sci. Anm. 2013, 63: 14-24.

[24] Koto T. Stability of IMEX Runge-Kutta methods for delay differential equations. J. Comput. Appl. Math., 2008, 211: 201-212.

[25] Li D, Zhang C, Wang W, Zhang Y. Implicit-explicit predictor-corrector schemes for nonlinear parabolic differential equations. Applied Mathematical Modelling, 2011, 35: 2711-2722.

[26] Li S F. Canonical Euler splitting method for nonlinear composite stiff evolution equations. Appl. Math. Comput., 2016, 289: 220-236.

[27] Li S F. *B*-convergence order of canonical implicit midpoint method and comparison of time discretization methods for nonlinear diffusion dominated partial functional differential equations. Research Report, to appear.

[28] Li S F. Numerical Analysis for Stiff Ordinary and Functional Differential Equations (in Chinese). Xiangtan: Xiangtan University Press, 2019.

[29] Li S F. *B*-theory of Runge-Kutta methods for stiff Volterra functional differential equations. Science in China (Series A), 2003, 46(5): 662-674.

[30] Li S F. Stability analysis of solutions to nonlinear stiff Volterra functional differential equations in Banach spaces. Science in China (Series A), 2005, 48(3): 372-387.

[31] Li S F. High order contractive Runge-Kutta methods for Volterra functional differential eqations. SIAM J. Numer. Anal., 2010, 47(6): 4290-4325.

[32] Li S F. Classical theory of Runge-Kutta methods for Volterra functional differential equations. Applied Mathematics and Computation, 2014, 230: 78-95.

[33] Li S F. A review of theoretical and numerical analysis for nonlinear stiff Volterra functional differential equations. Front. Math. China, 2009, 4(1): 23-48.

[34] Makungu J, Haario H, Mahera W C. A generalized 1-dimensional particle transport method for convection diffusion reaction model. Afr. Mat., 2012, 23: 21-39.

[35] Malengier B. Parameter estimation in convection dominated nonlinear convection-diffusion problems by the relaxation method and the adjoint equation. Sci. Jcam., 2008, 215: 477-483.

[36] Marchuk G I. Some application of splitting-up methods to the solution of mathematical physics problems. Appl. Mat., 1968, 13: 103-132.

[37] Quarteroni A, Valli A. Numerical Approximation of Partial Differential Equations. Berlin, Heidelberg: Springer-Verlag, 1994.

[38] Remeškoviá M, Ferreiraa J A. Solution of convection-diffusion problems with nonequilibrium adsorption. Sci. Jcam, 2004, 169: 101-116.

[39] Reynolds D R, Samtaney R, Woodward C S. Operator-based preconditioning of stiff hyperbolic systems. SIAM J. Sci. Comp., 2010, 32(1): 150-170.

[40] Singh A, Allen-King R M, Rabideau A J. Groundwater transport modeling with nonlinear sorption and intraparticle diffusion. Sci. Awr., 2014, 70: 12-23.

[41] Skiba Y N, Filatov D M. Splitting-based schemes for numerical solution of nonlinear diffusion equations on a sphere. Sci. Amc., 2013, 219: 8467-8485.

[42] Strang G. On the construction and comparison of difference schemes. SIAM J. Numer. Anal., 1968, 5: 506-517.

[43] Verwer J G, Sommeijer B P, Hundsdorfer W. RKC time-stepping for advection-diffusion-reaction problems, Sci. Jcp., 2004, 201: 61-79.

[44] Založnik M, Combeau H. An operator splitting scheme for coupling macroscopic transport and grain growth in a two-phase multiscale solidification model: Part I-Model and solution scheme. Sci. Cms., 2010, 48: 1-10.

第 6 章　辐射扩散与电子、离子热传导耦合方程组及自适应正则分裂方法

6.1　概　　述

首先注意本书关于辐射流体动力学方程组初边值问题及其子问题的数值求解, 一律使用 "微米 (μm)–微微克 (μμg)– 0.1 纳秒 (ns)" 单位制, 并约定恒使用绝对温度, 温度单位为兆度 (MK).

为确定计, 本章恒以球坐标 (r, θ, φ) 下二维柱对称辐射扩散与电子、离子热传导耦合方程组

$$
\begin{cases}
\dfrac{\partial T_e}{\partial t} = \dfrac{1}{\rho c_{ve}} \operatorname{div}(K_e \operatorname{grad} T_e) - \dfrac{w_{ei}}{c_{ve}}(T_e - T_i) - \dfrac{ac\kappa}{\rho c_{ve}}(T_e^4 - T_r^4), \\[3mm]
\dfrac{\partial T_i}{\partial t} = \dfrac{1}{\rho c_{vi}} \operatorname{div}(K_i \operatorname{grad} T_i) + \dfrac{w_{ei}}{c_{vi}}(T_e - T_i), \\[3mm]
\dfrac{\partial T_r}{\partial t} = \dfrac{1}{T_r^3} \operatorname{div}(T_r^3 K_r \operatorname{grad} T_r) + \dfrac{c\kappa}{4T_r^3}(T_e^4 - T_r^4)
\end{cases}
\tag{1.1.3$'$}
$$

初边值问题为例进行讨论. 方程组 (1.1.3)$'$ 中所有的符号均已在 1.1 节中作了详细说明, 这里不再重述. 但须注意这里的参数 K_e, K_i 和 K_r 分别依赖于 T_e, T_i 和 T_r, κ 是 T_r 的严格递减函数, w_{ei} 是 T_e 的严格递减函数, 且有 $\lim\limits_{T_e \to +0} w_{ei} = +\infty$.

设靶球结构为 0 (DT) 75 (CH) 100 (μm). 则在一般情形下问题 (1.1.3)$'$ 是靶球所在半径为 $R = 100$ 的球形空间区域上的三维问题. 但因我们仅讨论球坐标 (r, θ, φ) 下的柱对称问题, 恒有 $\dfrac{\partial T_e}{\partial \varphi} = \dfrac{\partial T_i}{\partial \varphi} = \dfrac{\partial T_r}{\partial \varphi} = 0$, 故此特殊情形下三维问题 (1.1.3)$'$ 可等价地简化为半圆形平面区域

$$
\Omega = \{(r, \theta) : 0 \leqslant r \leqslant R, 0 \leqslant \theta \leqslant \pi\}
\tag{6.1.1}
$$

上的二维柱对称问题(参见 [6])

$$
\begin{cases}
\dfrac{\partial T_e}{\partial t} = \dfrac{1}{\rho c_{ve}} \left\{ \dfrac{\partial}{\partial r}\left(K_e \dfrac{\partial T_e}{\partial r}\right) + \dfrac{2K_e\dfrac{\partial T_e}{\partial r}}{r} + \dfrac{1}{r^2}\dfrac{\partial}{\partial \theta}\left(K_e\dfrac{\partial T_e}{\partial \theta}\right) \right. \\
\qquad \left. + \dfrac{K_e\dfrac{\partial T_e}{\partial \theta}}{r^2\tan\theta} \right\} - \dfrac{w_{ei}}{c_{ve}}(T_e - T_i) - \dfrac{ac\kappa}{\rho c_{ve}}(T_e^4 - T_r^4), \\[4mm]
\dfrac{\partial T_i}{\partial t} = \dfrac{1}{\rho c_{vi}} \left\{ \dfrac{\partial}{\partial r}\left(K_i \dfrac{\partial T_i}{\partial r}\right) + \dfrac{2K_i\dfrac{\partial T_i}{\partial r}}{r} + \dfrac{1}{r^2}\dfrac{\partial}{\partial \theta}\left(K_i\dfrac{\partial T_i}{\partial \theta}\right) + \dfrac{K_i\dfrac{\partial T_i}{\partial \theta}}{r^2\tan\theta} \right\} \\
\qquad + \dfrac{w_{ei}}{c_{vi}}(T_e - T_i), \\[4mm]
\dfrac{\partial T_r}{\partial t} = \dfrac{1}{T_r^3} \left\{ \dfrac{\partial}{\partial r}\left(T_r^3 K_r \dfrac{\partial T_r}{\partial r}\right) + \dfrac{2T_r^3 K_r\dfrac{\partial T_r}{\partial r}}{r} + \dfrac{1}{r^2}\dfrac{\partial}{\partial \theta}\left(T_r^3 K_r\dfrac{\partial T_r}{\partial \theta}\right) + \dfrac{T_r^3 K_r\dfrac{\partial T_r}{\partial \theta}}{r^2\tan\theta} \right\} \\
\qquad + \dfrac{c\,\kappa}{4T_r^3}(T_e^4 - T_r^4).
\end{cases}
\tag{6.1.2}
$$

下文中恒设氘氚气体 DT 的密度为 $\rho = \rho_1$, 塑料泡沫 CH 的密度为 $\rho = \rho_2$, 温度的初值为 $T_e = T_i = T_r = u0$, 这里常数 $u0 = 3 \times 10^{-4}$, 并恒设在上述半圆形区域的圆弧边界上 T_e 和 T_i 满足固壁边界条件, T_r 满足入流边界条件, 辐射温度源取为

$$
T_r = u0 + (1 + 0.2\cos(6\theta))(t < 1.9?\ t:1.9),
\tag{6.1.3}
$$

此外恒设在对称轴上 T_e, T_i, T_r 均满足固壁边界条件.

在均匀空间网格

$$
\left\{ (r_i, \theta_j) \Big| r_i = \left(i - \dfrac{1}{2}\right)h_1, \theta_j = \left(j - \dfrac{1}{2}\right)h_2, h_1 = \dfrac{R}{M}, h_2 = \dfrac{\pi}{N}, \right.
$$
$$
\left. i = 1, 2, \cdots, M, j = 1, 2, \cdots, N \right\}
\tag{6.1.4}
$$

上 (这里的自然数 M 和 N 可于事先适当给定, 为确定计, 本章中恒令 $M = 1000$, $N = 20$?, 用有限差分法对问题 (6.1.2) 进行空间离散, 便得到与其相应的半离散问题

$$
\begin{cases}
\dfrac{\mathrm{d}T_{ij}^{(q)}}{\mathrm{d}t} = A_{ij}^{(q)}\left(C_{ij}^{(q)} + D_{ij}^{(q)}\right) + B_{ij}^{(q)}, \\[2mm]
C_{ij}^{(q)} = \dfrac{(K_{i+1,j}^{(q)} + K_{ij}^{(q)})(T_{i+1,j}^{(q)} - T_{ij}^{(q)}) + (K_{i-1,j}^{(q)} + K_{ij}^{(q)})(T_{i-1,j}^{(q)} - T_{ij}^{(q)})}{2h_1^2} \\[2mm]
\qquad + \dfrac{K_{ij}^{(q)}(T_{i+1,j}^{(q)} - T_{i-1,j}^{(q)})}{h_1 r_i}, \\[2mm]
D_{ij}^{(q)} = \dfrac{(K_{i,j+1}^{(q)} + K_{ij}^{(q)})(T_{i,j+1}^{(q)} - T_{ij}^{(q)}) + (K_{i,j-1}^{(q)} + K_{ij}^{(q)})(T_{i,j-1}^{(q)} - T_{ij}^{(q)})}{2h_2^2 r_i^2} \\[2mm]
\qquad + \dfrac{K_{ij}^{(q)}(T_{i,j+1}^{(q)} - T_{i,j-1}^{(q)})}{2h_2 r_i^2 \tan\theta_j}, \\[2mm]
q = 1,2,3, \quad i = 1,2,\cdots,M, \quad j = 1,2,\cdots,N,
\end{cases}
\tag{6.1.2a}'
$$

其中

$$
\begin{cases}
K^{(1)} = K_e, \quad T^{(1)} = T_e, \quad A^{(1)} = \dfrac{1}{\rho c_{ve}}, \\[2mm]
B^{(1)} = -\dfrac{w_{ei}}{c_{ve}}(T_e - T_i) - \dfrac{ac\kappa}{\rho c_{ve}}(T_e^4 - T_r^4), \\[2mm]
K^{(2)} = K_i, \quad T^{(2)} = T_i, \quad A^{(2)} = \dfrac{1}{\rho c_{vi}}, \\[2mm]
B^{(2)} = \dfrac{w_{ei}}{c_{vi}}(T_e - T_i), \\[2mm]
K^{(3)} = T_r^3 K_r, \quad T^{(3)} = T_r, \quad A^{(3)} = \dfrac{1}{T_r^3}, \\[2mm]
B^{(3)} = \dfrac{c\kappa}{4T_r^3}(T_e^4 - T_r^4).
\end{cases}
\tag{6.1.2b}'
$$

在适当处理边界条件之后, 半离散问题 (6.1.2)′ 成为一个关于 $3MN$ 个未知函数 $T_{ij}^{(q)}(t)$ $(q = 1,2,3,\ i = 1|M,\ j = 1|N)$ 的具有瞬态快变现象的强非线性复合刚性常微分方程组初值问题. 我们需要在适当的时间区间 $0 \leqslant t \leqslant t_{\mathrm{end}}$ 上用适当的时间离散化方法来求解它, 以期以尽可能快的计算速度获得原问题的满足预期计算精度要求的数值解. 这里的常数 $t_{\mathrm{end}} > 0$ 可于事先适当给定.

关于常微分方程的刚性概念及怎样来判别一个常微分方程问题是否具有刚性以及刚性的强弱程度, 可参见文献 [1,3,4,11].

长期以来, 由于用梯形方法进行计算屡遭失败, 我们一直用隐式 Euler 法求解上述半离散问题 (6.1.2)′. 但我们发现这样做计算速度实在太慢, 尤其是对于三维问题, 计算所需要花费的时间长到使人无法承受; 另一方面, 由于该问题过于复杂, 且存在瞬态快变现象, 很难保证数值解达到预期计算精度. 因此这的确已成为一个迫切需要解决的关键技术难题. 为了解决这一难题, 从 2016 年至今, 我们于文献 [6—10] 中作了持续研究.

2016 年, 我们首次提出了 "非线性复合刚性问题"、"刚性分解" 及 "正则分裂方法" 等新的基本概念, 先后构造和研究了基于刚性分解的以及基于广义刚性分解和实用稳定性条件的一阶正则 Euler 分裂方法 (CES)、二阶正则中点分裂方法 (CMS) 及二阶正则嵌入分裂方法 (CES-CMS). 理论分析和数值试验表明: 当用以上各类分裂方法来求解任给的非线性复合刚性问题时, 的确都可以在确保数值解达到预期计算精度的基础上, 成倍地大幅度提高计算速度 (参见 [6] 及本书第 5 章).

2016 至 2017 年, 我们研究了仅分解问题 (6.1.2)′ 中的热交换项至第一个子问题的三种不同的广义刚性分解方案, 着重对基于其中第二种广义刚性分解方案的 CES 方法进行了数值稳定性分析, 建立了实用稳定性条件, 并进行了数值试验 (参见 [7]). 通过总结经验, 我们发现为了更好地用正则分裂方法来求解半离散问题 (6.1.2)′, 必须首先进一步研究解决以下两个问题:

(1) 由于多尺度问题 (6.1.2)′ 的真解存在瞬态快变现象, 它已经不完全符合非线性复合刚性问题的定义 5.2.2 的要求. 为了解决这个问题, 必须进一步构造带有事后误差估计功能, 并以恰当的误差容限来自动控制时间步长的自适应正则分裂方法.

(2) 由于多尺度问题 (6.1.2)′ 的刚性是随着时间变量 t 而激烈变化的, 任何固定的刚性分解方案都不可能适用于整个时间积分区间. 为了解决这个问题, 必须进一步研究问题 (6.1.2)′ 的适用于各种不同时段的多种不同的刚性分解方案, 分别建立基于其中每种不同的广义刚性分解方案的正则分裂方法的实用稳定性条件, 并研究和构造可在整个计算过程中自动优选刚性分解方案的自适应正则分裂方法.

为此, 我们于 2017 至 2018 年转而研究直角坐标下高维非线性热传导方程初边值问题的广义刚性分解方案及基于广义刚性分解方案的 CES 方法的实用稳定性条件, 并构造了能自动确保数值解达到预期计算精度的自适应正则分裂方法, 其中包括一阶自适应正则 Euler 分裂方法 ACES、二阶自适应正则中点分裂方法 ACMS 及二阶自适应正则嵌入分裂方法 ACES-CMS (参见 [8]).

由于需要求解的是球坐标下的问题, 接着我们于 2018 至 2019 年又研究了球坐标下高维非线性热传导方程初边值问题的广义刚性分解方案及基于广义刚性分解方案的 CES 方法的实用稳定性条件 (参见 [9]).

2019 年至 2020 年, 在上述基础上, 我们首先研究了专用于求解半离散问题 (6.1.2)′ 的自适应正则分裂方法 ACES, ACMS 及 ACES-CMS. 接着, 我们构造了专用于求解问题 (6.1.2)′ 的适用于不同时段的七种不同的刚性分解方案,并为基于其中六种不同的广义刚性分解方案的 CES 方法分别建立了实用稳定性条件, 在此基础上, 我们设计了于每一时段 (或每一时间点) 均能从上述七种不同的刚性分解方案中自动优选出最佳刚性分解方案的技术, 恒以基于其中最佳刚性分解方案的自适应正则分裂方法来求解问题 (6.1.2)′, 以期于每一时段 (或每一时间点) 均能在确保预期计算精度的基础上最大限度地提高计算速度. 为方便计, 我们称这种类型的自适应正则分裂方法为自动优选刚性分解方案的自适应正则分裂方法. 针对求解问题 (6.1.2)′, 我们分别设计了自动优选刚性分解方案的 ACES, ACMS 及 ACES-CMS 方法, 为方便计, 分别简记为 AACES, AACMS 及 AACES-CMS (参见 [10]). 数值试验表明: 当用 AACES, AACMS 或 AACES-CMS 方法来求解二维柱对称辐射扩散与电子、离子热传导耦合方程组初边值问题的半离散问题 (6.1.2)′ 时, 的确都可以确保预期计算精度, 并在此基础上成倍地大幅度提高计算速度. 由此可见, 我们已较好地解决了上述关键技术难题.

本章以下各节专门介绍上述新的科研成果.

6.2　辐射扩散与电子、离子热传导耦合方程组基于热交换项刚性分解的 CES 方法

作为初步尝试, 本节暂时忽略问题 (6.1.2)′ 的真解的瞬态快变现象不予考虑, 将其视为非线性复合刚性问题, 研究专用于求解该问题的仅分解热交换项至第一个子问题的三种不同广义刚性分解方案及与之相应的 CES 方法, 并着重对基于其中第二种广义刚性分解方案的 CES 方法进行了数值稳定性分析, 建立了实用稳定性条件. 数值试验表明, 当用基于热交换项刚性分解的 CES 方法求解半离散问题 (6.1.2)′ 时, 的确可成倍地大幅度提高计算速度. 另一方面, 由于我们忽略了问题的瞬态快变现象, 尽管在数值试验中也考虑了计算精度, 但这是比较粗略的.

6.2.1　仅分解热交换项的刚性分解方案

由于热交换项是将电子方程、离子方程与光子方程连接在一起的桥梁, 如果能将它们的半离散表达式全部或部分地分解至第一个子问题用显式方法求解, 那么需要保留在第二个子问题用隐式方法求解的就只剩下比原有半离散问题 (6.1.2)′ 规模小一个数量级的半离散问题, 从而可以大幅度减小计算量, 提高计算速度. 因此我们优先讨论这种类型的刚性分解方案.

我们主要考虑仅分解热交换项至第一个子问题的如下三种广义刚性分解方案:

方案 I 每一时间步将初边值问题 (6.1.2) 分解为第一个子问题

$$
\begin{cases}
\dfrac{\partial T_e}{\partial t} = -\dfrac{w_{ei}}{c_{ve}}(T_e - T_i), \\[2mm]
\dfrac{\partial T_i}{\partial t} = \dfrac{w_{ei}}{c_{vi}}(T_e - T_i), \\[2mm]
\dfrac{\partial T_r}{\partial t} = 0
\end{cases}
\tag{6.2.1a}
$$

与第二个子问题

$$
\begin{cases}
\dfrac{\partial T_e}{\partial t} = \dfrac{1}{\rho c_{ve}}\mathrm{div}(K_e\mathrm{grad}T_e) - \dfrac{ac\kappa}{\rho c_{ve}}(T_e^4 - T_r^4), \\[2mm]
\dfrac{\partial T_i}{\partial t} = \dfrac{1}{\rho c_{vi}}\mathrm{div}(K_i\mathrm{grad}T_i), \\[2mm]
\dfrac{\partial T_r}{\partial t} = \dfrac{1}{T_r^3}\mathrm{div}(T_r^3 K_r\mathrm{grad}T_r) + \dfrac{c\kappa}{4T_r^3}(T_e^4 - T_r^4).
\end{cases}
\tag{6.2.1b}
$$

方案 II 每一时间步将初边值问题 (6.1.2) 分解为第一个子问题

$$
\begin{cases}
\dfrac{\partial T_e}{\partial t} = -\dfrac{w_{ei}}{c_{ve}}(T_e - T_i) - \dfrac{ac\kappa}{\rho c_{ve}}(T_e^4 - T_r^4), \\[2mm]
\dfrac{\partial T_i}{\partial t} = \dfrac{w_{ei}}{c_{vi}}(T_e - T_i), \\[2mm]
\dfrac{\partial T_r}{\partial t} = 0
\end{cases}
\tag{6.2.2a}
$$

与第二个子问题

$$
\begin{cases}
\dfrac{\partial T_e}{\partial t} = \dfrac{1}{\rho c_{ve}}\mathrm{div}(K_e\mathrm{grad}T_e), \\[2mm]
\dfrac{\partial T_i}{\partial t} = \dfrac{1}{\rho c_{vi}}\mathrm{div}(K_i\mathrm{grad}T_i), \\[2mm]
\dfrac{\partial T_r}{\partial t} = \dfrac{1}{T_r^3}\mathrm{div}(T_r^3 K_r\mathrm{grad}T_r) + \dfrac{c\kappa}{4T_r^3}(T_e^4 - T_r^4).
\end{cases}
\tag{6.2.2b}
$$

方案 III 每一时间步将初边值问题 (6.1.2) 分解为第一个子问题

$$
\begin{cases}
\dfrac{\partial T_e}{\partial t} = -\dfrac{w_{ei}}{c_{ve}}(T_e - T_i) - \dfrac{ac\kappa}{\rho c_{ve}}(T_e^4 - T_r^4), \\[2mm]
\dfrac{\partial T_i}{\partial t} = \dfrac{w_{ei}}{c_{vi}}(T_e - T_i), \\[2mm]
\dfrac{\partial T_r}{\partial t} = \dfrac{c\kappa}{4T_r^3}(T_e^4 - T_r^4)
\end{cases}
\tag{6.2.3a}
$$

与第二个子问题

$$
\begin{cases}
\dfrac{\partial T_e}{\partial t} = \dfrac{1}{\rho c_{ve}}\mathrm{div}(K_e\mathrm{grad}T_e), \\[2mm]
\dfrac{\partial T_i}{\partial t} = \dfrac{1}{\rho c_{vi}}\mathrm{div}(K_i\mathrm{grad}T_i), \\[2mm]
\dfrac{\partial T_r}{\partial t} = \dfrac{1}{T_r^3}\mathrm{div}(T_r^3 K_r\mathrm{grad}T_r).
\end{cases}
\tag{6.2.3b}
$$

注 6.2.1　尽管在任何情形下刚性分解都是针对半离散问题进行的. 但是一方面由于半离散问题是原问题的近似模拟, 它的各个部分与原问题的各个部分是一一对应的, 而且有完全相同的物理意义, 另一方面由于原问题的表达式通常比半离散问题的表达式简单得多, 而且物理意义更加鲜明, 因此, 为了简单方便, 在这里我们借助原问题来描述刚性分解方案. 在后文中亦有类似情况, 不再说明.

首先注意热交换系数 w_{ei} 具有性质 $\lim\limits_{T_e \to +0} w_{ei} = +\infty$ (参见 6.1 节). 当我们在时间区间 $0 \leqslant t \leqslant t_{\text{end}}$ 上用 CES 方法来求解半离散问题 $(6.1.2)'$ 时, 由于在很短的初始时段内, 温度 T_e 十分接近于初始温度 $u0 = 3 \times 10^{-4}$, 与其相应的 w_{ei} 的值变得十分巨大, 导致以上三种刚性分解方案中的第一个子问题都成为刚性特别强的问题, 不符合刚性分解的要求, 因而都不可使用. 换言之, 当温度 T_e 上升到使 w_{ei} 的值不是太大时本小节所提出的刚性分解方案才是有用的. 经过计算与仔细观察, 我们建议: 当且仅当温度 T_e 上升到不小于 0.1 时才考虑使用上述三种刚性分解方案为宜.

其次, 在温度 $T_e \geqslant 0.1$ 的前提下, 容易看出第二、三两种方案第二个子问题中的电子方程、离子方程和光子方程都可以独立求解, 从而可大幅度减少计算量, 提高计算速度, 但第一种方案存在明显缺点, 它的第二个子问题中电子方程与光子方程仍然是联立在一起的, 必须用隐式方法求解这个规模较大的联立方程组, 因而计算量大一个数量级, 计算速度慢一个数量级. 另一方面, 此情形下易见第三种刚性分解方案的第一个子问题的刚性相对来说最强, 因而数值稳定性对时间步长的限制相对来说最苛刻, 这是第三种刚性分解方案的明显缺点. 但须注意当预期计算精度对时间步长的限制变得比数值稳定性对时间步长的限制更加苛刻时, 第三种刚性分解方案的上述缺点便无须考虑.

6.2.2 基于广义刚性分解方案 II 的 CES 方法数值稳定性分析

当刚性分解方案完全符合定义 5.2.2 的要求, 且半离散问题 (6.1.2)′ 是完全符合定义 5.2.2 要求的非线性复合刚性问题时, 我们于第 5 章已证明此情形下任何类型的正则分裂方法都是定量稳定且定量收敛的, 因而当用任何正则分裂方法 (包括 CES 方法) 按各种常用时间步长来求解半离散问题 (6.1.2)′ 时, 通常都能保证数值解稳定, 无须对时间步长作严格限制 (参见例 5.3.1 及例 5.3.5).

然而, 由于问题的复杂性, 我们常常需要使用第一个子问题也具有刚性的广义刚性分解方案. 以 CES 方法为例, 此情形下需要用广义显式 Euler 方法来求解具有刚性的第一个子问题, 因而必须用常微分方程的线性稳定性理论来严格控制时间步长, 才能确保数值解的稳定性 (参见注 5.3.8).

特别, 对于用于求解半离散问题 (6.1.2)′ 的基于广义刚性分解方案 II 的 CES 方法来说, 由于必须用广义显式 Euler 方法来求解第一个子问题 (6.2.2a) 经过空间离散后所得到的具有刚性的半离散问题, 对此我们进行线性稳定性分析如下:

子问题 (6.2.2a) 经过空间离散后所得到的半离散问题为

$$
\begin{cases}
\dfrac{\mathrm{d}(T_e)_{ij}}{\mathrm{d}t} = -\left(\dfrac{w_{ei}}{c_{ve}}\right)_{ij}\left[(T_e)_{ij} - (T_i)_{ij}\right] - \left(\dfrac{ac\kappa}{\rho c_{ve}}\right)_{ij}\left[(T_e)_{ij}^4 - (T_r)_{ij}^4\right], \\[3mm]
\dfrac{\mathrm{d}(T_i)_{ij}}{\mathrm{d}t} = \left(\dfrac{w_{ei}}{c_{ve}}\right)_{ij}\left[(T_e)_{ij} - (T_i)_{ij}\right], \\[3mm]
\dfrac{\mathrm{d}(T_r)_{i,j}}{\mathrm{d}t} = 0,
\end{cases}
\tag{6.2.4}
$$

其中 $i = 1, 2, \cdots, M,\ j = 1, 2, \cdots, N,$

$$
\begin{cases}
(T_e)_{ij} = (T_e)_{ij}(t) \approx T_e(r_i, \theta_j, t), \\[2mm]
(T_i)_{ij} = (T_i)_{ij}(t) \approx T_i(r_i, \theta_j, t), \\[2mm]
(T_r)_{ij} = (T_r)_{ij}(t) \approx T_r(r_i, \theta_j, t), \\[2mm]
\left(\dfrac{w_{ei}}{c_{ve}}\right)_{ij} = \dfrac{w_{ei}(r_i, \theta_j, (T_e)_{ij}(t))}{c_{ve}(r_i, \theta_j)}, \\[3mm]
\left(\dfrac{a\, c\, \kappa}{\rho c_{ve}}\right)_{ij} = \dfrac{a\, c\, \kappa(r_i, \theta_j, (T_r)_{ij}(t))}{\rho(r_i, \theta_j)c_{ve}(r_i, \theta_j)}.
\end{cases}
\tag{6.2.5}
$$

为简单计, 在以下推导过程中暂时省略下标 i, j 不写, 将半离散问题 (6.2.4)

简写成看上去与原问题 (6.2.2a) 没有任何差别的形式

$$
\begin{cases}
\dfrac{\mathrm{d}T_e}{\partial t} = -\dfrac{w_{ei}}{c_{ve}}(T_e - T_i) - \dfrac{ac\kappa}{\rho c_{ve}}(T_e^4 - T_r^4), \\[3mm]
\dfrac{\mathrm{d}T_i}{\partial t} = \dfrac{w_{ei}}{c_{vi}}(T_e - T_i), \\[3mm]
\dfrac{\mathrm{d}T_r}{\partial t} = 0.
\end{cases}
\tag{6.2.4}'
$$

易算出半离散问题 (6.2.4)′ 的右函数的 Jacobi 矩阵为

$$
J = \begin{bmatrix} \delta_{11} & \delta_{12} & \delta_{13} \\ \delta_{21} & \delta_{22} & \delta_{23} \\ 0 & 0 & 0 \end{bmatrix},
\tag{6.2.6a}
$$

其中

$$
\begin{cases}
\delta_{11} = \dfrac{w_{ei}}{c_{ve}}\left[\dfrac{3}{2T_e}(T_e - T_i) - 1\right] - \dfrac{4ac\kappa T_e^3}{\rho c_{ve}}, & \delta_{12} = \dfrac{w_{ei}}{c_{ve}}, \\[3mm]
\delta_{21} = \dfrac{w_{ei}}{c_{vi}}\left[1 - \dfrac{3}{2T_e}(T_e - T_i)\right], & \delta_{22} = -\dfrac{w_{ei}}{c_{vi}}.
\end{cases}
\tag{6.2.6b}
$$

Jacobi 矩阵 J 的特征多项式为

$$
\det(J - \lambda I) = \begin{vmatrix} \delta_{11} - \lambda & \delta_{12} & \delta_{13} \\ \delta_{21} & \delta_{22} - \lambda & \delta_{23} \\ 0 & 0 & -\lambda \end{vmatrix} = -\lambda \begin{vmatrix} \delta_{11} - \lambda & \delta_{12} \\ \delta_{21} & \delta_{22} - \lambda \end{vmatrix}
$$

$$
= -\lambda\left[\lambda^2 - (\delta_{11} + \delta_{22})\lambda + (\delta_{11}\delta_{22} - \delta_{12}\delta_{21})\right] = -\lambda\left[\lambda^2 + b\lambda + c\right],
$$

由此可算出其特征根为

$$
\lambda_1 = 0, \quad \lambda_{2,3} = -\dfrac{b}{2} \pm \sqrt{\left(\dfrac{b}{2}\right)^2 - c},
\tag{6.2.7}
$$

这里

$$
\begin{cases}
b = -(\delta_{11} + \delta_{22}) = \dfrac{w_{ei}}{c_{vi}} - \dfrac{w_{ei}}{c_{ve}} \left[\dfrac{3}{2T_e}(T_e - T_i) - 1 \right] + \dfrac{4ac\kappa T_e^3}{\rho c_{ve}} \\[3mm]
\quad = \dfrac{w_{ei}}{c_{vi}} - \dfrac{w_{ei}}{c_{ve}} \left[\dfrac{1}{2} - \dfrac{3T_i}{2T_e} \right] + \dfrac{4ac\kappa T_e^3}{\rho c_{ve}} > 0, \\[3mm]
c = \delta_{11}\delta_{22} - \delta_{12}\delta_{21} = \dfrac{w_{ei}}{c_{vi}} \cdot \dfrac{4ac\kappa T_e^3}{\rho c_{ve}} = \dfrac{4ac\kappa w_{ei} T_e^3}{\rho c_{ve} c_{vi}} > 0.
\end{cases}
\tag{6.2.8}
$$

由此可见, 在任何情形下 Jacobi 矩阵 J 的所有特征值的实部都是非正的, 这表明系统本身是稳定的.

若 $\left(\dfrac{b}{2}\right)^2 - c \geqslant 0$, 则有 $-b < \lambda_{2,3} < 0$. 故当时间步长 τ 满足条件 $\tau b < 2$, 或即

$$
\tau < \frac{2}{b}
\tag{6.2.9}
$$

时, 用显式 Euler 法求解问题 (6.2.4) 便能保持计算稳定.

另一方面, 若 $\left(\dfrac{b}{2}\right)^2 - c < 0$, 则有

$$
\lambda_{2,3} = -\frac{b}{2} \pm i\sqrt{c - \left(\frac{b}{2}\right)^2} = Re^{\pm i\theta},
\tag{6.2.10a}
$$

它们是共轭复根, 这里 i 表示虚数单位,

$$
R = \sqrt{\left(-\frac{b}{2}\right)^2 + c - \left(\frac{b}{2}\right)^2} = \sqrt{c}, \quad \cos\theta = -\frac{b}{2\sqrt{c}}, \quad \sin\theta = \sqrt{1 - \frac{b^2}{4c}},
\tag{6.2.10b}
$$

在图 6.2.1 中, 我们用复平面上的矢量 $\overrightarrow{OA}$ 表示特征值 λ_2. 此情形下当用显式 Euler 法来求解问题 (6.2.4) 时, 为了保持数值稳定, 显然须且只需 $\tau\lambda_2$ 落在显式 Euler 法的稳定区域 $\{\lambda \in \mathbf{C} \mid |\lambda + 1| < 1\}$ 内. 从图 6.2.1 容易看出, 此事等价于 $\tau|\overrightarrow{OA}| < |\overrightarrow{OB}|$. 由于

$$
\begin{cases}
|\overrightarrow{OA}| = |\lambda_2| = R, \\[2mm]
|\overrightarrow{OB}| = 2\cos(\pi - \theta) = -2\cos\theta.
\end{cases}
$$

故此情形下用显式 Euler 法求解问题 (6.2.4) 的数值稳定性条件为 $\tau R < -2\cos\theta$, 或即

$$
\tau < \frac{b}{c}.
\tag{6.2.11}
$$

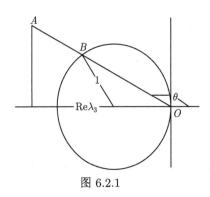

图 6.2.1

现在恢复写出半离散问题 (6.2.4) 中相关各量的暂时被省略的下标 i, j, 并注意对于任意给定的下标 i, j, 从式 (6.2.8) 和 (6.2.5) 容易看出 b_{ij} 和 c_{ij} 都依赖于 $(T_e)_{ij}(t)$, $(T_i)_{ij}(t)$ 和 $(T_r)_{ij}(t)$, 因而它们都是时间 t 的复合函数. 于是从式 (6.2.9) 和 (6.2.11) 可直接得出结论: 当用基于广义刚性分解方案 II 的 CES 方法在时间区间 $0 \leqslant t \leqslant t_{\text{end}}$ 上求解半离散问题 $(6.1.2)'$ 时, 数值稳定性对时间步长 τ 的限制条件近似地为

$$\tau \leqslant \tau^{(0)} := \min_{0 \leqslant t \leqslant t_{\text{end}}} \min_{i,j} \tau_{ij}(t). \tag{6.2.12}$$

这里

$$\tau_{ij}(t) = \begin{cases} \dfrac{2}{b_{ij}(t)}, & b_{ij}^2(t) \geqslant 4c_{ij}(t), \\[3mm] \dfrac{b_{ij}(t)}{c_{ij}(t)}, & b_{ij}^2(t) < 4c_{ij}(t). \end{cases} \tag{6.2.13}$$

通常称不等式 (6.2.12) 为实用稳定性条件, 称 $\tau^{(0)}$ 为保证计算稳定的最大可允许时间步长.

若采用变步长计算, 则对于每一个从时刻 t_n 到 $t_n + \tau_n$ 的时间步, 为了保证计算稳定, 时间步长 τ_n 应满足的条件近似地为

$$\tau_n \leqslant \tau_n^{(0)} := \min_{i,j} \tau_{ij}(t_n). \tag{6.2.14}$$

注 6.2.2　由于在很短的初始时段 $0 \leqslant t \leqslant \varepsilon$ 内 (ε 表示很小的正常数), 温度 T_e 十分接近于初始温度 $u0 = 3 \times 10^{-4}$, 与其相应的 w_{ei} 的值变得十分巨大, 导致 $\tau^{(0)}$ 和 $\tau_n^{(0)}$ 的值均小到十分接近于 0, 因而不等式 (6.2.12) 及 (6.2.14) 对时间步长的限制均变得过度苛刻, 失去实用价值. 由此可见, 正如我们在 6.2.2 小节末尾所指出的, 在很短的初始时段内以上三种刚性分解方案都不可使用.

注 6.2.3 从 5.3 节数值试验中的例 5.3.2、例 5.3.3 和例 5.3.4 容易看出, 对热传导项进行刚性分解同样可大幅度提高计算速度. 故我们需要进一步研究同时分解热传导项和热交换项的各个不同部分至第一个子问题的多种更为复杂的广义刚性分解方案, 并建立与其相应的 CES 方法的数值稳定性条件, 以期更好地满足求解半离散问题 $(6.1.2)'$ 的需求.

注 6.2.4 由于问题 $(6.1.2)'$ 的刚性是随着时间而不断变化的, 故必须进一步研究适用于各种不同时段的多种不同的新的广义刚性分解方案, 并分别建立与它们相应的 CES 方法的实用稳定性条件. 例如研究和构造适用于很短的初始时段 $0 \leqslant t \leqslant \varepsilon$ 的高效广义刚性分解方案无疑是我们迫切需要完成的任务之一. 此外, 在上述基础上, 还必须精心设计于每一时段 (或每一时间点) 能自动优选出最佳广义刚性分解方案的技术, 以期于每一时段 (或每一时间点) 均能最大幅度地提高计算速度.

注 6.2.5 由于问题 $(6.1.2)'$ 的真解具有瞬态快变现象, 它已经不完全符合非线性复合刚性问题的定义 5.2.2 的要求. 我们发现: 对于求解真解具有瞬态快变现象的问题, 为了确保数值解达到预期计算精度, 必须进一步研究事后误差估计方法及自适应正则分裂方法.

注 6.2.6 在问题 $(6.1.2)'$ 的真解变化极速的瞬态阶段, 由于必须用极小的时间步长进行计算, 才能确保数值解达到预期计算精度. 不管用显式方法, 隐式方法或正则分裂方法来求解该问题, 此情形下计算精度对时间步长的限制比数值稳定性对时间步长的限制更为苛刻, 故只要保证了计算精度, 数值稳定性便自然得到了保证.

注 6.2.7 除了必须为确保数值稳定性和数值解达到预期计算精度而严格地控制时间步长外, 有时候时间步长还会受到其他限制, 例如当牛顿迭代不收敛, 或当温度出现负值时通常也都需要缩小时间步长或者采取其他适当措施来解决问题.

6.2.3 数值试验

由于上述刚性分解方案通常仅适用于温度 $T_e \geqslant 0.1$ 的时段, 为方便计, 本小节在初始温度 $u0 \geqslant 0.1$ 的虚拟假设下, 通过几个算例来验证当用基于上述刚性分解方案的 CES 方法求解半离散问题 $(6.1.2)'$ 时, 的确可成倍地大幅度提高计算速度.

例 6.2.1 设初始温度 $u0 = 0.5$, 取时间步长 $\tau = 10^{-4}$, 用基于刚性分解方案 II 的 CES 方法在时间区间 $0 \leqslant t \leqslant 15$ 上求解半离散问题 $(6.1.2)'$, 所获数值结果 $\{(T_e)_{ij}^{(n)}\}$, $\{(T_i)_{ij}^{(n)}\}$ 及 $\{(T_r)_{ij}^{(n)}\}$ 于时刻 $t_n = 1.5$, 2, 15 的结果分别绘于图 6.2.2—图 6.2.4. 从这些图形可以定性地看出所获数值结果与真实的物理过程保持一致, 未出现任何非物理振动, 而且温度很好地保持了应有的非均匀性和对称性.

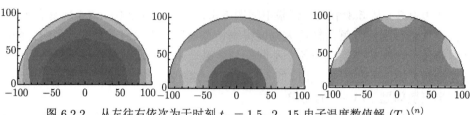

图 6.2.2   从左往右依次为于时刻 $t_n = 1.5,\ 2,\ 15$ 电子温度数值解 $(T_e)_{ij}^{(n)}$

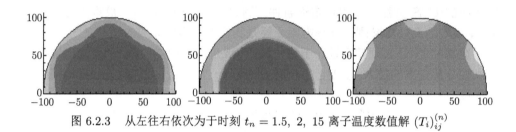

图 6.2.3   从左往右依次为于时刻 $t_n = 1.5,\ 2,\ 15$ 离子温度数值解 $(T_i)_{ij}^{(n)}$

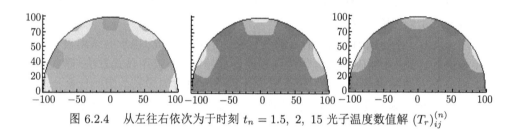

图 6.2.4   从左往右依次为于时刻 $t_n = 1.5,\ 2,\ 15$ 光子温度数值解 $(T_r)_{ij}^{(n)}$

为了定量地估计误差, 我们先用经典的隐式 Euler 法按小一个数量级的时间步长 $\tau = 1.25 \times 10^{-5}$ 在时间区间 $0 \leqslant t \leqslant 1$ 上来求解同一问题, 将所获高精度数值解 $\{(\hat{T}_e)_{ij}^{(n)}\}$, $\{(\hat{T}_i)_{ij}^{(n)}\}$, $\{(\hat{T}_r)_{ij}^{(n)}\}$ 近似地当作该问题在该区间上的真解, 以其与我们所获得的上述数值解进行比较. 我们发现所获数值解的误差的最大范数及 L_2-范数在区间 $0 \leqslant t \leqslant 1$ 上的最大值分别为

$$
\begin{cases}
\max_{0 \leqslant t \leqslant 1} \|(T_e)_{ij}^{(n)} - (\hat{T}_e)_{ij}^{(n)}\|_\infty = 5.354000 \times 10^{-3}, \\
\max_{0 \leqslant t \leqslant 1} \|(T_e)_{ij}^{(n)} - (\hat{T}_e)_{ij}^{(n)}\|_{L_2} = 1.187224 \times 10^{-3}, \\
\max_{0 \leqslant t \leqslant 1} \|(T_i)_{ij}^{(n)} - (\hat{T}_i)_{ij}^{(n)}\|_\infty = 5.398000 \times 10^{-3}, \\
\max_{0 \leqslant t \leqslant 1} \|(T_i)_{ij}^{(n)} - (\hat{T}_i)_{ij}^{(n)}\|_{L_2} = 1.199681 \times 10^{-3}, \\
\max_{0 \leqslant t \leqslant 1} \|(T_r)_{ij}^{(n)} - (\hat{T}_r)_{ij}^{(n)}\|_\infty = 8.020000 \times 10^{-4}, \\
\max_{0 \leqslant t \leqslant 1} \|(T_r)_{ij}^{(n)} - (\hat{T}_r)_{ij}^{(n)}\|_{L_2} = 1.610270 \times 10^{-4}.
\end{cases}
\tag{6.2.15}
$$

由此可见, 计算精度达到了令人满意的程度, 符合工程实际问题的需要.

为了比较计算速度, 我们用经典的隐式 Euler 法按同样的时间步长 $\tau = 10^{-4}$ 来求解同一问题, 发现算至时刻 $t = 1$ 时, 所花费的计算时间为 1 小时 45 分 7.8 秒, 而我们用基于刚性分解方案 II 的 CES 方法计算到同一时刻 $t = 1$, 所花费的计算时间仅为 49 分 50.5 秒. 由此可见, 后者的计算速度是前者的 2.1 倍.

例 6.2.2 设初始温度 $u0 = 0.1$, 取时间步长 $\tau = 10^{-4}$, 用基于刚性分解方案 II 的 CES 方法在时间区间 $0 \leqslant t \leqslant 15$ 上求解半离散问题 $(6.1.2)'$, 所获数值结果 $\{(T_e)_{ij}^{(n)}\}$, $\{(T_i)_{ij}^{(n)}\}$ 及 $\{(T_r)_{ij}^{(n)}\}$ 于时刻 $t_n = 2,\ 2.5,\ 15$ 的图分别绘于图 6.2.5—图 6.2.7. 从这些图形可以定性地看出所获数值结果与真实的物理过程保持一致, 未出现任何非物理振动, 而且温度很好地保持了应有的非均匀性和对称性.

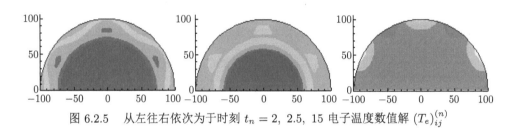

图 6.2.5 从左往右依次为于时刻 $t_n = 2,\ 2.5,\ 15$ 电子温度数值解 $(T_e)_{ij}^{(n)}$

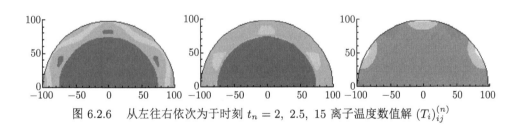

图 6.2.6 从左往右依次为于时刻 $t_n = 2,\ 2.5,\ 15$ 离子温度数值解 $(T_i)_{ij}^{(n)}$

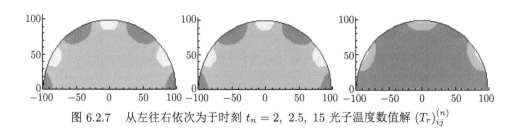

图 6.2.7 从左往右依次为于时刻 $t_n = 2,\ 2.5,\ 15$ 光子温度数值解 $(T_r)_{ij}^{(n)}$

为了比较计算速度, 我们用经典的隐式 Euler 法按同样的时间步长 $\tau = 10^{-4}$

来求解同一问题, 发现算至时刻 $t = 1$ 时, 所花费的计算时间为 2 小时 40 分 4.101 秒, 而我们用基于刚性分解方案 II 的 CES 方法计算到同一时刻 $t = 1$, 所花费的计算时间仅为 52 分 18.104 秒. 由此可见, CES 方法的计算速度是经典隐式 Euler 法的 3.06 倍.

用与例 6.2.1 中同样的方法定量地估计误差. 我们发现当用基于刚性分解方案 II 的 CES 方法按时间步长 $\tau = 10^{-4}$ 求解本例中问题时, 所获数值结果的精度如下:

$$\begin{cases} \max_{0 \leqslant t \leqslant 1} \|(T_e)_{ij}^{(n)} - (\hat{T}_e)_{ij}^{(n)}\|_\infty = 2.581100 \times 10^{-2}, \\[2mm] \max_{0 \leqslant t \leqslant 1} \|(T_e)_{ij}^{(n)} - (\hat{T}_e)_{ij}^{(n)}\|_{L_2} = 4.145097 \times 10^{-3}, \\[2mm] \max_{0 \leqslant t \leqslant 1} \|(T_i)_{ij}^{(n)} - (\hat{T}_i)_{ij}^{(n)}\|_\infty = 2.582700 \times 10^{-2}, \\[2mm] \max_{0 \leqslant t \leqslant 1} \|(T_i)_{ij}^{(n)} - (\hat{T}_i)_{ij}^{(n)}\|_{L_2} = 4.149818 \times 10^{-3}, \\[2mm] \max_{0 \leqslant t \leqslant 1} \|(T_r)_{ij}^{(n)} - (\hat{T}_r)_{ij}^{(n)}\|_\infty = 1.800000 \times 10^{-3}, \\[2mm] \max_{0 \leqslant t \leqslant 1} \|(T_r)_{ij}^{(n)} - (\hat{T}_r)_{ij}^{(n)}\|_{L_2} = 9.886503 \times 10^{-5}. \end{cases} \tag{6.2.16}$$

精度不是太高, 但仍然满足工程实际问题的基本要求.

例 6.2.3　设初始温度 $u0 = 0.5$, 取时间步长 $\tau = 2.5 \times 10^{-5}$, 用基于刚性分解方案 III 的 CES 方法在时间区间 $0 \leqslant t \leqslant 15$ 上求解半离散问题 (6.1.2)′, 所获数值结果 $\{(T_e)_{ij}^{(n)}\}$, $\{(T_i)_{ij}^{(n)}\}$ 及 $\{(T_r)_{ij}^{(n)}\}$ 于时刻 $t_n = 1.5, 2, 15$ 的图看上去与图 6.2.2—图 6.2.4 一致.

用与例 6.2.1 中同样的方法定量地估计误差并比较计算速度. 我们发现对于本例来说, 基于刚性分解方案 III 的 CES 方法的计算速度是相应的经典隐式 Euler 法的计算速度的 2.39 倍, 计算精度达到了如下令人满意的程度:

$$\begin{cases} \max_{0 \leqslant t \leqslant 1} \|(T_e)_{ij}^{(n)} - (\hat{T}_e)_{ij}^{(n)}\|_\infty = 1.327000 \times 10^{-3}, \\[2mm] \max_{0 \leqslant t \leqslant 1} \|(T_e)_{ij}^{(n)} - (\hat{T}_e)_{ij}^{(n)}\|_{L_2} = 2.926550 \times 10^{-4}, \\[2mm] \max_{0 \leqslant t \leqslant 1} \|(T_i)_{ij}^{(n)} - (\hat{T}_i)_{ij}^{(n)}\|_\infty = 1.338000 \times 10^{-3}, \\[2mm] \max_{0 \leqslant t \leqslant 1} \|(T_i)_{ij}^{(n)} - (\hat{T}_i)_{ij}^{(n)}\|_{L_2} = 2.957607 \times 10^{-4}, \\[2mm] \max_{0 \leqslant t \leqslant 1} \|(T_r)_{ij}^{(n)} - (\hat{T}_r)_{ij}^{(n)}\|_\infty = 1.750000 \times 10^{-4}, \\[2mm] \max_{0 \leqslant t \leqslant 1} \|(T_r)_{ij}^{(n)} - (\hat{T}_r)_{ij}^{(n)}\|_{L_2} = 2.942103 \times 10^{-5}. \end{cases} \tag{6.2.17}$$

注 6.2.8 值得强调指出的是, 以上诸算例都是在通常的台式计算机上串行计算的. 如果采用并行计算, 则计算速度还可再一次成倍地提高. 例如当用基于刚性分解方案 III 的 CES 方法并行求解半离散问题 $(6.1.2)'$ 时, 不仅用广义显式 Euler 方法并行求解第一个子问题时计算速度可成倍地大幅度提高, 而且当用广义隐式 Euler 方法求解第二个子问题时, 可用三个处理器并行求解电子方程, 离子方程与光子方程, 而且这三个处理器之间无须交换信息, 因而计算速度可再一次提高将近三倍. 由此可见, 在例 6.2.3 中, 若改用基于刚性分解方案 III 的 CES 方法在时间区间 $0 \leqslant t \leqslant 15$ 上并行求解半离散问题 $(6.1.2)'$, 则计算速度可达到经典隐式 Euler 法的计算速度的 6 倍以上.

6.3 直角坐标下高维热传导问题的 CES 方法及自适应正则分裂方法

6.3.1 数学模型及空间离散

考虑直角坐标 (x, y, z) 下三维非线性热传导方程初边值问题

$$
\begin{cases}
\dfrac{\partial T}{\partial t} = C_1 \operatorname{div}(K \operatorname{grad} T) + C_2, & (x, y, z) \in \Omega, \quad t \in [t_0, t_{\mathrm{end}}], & (6.3.1\mathrm{a}) \\[2mm]
T(x, y, z, t_0) = T_0(x, y, z), & (x, y, z) \in \Omega, & (6.3.1\mathrm{b})
\end{cases}
$$

这里

$$
\Omega = \{(x, y, z) \mid x_a \leqslant x \leqslant x_b, \ y_a \leqslant y \leqslant y_b, \ z_a \leqslant z \leqslant z_b\}
$$

是长方体空间积分区域, $\partial\Omega$ 表示区域 Ω 的边界, $[t_0, t_{\mathrm{end}}]$ 表示时间积分区间, $x_a, x_b, y_a, y_b, z_a, z_b, t_0, t_{\mathrm{end}}$ 都是已知常数, $T = T(x, y, z, t)$ 是欲求的未知函数, $T_0(x, y, z)$ 是已知的初始函数, C_1, C_2, K 都是 T, x, y, z, t 的已知函数. 我们恒设该问题满足固壁边界条件或入流边界条件, 并恒设该问题是适定的. 如所熟知, 方程 $(6.3.1\mathrm{a})$ 可等价地写成

$$
\frac{\partial T}{\partial t} = C_1 \left\{ \frac{\partial}{\partial x}\left(K\frac{\partial T}{\partial x}\right) + \frac{\partial}{\partial y}\left(K\frac{\partial T}{\partial y}\right) + \frac{\partial}{\partial z}\left(K\frac{\partial T}{\partial z}\right) \right\} + C_2. \qquad (6.3.1\mathrm{a})'
$$

当用线方法数值求解上述问题时, 我们面对的第一件工作就是空间离散. 为简单计, 在均匀空间网格

$$\left\{(x_i, y_j, z_k) \,\middle|\, x_i = x_a + \left(i - \frac{1}{2}\right)h_1,\ y_j = y_a + \left(j - \frac{1}{2}\right)h_2,\ z_k = z_a + \left(k - \frac{1}{2}\right)h_3\right\}$$

$$(6.3.2)$$

上 (这里 $i = 1|M$, $j = 1|N$, $k = 1|L$, $h_1 = (x_b - x_a)/M$, $h_2 = (y_b - y_a)/N$, $h_3 = (z_b - z_a)/L$, 自然数 M, N, L 可于事先适当给定) 用有限差分法对方程 $(6.3.1a)'$ 右端的三个空间导数项进行离散, 便得到半离散格式

$$\begin{cases} \dfrac{\mathrm{d}T_{ijk}}{\mathrm{d}t} = (C_1)_{ijk}\,(A_{ijk} + B_{ijk} + C_{ijk}) + (C_2)_{ijk}, \quad t \in [t_0, t_{\mathrm{end}}], \\[2mm] T_{ijk}(t_0) = T_0(x_i, y_j, z_k), \end{cases} \quad (6.3.3a)$$

其中 $i = 1, 2, \cdots, M$, $j = 1, 2, \cdots, N$, $k = 1, 2, \cdots, L$,

$$\begin{cases} T_{ijk} \approx T(x_i, y_j, z_k, t), \quad (C_1)_{ijk} = C_1(T_{ijk}, x_i, y_j, z_k, t), \\[2mm] \qquad (C_2)_{ijk} = C_2(T_{ijk}, x_i, y_j, z_k, t), \\[2mm] A_{ijk} = \dfrac{1}{2h_1^2}[(K_{i+1,j,k} + K_{ijk})(T_{i+1,j,k} - T_{ijk}) \\[2mm] \qquad - (K_{ijk} + K_{i-1,j,k})(T_{ijk} - T_{i-1,j,k})], \\[2mm] B_{ijk} = \dfrac{1}{2h_2^2}[(K_{i,j+1,k} + K_{ijk})(T_{i,j+1,k} - T_{ijk}) \\[2mm] \qquad - (K_{ijk} + K_{i,j-1,k})(T_{ijk} - T_{i,j-1,k})], \\[2mm] C_{ijk} = \dfrac{1}{2h_3^2}[(K_{i,j,k+1} + K_{ijk})(T_{i,j,k+1} - T_{ijk}) \\[2mm] \qquad - (K_{ijk} + K_{i,j,k-1})(T_{ijk} - T_{i,j,k-1})], \end{cases} \quad (6.3.3b)$$

其中越出空间网格的节点上的温度值由边界条件确定. 我们分别以符号 Bcxa, Bcxb, Bcya, Bcyb 及 Bcza, Bczb 表示沿 X-轴正负两侧的边界条件类型、沿 Y-轴正负两侧的边界条件类型以及沿 Z-轴正负两侧的边界条件类型, 其值为 1 表示入流边界条件, 其值为 2 表示固壁边界条件, 并令

$$(Kp)_{ijk} = \frac{\partial K_{ijk}}{\partial T_{ijk}}(T_{ijk}, x_i, y_j, z_k, t), \quad \forall\, i, j, k.$$

于是从式 (6.3.3) 可算出

$$\begin{cases}
\dfrac{\partial A_{ijk}}{\partial T_{i+1,j,k}} = \dfrac{1}{2h_1^2}[(Kp)_{i+1,j,k}(T_{i+1,j,k}-T_{ijk}) + K_{i+1,j,k} + K_{ijk}], \quad i < M, \\[3mm]
\dfrac{\partial A_{ijk}}{\partial T_{i-1,j,k}} = \dfrac{1}{2h_1^2}[(Kp)_{i-1,j,k}(T_{i-1,j,k}-T_{ijk}) + K_{i-1,j,k} + K_{ijk}], \quad i > 1, \\[3mm]
\dfrac{\partial A_{ijk}}{\partial T_{ijk}} = \begin{cases}
\dfrac{1}{2h_1^2}[\,(Kp)_{ijk}(T_{i+1,j,k}-T_{ijk})-K_{i+1,j,k}-K_{ijk}\,], & i=1\&\&\text{Bcxa}=2, \\[3mm]
\dfrac{1}{2h_1^2}[\,(Kp)_{ijk}(T_{i-1,j,k}-T_{ijk})-K_{i-1,j,k}-K_{ijk}\,], & i=M\&\&\text{Bcxb}=2, \\[3mm]
\dfrac{1}{2h_1^2}[\,(Kp)_{ijk}(T_{i+1,j,k}-T_{ijk})-K_{i+1,j,k}-K_{ijk} \\[2mm]
\qquad + (Kp)_{ijk}(T_{i-1,j,k}-T_{ijk})-K_{i-1,j,k}-K_{ijk}\,], & \text{其他;}
\end{cases} \\[3mm]
\dfrac{\partial B_{ijk}}{\partial T_{i,j+1,k}} = \dfrac{1}{2h_2^2}[(Kp)_{i,j+1,k}(T_{i,j+1,k}-T_{ijk}) + K_{i,j+1,k} + K_{ijk}], \quad j < N, \\[3mm]
\dfrac{\partial B_{ijk}}{\partial T_{i,j-1,k}} = \dfrac{1}{2h_2^2}[(Kp)_{i,j-1,k}(T_{i,j-1,k}-T_{ijk}) + K_{i,j-1,k} + K_{ijk}], \quad j > 1, \\[3mm]
\dfrac{\partial B_{ijk}}{\partial T_{ijk}} = \begin{cases}
\dfrac{1}{2h_2^2}[\,(Kp)_{i,j,k}(T_{i,j+1,k}-T_{i,j,k})-K_{i,j+1,k}-K_{i,j,k}\,], & j=1\&\&\text{Bcya}=2, \\[3mm]
\dfrac{1}{2h_2^2}[\,(Kp)_{ijk}(T_{i,j-1,k}-T_{ijk})-K_{i,j-1,k}-K_{ijk}\,], & j=N\&\&\text{Bcyb}=2, \\[3mm]
\dfrac{1}{2h_2^2}[\,(Kp)_{ijk}(T_{i,j+1,k}-T_{ijk})-K_{i,j+1,k}-K_{ijk} \\[2mm]
\qquad + (Kp)_{ijk}(T_{i,j-1,k}-T_{ijk})-K_{i,j-1,k}-K_{ijk}\,], & \text{其他;}
\end{cases} \\[3mm]
\dfrac{\partial C_{ijk}}{\partial T_{i,j,k+1}} = \dfrac{1}{2h_3^2}[(Kp)_{i,j,k+1}(T_{i,j,k+1}-T_{ijk}) + K_{i,j,k+1} + K_{ijk}], \quad k < L, \\[3mm]
\dfrac{\partial C_{ijk}}{\partial T_{i,j,k-1}} = \dfrac{1}{2h_3^2}[(Kp)_{i,j,k-1}(T_{i,j,k-1}-T_{ijk}) + K_{i,j,k-1} + K_{ijk}], \quad k > 1, \\[3mm]
\dfrac{\partial C_{ijk}}{\partial T_{ijk}} = \begin{cases}
\dfrac{1}{2h_3^2}[\,(Kp)_{ijk}(T_{i,j,k+1}-T_{ijk})-K_{i,j,k+1}-K_{ijk}\,], & k=1\&\&\text{Bcza}=2, \\[3mm]
\dfrac{1}{2h_3^2}[\,(Kp)_{ijk}(T_{i,j,k-1}-T_{ijk})-K_{i,j,k-1}-K_{ijk}\,], & k=L\&\&\text{Bczb}=2, \\[3mm]
\dfrac{1}{2h_3^2}[\,(Kp)_{ijk}(T_{i,j,k+1}-T_{ijk})-K_{i,j,k+1}-K_{ijk} \\[2mm]
\qquad + (Kp)_{ijk}(T_{i,j,k-1}-T_{ijk})-K_{i,j,k-1}-K_{ijk}\,], & \text{其他.}
\end{cases}
\end{cases}$$

$$(6.3.4)$$

由此容易算出于任一时刻 $t = t_n$ 半离散问题 (6.3.3) 右函数的 Jacobi 矩阵, 以供用拟牛顿迭代法求解相关非线性代数方程组之用.

6.3.2 CES 方法及其实用稳定性条件

本小节恒设问题 (6.3.1) 的真解从总体上来说是慢变的, 但相对地来说其沿 X-轴方向的变化速度明显地快于沿 Y-轴和 Z-轴方向的变化速度, 因而沿 X-轴方向需要使用较密的空间网格, 而沿 Y-轴和 Z-轴方向可以使用相对地来说比较稀疏的空间网格, 从而导致相应的半离散问题 (6.3.3) 沿 Y-轴和 Z-轴方向通常是轻度刚性的, 但沿 X-轴方向是刚性或强刚性的. 于是我们可以将半离散问题 (6.3.3) 按方向分解成如下两个子问题:

第一个子问题是非刚性或轻度刚性子问题

$$\frac{\mathrm{d}T_{ijk}}{\mathrm{d}t} = (C_1)_{ijk} \left(B_{ijk} + C_{ijk}\right), \tag{6.3.5a}$$

第二个子问题是刚性或强刚性子问题

$$\frac{\mathrm{d}T_{ijk}}{\mathrm{d}t} = (C_1)_{ijk} A_{ijk} + (C_2)_{ijk}, \tag{6.3.5b}$$

其中 $i = 1, 2, \cdots, M$, $j = 1, 2, \cdots, N$, $k = 1, 2, \cdots, L$, $(C_1)_{ijk}, (C_2)_{ijk}, A_{ijk}, B_{ijk}, C_{ijk}$, 由式 (6.3.3b) 确定. 由于半离散问题 (6.3.3) 是非线性复合刚性问题, 因而我们可用基于上述广义分解方案的正则分裂方法 (例如 CES 方法、CMS 方法及 CES-CMS 方法等) 来求解它, 以期在确保预期计算精度的基础上成倍地大幅度提高计算速度.

现在我们专门讨论基于广义刚性分解方案 (6.3.5) 的 CES 方法的数值稳定性条件.

对于任意给定的 $i(i = 1|M)$, 轻度刚性子问题 (6.3.5a) 蜕化为仅依赖于下标 j 和 k ($j = 1|N$, $k = 1|L$) 的由 $N \times L$ 个方程联立而成的常微分方程组. 为确定计, 不妨设 $N \geqslant L$, 于是当方程按最佳节点顺序排列时, 该常微分方程组右函数的 Jacobi 矩阵 $J^{(i)}(t)$ 成为一个 $N \times L$ 行的半带宽为 L 的带状矩阵. 设与该矩阵的第 q ($1 \leqslant q \leqslant N \times L$) 行相应的节点下标为 (j, k) ($1 \leqslant j \leqslant N$, $1 \leqslant k \leqslant L$), 不难看出该矩阵的第 q ($1 \leqslant q \leqslant N \times L$) 行最多仅包含如下五个依赖于时间 t 的可能不等于零的元素:

$$
\left\{
\begin{aligned}
&J_{q,q-L}^{(i)} = \left(j > 1?\ \ (C_1)_{ijk}\ \frac{\partial B_{ijk}}{\partial T_{i,j-1,k}} : 0 \right), \\
&J_{q,q-1}^{(i)} = \left(k > 1?\ \ (C_1)_{ijk}\ \frac{\partial C_{ijk}}{\partial T_{i,j,k-1}} : 0 \right), \\
&J_{qq}^{(i)} = (C_1)_{ijk}\ \frac{\partial(B_{ijk}+C_{ijk})}{\partial T_{ijk}} + (B_{ijk}+C_{ijk})\ \frac{\partial(C_1)_{ijk}}{\partial T_{ijk}}, \\
&J_{q,q+1}^{(i)} = \left(k < L?\ \ (C_1)_{ijk}\ \frac{\partial C_{ijk}}{\partial T_{i,j,k+1}} : 0 \right), \\
&J_{q,q+L}^{(i)} = \left(j < N?\ \ (C_1)_{ijk}\ \frac{\partial B_{ijk}}{\partial T_{i,j+1,k}} : 0 \right).
\end{aligned}
\right.
\tag{6.3.6}
$$

设 $\left|\dfrac{\partial(C_1)_{ijk}}{\partial T_{ijk}}\right|$ 仅具有适度大小, 且 $|(Kp)_{ijk}|$ 的量级不高于 $\max\limits_{i,j,k}|K_{ijk}|$ 的量级, 则对于任给的 q $(1 \leqslant q \leqslant N \times L)$, 从式 (6.3.6), (6.3.4) 及 (6.3.3) 不难近似地推出:

$$
\left\{
\begin{aligned}
&\max\{|J_{q,q-L}^{(i)}|, |J_{q,q-1}^{(i)}|, |J_{q,q+1}^{(i)}|, |J_{q,q+L}^{(i)}|\} \leqslant \frac{\max\limits_{j,k}|(C_1)_{ijk}K_{ijk}|}{\min\{h_2,h_3\}^2}, \\
&|J_{qq}^{(i)}| \leqslant \frac{4\max\limits_{j,k}|(C_1)_{ijk}K_{ijk}|}{\min\{h_2,h_3\}^2}.
\end{aligned}
\right.
\tag{6.3.7}
$$

以 $J_{q,q+L}^{(i)}$ 为例, 近似地有

$$
\begin{aligned}
|J_{q,q+L}^{(i)}| &= \left| \frac{(C_1)_{ijk}}{2h_2^2}[(Kp)_{i,j+1,k}(T_{i,j+1,k} - T_{ijk}) + K_{i,j+1,k} + K_{ijk}] \right| \\
&\approx \left| \frac{(C_1)_{ijk}}{2h_2^2}[K_{i,j+1,k} + K_{ijk}] \right| \\
&\leqslant \frac{1}{2\min\{h_2,h_3\}^2}\max\limits_{j,k}|(C_1)_{ijk}K_{i,j+1,k} + (C_1)_{ijk}K_{ijk}| \\
&\approx \frac{\max\limits_{j,k}|(C_1)_{ijk}K_{ijk}|}{\min\{h_2,h_3\}^2}.
\end{aligned}
\tag{6.3.8}
$$

从式 (6.3.7) 易估计出 Jacobi 矩阵 $J^{(i)}(t)$ 的最大范数的上界为

$$
\|J^{(i)}(t)\|_\infty \leqslant \frac{8\max\limits_{j,k}|(C_1)_{ijk}(t)K_{ijk}(t)|}{\min\{h_2,h_3\}^2}.
\tag{6.3.9}
$$

如所熟知, 对于每一个从时刻 t_n 到 $t_n + \tau_n$ 的时间步, 为了保证用广义显式 Euler 法按时间步长 $\tau_n > 0$ 求解具有刚性的第一个子问题 (6.3.5a) 时数值解的稳定性, 对于每个给定的 i $(1 \leqslant i \leqslant M)$, 要求上述 Jacobi 矩阵 $J^{(i)}(t_n)$ 的每个实部为负的特征值 $\lambda_n^{(i)}$ 与步长 τ_n 的乘积都落在显式 Euler 法的稳定区域内, 或即要求

$$|\tau_n \lambda_n^{(i)} + 1| < 1, \quad i = 1, 2, \cdots, M. \tag{6.3.10}$$

但由于上述 Jacobi 矩阵 $J^{(i)}(t_n)$ 的特征值很难计算, 导致条件 (6.3.10) 缺乏实用价值. 另一方面, 由于我们欲求解的问题是抛物问题, Jacobi 矩阵 $J^{(i)}(t_n)$ 的特征值通常不会太靠近虚轴, 故可将条件 (6.3.10) 近似地改变为

$$\tau_n |\lambda_n^{(i)}| \leqslant 1, \quad i = 1, 2, \cdots, M. \tag{6.3.11}$$

再将条件 (6.3.11) 进一步改变为更强的条件

$$\tau_n \|J^{(i)}(t_n)\|_\infty \leqslant 1, \quad i = 1, 2, \cdots, M. \tag{6.3.12}$$

由此及不等式 (6.3.9), 便可得到用基于刚性分解方案 (6.3.5) 的 CES 方法求解半离散问题 (6.3.3) 的近似的数值稳定性条件

$$\tau_n \leqslant \tau_n^{(0)} := \frac{\min\{h_2, h_3\}^2}{8 \max_{i,j,k} |(C_1)_{ijk}(t_n) K_{ijk}(t_n)|}, \tag{6.3.13}$$

尽管是近似的, 但其简单而又实用, 因此在这里及下文中, 我们称这类近似的数值稳定性条件为实用稳定性条件. 由于实用稳定性条件 (6.3.13) 往往过于保守, 在实际计算中为了提高计算效率, 有时候也可将该条件适当放宽, 例如可将上式右端分母中的因子 8 缩小为 4.

6.3.3 自适应正则分裂方法

对于辐射驱动内爆压缩过程数值模拟及各种高新技术问题的数值模拟, 算法理论研究与应用软件研究具有同样的重要性与难度, 缺一不可. 例如数值方法的稳定性理论固然重要, 但它无法取代实际计算中必须使用的各种不同类型的实用稳定性条件; 又如数值方法的收敛性理论固然重要, 但它无法用于对实际计算结果进行误差估计. 在实际计算中我们面临着许多需要解决的难题, 其中之一就是怎样来选择合适的时间步长. 如果时间步长选得太小, 可能导致超级计算机也无法承受的计算时耗, 但若时间步长选得太大, 则数值解达不到预期计算精度, 甚至有可能由于计算不稳定等种种原因而导致整个计算失败.

由于问题的真解是未知的, 想要精确地算出数值解与真解的差 (即整体误差) 是完全不可能的. 由于数值解的局部截断误差主项中包含有问题真解的高阶导数,

而问题真解是未知的, 因此想要精确地算出数值解的局部截断误差同样是不可能的. 正是因为无法对误差进行先验估计, 长期以来, 人们一直致力于事后误差估计及时间步长控制策略研究 (参见 [4]). 详言之, 在完成每一时间步的计算之后, 再使用各种技巧来估计数值解的局部截断误差, 并于事先选定一个称之为 "误差容限" 的适度小的正常数, 要求在每一计算步之后, 都检测所估计出的局部截断误差的范数是否超过误差容限. 若超过误差容限, 就缩小时间步长重新计算当前的时间步, 直到局部截断误差的范数不超过误差容限为止, 才接受计算结果, 完成该时间步的计算. 另一方面, 若所估计出的局部截断误差的范数远小于误差容限, 则这种没有必要的过分精确会导致大幅度耗费计算时间和降低计算速度, 此情形下我们就应当适当扩大时间步长, 然后再计算下一个时间步. 为方便计, 我们给出如下定义:

定义 6.3.1 带有事后误差估计功能, 并以恰当的误差容限来自动控制时间步长的正则分裂方法, 称为自适应正则分裂方法 (Adaptive Canonical Splitting methods, ACS).

正如我们在注 6.2.5 中所指出的, 为了能自动确保数值解达到预期计算精度, 必须进一步研究和使用自适应正则分裂方法. 尤其是对于求解具有瞬态快变现象的问题, 例如半离散问题 (6.1.2)′, 使用自适应正则分裂方法是唯一可行的选择.

为此, 于文献 [14] 中, 我们为 CES 方法及 CMS 方法都添加了用外推法估计局部截断误差的功能 (参见 [2]), 以弥补其不足之处. 在此基础上, 我们构造了自适应 CES 方法 (ACES) 及自适应 CMS 方法 (ACMS). 尽管这样做需要增加 50% 的计算量, 但我们认为这是值得的和必要的.

由于正则嵌入分裂方法 CES-CMS 自身携带用嵌入法估计局部截断误差的功能, 在此基础上, 我们又构造了自适应 CES-CMS 方法 (简记为 ACES-CMS). 由于 CES 方法是一阶相容的, 其局部截断误差的量级为 $O(\tau^2)$, 这里 $\tau > 0$ 表示时间步长; 另一方面, 由于 CES-CMPS 方法是二阶定量收敛的, 其整体误差的量级同样是 $O(\tau^2)$. 由此可见, 我们利用 CES-CMPS 方法自身所携带功能所估计出的 CES 方法的局部截断误差可用来近似表征 CES-CMPS 方法的整体误差.

注 6.3.1 当用自适应正则分裂方法来求解非线性复合刚性问题时, 我们应当同时为保证数值稳定性和保证预期计算精度而控制时间步长, 换言之, 必须在保证数值稳定性的最大可允许时间步长及保证预期计算精度的最大可允许时间步长二者中, 选其较小者作为实际计算所使用的时间步长. 此外应注意当欲求解的问题具有瞬态快变现象时, 则在其真解变化极速的瞬态阶段, 由于预期计算精度对时间步长的限制比数值稳定性对时间步长的限制远为苛刻, 故此特殊情形下只要保证了预期计算精度, 数值稳定性便自然得到了保证.

6.3.4　数值试验

为了能精确算出数值解的整体误差以检验其精度和比较不同数值方法的优劣, 我们首先求解两个已知其真解的特殊问题.

例 6.3.1　考虑直角坐标下的三维抛物型方程初边值问题

$$
\begin{cases}
\dfrac{\partial T}{\partial t} = \dfrac{\partial}{\partial x}\left(T^6 \dfrac{\partial T}{\partial x}\right) + \dfrac{\partial}{\partial y}\left(T^6 \dfrac{\partial T}{\partial y}\right) + \dfrac{\partial}{\partial z}\left(T^6 \dfrac{\partial T}{\partial z}\right) + \varphi, & (x,y,z) \in \Omega,\ 0 \leqslant t \leqslant \pi/2, \\[2mm]
T(x,y,z,0) = 0, & (x,y,z) \in \Omega, \\[2mm]
T(x,y,z,t) = \sin(x)\sin(y/100)\sin(z/100)\sin(t), & (x,y,z) \in \partial\Omega,\ 0 \leqslant t \leqslant \pi/2,
\end{cases}
$$

$$\tag{6.3.14}$$

这里函数

$$
\begin{aligned}
\varphi &= \varphi(x,y,z,t,T) \\
&= \sin x \sin\left(\frac{y}{100}\right)\sin\left(\frac{z}{100}\right)\cos t + \frac{5001}{5000}T^7 - 6T^5 \sin^2 t\left[\cos^2 x \sin^2 \frac{y}{100}\sin^2 \frac{z}{100}\right. \\
&\quad \left. + \frac{\sin^2 x}{10000}\left(\sin^2\left(\frac{y}{100}\right)\cos^2\left(\frac{z}{100}\right) + \cos^2\left(\frac{y}{100}\right)\sin^2\left(\frac{z}{100}\right)\right)\right],
\end{aligned}
\tag{6.3.15}
$$

$\Omega = \{(x,y,z)\,|\,0 \leqslant x \leqslant \pi,\ 49\pi \leqslant y \leqslant 50\pi,\ 4\pi \leqslant z \leqslant 5\pi\}$ 表示空间积分区域, $\partial\Omega$ 表示区域 Ω 的边界.

易验证该问题的真解为

$$
T = T(x,y,z,t) = \sin x \sin(y/100)\sin(z/100)\sin t.
\tag{6.3.16}
$$

在均匀空间网格

$$
\{(x_i, y_j, z_k)\,|\,x_i = (i-0.5)h_1,\ y_j = 49\pi + (j-0.5)h_2,
$$

$$
z_k = 4\pi + (k-0.5)h_3,\ i = 1|M,\ j = 1|N,\ k = 1|L\}
$$

(这里 $M = 300$, $N = L = 32$, $h_1 = \pi/M$, $h_2 = \pi/N$, $h_3 = \pi/L$) 上用有限差分法对问题 (6.3.14) 进行空间离散, 便得到形如 (6.3.3) 的半离散问题, 其中

$$
(C_1)_{ijk} \equiv 1, \quad (C_2)_{ijk} = \varphi(x_i, y_j, z_k, t, T_{ijk}), \quad K_{ijk} = T_{ijk}^6.
\tag{6.3.17}
$$

将该半离散问题按方向分解为形如 (6.3.5a) 和 (6.3.5b) 的两个子问题, 不难验证它们分别是非刚性子问题和刚性子问题, 于是可用上述各种正则分裂方法进行求解.

首先我们分别用 CES 方法、CMS 方法及 CES-CMS 方法从时刻 $t = 0$ 出发按固定时间步长 $\tau = 2.5 \times 10^{-3}$ 进行计算, 算至时刻 $t = \pi/2$. 于任一时刻 t_n 数值解关于原问题 (6.3.14) 的真解的整体误差 E_n 的最大范数及 L_2-范数在整个时间网格上的最大值及计算所花费的时间 t_{cpu} 见表 6.3.1.

表 **6.3.1** 数值解于时刻 t_n 的整体误差 E_n 的最大范数及 L_2 范数在整个时间网格上的最大值及计算所花费的时间 t_{cpu}

正则分裂方法	$\max\limits_{n} \|E_n\|_\infty$	$\max\limits_{n} \|E_n\|_{L_2}$	t_{cpu}
CES	1.96×10^{-4}	1.25×10^{-4}	$10'33''$
CMS	6.33×10^{-7}	5.90×10^{-8}	$9'50''$
CES-CMS	5.30×10^{-7}	1.01×10^{-7}	$11'24''$

其次为了进一步提高 CES 方法的计算精度, 我们以带有用外推法估计局部截断误差功能的 ACES 方法, 从时刻 $t = 0$ 出发, 按自适应时间步长进行计算, 并取局部截断误差容限为 10^{-9}, 初始时间步长为 $\tau 0 = 2.5 \times 10^{-3}$, 算至时刻 $t = \pi/2$. 所获数值结果的整体误差及所花费的计算时间如下:

$$\begin{cases} \max\limits_{n} \|E_n\|_\infty = 7.79 \times 10^{-6}, \\ \max\limits_{n} \|E_n\|_{L_2} = 4.56 \times 10^{-6}, \\ t_{\mathrm{cpu}} = 5 \text{ 小时 } 52'21''. \end{cases} \tag{6.3.18}$$

从表 6.3.1 及式 (6.3.18) 可以看出:

(1) 以上三类正则分裂方法都可用于求解非线性复合刚性三维热传导问题, 而且的确可在确保计算精度的基础上大幅度提高计算速度.

(2) CES 方法的确具有 1 阶精度. CMPS 及 CES-CMPS 方法的确都具有 2 阶精度.

(3) 为了进一步提高 CES 方法的计算精度, 我们可采用外推法事后估计局部误差, 并根据预定的精度要求事先适当地给定误差容限, 使用自适应时间步长进行计算. 从式 (6.3.18) 可以看出, 这样做的确达到了预定的目标, 计算精度的确提高了一个量级. 但另一方面, 我们发现其精度仍然远远不如 CMPS 及 CES-CMPS 方法, 而且所花费的计算时间增加了约 30 倍. 由此可见 CMS 及 CES-CMS 方法在计算精度方面的确优越于 CES 方法.

例 6.3.2 考虑三维热传导问题

$$\begin{cases} \dfrac{\partial T}{\partial t} = 10000\dfrac{\partial^2 T}{\partial x^2} + \dfrac{\partial^2 T}{\partial y^2} + \dfrac{\partial^2 T}{\partial z^2} + (\cos(2y) + \cos(2z))/100, & (x,y,z) \in \Omega, 0 \leqslant t \leqslant 1, \\[2mm] T(x,y,z,0) = \cos(2x) + \dfrac{1}{400}(\cos(2y) + \cos(2z)) + 2, & (x,y,z) \in \Omega, \\[2mm] \dfrac{\partial T}{\partial n} = 0, & (x,y,z) \in \partial\Omega, 0 \leqslant t \leqslant 1, \end{cases}$$
$$(6.3.19)$$

这里 $\dfrac{\partial T}{\partial n}$ 表示外法向导数, $\Omega = \{(x,y,z) \mid 0 \leqslant x \leqslant \pi,\ 0 \leqslant y \leqslant \pi,\ 0 \leqslant z \leqslant \pi\}$ 表示空间积分区域, $\partial\Omega$ 表示区域 Ω 的边界. 这是一个沿 X-轴方向热传导系数非常大, 且温度沿 X-轴方向以极快速度变化到接近于定常状态的瞬态快变问题, 易验证该问题的真解为

$$T(x,y,z,t) = \exp(-40000t)\cos(2x) + (\cos(2y) + \cos(2z))/400 + 2. \quad (6.3.20)$$

在均匀空间网格

$$\{(x_i, y_j, z_k) \mid x_i = (i - 0.5)h_1,\ y_j = (j - 0.5)h_2,$$
$$z_k = (k - 0.5)h_3,\ i = 1|M,\ j = 1|N,\ k = 1|L\}$$

(这里 $M = 1000$, $N = L = 32$, $h_1 = \pi/M$, $h_2 = \pi/N$, $h_3 = \pi/L$) 上用有限差分法对问题 (6.3.19) 进行空间离散, 于是得到半离散问题

$$\begin{cases} \dfrac{\mathrm{d}T_{ijk}}{\mathrm{d}t} = 10000\dfrac{T_{i-1,j,k} - 2T_{ijk} + T_{i+1,j,k}}{h_1^2} + \dfrac{T_{i,j-1,k} - 2T_{ijk} + T_{i,j+1,k}}{h_2^2} \\[3mm] \qquad\quad + \dfrac{T_{i,j,k-1} - 2T_{ijk} + T_{i,j,k+1}}{h_3^2} + (\cos(2y_j) + \cos(2z_k))/100, \quad 0 \leqslant t \leqslant 1, \\[3mm] T_{ijk}(0) = \cos(2x_i) + \dfrac{1}{400}(\cos(2y_j) + \cos(2z_k)) + 2, \end{cases}$$
$$(6.3.21)$$

其中 $i = 1|M$, $j = 1|N$, $k = 1|L$, 越出空间网格的节点上的温度值由边值条件确定.

我们将半离散问题 (6.3.21) 按方向分解为两个子问题

$$\frac{\mathrm{d}T_{ijk}}{\mathrm{d}t} = \frac{T_{i,j-1,k} - 2T_{ijk} + T_{i,j+1,k}}{h_2^2} + \frac{T_{i,j,k-1} - 2T_{ijk} + T_{i,j,k+1}}{h_3^2} \quad (6.3.22\mathrm{a})$$

及

$$\frac{\mathrm{d}T_{ijk}}{\mathrm{d}t} = 10000\frac{T_{i-1,j,k} - 2T_{ijk} + T_{i+1,j,k}}{h_1^2} + (\cos(2y_j) + \cos(2z_k))/100. \quad (6.3.22b)$$

容易验证除了问题真解的瞬态快变阶段以外, 其中第一个子问题 (6.3.22a) 是非刚性的, 而第二个子问题 (6.3.22b) 是强刚性的, 于是当不考虑真解的瞬态快变现象时, 可用上述各种正则分裂方法进行求解.

我们首先尝试用 CES 方法从时刻 $t = 0$ 出发按定步长 $\tau = 10^{-4}$ 进行计算. 算至 $t = 1$, 所获数值结果的误差及所花费的计算时间如下:

$$\begin{cases} \max_n \|E_n\|_\infty = 9.19 \times 10^{-2}, \\ \max_n \|E_n\|_{L_2} = 6.42 \times 10^{-2}, \\ t_{\mathrm{cpu}} = 3 \text{ 小时 } 31'13''. \end{cases} \quad (6.3.23)$$

从式 (6.3.23) 可以看出, 数值解的整体误差 E_n 无论是按最大范数或 L_2-范数均已超过 5%, 因而失去实用价值. 这是一次失败的计算, 但却花费了长达 3 个多小时的计算时间.

为了挽回这次失败, 现在我们改用带有用外推法估计局部截断误差功能的 CES 方法, 从时刻 $t = 0$ 出发, 按自适应时间步长 $\tau > 0$ 进行计算, 并取局部截断误差容限为 10^{-5}, 算至时刻 $t = 1$. 所获数值结果的误差及所花费的计算时间如下:

$$\begin{cases} \max_n \|E_n\|_\infty = 6.25 \times 10^{-4}, \\ \max_n \|E_n\|_{L_2} = 3.91 \times 10^{-4}, \\ t_{\mathrm{cpu}} = 1 \text{ 小时 } 2'21''. \end{cases} \quad (6.3.24)$$

从式 (6.3.24) 可以看出, 由于采用事后误差估计和自适应时间步长控制策略, 我们已成功地挽回了上一次因为采用定步长计算而导致的失败. 这一次计算不仅达到了预期的高精度, 而且仅花费了约一个小时的机时.

本例表明, 对于求解具有瞬态快变现象的问题, 必须使用自适应正则分裂方法, 例如自适应正则 Euler 分裂方法 ACES、自适应正则中点分裂方法 ACMS、自适应正则嵌入分裂方法 ACES-CMS 以及自适应隐式 Euler 法等.

特别, 对于辐射驱动内爆压缩过程数值模拟以及求解辐射扩散与电子、离子热传导耦合方程组初边值问题, 我们建议一律使用自适应正则分裂方法. 这样做不仅可确保数值解达到预期计算精度, 而且可多倍地大幅度提高计算速度.

例 6.3.3   考虑带有小扰动温度源的三维热传导问题

$$
\begin{cases}
\dfrac{\partial T}{\partial t} = \dfrac{\partial}{\partial x}\left(T^6 \dfrac{\partial T}{\partial x}\right) + \dfrac{\partial}{\partial y}\left(T^6 \dfrac{\partial T}{\partial y}\right) + \dfrac{\partial}{\partial z}\left(T^6 \dfrac{\partial T}{\partial z}\right), & (x,y,z) \in \Omega,\ 0 \leqslant t \leqslant 2, \\[2mm]
T(x,y,z,0) = 3 \times 10^{-4}, & (x,y,z) \in \Omega,
\end{cases}
$$

$$(6.3.25)$$

这里 $\Omega = \{(x,y,z)\,|\,0 \leqslant x \leqslant 4,\ 0 \leqslant y \leqslant 4,\ 0 \leqslant z \leqslant 4\}$ 表示空间积分区域, $\partial\Omega$ 表示区域 Ω 的边界. 设在与 $x = 0$ 相应的正方形边界上有带小扰动的温度源 (即入流边界条件)

$$
T(0,y,z,t) = 3 \times 10^{-4} + (t < 1?\ \ 2t : 2)
$$

$$
\times \left(1 - 0.2\left(1 + \cos\frac{\pi y}{2}\right)\right)\left(1 - 0.02\left(1 + \cos\frac{\pi z}{2}\right)\right),
$$

$$
0 \leqslant y \leqslant 4, \quad 0 \leqslant z \leqslant 4 \tag{6.3.26}
$$

在边界上其余各处均满足固壁边界条件.

首先在均匀空间网格

$$
\{(x_i, y_j, z_k)\,|\,x_i = (i - 0.5)h_1,\ y_j = (j - 0.5)h_2,
$$

$$
z_k = (k - 0.5)h_3,\ i = 1|M,\ j = 1|N,\ k = 1|L\}
$$

(这里 $M = 500$, $N = 80$, $L = 10$, $h_1 = 4/M$, $h_2 = 4/N$, $h_3 = 4/L$) 上用中心差商对问题 (6.3.25) 进行空间离散, 于是得到半离散问题

$$
\begin{cases}
\dfrac{dT_{ijk}}{dt} = \dfrac{(T_{i+1,j,k}^6 + T_{ijk}^6)(T_{i+1,j,k} - T_{ijk}) - (T_{ijk}^6 + T_{i-1,j,k}^6)(T_{ijk} - T_{i-1,j,k})}{2h_1^2} \\[3mm]
\qquad + \dfrac{(T_{i,j+1,k}^6 + T_{ijk}^6)(T_{i,j+1,k} - T_{ijk}) - (T_{ijk}^6 + T_{i,j-1,k}^6)(T_{ijk} - T_{i,j-1,k})}{2h_2^2} \\[3mm]
\qquad + \dfrac{(T_{i,j,k+1}^6 + T_{ijk}^6)(T_{i,j,k+1} - T_{ijk}) - (T_{ijk}^{q_1} + T_{i,j,k-1}^{q_1})(T_{ijk} - T_{ijk-1})}{2h_3^2}, \\[3mm]
T_{ijk}(0) = 3 \times 10^{-4},
\end{cases}
$$

$$(6.3.27)$$

这里 $0 < t \leqslant 2$, $i = 1|M$, $j = 1|N$, $k = 1|L$, 未知函数 $T_{ijk} = T_{ijk}(t)$ 是原问题 (6.3.25) 的真解值 $T(x_i, y_j, z_k, t)$ 的逼近, 并注意越出空间网格的节点上的温度 T 的值由边值条件确定.

其次将半离散问题 (6.3.27) 按方向分解为两个子问题

$$
\frac{\mathrm{d}\bar{T}_{ijk}}{\mathrm{d}t} = \frac{(\bar{T}_{i,j+1,k}^6 + \bar{T}_{ijk}^6)(\bar{T}_{i,j+1,k} - \bar{T}_{ijk}) - (\bar{T}_{ijk}^6 + \bar{T}_{i,j-1,k}^6)(\bar{T}_{ijk} - \bar{T}_{i,j-1,k})}{2h_2^2}
$$
$$
+ \frac{(\bar{T}_{i,j,k+1}^6 + \bar{T}_{ijk}^6)(\bar{T}_{i,j,k+1} - \bar{T}_{ijk}) - (\bar{T}_{ijk}^6 + \bar{T}_{i,j,k-1}^6)(\bar{T}_{ijk} - \bar{T}_{i,j,k-1})}{2h_3^2}
$$

$$(6.3.28a)$$

及

$$
\frac{\mathrm{d}\tilde{T}_{ijk}}{\mathrm{d}t} = \frac{(\tilde{T}_{i+1,j,k}^6 + \tilde{T}_{ijk}^6)(\tilde{T}_{i+1,j,k} - \tilde{T}_{ijk}) - (\tilde{T}_{ijk}^6 + \tilde{T}_{i-1,j,k}^6)(\tilde{T}_{ijk} - \tilde{T}_{i-1,j,k})}{2h_1^2},
$$

$$(6.3.28b)$$

容易验证其中第一个子问题 (6.3.28a) 是轻度刚性的, 而第二个子问题 (6.3.28b) 是强刚性的, 于是可用上述各种正则分裂方法进行求解.

首先我们使用带有用外推法估计局部截断误差功能的 ACES 方法, 并取局部截断误差容限为 2×10^{-5}, 从时刻 $t = 0$ 出发, 按自适应时间步长 $\tau > 0$ 进行计算, 算至时刻 $t = 2$. 所花费的计算时间为 22 小时 25 分 19 秒, 所获数值解的局部截断误差的最大范数在时间区间 $0 \leqslant t \leqslant 2$ 上的最大值为 1.999942×10^{-5}, 自适应时间步长 τ 的最大值与最小值分别为 10^{-3} 与 9.930205×10^{-6}.

为了画图方便, 我们任意给定下标 $k = k_0$, $1 \leqslant k_0 \leqslant L$, 仅在平面 $z = z_{k_0}$ 与空间积分区域 Ω 相交而得到的平面区域

$$
\Omega_{x,y} = \{(x, y, z_{k_0}) \mid 0 \leqslant x \leqslant 4, \ 0 \leqslant y \leqslant 4\} \tag{6.3.29}
$$

上画出所获数值解的图, 如图 6.3.1 所示 (为确定计, 图中取定 $k_0 = 5$).

尽管我们已经画出了数值解的图, 而且已经估计出了数值解的最大局部截断误差为 1.999942×10^{-5}, 然而我们最关心的是数值解的整体误差. 数值解的最大整体误差究竟有多大呢? 是否已满足工程实际问题的需要呢? 这是一个必须回答的重要问题.

为了回答这一问题, 现在我们使用 ACES-CMS 方法, 并取误差容限为 10^{-4}, 从时刻 $t = 0$ 出发按自适应时间步长 $\tau > 0$ 算至时刻 $t = 2$. 所花费的计算时间约为 132 小时, 另一方面, 按照 6.3.3 小节中所指出的, 所获数值解的最大整体误差的量级近似地为 10^{-4}.

首先, 我们在同样的平面区域 (6.3.29) 上画出用 ACES-CMS 方法所算出的数值解的图. 通过仔细观察, 看不出新的图与图 6.3.1 有任何差别. 由此可以定性地作出结论: 用 ACES 方法所算出的数值解的确具有一定的整体精度和实用价值. 更进一步, 我们通过编程计算, 发现于最终时刻 $t = 2$, 用 ACES 方法所算出

的数值解 $\{(T_{\mathrm{aces}})_{ijk}\}$ 与用 ACES-CMS 方法所算出的数值解 $\{(T_{\mathrm{aces\text{-}cms}})_{ijk}\}$ 的差的最大范数为

$$\max_{i,j,k}|(T_{\mathrm{ces}})_{ijk} - (T_{\mathrm{ces\text{-}cmps}})_{ijk}| = 0.002957. \tag{6.3.30}$$

由于数值解 $\{(T_{\mathrm{aces\text{-}cms}})_{ijk}\}$ 的最大整体误差的量级为 10^{-4}, 从式 (6.3.30) 可以定量地作出结论: 用 ACES 方法所算出的数值解 $\{(T_{\mathrm{aces}})_{ijk}\}$ 的最大整体误差约为 2.957×10^{-3}.

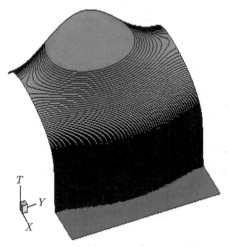

图 6.3.1　问题 (6.3.25) 于时刻 $t = 2$ 在平面区域 $\Omega_{x,y}$ 上的数值解

　　注意本节所有数值试验都是在同一台 Dell OptiPlex 755 台式计算机上串行计算的, 而且在求解非线性代数方程组时, 一律要求牛顿迭代误差 $\varepsilon < 10^{-10}$ 才终止牛顿迭代. 由于所有的正则分裂方法都具有特别适合于并行计算的特色和优点 (例如本节的 3 个算例可分别用 1024、1024 及 800 个 CPU 并行处理), 如果我们改成在并行计算机上并行求解以上各算例中的问题, 那么计算速度必将进一步多倍地大幅度提高.

6.4　球坐标下高维热传导问题的 CES 方法及其实用稳定性条件

6.4.1　球坐标下三维热传导问题

考虑球坐标 (r, θ, φ) 下三维非线性热传导方程初边值问题

$$\begin{cases} \dfrac{\partial T}{\partial t} = A \operatorname{div}(K \operatorname{grad} T) + B, & (r, \theta, \varphi) \in \Omega, \quad t \in [t_0, t_{\text{end}}], & (6.4.1\text{a}) \\[3mm] T(r, \theta, \varphi, t_0) = T_0(r, \theta, \varphi), & (r, \theta, \varphi) \in \Omega, & (6.4.1\text{b}) \end{cases}$$

这里 $T = T(r, \theta, \varphi, t)$ 是欲求的未知函数, $T_0(r, \theta, \varphi)$ 是已知的初始函数, A, B, K 都是 T, r, θ, φ, t 的已知函数, $[t_0, t_{\text{end}}]$ 表示时间积分区间,

$$\Omega = \{(r, \theta, \varphi) \mid r_a \leqslant r \leqslant r_b, \ \theta_a \leqslant \theta \leqslant \theta_b, \ \varphi_a \leqslant \varphi \leqslant \varphi_b\} \tag{6.4.2}$$

表示空间积分区域, t_0, t_{end}, r_a, r_b, θ_a, θ_b, φ_a, φ_b 都是已知的常数, 为简单计, 我们恒设 $0 \leqslant r_a < r_b$, $0 \leqslant \theta_a < \theta_b \leqslant \pi$, $0 \leqslant \varphi_a < \varphi_b \leqslant \pi$.

此外, 我们恒以符号 $\partial\Omega = \partial\Omega_a \cup \partial\Omega_b$ 表示空间积分区域 Ω 的边界, 其中 $\partial\Omega_b$ 表示边界的半径为 r_b 的球面部分, $\partial\Omega_a$ 表示边界的其余部分, 我们恒设该问题在边界 $\partial\Omega_a$ 上满足固壁边界条件, 且法向导数为 0, 在边界 $\partial\Omega_b$ 上满足入流边界条件, 并恒设该问题是适定的.

在球坐标下, 方程 $(6.4.1\text{a})$ 可等价地写成 (参见 [6])

$$\begin{aligned} \frac{\partial T}{\partial t} = A &\left\{ \frac{\partial}{\partial r}\left(K\frac{\partial T}{\partial r}\right) + \frac{2K\dfrac{\partial T}{\partial r}}{r} + \frac{1}{r^2}\frac{\partial}{\partial\theta}\left(K\frac{\partial T}{\partial\theta}\right) \right. \\[3mm] &\left. + \frac{K\dfrac{\partial T}{\partial\theta}}{r^2\tan\theta} + \frac{1}{r^2\sin^2\theta}\frac{\partial}{\partial\varphi}\left(K\frac{\partial T}{\partial\varphi}\right) \right\} + B. \end{aligned} \tag{$6.4.1\text{a}$}'$$

注 6.4.1　由于当 $\theta = 0$ 或 $\theta = \pi$ 时, 对于任给的 $r > 0$ 及任给的两个不同的值 φ_1 和 φ_2, 坐标 (r, θ, φ_1) 和 (r, θ, φ_2) 代表的是同一个点; 或即同一个点具有无穷多个不同的坐标. 这显然是不合理的和不能允许的. 由于类似的原因, $r = 0$ 也是不合理的和不能允许的. 故我们约定在球坐标下进行计算时, 数值解恒取在网格中心点上而不可取在网格节点上.

6.4.2　空间离散

当用线方法数值求解问题 $(6.4.1)$ 时, 我们面对的第一件工作就是空间离散. 利用严格递增光滑变换

$$w = r2w(r), \quad r_a \leqslant r \leqslant r_b \tag{6.4.3}$$

并设 $\dfrac{\mathrm{d}w}{\mathrm{d}r} = wr(w),\ r = w2r(w)$, 将物理空间网格 $\{(r_i, \theta_j, \varphi_k)\}$ 变换到逻辑空间网格

$$\left\{ (w_i, \theta_j, \varphi_k) \middle| w_i = r2w(r_a) + \left(i - \frac{1}{2}\right) h_1,\ \theta_j = \theta_a + \left(j - \frac{1}{2}\right) h_2, \right.$$

$$\left. \varphi_k = \varphi_a + \left(k - \frac{1}{2}\right) h_3 \right\}, \tag{6.4.4a}$$

这里

$$h_1 = (r2w(r_b) - r2w(r_a))/M, \quad h_2 = (\theta_b - \theta_a)/N,$$

$$h_3 = (\varphi_b - \varphi_a)/L, \quad i = 1|M,\ j = 1|N,\ k = 1|L. \tag{6.4.4b}$$

并注意我们通常设自然数 $M \geqslant N \geqslant L$.

在逻辑空间网格 $\{(w_i, \theta_j, \varphi_k)\}$ 上使用中心差商对方程 (6.4.1a)′ 右端的空间导数进行离散, 便得到三维问题 (6.4.1) 的半离散格式

$$\frac{\mathrm{d}T_{ijk}}{\mathrm{d}t} = f_{ijk}(T_{i-1,j,k}, T_{i,j-1,k}, T_{i,j,k-1}, T_{ijk}, T_{i,j,k+1}, T_{i,j+1,k}, T_{i+1,j,k})$$

$$= A_{ijk}\,(D_{ijk} + E_{ijk} + F_{ijk}) + B_{ijk}$$

$$= A_{ijk}\,Q_{ijk} + B_{ijk}, \quad i = 1|M,\ j = 1|N,\ k = 1|L,\ t \in [t_0, t_{\mathrm{end}}], \tag{6.4.5a}$$

其中

$$\begin{cases} T_{ijk} \approx T(w2r(w_i), \theta_j, \varphi_k, t), \quad A_{ijk} = A(T_{ij,k}, w2r(w_i), \theta_j, \varphi_k, t), \\ B_{ijk} = B(T_{ijk}, w2r(w_i), \theta_j, \varphi_k, t), \quad Q_{ijk} := D_{ijk} + E_{ijk} + F_{ijk}, \end{cases} \tag{6.4.5b}$$

$D_{ijk},\ E_{ijk}$ 及 F_{ijk} 分别是对于偏微分方程 (6.4.1a)′ 右端大括号中第 1, 2 两项, 第 3, 4 两项及第 5 项的逼近, 它们都是依赖于 $T_{i-1,j,k}, T_{i,j-1,k}, T_{i,j,k-1}, T_{ijk}, T_{i,j,k+1}, T_{i,j+1,k},\ T_{i+1,j,k}$ 及坐标 $w_{i-1}, w_i, w_{i+1}, \theta_j$ 和时间 t 的量. 当不考虑边界条件处理时易算出

$$
\begin{cases}
D_{ijk} = \dfrac{wr(w_i)}{2h_1^2}\Bigg[(K_{i+1,j,k} + K_{ijk})(T_{i+1,j,k} - T_{ijk})wr\left(\dfrac{w_{i+1} + w_i}{2}\right) \\
\qquad\quad - (K_{ijk} + K_{i-1,j,k})(T_{ijk} - T_{i-1,j,k})\, wr\left(\dfrac{w_{i-1} + w_i}{2}\right)\Bigg] \\
\qquad\quad + \dfrac{wr(w_i)}{h_1\, w2r(w_i)}K_{i,j,k}(T_{i+1,j,k} - T_{i-1,j,k}), \\[2mm]
E_{ijk} = \dfrac{1}{2h_2^2(w2r(w_i))^2}[(K_{i,j+1,k} + K_{ijk})(T_{i,j+1,k} - T_{ijk}) \\
\qquad\quad - (K_{ijk} + K_{i,j-1,k})(T_{ijk} - T_{i,j-1,k})] \\
\qquad\quad + \dfrac{1}{2h_2(w2r(w_i))^2\tan\theta_j}K_{ijk}(T_{i,j+1,k} - T_{i,j-1,k}), \\[2mm]
F_{ijk} = \dfrac{1}{2h_3^2(w2r(w_i))^2\sin^2\theta_j}[(K_{i,j,k+1} + K_{ijk})(T_{i,j,k+1} - T_{ijk}) \\
\qquad\quad - (K_{ijk} + K_{i,j,k-1})(T_{ijk} - T_{i,j,k-1})],
\end{cases}
\tag{6.4.5c}
$$

其中 $K_{ijk} = K(T_{ijk}, w2r(w_i), \theta_j, \varphi_k, t)$.

注意在适当处理边界条件之后, 半离散问题 (6.4.5) 可视为关于 $M \times N \times L$ 个未知函数 $T_{ijk}(t)$ 的常微分方程组初值问题, 其初值为 $T_{ijk}(t_0) = T_0(w2r(w_i), \theta_j, \varphi_k)$, 这里 $i = 1, 2, \cdots, M$, $j = 1, 2, \cdots, N$, $k = 1, 2, \cdots, L$. 当按下标 i, j, k 的自然顺序排序时, 则与其中第 n 个 $(0 \leqslant n \leqslant M \times N \times L)$ 方程相对应的下标 (i, j, k) 为

$$
\begin{cases}
k = (n\%L == 0?\ L : n\%L), \\
j = ((n - k)/L + 1)\%N == 0?\ N : ((n - k)/L + 1)\%N, \\
i = (n - k - (j-1)L)/(NL) + 1,
\end{cases}
\tag{6.4.6}
$$

反之, 若已知下标 (i, j, k), 则与其相应的 n 为

$$
n = (i - 1) \times N \times L + (j - 1) \times L + k.
\tag{6.4.7}
$$

在这里及下文中, 对于任给的两个自然数 P 和 Q, 符号 $P\%Q$ 表示 P 整除以 Q 后的余数.

注 6.4.2 这里所说的按 i, j, k 的自然顺序排序, 是指: (1) 下标 i 按从 1 到 M 的自然顺序排列; (2) 对于任意给定的 i, 下标 j 按从 1 到 N 的自然顺序排列; (3) 对于任意给定的 i, j, 下标 k 按从 1 到 L 的自然顺序排列.

容易看出, 半离散问题 (6.4.5) 右函数的 Jacobi 矩阵 $J = \{J_{pq}\}$ 是一个半带宽为 $N \times L$ 的带状 $M \times N \times L$ 阶方阵, 其第 n $(0 \leqslant n \leqslant M \times N \times L)$ 行最多仅包含如下七个可能不等于零的元素:

$$
\begin{cases}
J_{n,n-1} = \left(k > 1? \ A_{ijk} \dfrac{\partial F_{ijk}}{\partial T_{i,j,k-1}} : 0 \right), \\[2mm]
J_{n,n+1} = \left(k < L? \ A_{ijk} \dfrac{\partial F_{ijk}}{\partial T_{i,j,k+1}}, 0 \right), \\[2mm]
J_{n,n-L} = \left(j > 1? \ A_{ijk} \dfrac{\partial E_{ijk}}{\partial T_{i,j-1,k}} : 0 \right), \\[2mm]
J_{n,n+L} = \left(j < N? \ A_{ijk} \dfrac{\partial E_{ijk}}{\partial T_{i,j+1,k}} : 0 \right), \\[2mm]
J_{n,n-N \times L} = \left(i > 1? \ A_{ijk} \dfrac{\partial D_{ijk}}{\partial T_{i-1,j,k}} : 0 \right), \\[2mm]
J_{n,n+N \times L} = \left(i < M? \ A_{ijk} \dfrac{\partial D_{ijk}}{\partial T_{i+1,j,k}} : 0 \right), \\[2mm]
J_{nn} = A_{ijk} \left(\dfrac{\partial D_{ijk}}{\partial T_{ijk}} + \dfrac{\partial E_{ijk}}{\partial T_{ijk}} + \dfrac{\partial F_{ijk}}{\partial T_{ijk}} \right) \\[2mm]
\qquad + \dfrac{\partial A_{ijk}}{\partial T_{ijk}} (D_{ijk} + E_{ijk} + F_{ijk}) + \dfrac{\partial B_{ijk}}{\partial T_{ijk}},
\end{cases}
\tag{6.4.8}
$$

其余元素全为零. 式 (6.4.8) 中用到的 $A_{ijk}, B_{ijk}, D_{ijk}, E_{ijk}, F_{ijk}$ 由式 (6.4.5b) 和 (6.4.5c) 确定, 下标 i, j, k 与 n 的关系由式 (6.4.6) 和 (6.4.7) 确定.

从式 (6.4.8), (6.4.5), (6.4.6) 和 (6.4.7) 易算出的半离散问题 (6.4.5) 的右函数的 Jacobi 矩阵 $J = \{J_{pq}\}$, 其重要性在于当用拟牛顿迭代法求解相关的非线性代数方程组时必须用到它.

更进一步, 易算出 Jacobi 矩阵 J 的最大范数 $\|J\|_\infty$, 其重要性在于当用显式 Euler 法求解该半离散问题时, 可用它来确定保证数值稳定性的最大容许步长 (详见 [9]).

注 6.4.3 由于问题 (6.4.1) 在边界 $\partial \Omega_a$ 上满足固壁边界条件, 对于靠近该边界的网格节点, 必须利用固壁边界条件特征, 对式 (6.4.5c) 及相应的 Jacobi 矩阵作适当修改 (参见式 (6.3.4)).

注 6.4.4 为简单计, 本章恒用有限差分法对偏微分方程进行空间离散, 其实也可使用其他方法, 例如有限体方法、有限元方法、变分方法及谱方法等等, 但此情形下半离散问题右函数的计算方法也必须作相应的改变.

6.4.3 基于切向刚性分解的 CES 方法及其实用稳定性条件

本小节恒设问题 (6.4.1) 的真解从总体上来说是慢变的, 但相对地来说设其沿径向的变化速度明显地快于沿切向的变化速度, 因而在进行空间离散时, 沿 r-方向需要使用较密的空间网格, 但沿 θ-方向和 φ-方向可以使用相对地来说比较稀疏的空间网格, 从而在通常情形下, 导致相应的半离散问题 (6.4.5) 沿 θ-方向和 φ-方向是轻度刚性的, 但沿 r-方向是刚性或强刚性的. 于是我们可以将半离散问题 (6.4.5) 按方向分解成如下两个子问题:

第一个子问题是轻度刚性子问题:

$$\frac{\mathrm{d}T_{ijk}}{\mathrm{d}t} = A_{ijk}\left(E_{ijk} + F_{ijk}\right) + B_{ijk}^{(1)}, \tag{6.4.9a}$$

第二个子问题是刚性或强刚性子问题:

$$\frac{\mathrm{d}T_{ijk}}{\mathrm{d}t} = A_{ijk}\, D_{ijk} + C_{ijk}^{(1)}. \tag{6.4.9b}$$

这里恒设 $B_{ijk} = B_{ijk}^{(1)} + C_{ijk}^{(1)}$. 于是我们可用基于上述广义刚性分解方案的 CES 方法来求解半离散问题 (6.4.5), 以期达到在确保计算精度的基础上大幅度提高计算速度的目的, 也可以用基于上述广义刚性分解方案的 CMPS 方法及 CES-CMPS 方法来求解它, 以期达到更为理想的计算效果.

参照 6.3.2 小节及文献 [14] 中的分析, 用于求解半离散问题 (6.4.5) 的基于广义刚性分解方案 (6.4.9) 的 CES 方法的数值稳定性条件可简单地取为

$$\tau_n \leqslant \frac{1}{\max\limits_{1\leqslant i\leqslant M}\|J^{(i)}(t_n)\|_\infty}, \tag{6.4.10}$$

这里符号 $J^{(i)}(t_n)$ 表示, 对于任意给定的 $i(1 \leqslant i \leqslant M)$, 第一个子问题 (6.4.9a) 的右函数于任给时刻 t_n $(t_0 \leqslant t_n \leqslant t_{\mathrm{end}})$ 的 Jacobi 矩阵, τ_n 表示于时刻 t_n 所使用的时间步长.

对于任意给定的 i, 轻度刚性子问题 (6.4.9a) 蜕化为仅依赖于下标 j 和 k 的由 $N \times L$ 个方程联立而成的常微分方程组. 为确定计, 不妨设 $N \geqslant L$, 于是当方程按最佳节点顺序排列时, 该常微分方程组右函数的 Jacobi 矩阵 $J^{(i)}(t)$ 成为一个半带宽为 L 的带状 $N \times L$ 阶方阵, 其第 n $(1 \leqslant n \leqslant N \times L)$ 行最多仅仅包含如下五个依赖于时间 t 的可能不等于零的元素:

$$
\begin{cases}
J_{n,n-L} = \left(j > 1? \ \ A_{ijk} \ \dfrac{\partial E_{ijk}}{\partial T_{i,j-1,k}} : 0 \right), \\[3mm]
J_{n,n-1} = \left(k > 1? \ \ A_{ijk} \ \dfrac{\partial F_{ijk}}{\partial T_{i,j,k-1}} : 0 \right), \\[3mm]
J_{nn} = A_{ijk} \ \dfrac{\partial (E_{ijk} + F_{ijk})}{\partial T_{ijk}} + (E_{ijk} + F_{ijk}) \ \dfrac{\partial A_{ijk}}{\partial T_{ijk}} + \dfrac{\partial B_{ijk}^{(1)}}{\partial T_{ijk}}, \\[3mm]
J_{n,n+1} = \left(k < L? \ \ A_{ijk} \ \dfrac{\partial F_{ijk}}{\partial T_{i,j,k+1}} : 0 \right), \\[3mm]
J_{n,n+L} = \left(j < N? \ \ A_{ijk} \ \dfrac{\partial E_{ijk}}{\partial T_{i,j+1,k}} : 0 \right),
\end{cases}
\tag{6.4.11}
$$

这里 $A_{ijk}, \ B_{ijk}, \ E_{ijk}, \ F_{ijk}$ 由式 (6.4.5) 确定, 行号 n 与下标 j, k 的关系为

$$
k = (n\%L == 0? \ \ L : n\%L), \quad j = (n-k)/L + 1, \quad n = (j-1)L + k. \tag{6.4.12}
$$

我们恒设 $\left| \dfrac{\partial A_{ijk}}{\partial T_{ijk}} \right|$ 仅具有适度大小, 且 $\left| \dfrac{\partial K_{ijk}}{\partial T_{ijk}} \right|$ 的量级不高于 $|K_{ijk}|$ 的量级. 应用式 (6.4.5) 可算出式 (6.4.11) 中诸偏导数的表达式, 在上述假设条件下, 经过近似简化后便可得到这些偏导数的近似表达式, 并将它们代入式 (6.4.11). 于是对于任意给定的 $i \ (1 \leqslant i \leqslant M)$, 应用以上诸式, 可推出

$$
\| J^{(i)}(t) \|_\infty \leqslant \max_{j,k} \left[\frac{4 |A_{ijk}(t) \ K_{ijk}(t)|}{r_i^2} \ \left(\frac{1}{h_2^2} + \frac{1}{h_3^2 \sin^2 \theta_j} \right) + \left| \frac{\partial B_{ijk}^{(1)}}{\partial T_{ijk}}(t) \right| \right],
$$

故有

$$
\max_i \| J^{(i)}(t_n) \|_\infty \leqslant \max_{i,j,k} \left[\frac{4 |A_{ijk}(t_n) K_{ijk}(t_n)|}{r_i^2} \ \left(\frac{1}{h_2^2} + \frac{1}{h_3^2 \sin^2 \theta_j} \right) + \left| \frac{\partial B_{ijk}^{(1)}}{\partial T_{ijk}}(t_n) \right| \right].
$$

由此及式 (6.4.10) 立得用于求解半离散问题 (6.4.5) 的基于广义刚性分解方案 (6.4.9) 的 CES 方法的实用数值稳定性条件近似地为

$$
\tau_n \leqslant \tau_n^{(0)} := \left\{ \max_{i,j,k} \left[\frac{4 |A_{ijk}(t_n) \ K_{ijk}(t_n)|}{r_i^2} \ \left(\frac{1}{h_2^2} + \frac{1}{h_3^2 \sin^2 \theta_j} \right) + \left| \frac{\partial B_{ijk}^{(1)}}{\partial T_{ijk}}(t_n) \right| \right] \right\}^{-1}.
\tag{6.4.13}
$$

这里 $\tau_n^{(0))}$ 表示最大可允许时间步长. 注意从上式容易看出当 $r_a, \ \theta_a$ 及 $\pi - \theta_b$ 较大时才使用刚性分解方案 (6.4.9) 为宜.

6.4.4 球坐标下二维柱对称热传导问题的 CES 方法及其实用稳定性条件

考虑球坐标下的二维柱对称热传导方程初边值问题

$$
\begin{cases}
\dfrac{\partial T}{\partial t} = A \left\{ \dfrac{\partial}{\partial r}\left(K\dfrac{\partial T}{\partial r}\right) + \dfrac{2K\dfrac{\partial T}{\partial r}}{r} + \dfrac{1}{r^2}\dfrac{\partial}{\partial \theta}\left(K\dfrac{\partial T}{\partial \theta}\right) + \dfrac{K\dfrac{\partial T}{\partial \theta}}{r^2 \tan\theta} \right\} + B, \\
\qquad\qquad\qquad\qquad (r,\theta)\in\Omega,\ t\in[t_0,t_{\mathrm{end}}], \\
T(r,\theta,t_0) = T_0(r,\theta), \quad (r,\theta)\in\Omega, \\
\dfrac{\partial T}{\partial n} = 0, \qquad\qquad (r,\theta)\in\partial\Omega_a, t\in[t_0,t_{\mathrm{end}}], \\
T(r,\theta,t) = Tr0(\theta,t), \quad (r,\theta)\in\partial\Omega_b, t\in[t_0,t_{\mathrm{end}}],
\end{cases}
\tag{6.4.14}
$$

这里温度 $T = T(r,\theta,t)$ 是未知函数, $A = A(T,r,\theta,t)$, $K = K(T,r,\theta,t)$, $B = B(T,r,\theta,t)$, $T_0(r,\theta)$ 及 $Tr0(\theta,t)$ 都是已知函数,

$$
\Omega = \{(r,\theta)\ :\ r_0 \leqslant r \leqslant R, \theta_0 \leqslant \theta \leqslant \pi - \theta_0\}
$$

是空间积分区域, 这里设常数 R, r_0, θ_0 满足条件 $R > r_0 \geqslant 0$ 及 $0 \leqslant \theta_0 < \dfrac{\pi}{2}$, $\partial\Omega = \partial\Omega_a \cup \partial\Omega_b$ 表示区域 Ω 的边界, 其中 $\partial\Omega_b$ 表示边界的半径为 R 的圆弧部分, $\partial\Omega_a$ 表示边界的其余部分, $\dfrac{\partial T}{\partial n}$ 表示在边界 $\partial\Omega_a$ 上温度的法向导数.

在均匀空间网格

$$
\left\{(r_i,\theta_j)\Big| r_i = r_0 + \left(i - \frac{1}{2}\right)h_1,\ \theta_j = \theta_0 + \left(j - \frac{1}{2}\right)h_2,\right.
$$

$$
\left. i = 1,2,\cdots,M,\ j = 1,2,\cdots,N\right\}
\tag{6.4.15}
$$

上(这里 $h_1 = \dfrac{(R - r_0)}{M}$, $h_2 = \dfrac{\pi - 2\theta_0}{N}$, 自然数 M 和 N 可于事先适当给定) 用有限差分法对问题 (6.4.14) 进行空间离散, 从而得到与其相应的半离散问题

$$
\begin{cases}
\dfrac{\mathrm{d}T_{ij}}{\mathrm{d}t} = A_{ij}\left(C_{ij}+D_{ij}\right)+B_{ij}, \\[2mm]
C_{ij} = \dfrac{(K_{i+1,j}+K_{ij})(T_{i+1,j}-T_{ij})+(K_{i-1,j}+K_{ij})(T_{i-1,j}-T_{ij})}{2h_1^2} \\[4mm]
\qquad +\dfrac{K_{ij}(T_{i+1,j}-T_{i-1,j})}{h_1 r_i}, \\[4mm]
D_{ij} = \dfrac{(K_{i,j+1}+K_{ij})(T_{i,j+1}-T_{ij})+(K_{i,j-1}+K_{ij})(T_{i,j-1}-T_{ij})}{2h_2^2 r_i^2} \\[4mm]
\qquad +\dfrac{K_{ij}(T_{i,j+1}-T_{i,j-1})}{2h_2 r_i^2 \tan\theta_j}, \quad i=1,2,\cdots,M, \;\; j=1,2,\cdots,N,
\end{cases}
\tag{6.4.16}
$$

其中 $T_{ij} \approx T(r_i,\theta_j,t)$, $A_{ij} = A(T_{i,j},r_i,\theta_j,t)$, $B_{ij} = B(T_{i,j},r_i,\theta_j,t)$, $K_{ij} = K(T_{ij},r_i,\theta_j,t)$, $t \in [t_0,t_{\text{end}}]$.

在适当处理边界条件之后, 半离散方程组 (6.4.16) 是关于 $M \times N$ 个未知函数 $T_{ij}(t)$ 的常微分方程组, 我们约定恒按下标 i, j 的自然顺序排序, 于是与其中第 $n(1 \leqslant n \leqslant M \times N)$ 个方程相对应的下标 (i,j) 与 n 之间的关系为

$$
\begin{cases}
j = (n\%N == 0?\;\; N : n\%N), \quad i = (n-j)/N+1, \\[2mm]
n = (i-1)\times N + j.
\end{cases}
\tag{6.4.17}
$$

容易看出, 方程组 (6.4.16) 的右函数的 Jacobi 矩阵 $J = \{J_{pq}\}$ 是一个半带宽为 N 的带状 $M \times N$ 方阵, 其第 n $(0 \leqslant n \leqslant M \times N)$ 行最多仅包含如下五个可能不等于零的元素:

$$
\begin{cases}
J_{n,n-N} = \left(i>1?\; A_{ij}\dfrac{\partial C_{ij}}{\partial T_{i-1,j}} : 0\right), \quad J_{n,n+N} = \left(i<M?\; A_{ij}\dfrac{\partial C_{ij}}{\partial T_{i+1,j}} : 0\right), \\[4mm]
J_{n,n-1} = \left(j>1?\; A_{ij}\dfrac{\partial D_{ij}}{\partial T_{i,j-1}} : 0\right), \quad J_{n,n+1} = \left(j<N?\; A_{ij}\dfrac{\partial D_{ij}}{\partial T_{i,j+1}} : 0\right), \\[4mm]
J_{nn} = A_{ij}\left(\dfrac{\partial C_{ij}}{\partial T_{ij}}+\dfrac{\partial D_{ij}}{\partial T_{ij}}\right)+\dfrac{\partial A_{ij}}{\partial T_{ij}}\left(C_{ij}+D_{ij}\right)+\dfrac{\partial B_{ij}}{\partial T_{ij}},
\end{cases}
\tag{6.4.18}
$$

其余元素全为零. 令

$$
(Kp)_{ij} = \frac{\partial K_{ij}}{\partial T_{ij}}(T_{ij},r_i,\theta_j,t) \qquad \forall\, i,j.
$$

从式 (6.4.16) 容易算出

$$
\begin{cases}
\dfrac{\partial C_{ij}}{\partial T_{i-1,j}} = \dfrac{K_{i-1,j} + K_{ij} + (Kp)_{i-1,j}(T_{i-1,j} - T_{ij})}{2h_1^2} - \dfrac{K_{ij}}{h_1 r_i}, \\[3mm]
\dfrac{\partial C_{ij}}{\partial T_{i+1,j}} = \dfrac{K_{i+1,j} + K_{ij} + (Kp)_{i+1,j}(T_{i+1,j} - T_{ij})}{2h_1^2} + \dfrac{K_{ij}}{h_1 r_i}, \\[3mm]
\dfrac{\partial C_{ij}}{\partial T_{ij}} =
\begin{cases}
\dfrac{-(K_{i+1,j} + 2K_{ij} + K_{i-1,j}) + (Kp)_{ij}(T_{i+1,j} - 2T_{ij} + T_{i-1,j})}{2h_1^2} \\[3mm]
\quad + \dfrac{(Kp)_{ij}(T_{i+1,j} - T_{i-1,j})}{h_1 r_i}, \qquad i > 1, \\[4mm]
\dfrac{-(K_{i+1,j} + K_{ij}) + (Kp)_{ij}(T_{i+1,j} - T_{ij})}{2h_1^2} \\[3mm]
\quad + \dfrac{(Kp)_{ij}(T_{i+1,j} - T_{ij}) - K_{ij}}{h_1 r_i}, \quad i = 1
\end{cases}
\end{cases}
$$

$$(6.4.19)$$

及

$$
\begin{cases}
\dfrac{\partial D_{ij}}{\partial T_{i,j-1}} = \dfrac{K_{i,j-1} + K_{ij} + (Kp)_{i,j-1}(T_{i,j-1} - T_{ij})}{2h_2^2 r_i^2} - \dfrac{K_{ij}}{2h_2\, r_i^2 \tan\theta_j}, \\[3mm]
\dfrac{\partial D_{ij}}{\partial T_{i,j+1}} = \dfrac{K_{i,j+1} + K_{ij} + (Kp)_{i,j+1}(T_{i,j+1} - T_{ij})}{2h_2^2 r_i^2} + \dfrac{K_{ij}}{2h_2\, r_i^2 \tan\theta_j}, \\[3mm]
\dfrac{\partial D_{ij}}{\partial T_{ij}} =
\begin{cases}
\dfrac{-(K_{i,j+1} + 2K_{ij} + K_{i,j-1}) + (Kp)_{ij}(T_{i,j+1} - 2T_{ij} + T_{i,j-1})}{2h_2^2 r_i^2} \\[3mm]
\quad + \dfrac{(Kp)_{ij}(T_{i,j+1} - T_{i,j-1})}{2h_2\, r_i^2 \tan\theta_j}, \qquad j = 2,3,\cdots,N-1, \\[4mm]
\dfrac{-(K_{i,j+1} + K_{ij}) + (Kp)_{ij}(T_{i,j+1} - T_{ij})}{2h_2^2 r_i^2} \\[3mm]
\quad + \dfrac{(Kp)_{ij}(T_{i,j+1} - T_{ij}) - K_{ij}}{2h_2\, r_i^2 \tan\theta_j}, \quad j = 1, \\[4mm]
\dfrac{-(K_{ij} + K_{i,j-1}) + (Kp)_{ij}(T_{i,j-1} - T_{ij})}{2h_2^2 r_i^2} \\[3mm]
\quad + \dfrac{(Kp)_{ij}(T_{ij} - T_{i,j-1}) + K_{ij}}{2h_2\, r_i^2 \tan\theta_j}, \quad j = N.
\end{cases}
\end{cases}
$$

$$(6.4.20)$$

应用以上诸式不难算出常微分方程组 (6.4.16) 的右函数的 Jacobi 矩阵 $J =$

$\{J_{pq}(t)\}$, 以供用拟牛顿迭代法求解相关的非线性代数方程组之用.

设 $\left|\dfrac{\partial A_{ij}}{\partial T_{ij}}\right|$ 仅具有适度大小, 且 $|(Kp)_{ij}|$ 的量级不高于 $|K_{ij}|$ 的量级, 则从式 (6.4.18), (6.4.19) 及 (6.4.20) 可近似地推出

$$
\begin{cases}
A_{ij}\dfrac{\partial C_{ij}}{\partial T_{i-1,j}} \approx \dfrac{A_{ij}K_{ij}}{h_1^2}\left(1-\dfrac{h_1}{r_i}\right), & i>1,\\[3mm]
A_{ij}\dfrac{\partial C_{ij}}{\partial T_{i+1,j}} \approx \dfrac{A_{ij}K_{ij}}{h_1^2}\left(1+\dfrac{h_1}{r_i}\right), & i<M,\\[3mm]
A_{ij}\dfrac{\partial D_{ij}}{\partial T_{i,j-1}} \approx \dfrac{A_{ij}K_{ij}}{h_2^2 r_i^2}\left(1-\dfrac{h_2}{2\tan\theta_j}\right), & j>1,\\[3mm]
A_{ij}\dfrac{\partial D_{ij}}{\partial T_{i,j+1}} \approx \dfrac{A_{ij}K_{ij}}{h_2^2 r_i^2}\left(1+\dfrac{h_2}{2\tan\theta_j}\right), & j<N
\end{cases}
\tag{6.4.21}
$$

及

$$
\begin{cases}
J_{nn} = A_{ij}\left(\dfrac{\partial C_{ij}}{\partial T_{ij}}+\dfrac{\partial D_{ij}}{\partial T_{ij}}\right)+\dfrac{\partial A_{ij}}{\partial T_{ij}}\left(C_{ij}+D_{ij}\right)+\dfrac{\partial B_{ij}}{\partial T_{ij}}\\[3mm]
\qquad \approx A_{ij}\dfrac{\partial C_{ij}}{\partial T_{ij}}+A_{ij}\dfrac{\partial D_{ij}}{\partial T_{ij}}+\dfrac{\partial B_{ij}}{\partial T_{ij}},\\[3mm]
A_{ij}\dfrac{\partial C_{ij}}{\partial T_{ij}} = \begin{cases}\dfrac{-2A_{ij}K_{ij}}{h_1^2}, & i>1,\\[3mm]\dfrac{-A_{ij}K_{ij}}{h_1^2}, & i=1,\end{cases}\\[6mm]
A_{ij}\dfrac{\partial D_{ij}}{\partial T_{ij}} = \begin{cases}\dfrac{-2A_{ij}K_{ij}}{h_2^2 r_i^2}, & 1<j<N,\\[3mm]\dfrac{-A_{ij}K_{ij}}{h_2^2 r_i^2}, & j=1\|j=N.\end{cases}
\end{cases}
\tag{6.4.22}
$$

从式 (6.4.22) 可进一步推出

$$
|J_{nn}| \approx \left|A_{ij}\dfrac{\partial C_{ij}}{\partial T_{ij}}+A_{ij}\dfrac{\partial D_{ij}}{\partial T_{ij}}+\dfrac{\partial B_{ij}}{\partial T_{ij}}\right| \leqslant \left|A_{ij}\dfrac{\partial C_{ij}}{\partial T_{ij}}\right|+\left|A_{ij}\dfrac{\partial D_{ij}}{\partial T_{ij}}\right|+\left|\dfrac{\partial B_{ij}}{\partial T_{ij}}\right|
$$

$$
\leqslant \dfrac{2|A_{ij}K_{ij}|}{h_1^2}+\dfrac{2|A_{ij}K_{ij}|}{h_2^2 r_i^2}+\left|\dfrac{\partial B_{ij}}{\partial T_{ij}}\right|
\tag{6.4.23}
$$

从式 (6.4.21) 可进一步推出

$$
|J_{n,n-N}| + |J_{n,n+N}| \approx
\begin{cases}
\dfrac{|A_{ij}K_{ij}|}{h_1^2}\left(\left|1 - \dfrac{h_1}{r_i}\right| + \left|1 + \dfrac{h_1}{r_i}\right|\right) \\[2mm]
\qquad\qquad = \dfrac{2|A_{ij}K_{ij}|}{h_1^2}, & 1 < i < M, \\[4mm]
\dfrac{|A_{ij}K_{ij}|}{h_1^2}\left|1 - \dfrac{h_1}{r_M}\right| < \dfrac{2|A_{ij}K_{ij}|}{h_1^2}, & i = M, \\[4mm]
\dfrac{|A_{ij}K_{ij}|}{h_1^2}\left|1 + \dfrac{h_1}{r_1}\right| = \dfrac{\left(1 + \dfrac{h_1}{r_1}\right)|A_{ij}K_{ij}|}{h_1^2}, & i = 1
\end{cases}
\tag{6.4.24}
$$

及

$$
|J_{n,n-1}| + |J_{n,n+1}| \approx
\begin{cases}
\dfrac{|A_{ij}K_{ij}|}{h_2^2 r_i^2}\left(\left|1 - \dfrac{h_2}{2\tan\theta_j}\right| + \left|1 + \dfrac{h_2}{2\tan\theta_j}\right|\right) \\[2mm]
\qquad\qquad = \dfrac{2|A_{ij}K_{ij}|}{h_2^2 r_i^2}, & 1 < j < N, \\[4mm]
\dfrac{|A_{ij}K_{ij}|}{h_2^2 r_i^2}\left|1 - \dfrac{h_2}{2\tan\theta_j}\right| \leqslant \dfrac{2|A_{ij}K_{ij}|}{h_2^2 r_i^2}, & j = N, \\[4mm]
\dfrac{|A_{ij}K_{ij}|}{h_2^2 r_i^2}\left|1 + \dfrac{h_2}{2\tan\theta_j}\right| \leqslant \dfrac{2|A_{ij}K_{ij}|}{h_2^2 r_i^2}, & j = 1.
\end{cases}
\tag{6.4.25}
$$

从式 (6.4.23), (6.4.24) 及 (6.4.25) 立得

$$
\begin{aligned}
\|J\|_\infty &= \max_n\{|J_{nn}| + |J_{n,n+1}| + |J_{n,n-1}| + |J_{n,n+N}| + |J_{n,n-N}|\} \\[2mm]
&\leqslant \max_{i,j}\left\{\frac{2|A_{ij}K_{ij}|}{h_1^2} + \frac{2|A_{ij}K_{ij}|}{h_2^2 r_i^2} + \left|\frac{\partial B_{ij}}{\partial T_{ij}}\right| + \frac{2|A_{ij}K_{ij}|}{h_2^2 r_i^2}\right. \\[2mm]
&\quad \left. + \frac{\left(1 + \max\left\{1, \dfrac{h_1}{r_1}\right\}\right)|A_{ij}K_{ij}|}{h_1^2}\right\} \\[2mm]
&= \max_{i,j}\left\{\frac{\left(3 + \max\left\{1, \dfrac{h_1}{r_1}\right\}\right)|A_{ij}K_{ij}|}{h_1^2} + \frac{4|A_{ij}K_{ij}|}{h_2^2 r_i^2} + \left|\frac{\partial B_{ij}}{\partial T_{ij}}\right|\right\}
\end{aligned}
$$

$$\leqslant \begin{cases} \max\limits_{i,j}\left\{ \dfrac{4|A_{ij}K_{ij}|}{h_1^2} + \dfrac{4|A_{ij}K_{ij}|}{h_2^2 r_i^2} + \left|\dfrac{\partial B_{ij}}{\partial T_{ij}}\right| \right\}, & h_1 \leqslant r_1, \\[3mm] \max\limits_{i,j}\left\{ \dfrac{5|A_{ij}K_{ij}|}{h_1^2} + \dfrac{4|A_{ij}K_{ij}|}{h_2^2 r_i^2} + \left|\dfrac{\partial B_{ij}}{\partial T_{ij}}\right| \right\}, & h_1 > r_1, \end{cases} \tag{6.4.26}$$

由此及式 (6.3.12) 便可获得用显式 Euler 法求解问题 (6.4.16) 的实用稳定性条件为

$$\tau_n \leqslant \begin{cases} \left[\max\limits_{i,j}\left(\dfrac{4|A_{ij}(t_n)K_{ij}(t_n)|}{h_1^2} + \dfrac{4|A_{ij}(t_n)K_{ij}(t_n)|}{h_2^2 r_i^2} + \left|\dfrac{\partial B_{ij}}{\partial T_{ij}}(t_n)\right| \right) \right]^{-1}, & r_1 \geqslant h_1, \\[4mm] \left[\max\limits_{i,j}\left(\dfrac{5|A_{ij}(t_n)K_{ij}|(t_n)|}{h_1^2} + \dfrac{4|A_{ij}(t_n)K_{ij}(t_n)|}{h_2^2 r_i^2} + \left|\dfrac{\partial B_{ij}}{\partial T_{ij}}(t_n)\right| \right) \right]^{-1}, & r_1 < h_1. \end{cases}$$

$$\tag{6.4.27}$$

当用基于仅分解切向热传导项的广义刚性分解方案的 CES 方法求解问题 (6.4.16) 时, 实用数值稳定性条件可近似地取为

$$\tau_n \leqslant \left[\frac{4}{h_2^2}\max_{i,j}\left(\frac{|A_{ij}(t_n)K_{ij}(t_n)|}{r_i^2} \right) \right]^{-1} = \frac{h_2^2}{4\max\limits_{i,j}\left(\dfrac{|A_{ij}(t_n)K_{ij}(t_n)|}{r_i^2} \right)}, \tag{6.4.28}$$

当用基于仅分解切向热传导项及右端项的广义刚性分解方案的 CES 方法求解问题 (6.4.16) 时, 实用数值稳定性条件可近似地取为

$$\tau_n \leqslant \left[\max_{i,j}\left(\frac{4|A_{ij}(t_n)K_{ij}(t_n)|}{h_2^2 r_i^2} + \left|\frac{\partial B_{ij}}{\partial T_{ij}}(t_n)\right| \right) \right]^{-1}. \tag{6.4.29}$$

6.5   自动优选刚性分解方案的自适应正则分裂方法

在以上各节研究所获成果的基础上, 本节进一步研究求解球坐标下二维柱对称辐射扩散与电子、离子热传导耦合方程组初边值问题的半离散问题 (6.1.2)′ 的高效自适应正则分裂方法, 以期既能确保计算结果达到预期计算精度, 又能成倍地大幅度提高计算速度. 首先, 由于多尺度问题 (6.1.2)′ 的真解存在瞬态快变现象, 它已经不完全符合非线性复合刚性问题的定义 5.2.2 的要求. 为了解决这个问题, 我们仿照于 6.3 节中的做法, 构造了专用于求解问题 (6.1.2)′ 的自适应正则分裂方法 ACES, ACMS 及 ACES-CMS. 另一方面, 由于多尺度问题 (6.1.2)′ 的刚性是随着时间变量 t 而激烈变化的, 任何固定的刚性分解方案都不可能适用于整个时间积分区间. 为了解决这个问题, 必须进一步研究问题 (6.1.2)′ 的适用于各种不同时段的多种不同的刚性分解方案, 分别建立基于其中每种不同的广义刚性分解

方案的正则分裂方法的实用稳定性条件, 并研究和构造可在整个计算过程中自动优选刚性分解方案的自适应正则分裂方法.

6.5.1 刚性分解方案设计

将以上各节关于刚性分解研究的成果与问题 (6.1.2)′ 的实际情况相结合. 我们设计了关于问题 (6.1.2)′ 的适合于不同时段的如下七种不同的刚性分解方案:

(1) 分解整个电子方程及离子方程.

第一、二两个子问题分别是

$$
\begin{cases}
\dfrac{\partial T_e}{\partial t} = \dfrac{1}{\rho c_{ve}}\mathrm{div}(K_e\mathrm{grad}T_e) - \dfrac{w_{ei}}{c_{ve}}(T_e - T_i) - \dfrac{ac\kappa}{\rho c_{ve}}(T_e^4 - T_r^4), \\[2mm]
\dfrac{\partial T_i}{\partial t} = \dfrac{1}{\rho c_{vi}}\mathrm{div}(K_i\mathrm{grad}T_i) + \dfrac{w_{ei}}{c_{vi}}(T_e - T_i), \\[2mm]
\dfrac{\partial T_r}{\partial t} = 0,
\end{cases}
\tag{6.5.1a}
$$

$$
\begin{cases}
\dfrac{\partial T_e}{\partial t} = 0, \\[2mm]
\dfrac{\partial T_i}{\partial t} = 0, \\[2mm]
\dfrac{\partial T_r}{\partial t} = \dfrac{1}{T_r^3}\mathrm{div}(T_r^3 K_r\mathrm{grad}T_r) + \dfrac{c\kappa}{4T_r^3}(T_e^4 - T_r^4).
\end{cases}
\tag{6.5.1b}
$$

注意在这里及下文中, 子问题的初边值一律省略未写.

(2) 分解整个离子方程及电子方程的热交换项.

第一、二两个子问题分别是

$$
\begin{cases}
\dfrac{\partial T_e}{\partial t} = -\dfrac{w_{ei}}{c_{ve}}(T_e - T_i) - \dfrac{ac\kappa}{\rho c_{ve}}(T_e^4 - T_r^4), \\[2mm]
\dfrac{\partial T_i}{\partial t} = \dfrac{1}{\rho c_{vi}}\mathrm{div}(K_i\mathrm{grad}T_i) + \dfrac{w_{ei}}{c_{vi}}(T_e - T_i), \\[2mm]
\dfrac{\partial T_r}{\partial t} = 0,
\end{cases}
\tag{6.5.2a}
$$

$$
\begin{cases}
\dfrac{\partial T_e}{\partial t} = \dfrac{1}{\rho c_{ve}}\mathrm{div}(K_e\mathrm{grad}T_e), \\[2mm]
\dfrac{\partial T_i}{\partial t} = 0, \\[2mm]
\dfrac{\partial T_r}{\partial t} = \dfrac{1}{T_r^3}\mathrm{div}(T_r^3 K_r\mathrm{grad}T_r) + \dfrac{c\kappa}{4T_r^3}(T_e^4 - T_r^4).
\end{cases}
\tag{6.5.2b}
$$

(3) 分解电子方程及离子方程的整个热交换项.

第一、二两个子问题分别是

$$
\begin{cases}
\dfrac{\partial T_e}{\partial t} = -\dfrac{w_{ei}}{c_{ve}}(T_e - T_i) - \dfrac{ac\kappa}{\rho c_{ve}}(T_e^4 - T_r^4), \\[3mm]
\dfrac{\partial T_i}{\partial t} = \dfrac{w_{ei}}{c_{vi}}(T_e - T_i), \\[3mm]
\dfrac{\partial T_r}{\partial t} = 0,
\end{cases}
\tag{6.5.3a}
$$

$$
\begin{cases}
\dfrac{\partial T_e}{\partial t} = \dfrac{1}{\rho c_{ve}}\mathrm{div}(K_e \mathrm{grad} T_e), \\[3mm]
\dfrac{\partial T_i}{\partial t} = \dfrac{1}{\rho c_{vi}}\mathrm{div}(K_i \mathrm{grad} T_i), \\[3mm]
\dfrac{\partial T_r}{\partial t} = \dfrac{1}{T_r^3}\mathrm{div}(T_r^3 K_r \mathrm{grad} T_r) + \dfrac{c\kappa}{4T_r^3}(T_e^4 - T_r^4).
\end{cases}
\tag{6.5.3b}
$$

(4) 分解电子方程及离子方程的整个热交换项及切向热传导项.

第一、二两个子问题分别是

$$
\begin{cases}
\dfrac{\partial T_e}{\partial t} = \dfrac{1}{\rho c_{ve}}\left[\dfrac{1}{r^2}\dfrac{\partial}{\partial \theta}\left(K_e \dfrac{\partial T_e}{\partial \theta}\right) + \dfrac{K_e \dfrac{\partial T_e}{\partial \theta}}{r^2 \tan\theta} + \dfrac{1}{r^2 \sin^2\theta}\dfrac{\partial}{\partial \varphi}\left(K_e \dfrac{\partial T_e}{\partial \varphi}\right)\right] \\[5mm]
\qquad\quad - \dfrac{w_{ei}}{c_{ve}}(T_e - T_i) - \dfrac{ac\kappa}{\rho c_{ve}}(T_e^4 - T_r^4), \\[5mm]
\dfrac{\partial T_i}{\partial t} = \dfrac{1}{\rho c_{vi}}\left[\dfrac{1}{r^2}\dfrac{\partial}{\partial \theta}\left(K_i \dfrac{\partial T_i}{\partial \theta}\right) + \dfrac{K_i \dfrac{\partial T_i}{\partial \theta}}{r^2 \tan\theta} + \dfrac{1}{r^2 \sin^2\theta}\dfrac{\partial}{\partial \varphi}\left(K_i \dfrac{\partial T_i}{\partial \varphi}\right)\right] \\[5mm]
\qquad\quad + \dfrac{w_{ei}}{c_{vi}}(T_e - T_i), \\[5mm]
\dfrac{\partial T_r}{\partial t} = 0,
\end{cases}
\tag{6.5.4a}
$$

$$\begin{cases} \dfrac{\partial T_e}{\partial t} = \dfrac{1}{\rho c_{ve}} \left[\dfrac{\partial}{\partial r} \left(K_e \dfrac{\partial T_e}{\partial r} \right) + \dfrac{2K_e \dfrac{\partial T_e}{\partial r}}{r} \right], \\[4mm] \dfrac{\partial T_i}{\partial t} = \dfrac{1}{\rho c_{vi}} \left[\dfrac{\partial}{\partial r} \left(K_i \dfrac{\partial T_i}{\partial r} \right) + \dfrac{2K_i \dfrac{\partial T_i}{\partial r}}{r} \right], \\[4mm] \dfrac{\partial T_r}{\partial t} = \dfrac{1}{T_r^3} \mathrm{div}(T_r^3 K_r \mathrm{grad} T_r) + \dfrac{c\,\kappa}{4T_r^3}(T_e^4 - T_r^4). \end{cases} \quad (6.5.4\mathrm{b})$$

(5) 分解全部热交换项.

第一、二两个子问题分别是

$$\begin{cases} \dfrac{\partial T_e}{\partial t} = -\dfrac{w_{ei}}{c_{ve}}(T_e - T_i) - \dfrac{ac\kappa}{\rho c_{ve}}(T_e^4 - T_r^4), \\[3mm] \dfrac{\partial T_i}{\partial t} = \dfrac{w_{ei}}{c_{vi}}(T_e - T_i), \\[3mm] \dfrac{\partial T_r}{\partial t} = \dfrac{c\,\kappa}{4T_r^3}(T_e^4 - T_r^4), \end{cases} \quad (6.5.5\mathrm{a})$$

$$\begin{cases} \dfrac{\partial T_e}{\partial t} = \dfrac{1}{\rho c_{ve}} \mathrm{div}(K_e \mathrm{grad} T_e), \\[3mm] \dfrac{\partial T_i}{\partial t} = \dfrac{1}{\rho c_{vi}} \mathrm{div}(K_i \mathrm{grad} T_i), \\[3mm] \dfrac{\partial T_r}{\partial t} = \dfrac{1}{T_r^3} \mathrm{div}(T_r^3 K_r \mathrm{grad} T_r). \end{cases} \quad (6.5.5\mathrm{b})$$

(6) 分解电子方程中电子与光子的热交换项.

第一、二两个子问题分别是

$$\begin{cases} \dfrac{\partial T_e}{\partial t} = -\dfrac{ac\kappa}{\rho c_{ve}}(T_e^4 - T_r^4), \\[3mm] \dfrac{\partial T_i}{\partial t} = 0, \\[3mm] \dfrac{\partial T_r}{\partial t} = 0, \end{cases} \quad (6.5.6\mathrm{a})$$

$$
\begin{cases}
\dfrac{\partial T_e}{\partial t} = \dfrac{1}{\rho c_{ve}}\mathrm{div}(K_e\mathrm{grad}T_e) - \dfrac{w_{ei}}{c_{ve}}(T_e - T_i), \\[3mm]
\dfrac{\partial T_i}{\partial t} = \dfrac{1}{\rho c_{vi}}\mathrm{div}(K_i\mathrm{grad}T_i) + \dfrac{w_{ei}}{c_{vi}}(T_e - T_i), \\[3mm]
\dfrac{\partial T_r}{\partial t} = \dfrac{1}{T_r^3}\mathrm{div}(T_r^3 K_r\mathrm{grad}T_r) + \dfrac{c\,\kappa}{4T_r^3}(T_e^4 - T_r^4).
\end{cases}
\tag{6.5.6b}
$$

此外还有如下一类特殊的刚性分解方案:

(0) 分解至第一个子问题中的部分是空集.

即第一个子问题是

$$
\begin{cases}
\dfrac{\partial T_e}{\partial t} = 0, \\[3mm]
\dfrac{\partial T_i}{\partial t} = 0, \\[3mm]
\dfrac{\partial T_r}{\partial t} = 0,
\end{cases}
$$

第二个子问题是整个辐射扩散与电子、离子热传导耦合方程组 (6.1.2). 基于这类特殊刚性分解方案的正则 Euler 分裂方法不需要使用数值稳定性条件, 实际上意味着不进行刚性分解, 直接用经典的隐式 Euler 法来求解辐射扩散与电子、离子热传导耦合方程组 (6.1.2).

注意在上述七种不同的刚性分解方案中, 除了特殊的刚性分解方案 (0) 以外, 其余六种都是广义刚性分解方案.

6.5.2　基于广义刚性分解方案的 CES 方法的实用稳定性条件

将以上各节关于 CES 方法实用稳定性条件研究的成果与问题 (6.1.2)′ 的实际情况相结合, 针对求解问题 (6.1.2)′, 我们分别给出了基于上述六种不同广义刚性分解方案的 CES 方法的实用稳定性条件:

基于刚性分解方案 (1) 的 CES 方法的实用稳定性条件是

$$
\begin{aligned}
\tau \max_{i,j}\Bigg\{ &\left(\frac{4}{h_2^2}\frac{(K_e)_{ij}}{(\rho C_{ve})_i r_i^2} + \frac{4}{h_1^2}\frac{(K_e)_{ij}}{(\rho C_{ve})_i} + \left|\frac{\partial (B^{(1)})_{ij}}{\partial (T_e)_{ij}}\right| + \left|\frac{\partial (B^{(1)})_{ij}}{\partial (T_i)_{ij}}\right|\right), \\
&\left(\frac{4}{h_2^2}\frac{(K_i)_{ij}}{(\rho C_{vi})_i r_i^2} + \frac{4}{h_1^2}\frac{(K_i)_{ij}}{(\rho C_{vi})_i} + \left|\frac{\partial (B^{(2)})_{ij}}{\partial (T_e)_{ij}}\right| + \left|\frac{\partial (B^{(2)})_{ij}}{\partial (T_i)_{ij}}\right|\right)\Bigg\} \leqslant 1.
\end{aligned}
\tag{6.5.7}
$$

在这里及下文中, $B^{(1)}$, $B^{(2)}$ 和 $B^{(3)}$ 分别表示电子方程, 离子方程及光子方程的整个热交换项 (参见式 (6.1.2)′).

基于刚性分解方案 (2) 的 CES 方法实用稳定性条件是

$$
\tau \ \max_{i,j} \left\{ \left(\left| \frac{\partial (B^{(1)})_{ij}}{\partial (T_e)_{ij}} \right| + \left| \frac{\partial (B^{(1)})_{ij}}{\partial (T_i)_{ij}} \right| \right), \right.
$$
$$
\left. \left(\frac{4}{h_2^2} \frac{(K_i)_{ij}}{(\rho C_{vi})_i r_i^2} + \frac{4}{h_1^2} \frac{(K_i)_{ij}}{(\rho C_{vi})_i} + \left| \frac{\partial (B^{(2)})_{ij}}{\partial (T_e)_{ij}} \right| + \left| \frac{\partial (B^{(2)})_{ij}}{\partial (T_i)_{ij}} \right| \right) \right\} \leqslant 1.
$$
$$
(6.5.8)
$$

基于刚性分解方案 (3) 的 CES 方法的实用稳定性条件是

$$
\tau \ \max_{i,j} \left\{ \left(\left| \frac{\partial (B^{(1)})_{ij}}{\partial (T_e)_{ij}} \right| + \left| \frac{\partial (B^{(1)})_{ij}}{\partial (T_i)_{ij}} \right| \right), \left(\left| \frac{\partial (B^{(2)})_{ij}}{\partial (T_e)_{ij}} \right| + \left| \frac{\partial (B^{(2)})_{ij}}{\partial (T_i)_{ij}} \right| \right) \right\} \leqslant 1.
$$
$$
(6.5.9)
$$

基于刚性分解方案 (4) 的 CES 方法的实用稳定性条件是

$$
\tau \ \max_{i,j} \left\{ \left(\frac{4}{h_2^2} \frac{(K_e)_{ij}}{(\rho C_{ve})_i r_i^2} + \left| \frac{\partial (B^{(1)})_{ij}}{\partial (T_e)_{ij}} \right| + \left| \frac{\partial (B^{(1)})_{ij}}{\partial (T_i)_{ij}} \right| \right), \right.
$$
$$
\left. \left(\frac{4}{h_2^2} \frac{(K_i)_{ij}}{(\rho C_{vi})_i r_i^2} + \left| \frac{\partial (B^{(2)})_{ij}}{\partial (T_e)_{ij}} \right| + \left| \frac{\partial (B^{(2)})_{ij}}{\partial (T_i)_{ij}} \right| \right) \right\} \leqslant 1.
$$
$$
(6.5.10)
$$

基于刚性分解方案 (5) 的 CES 方法的实用稳定性条件是

$$
\tau \ \max_{i,j} \left\{ \left(\left| \frac{\partial (B^{(1)})_{ij}}{\partial (T_e)_{ij}} \right| + \left| \frac{\partial (B^{(1)})_{ij}}{\partial (T_i)_{ij}} \right| + \left| \frac{\partial (B^{(1)})_{ij}}{\partial (T_r)_{ij}} \right| \right), \right.
$$
$$
\left. \left(\left| \frac{\partial (B^{(2)})_{ij}}{\partial (T_e)_{ij}} \right| + \left| \frac{\partial (B^{(2)})_{ij}}{\partial (T_i)_{ij}} \right| \right), \quad \left(\left| \frac{\partial (B^{(3)})_{ij}}{\partial (T_e)_{ij}} \right| + \left| \frac{\partial (B^{(3)})_{ij}}{\partial (T_r)_{ij}} \right| \right) \right\} \leqslant 1.
$$
$$
(6.5.11)
$$

基于刚性分解方案 (6) 的 CES 方法的实用稳定性条件是

$$
\tau \ \max_{i,j} \left| \frac{4ac\kappa_{ij}}{(\rho c_{ve})_i} (T_e)_{ij}^3 \right| \leqslant 1.
$$
$$
(6.5.12)
$$

6.5.3 自动优选刚性分解方案的自适应正则分裂方法

在理论分析与计算实践紧密结合的基础上, 针对求解问题 (6.1.2)′, 我们设计了于每一时段 (或每一时间点) 均能从上述七种不同的刚性分解方案中自动优选出最佳刚性分解方案的技术, 恒以基于其中最佳刚性分解方案的自适应正则分裂

方法来求解问题 (6.1.2)′, 以期于每一时段 (或每一时间点) 均能在确保预期计算精度的基础上最大限度地提高计算速度. 为方便计, 我们称这种类型的自适应正则分裂方法为自动优选刚性分解方案的自适应正则分裂方法 (Adaptive Canonical Splitting method that Automatically selects the optimal stiff decomposition scheme, 简记为 AACS). 具体地说, 针对求解问题 (6.1.2)′, 我们分别设计了自动优选刚性分解方案的 ACES, ACMS 及 ACES-CMS 方法, 分别简记为 AACES, AACMS 及 AACES-CMS (参见 [10]).

6.5.4 数值试验

我们分别用 AACES 方法及自适应隐式 Euler 法按误差容限 10^{-5} 在时间区间 $0 \leqslant t \leqslant 6$ 上来求解半离散问题 (6.1.2)′, 为了与以往的工作进行比较, 我们同时用经典的隐式 Euler 法按均匀时间步长 $\tau = 5 \times 10^{-5}$ 在较小的时间区间 $0 \leqslant t \leqslant 3.715$ 上求解同一问题. 所获数值结果的整体误差 E 在整个时空积分区域上的最大范数 $\|E\|_{\infty}$ 及整个计算所花费的时间 t_{cpu} 列于表 6.5.1. 注意这里估计误差所必须用到的高精度近似真解, 是通过用二阶 AACES-CMS 方法按误差容限 10^{-6} 算出来的, 其数值解的实际精度比 AACES 方法高一个数量级, 故确实可用作近似真解.

表 6.5.1 数值解整体误差的最大范数 $\|E\|_{\infty}$ 及计算所花费的时间 t_{cpu}

方法	$\|E\|_{\infty}$	t_{cpu}
AACES 方法	8.94×10^{-4}	16 小时 $26'30''$
自适应隐式 Euler 法	1.56×10^{-3}	49 小时 $5'5''$
经典隐式 Euler 法	3.69×10^{-2}	26 小时 $10'27''$

从表 6.5.1 可以看出, 以往长期使用的经典的隐式 Euler 法不仅计算速度太慢, 而且无法满足计算精度要求; 另一方面, 尽管 AACES 方法及自适应隐式 Euler 法都能达到预期计算精度, 但前者不仅计算精度更高, 尤其是计算速度远远地快于后者, 从表中可看出 AACES 方法的计算速度已达到自适应隐式 Euler 法的 3 倍. 注意以上算例都是在通常的台式计算机上串行计算的, 如果采用并行计算, 则 AACES 方法的计算速度还可以在上述基础上进一步成倍地提高.

此外, 我们在例 6.3.3 中用 ACES 方法求解了一个相关的三维抛物型方程初边值问题, 同样达到了预期计算精度, 所花费的计算时间不到 23 小时.

由此可见, 对于求解辐射扩散与电子、离子热传导耦合方程组初边值问题, 我们的自动优选刚性分解方案的自适应正则分裂方法的确能在确保预期计算精度的基础上成倍地大幅度提高计算速度, 的确已较好地解决了 6.1 节中所指出的关键技术难题.

参 考 文 献

[1] Dekker K, Verwer J G. Stability of Runge-Kutta Methods for Stiff Nonlinear Differential Equations. Amsterdam: North Holland, 1984.

[2] Hairer E, Wanner G. Solving Ordinary Differential Equations I. Berlin, Heidelberg: Springer-Verlag, 1991.

[3] Hairer E, Wanner G. Solving Ordinary Differential Equations II. Berlin, Heidelberg: Springer-Verlag, 1991.

[4] Lambert J D. Computational Methods in Ordinary Differential Equations. John Wiley & Sons Ltd., 1973.

[5] 李德元, 徐国荣, 水鸿寿, 何高玉, 陈光南, 袁国兴. 二维非定常流体力学数值方法. 北京: 科学出版社, 1998.

[6] Li S F. Canonical Euler splitting method for nonlinear composite stiff evolution equations. Appl. Math. Comput., 2016, 289: 220-236.

[7] 李寿佛. 辐射扩散与电子、离子热传导耦合方程组基于热交换项刚性分解的正则分裂方法. 国家十三五专项数值方法研究报告, 2016-2017.

[8] 李寿佛. 直角坐标下高维热传导问题的 CES 方法及自适应正则分裂方法. 国家十三五专项数值方法研究报告, 2017-2018.

[9] 李寿佛. 球坐标下高维热传导问题的 CES 方法及其实用稳定性条件. 国家十三五专项数值方法研究报告, 2018-2019.

[10] 李寿佛. 辐射扩散与电子、离子热传导耦合方程组自动优选刚性分解方案的自适应正则分裂方法. 国家十三五专项数值方法研究报告, 2019-2020 年度报告.

[11] Shampine L F, Gear C W. A user's view of solving stiff ordinary differential equations. SIAM Rev., 1979, 21: 1-17.

第 7 章　辐射驱动内爆压缩过程数值模拟
与广义正则分裂方法

7.1　概　　述

辐射驱动内爆压缩过程可用多介质辐射流体动力学方程组初边值问题 (1.1.1) 来描述. 当在 Euler 坐标下进行计算时, 由于问题过于复杂, 我们不得不将整个问题 (1.1.1) 解耦成两个子问题用分裂算法来进行计算, 其中第一个子问题是含有三个能量方程的多介质理想流体动力学方程组初边值问题 (1.1.2), 第二个子问题是辐射扩散与电子、离子热传导耦合方程组初边值问题 (1.1.3).

具体地说, 2009 年至 2011 年, 在本书第 2, 3 章所述的全部科研成果的基础上, 我们设计了专用于辐射驱动内爆压缩过程数值模拟的没有严格理论依据的分裂算法 (当时称之为 "解耦算法"), 其计算步骤与流程如下:

(1) 在适当给定的空间网格上, 用基于含参 (η, ξ)-模型的五阶 FD-WENO-FMT 格式对含有三个能量方程的多介质理想流体动力学方程组初边值问题 (1.1.2) 进行空间离散, 从而获得第一个半离散问题, 并用有限差分法对辐射扩散与电子、离子热传导耦合方程组初边值问题 (1.1.3) 进行空间离散, 从而获得第二个半离散问题.

(2) 为了推进从任给时刻 t_n 出发的任一时间积分步, 我们所设计的计算流程是: 首先从时刻 t_n 及该时刻的已知的数值解出发, 用三阶 TVD Runge-Kutta 方法, 按满足 CFL-稳定性条件的时间步长 $\tau > 0$ 求解第一个半离散问题, 所获数值结果称为该时间步的中间数值结果, 然后再从时刻 t_n 及该时间步的已知的中间数值结果出发, 用隐式 Euler 方法按同样的时间步长 τ 求解第二个半离散问题, 以所获数值结果作为该时间步的最终计算结果.

接着, 我们使用 "解耦算法" 先后研制了在 Euler 柱坐标下及 Euler 球坐标下数值模拟二维柱对称内爆压缩过程的两个实用程序, 数值试验表明, 用这两个实用程序所获得的数值结果定性地看均与物理过程保持一致, 未出现任何非物理振动, 而且达到了较高的收缩比.

此外, 由于上述分裂方法所需要求解的第一个子问题是包含三个能量方程的多介质理想流体动力学方程组初边值问题 (1.1.2), 其中的三个能量方程都是非守恒形式的, 会导致数值解出现能量守恒误差. 为了解决这一问题, 我们设计了一种特殊的技巧, 使得数值解仍然能很好地保持质量守恒、动量守恒和总能量守恒.

另一方面, 尽管上述 "解耦算法" 的实际计算效果很好, 但由于其没有严格理论依据, 是一种盲目实践. 为了解决这一严重的理论上的缺陷问题, 并探索在 Euler 坐标下数值模拟辐射驱动内爆压缩过程的新的更为优秀的正则分裂方法, 近年来我们把重点转向 "广义正则分裂方法" 研究.

我们提出了 "严格非线性复合刚性问题"、"严格刚性分解" 以及基于严格刚性分解的 "广义正则分裂方法" 等新的基本概念, 证明了广义正则分裂方法 (Generalized Canonical Splitting methods, 简记为 GCS) 是定量稳定的, 而且至少可达到不低于一阶的定量收敛精度. 在此基础上, 我们构造了可用于辐射驱动内爆压缩过程数值模拟的四种新的具有严格理论依据的高效广义正则分裂方法, 即 GCS(TVDRK3, ImEulr) 方法、GCS(TVDRK3, ImMid) 方法、GCS (TVDRK3, CES) 方法以及 GCS(TVDRK3, CES-CMS) 方法, 并发现其中的 GCS(TVDRK3, ImEulr) 方法可视为从实质上改进了的 "解耦算法".

更进一步, 为了解决在辐射驱动内爆压缩过程数值模拟中, 原问题及半离散问题的真解都会出现瞬态快变现象的问题, 我们仿照于第 6 章中的做法, 构造了自适应广义正则分裂方法及带有实用稳定性条件的自适应广义正则分裂方法, 简记为 AGCS, 为了解决半离散问题的刚性随着时间变量 t 而激烈变化的问题, 我们仿照于第 6 章中的做法, 构造了自动优选严格刚性分解方案的带有实用稳定性条件的自适应广义正则分裂方法, 简记为 AAGCS. 可以预期, 当用 AAGCS 方法, 尤其是 AAGCS(TVDRK3, CES-CMS) 方法, 对二维及三维辐射驱动内爆压缩过程进行数值模拟时, 不仅可以大幅度地提高数值模拟的精度, 而且可以成倍地大幅度地提高计算速度.

此外, 在研究 Lagrange 坐标下内爆压缩过程数值模拟期间, 我们构造了一类逼近二维热传导项的十分灵活方便且至少具有一阶精度的无网格方法, 该方法也可用于在任何不规则多边形网格上对热传导项进行空间离散, 当在均匀矩形网格或均匀平行四边形网格上使用时具有二阶空间离散精度, 当在任意的不规则四边形网格上使用时至少具有一阶空间离散精度, 在这方面远优于已有的五点差分格式及九点差分格式, 因而十分有利于在 Lagrange 坐标下对二维问题进行数值模拟.

我们将上述无网格方法与自适应技术相结合, 研制了在 Lagrange 坐标下数值模拟二维柱对称辐射驱动内爆压缩过程的实用程序, 使用该程序对 Lagrange 坐标下的一维球对称及二维柱对称内爆压缩过程进行数值模拟, 均获得了比较理想的数值结果.

本章以下各节专门介绍上述新的科研成果.

7.2 辐射驱动内爆压缩过程数值模拟

7.2.1 解耦算法及保总能量守恒的具体措施

我们所设计的专用于辐射驱动内爆压缩过程数值模拟的"解耦算法"的计算流程已于 7.1 节中详述. 以在 Euler 坐标下用"解耦算法"数值模拟三维辐射驱动内爆压缩过程为例, 每一时间积分步都需要用基于含参 (η, ξ)-模型的五阶 FD-WENO-FMT 格式来求解包含三个能量方程的多介质理想流体动力学方程组初边值问题 (1.1.2), 尽管这是完全可行的, 只要将方程组 (1.1.2) 中的最后三个能量方程中的系数 p_e, p_i, p_r 分别用其随网格而异的参数 $(p_e)_{ijk}$, $(p_i)_{ijk}$, $(p_r)_{ijk}$ 去代替就可以了, 然而由于这三个能量方程都是非守恒形式的, 会导致数值解出现总能量守恒误差. 当我们刚发现这个问题时的确感到十分吃惊, 不知所措, 而且很担心算得不好时出现伪解. 后来通过反复研究, 才终于解决了这个问题 (参见 [11, 12]). 我们解决这个问题的具体措施和技巧如下:

首先将上述三个非守恒形式的能量方程相加, 可得到关于单位体积中的总内能 $\widetilde{E}$ 的方程

$$\frac{\partial \widetilde{E}}{\partial t} + \operatorname{div}(\widetilde{E}U) + p \operatorname{div}(U) = 0, \tag{7.2.1}$$

其中 $p = p_e + p_i + p_r$ 是总压强, $\widetilde{E} = E_e + E_i + E_r$ 是单位体积中的总内能.

以符号

$$E = \widetilde{E} + \frac{1}{2}\rho U \cdot U = E_e + E_i + E_r + \frac{1}{2}\rho (u^2 + v^2 + w^2) \tag{7.2.2}$$

表示单位体积中的总能量. 应用式 (7.2.1) 及方程组 (1.1.2) 中的动量守恒方程可推出

$$\frac{\partial E}{\partial t} + \operatorname{div}(E U) = \frac{\partial \widetilde{E}}{\partial t} + \operatorname{div}(\widetilde{E}U) + \frac{\partial \left(\frac{1}{2}\rho U \cdot U\right)}{\partial t} + \operatorname{div}\left(\left(\frac{1}{2}\rho U \cdot U\right) U\right)$$

$$= -p \operatorname{div} U + \rho \frac{\mathrm{d}\left(\frac{1}{2} U \cdot U\right)}{\mathrm{d}t} = -p \operatorname{div} U + \rho U \cdot \frac{\mathrm{d}U}{\mathrm{d}t}$$

$$= -p \operatorname{div} U - U \cdot \operatorname{grad}(p) = -\operatorname{div}(p U),$$

从而得到总能量守恒方程

$$\frac{\partial E}{\partial t} + \operatorname{div}(E U) + \operatorname{div}(p U) = 0. \tag{7.2.3}$$

将总能量守恒方程 (7.2.3) 并入到方程组 (1.1.2) 中, 从而获得扩张的流体方程组

$$
\begin{cases}
\dfrac{\partial \rho}{\partial t} + \mathrm{div}(\rho U) = 0, \\[2mm]
\dfrac{\partial (\rho U)}{\partial t} + \mathrm{div}(\rho U U) + \mathrm{grad}(p) = 0, \\[2mm]
\dfrac{\partial E}{\partial t} + \mathrm{div}(E U) + \mathrm{div}\,(p U) = 0, \\[2mm]
\dfrac{\partial E_e}{\partial t} + \mathrm{div}(E_e U) + p_e \mathrm{div}(U) = 0, \\[2mm]
\dfrac{\partial E_i}{\partial t} + \mathrm{div}(E_i U) + p_i \mathrm{div}(U) = 0, \\[2mm]
\dfrac{\partial E_r}{\partial t} + \mathrm{div}(E_r U) + p_r \mathrm{div}(U) = 0.
\end{cases}
\tag{1.1.2$'$}
$$

容易看出方程组 (1.1.2)$'$ 系由守恒型 Euler 方程组与三个非守恒形式的能量方程联立而成. 当用五阶 FD-WENO-FMT 格式去求解它时, 守恒型 Euler 方程组的数值解能很好地保持质量守恒、动量守恒和总能量守恒, 但另一方面, 由于其中三个非守恒形式的能量方程的数值解 $(E_e)_{ijk}, (E_i)_{ijk}, (E_r)_{ijk}$ 存在守恒误差, 导致数值解通常不能精确地满足与式 (7.2.2) 相应的恒等式

$$
E_{ijk} = (E_e)_{ijk} + (E_i)_{ijk} + (E_r)_{ijk} + \frac{1}{2}\rho_{ijk}\left(u_{ijk}^2 + v_{ijk}^2 + w_{ijk}^2\right),
\tag{7.2.2$'$}
$$

或即比值

$$
r = \frac{E_{ijk} - \dfrac{1}{2}\rho_{ijk}\left(u_{ijk}^2 + v_{ijk}^2 + w_{ijk}^2\right)}{(E_e)_{ijk} + (E_i)_{ijk} + (E_r)_{ijk}}
$$

难以精确地等于 1. 于是当上式中的比值 $r \neq 1$ 时, 我们便对其中三个非守恒形式的能量方程的数值解进行微调, 令

$$
\widetilde{(E_e)}_{ijk} = r\,(E_e)_{ijk}, \quad \widetilde{(E_i)}_{ijk} = r\,(E_i)_{ijk}, \quad \widetilde{(E_r)}_{ijk} = r\,(E_r)_{ijk}.
\tag{7.2.4}
$$

显然, 微调后的数值解 $\widetilde{(E_e)}_{ijk}, \widetilde{(E_i)}_{ijk}, \widetilde{(E_r)}_{ijk}$ 完全满足恒等式 (7.2.2)$'$ 的要求.

7.2.2 Euler 柱坐标下二维柱对称辐射驱动内爆压缩过程数值模拟

在上述各项工作的基础上, 我们将 "解耦算法" 用于 Euler 坐标下内爆压缩过程数值模拟, 进行了一系列研究和软件研制工作. 首先请注意我们恒使用 "微米

(μm)–微微克 (μμg)– 0.1 纳秒 (ns)” 单位制, 并约定恒使用绝对温度, 温度单位为兆度 (MK).

2009 年, 我们研制了在 Euler 柱坐标下数值模拟二维柱对称辐射驱动内爆压缩过程的软件 (参见 [11]). 注意此情形下数学模型 (1.1.1) 可等价地写为 (参见 [6])

$$
\begin{cases}
\dfrac{\partial \rho}{\partial t} + \dfrac{\partial (\rho u)}{\partial x} + \dfrac{\partial (\rho v)}{\partial y} + \dfrac{\rho v}{y} = 0, \\[2mm]
\dfrac{\partial (\rho u)}{\partial t} + \dfrac{\partial (\rho u^2 + p)}{\partial x} + \dfrac{\partial (\rho u v)}{\partial y} + \dfrac{\rho u v}{y} = 0, \\[2mm]
\dfrac{\partial (\rho v)}{\partial t} + \dfrac{\partial (\rho v u)}{\partial x} + \dfrac{\partial (\rho v^2 + p)}{\partial y} + \dfrac{\rho v^2}{y} = 0, \\[2mm]
\dfrac{\partial E_e}{\partial t} + \dfrac{\partial (E_e u)}{\partial x} + \dfrac{\partial (E_e v)}{\partial y} + \dfrac{E_e v}{y} + p_e \dfrac{\partial u}{\partial x} + p_e \dfrac{\partial v}{\partial y} + \dfrac{p_e v}{y} \\[2mm]
\quad = \dfrac{\partial}{\partial x}\left(K_e \dfrac{\partial T_e}{\partial x}\right) + \dfrac{\partial}{\partial y}\left(K_e \dfrac{\partial T_e}{\partial y}\right) + \dfrac{K_e}{y}\dfrac{\partial T_e}{\partial y} - \rho w_{ei}(T_e - T_i) - c\kappa(aT_e^4 - E_r), \\[2mm]
\dfrac{\partial E_i}{\partial t} + \dfrac{\partial (E_i u)}{\partial x} + \dfrac{\partial (E_i v)}{\partial y} + \dfrac{E_i v}{y} + p_i \dfrac{\partial u}{\partial x} + p_i \dfrac{\partial v}{\partial y} + \dfrac{p_i v}{y} \\[2mm]
\quad = \dfrac{\partial}{\partial x}\left(K_i \dfrac{\partial T_i}{\partial x}\right) + \dfrac{\partial}{\partial y}\left(K_i \dfrac{\partial T_i}{\partial y}\right) + \dfrac{K_i}{y}\dfrac{\partial T_i}{\partial y} + \rho w_{ei}(T_e - T_i), \\[2mm]
\dfrac{\partial E_r}{\partial t} + \dfrac{\partial (E_r u)}{\partial x} + \dfrac{\partial (E_r v)}{\partial y} + \dfrac{E_r v}{y} + p_r \dfrac{\partial u}{\partial x} + p_r \dfrac{\partial v}{\partial y} + \dfrac{p_r v}{y} \\[2mm]
\quad = \dfrac{\partial}{\partial x}\left(K_r \dfrac{\partial E_r}{\partial x}\right) + \dfrac{\partial}{\partial y}\left(K_r \dfrac{\partial E_r}{\partial y}\right) + \dfrac{K_r}{y}\dfrac{\partial E_r}{\partial y} + c\kappa(aT_e^4 - E_r), \\[2mm]
p_j = p_j(\rho, T_j), \quad E_j = \rho \varepsilon_j, \quad \varepsilon_j = \varepsilon_j(T_j), \quad j = e, i, \\[2mm]
E_r = aT_r^4, \quad p_r = \dfrac{E_r}{3}, \quad p = p_e + p_i + p_r,
\end{cases}
\tag{7.2.5}
$$

其中 x 表示对称轴方向的坐标, y 表示径向坐标. 试看以下算例:

例 7.2.1　设靶丸结构及其初始尺寸为 0 (DT) 75 (CH) 100 (μm), 辐射温度源取为

$$
T_r = 3 \times 10^{-4} + (2 - 3 \times 10^{-4})(t < 1?\ t : 1), \quad 0 \leqslant t \leqslant t_{\text{end}}, \tag{7.2.6}
$$

采用通常的初始数据及边值条件, 同时我们对 CH 靶壳的初始密度作了十分微小的扰动. 在双向渐扩光滑网格上, 用我们所研制的上述软件进行数值模拟. 算至时刻 $t = 7.500$ 所获数值结果如图 7.2.1 所示. 算至时刻 $t = 8.000$, 氘氚区内部的光子温度已迅速升高, 如图 7.2.2 所示. 当氘氚区被压缩到最小时, 离子温度上升至

20 兆度, 此时离子及电子温度如图 7.2.3 所示, 分别用 Level Set 方法及体积份额法所捕捉到的氘氚区界面分别如图 7.2.4(a) 及图 7.2.4(b) 所示.

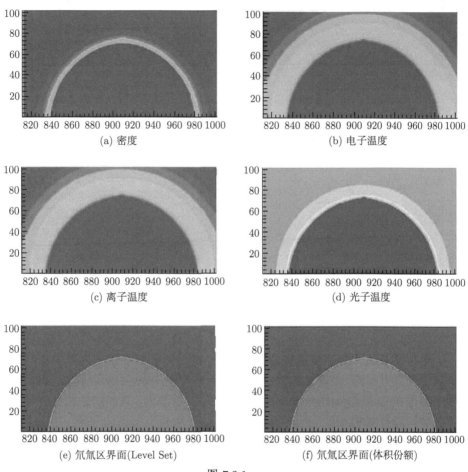

(a) 密度   (b) 电子温度

(c) 离子温度   (d) 光子温度

(e) 氘氚区界面(Level Set)   (f) 氘氚区界面(体积份额)

图 7.2.1

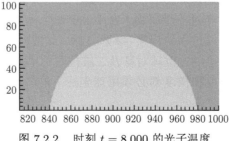

图 7.2.2   时刻 $t = 8.000$ 的光子温度

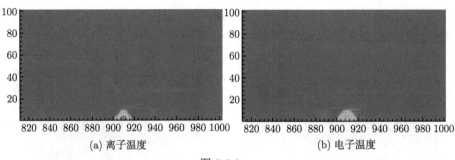

(a) 离子温度　　　　　　　　　　　　　(b) 电子温度

图 7.2.3

分别用 Level Set 方法 (左) 及体积份额法 (右) 捕捉到的氘氚区界面见图 7.2.4.

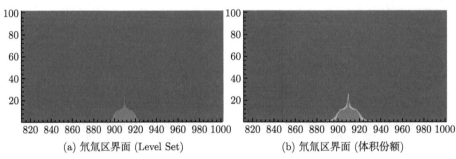

(a) 氘氚区界面 (Level Set)　　　　　　　(b) 氘氚区界面 (体积份额)

图 7.2.4

上述程序是我和舒适教授等合作完成的, 由于他和冯春生教授用多重网格法求解线性代数方程组, 显著地加快了整个计算的速度, 我衷心感谢他们. 我们所有的程序都是在 Dell OptiPlex GX270 微机上串行计算的, 其存储量和计算速度远远不能和巨型计算机相比, 因此我们不得不尽可能缩小问题的规模, 并采用最粗糙的网格进行计算. 尽管如此, 从以上图形可以定性地看出整个计算结果较好地反映了真实的物理过程, 未见到任何非物理振动, 因而是可信赖的.

7.2.3　Euler 球坐标下一维球对称及二维柱对称单温内爆压缩过程数值模拟

由于靶丸的初始状态是球形的, 在球坐标下进行计算无疑有许多优点. 因此, 我们于 2010 年至 2011 年进一步研制了在 Euler 球坐标下数值模拟一维球对称及二维柱对称单温内爆压缩过程的程序 (参见 [12]). 此情形下数学模型 (1.1.1) 可分别简化为 Euler 球坐标下的一维球对称及二维柱对称单温内爆压缩过程的数学模型, 但须注意其中的散度和梯度都必须用球坐标下的散度和梯度公式来表示 (参见 [6]). 试看以下算例.

例 7.2.2　设靶丸结构及其初始尺寸如图 7.2.5 所示, 四台阶温度源如图 7.2.6 和表 7.2.1 所示. 设靶丸内层充满了氘氚 (DT) 气体, 初始密度为 0.3×10^{-3}, 中间

层为氘氚 (DT) 固体, 初始密度为 0.25, 外层为塑料 (CH), 初始密度为常数 1, 整个靶丸外部为真空, 其初始状态近似地视为密度为 10^{-4} 的塑料 (CH). 各层中和靶丸外部的初始温度均为 3×10^{-4}, 初始速度均为 0. 由于在内爆过程中 CH 靶壳的外层以极快的速度向外运动, 故对于一般的三维内爆问题, 我们必须取空间积分区域为半径 R 比靶丸的初始半径大一个数量级的球形区域. 但由于本例是特殊的一维球对称问题, 可用我们所研制的在 Euler 球坐标下数值模拟一维球对称单温内爆压缩过程的软件在长度为靶丸初始半径 10 倍的积分区间 [0, 11100] 上进行计算, 从而大幅度减少计算量, 节约计算时间. 另一方面, 为了进行比较, 本例也可视为一个特殊的二维柱对称问题, 用我们所研制的在 Euler 球坐标下数值模拟二维柱对称单温内爆压缩过程的软件在任给的扇形平面积分区域

$$\Omega = \{(r,\theta): \ 0 \leqslant r \leqslant R, \ 0 \leqslant \theta \leqslant \theta_0\} \tag{7.2.7}$$

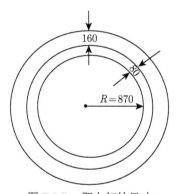

图 7.2.5　靶丸初始尺寸

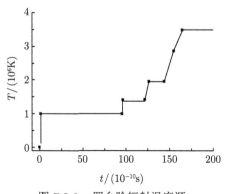

图 7.2.6　四台阶辐射温度源

表 7.2.1　　辐射温度源的分布

时刻	0	1	95	96	122	126	144	155	165	200
温度	3e−4	1	1	1.4	1.4	1.96	1.96	2.87	3.48	3.48

上进行计算, 其中 $R = 11100$, $\theta_0 \in (0, \pi]$, 在上述扇形积分区域 Ω 的两条侧边上恒使用对称边界条件, 在其圆弧边界上使用出流边界条件. 我们发现这两种计算方法所获得的数值解是完全一致的. 所获最终计算结果如图 7.2.7—图 7.2.12 所示.

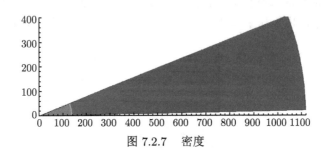

图 7.2.7　密度

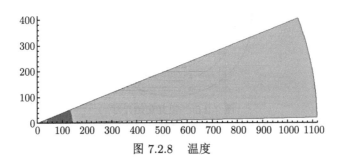

图 7.2.8　温度

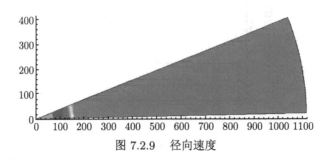

图 7.2.9　径向速度

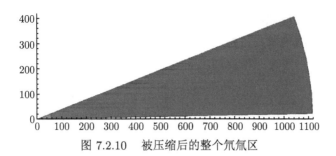

图 7.2.10　被压缩后的整个氘氚区

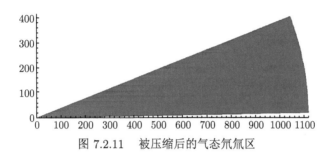

图 7.2.11　被压缩后的气态氘氚区

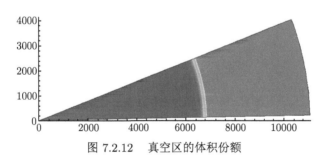

图 7.2.12　真空区的体积份额

从所获得的最终计算结果可以看出:

(1) 整个氘氚区的初始半径为 950, 当其被压缩到最小时半径为 56, 初始半径与最小半径之比为 950/56≈17.

(2) 气态氘氚区的初始半径为 870, 当其被压缩到最小时半径为 31, 初始半径与最小半径之比为 870/31≈28. 靶球中心达到的最高温度为 $T_{\max} = 15.44$ 兆度.

(3) 由此及以上图形可见我们已算出了氘氚区被压缩到最小的全过程, 达到了较高的收缩比, 所获数值结果较好地反映了真实的物理过程, 尽管我们用数值模拟二维柱对称问题的软件进行计算, 同样很好地保持了球对称性, 未见到任何非物理振动.

例 7.2.3　为了检测靶丸初始状态及温度源对内爆压缩过程的影响, 我们将例 7.2.2 中的靶丸结构及其初始尺寸修改为 0 (DT) 114 (CH) 128 (μm), 将温度源修改为

$$T = 3 \times 10^{-4} + (2 - 3 \times 10^{-4})\,(t < 1?\ t:1), \quad 0 \leqslant t \leqslant t_{\text{end}}. \tag{7.2.8}$$

由于这仍然是一维球对称问题, 用我们所编制的专用于求解一维球对称问题的程序进行计算. 我们发现本例计算结果可与例 7.2.2 中的计算结果媲美. 现将算至时刻 $t = 2480.03$ 在通过靶丸中心的一个平面与靶丸相交的截面上的温度分布及靶丸中心所达到的最高温度 $T_{\max} = 15.13$, 绘于图 7.2.13 (参见 [15]).

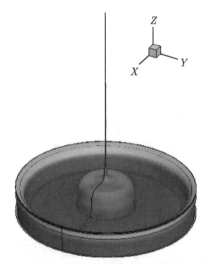

图 7.2.13　靶丸中心所达到的最高温度

例 7.2.4　为了观察流体不稳定性对内爆压缩过程的影响. 我们将例 7.2.2 中 CH 靶壳的初始温度修改为

$$\rho_{\text{ini}} = 1 + 0.05\,\cos\left(\frac{2\pi\theta}{\theta_0} - \pi\right), \tag{7.2.9}$$

但其余数据 (包括空间积分区域, 初边值条件及网格等) 保持和例 7.2.2 中完全相同, 不作任何修改. 由于这是 Euler 球坐标下的二维柱对称问题, 我们用所研制的在 Euler 球坐标下数值模拟二维柱对称单温内爆压缩过程的软件进行计算, 获得了令人满意的计算结果. 当时所有计算结果都是用动态图形演示的. 这里仅将初始状态为球形的氘氚区被压缩后的形状绘图 7.2.14 及图 7.2.15 (图中取 $\theta_0 = \pi/3$). 从这些图形可以清楚地看出由于 CH 靶壳的初始密度有微小扰动所引起的流体不稳定性对内爆压缩过程的负面影响.

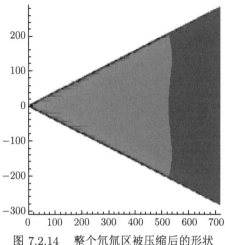

图 7.2.14 整个氘氚区被压缩后的形状

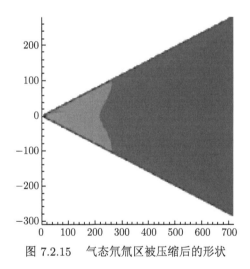

图 7.2.15 气态氘氚区被压缩后的形状

7.3 严格非线性复合刚性问题与广义正则分裂方法

为了为数值模拟内爆压缩过程的 "解耦算法" 寻找严格理论依据, 为了构造一种新的正则分裂方法, 使得该方法所使用的有序方法偶中的两个子方法都能在一定程度上由用户根据实际需要而自由地选择, 并在此基础上探索在 Euler 坐标下数值模拟辐射驱动内爆压缩过程的新的更为优秀的正则分裂方法, 本节专门研究基于严格刚性分解的广义正则分裂方法. 为简单计, 在这里及下文中, 我们恒以常微分方程 (ODE) 初值问题, 或即半离散偏微分方程初边值问题为例进行讨论.

7.3.1 严格非线性复合刚性问题

考虑一般的非线性常微分方程 (ODE) 初值问题

$$\begin{cases} y'(t) = f(t, y(t)), & t \in [0, T], & (7.3.1a) \\ y(0) = \varphi_0, & \varphi_0 \in \mathbf{R}^m, & (7.3.1b) \end{cases}$$

其中 $T > 0$ 是仅具有适度大小的常数, $f : [0, T] \times \mathbf{R}^m \to \mathbf{R}^m$ 是给定的连续映射, $\varphi_0 \in \mathbf{R}^m$ 是给定的初值.

定义 7.3.1 我们称非线性 ODE 初值问题 (7.3.1) 为严格非线性复合刚性问题, 如果

(1) 该问题是适定的, 且其真解 $y(t)$ 是慢变的. 这里所说的 "慢变", 是指 $y(t)$ 充分光滑, 且 $y(t)$ 及需要用到的 $y(t)$ 的各阶导数均满足不等式 (5.2.2b), 并设该不等式中的每个常数 M_i 均仅具有适度大小.

(2) 该问题可进行严格刚性分解. 或即方程组 (7.3.1a) 的右端映射 f 可分解为两个连续的子映射之和

$$f(t, y) = f_1(t, y) + f_2(t, y), \quad \forall\, t \in (0, T], \ y \in \mathbf{R}^m, \qquad (7.3.2a)$$

子映射 f_1 满足经典 Lipschitz 条件

$$\|f_1(t, u) - f_1(t, v)\| \leqslant \alpha_1 \|u - v\|, \quad \forall t \in [0, T], u, v \in \mathbf{R}^m, \qquad (7.3.2b)$$

子映射 f_2 满足单边 Lipschitz 条件

$$\langle f_2(t, u) - f_2(t, v), u - v \rangle \leqslant \alpha_2 \|u - v\|^2, \quad \forall t \in [0, T], u, v \in \mathbf{R}^m, \qquad (7.3.2c)$$

这里的常数 α_1 及 $(\alpha_2)_+ := \max\{\alpha_2, 0\}$ 均仅具有适度大小, 并设对于任给的满足条件 $0 \leqslant t_n < t_{n+1} \leqslant T$ 的时间区间 $[t_n, t_{n+1}]$ 及任给的位于问题 (7.3.1) 的真解 $y(t)$ 的某个适度小的邻域内的矢量 $y_n, \overline{y}_{n+1} \in \mathbf{R}^m$, 与子映射 f_1 及 f_2 相应的两个子问题

$$\begin{cases} \overline{y}\,'(t) = f_1(t, \overline{y}(t)), & t \in [t_n, t_{n+1}], \\ \overline{y}(t_n) = y_n, & y_n \in \mathbf{R}^m \end{cases} \qquad (7.3.3a)$$

及

$$\begin{cases} \widetilde{y}\,'(t) = f_2(t, \widetilde{y}(t)), & t \in [t_n, t_{n+1}], \\ \widetilde{y}(t_n) = \overline{y}_{n+1}, & \overline{y}_{n+1} \in \mathbf{R}^m \end{cases} \qquad (7.3.3b)$$

也都是适定的, 且它们的真解也都是慢变的, 详言之, 我们设子问题 (7.3.3a) 的真解 $\overline{y}(t)$ 充分光滑, 且 $\overline{y}(t)$ 及需要用到的 $\overline{y}(t)$ 的各阶导数均满足不等式

$$\left\| \frac{\mathrm{d}^i \overline{y}(t)}{\mathrm{d}t^i} \right\| \leqslant \overline{M}_i, \quad 0 \leqslant t \leqslant T \tag{7.3.4a}$$

(这里恒设每个常数 $\overline{M}_i$ 仅具有适度大小), 并设子问题 (7.3.3b) 的真解 $\widetilde{y}(t)$ 充分光滑, 且 $\widetilde{y}(t)$ 及需要用到的 $\widetilde{y}(t)$ 的各阶导数均满足不等式

$$\left\| \frac{\mathrm{d}^i \widetilde{y}(t)}{\mathrm{d}t^i} \right\| \leqslant \widetilde{M}_i, \quad 0 \leqslant t \leqslant T, \tag{7.3.4b}$$

这里恒设每个常数 $\widetilde{M}_i$ 仅具有适度大小. 此外设子映射 f_1 及需要用到的 f_1 的各阶偏导数均连续且满足不等式

$$\left\| \frac{\partial^{i+j} f_1(t, u)}{\partial t^i \partial u^j} \right\| \leqslant \overline{\kappa}_{ij}, \quad 0 \leqslant t \leqslant T, \tag{7.3.5}$$

这里恒设每个常数 $\overline{\kappa}_{ij}$ 仅具有适度大小.

显然, "严格刚性分解" 比通常的刚性分解要求更加苛刻, "严格非线性复合刚性问题" 比通常的非线性复合刚性问题要求更加苛刻. 在实际计算中对欲求解的问题进行刚性分解时, 为了确保其满足严格刚性分解的条件, 最好的方法是按该问题所描述的多个子物理过程进行分解, 千万不可随意分解.

7.3.2 广义正则分裂方法

定义 7.3.2 以符号 $\mathcal{M}_1$ 表示可自由选择的经典稳定、p_1-阶经典相容且 p_1-阶经典收敛的数值方法, 这里 $p_1 \geqslant 1$, 以符号 $\mathcal{M}_2$ 表示可自由选择的 B-稳定、p_2-阶 B-相容且 p_2-阶最佳 B-收敛的数值方法, 这里 $p_2 \geqslant 1$. 我们称专用于求解形如 (7.3.1) 的严格非线性复合刚性 ODE 问题的有序方法偶 $(\mathcal{M}_1, \mathcal{M}_2)$ 为广义正则分裂方法 (Generalized Canonical Splitting method, 简记为 GCS 或 GCS($\mathcal{M}_1, \mathcal{M}_2$)), 其计算流程如下:

步骤 1 对问题 (7.3.1) 进行严格刚性分解, 从而获得满足定义 7.3.1 中所述全部假设条件的两个子映射 f_1 和 f_2.

步骤 2 为了推进从任给时刻 t_n 到 $t_{n+1} = t_n + h_n$ ($h_n > 0$ 表示积分步长) 的任一时间积分步 $(t_n, y_n) \to (t_{n+1}, y_{n+1})$, 将问题 (7.3.1) 分解为形如 (7.3.3a) 和 (7.3.3b) 的两个子问题.

步骤 3 用方法 $\mathcal{M}_1$ 从 (t_n, y_n) 出发按步长 h_n 求解以 $y_n \in \mathbf{R}^m$ 为初值的第一个子问题 (7.3.3a), 所获数值结果记为 $\overline{y}_{n+1} \in \mathbf{R}^m$.

步骤 4　用方法 $\mathcal{M}_2$ 从 $(t_n, \overline{y}_{n+1})$ 出发按步长 h_n 求解以第一个子问题的计算结果 $\overline{y}_{n+1} \in \mathbf{R}^m$ 为初值的第二个子问题 (7.3.3b), 从而获得当前时间步的最终计算结果 $y_{n+1} \in \mathbf{R}^m$.

注 7.3.1　当用方法 $\mathcal{M}_2$ 求解第二个子问题 (7.3.3b) 时, 通常需要用牛顿迭代法来求解相关的非线性代数方程组, 但此情形下我们决不可使用问题 (7.3.3b) 的初值 $\overline{y}_{n+1}$ 作为牛顿迭代的起始值, 而必须使用第一个子问题 (7.3.3a) 的初值 y_n 作为牛顿迭代起始值.

注 7.3.2　广义正则分裂方法 $\mathrm{GCS}(\mathcal{M}_1, \mathcal{M}_2)$ 是一个十分浩瀚的方法类. 由于子方法 $\mathcal{M}_1$ 和 $\mathcal{M}_2$ 都可以由用户根据实际需要而自由地选择, 不仅用起来十分灵活方便, 而且为进一步研究 "解耦算法" 及数值模拟内爆压缩过程的新的更为优越的正则分裂方法开辟了广阔途径. 但须特别注意这个十分浩瀚的方法类与目前国际上已有的经典算子分裂方法有如下实质差别: 一是 GCS 方法特别适合于求解半离散高维多尺度强非线性复合刚性偏微分方程初边值问题, 在这方面已有的经典算子分裂方法远莫能及; 二是使用 GCS 方法时必须对欲求解的问题进行严格刚性分解, 分解得越合理则计算效率越高, 若分解不恰当则适得其反; 三是子方法 $\mathcal{M}_2$ 必须是 B-稳定、B-相容且最佳 B-收敛的方法, 决不允许仅仅是 A-稳定而非 B-稳定的方法 (例如梯形方法等), 更不允许是显式方法. 因此不存在隐显 GCS 方法.

7.3.3　广义正则分裂方法稳定性分析

为简单计, 针对辐射驱动内爆压缩过程数值模拟及求解辐射流体动力学方程组初边值问题的实际需求, 在这里及下文中, 我们仅讨论广义正则分裂方法 GCS $(\mathcal{M}_1, \mathcal{M}_2)$ 中的两个子方法 $\mathcal{M}_1$ 和 $\mathcal{M}_2$ 都是单步方法的情形.

定理 7.3.1　当用广义正则分裂方法 $\mathrm{GCS}(\mathcal{M}_1, \mathcal{M}_2)$ 在任给时间网格 Δ_h 上求解任给的严格非线性复合刚性问题 (7.3.1) 时, 对于任意两个平行的积分步 $(t_n, y_n) \to (t_{n+1}, y_{n+1})$ 及 $(t_n, z_n) \to (t_{n+1}, z_{n+1})$, 我们有

$$\|y_{n+1} - z_{n+1}\| \leqslant (1 + c h_n)\|y_n - z_n\|, \quad h_n \leqslant H_0, \tag{7.3.6}$$

这里 $0 \leqslant n < N$, $h_n = t_{n+1} - t_n > 0$ 表示积分步长, 常数 $c \geqslant 0$ 及 $H_0 > 0$ 仅依赖于 α_1, $(\alpha_2)_+$ 和方法, 且 c 及 H_0^{-1} 仅具有适度大小. 不等式 (7.3.6) 表征着 $\mathrm{GCS}(\mathcal{M}_1, \mathcal{M}_2)$ 方法关于背后值是定量稳定的.

证　首先, 以方法 $\mathcal{M}_1$ 分别求解以 y_n 及以 z_n 为初值的形如 (7.3.3a) 的第一个子问题, 所获数值结果分别记为 $\overline{y}_{n+1}$ 及 $\overline{z}_{n+1}$. 由于方法 $\mathcal{M}_1$ 是经典稳定的, 故有 (参见 [5,13])

$$\|\overline{y}_{n+1} - \overline{z}_{n+1}\| \leqslant (1 + \overline{c} h_n)\|y_n - z_n\|, \quad h_n \leqslant \overline{h}, \tag{7.3.7a}$$

这里 $\bar{c} \geqslant 0$ 及 $\bar{h} > 0$ 仅依赖于 α_1 和方法, 且 $\bar{c}$ 及 $\bar{h}^{-1}$ 仅具有适度大小. 其次, 以方法 $\mathcal{M}_2$ 分别求解以 $\bar{y}_{n+1}$ 及以 $\bar{z}_{n+1}$ 为初值的形如 (7.3.3b) 的第二个子问题, 按照定义 7.3.2, 所获数值结果便分别是本定理所述的两个平行积分步的计算结果 y_{n+1} 及 z_{n+1}. 由于方法 $\mathcal{M}_2$ 是 B-稳定的, 故有 (参见 [2,5,13])

$$\|y_{n+1} - z_{n+1}\| \leqslant (1 + \bar{\bar{c}}\, h_n)\|\bar{y}_{n+1} - \bar{z}_{n+1}\|, \quad h_n \leqslant \bar{\bar{h}}, \tag{7.3.7b}$$

这里常数 $\bar{\bar{c}} \geqslant 0$ 及 $\bar{\bar{h}} > 0$ 仅依赖于 $(\alpha_2)_+$ 和方法, 且 $\bar{\bar{c}}$ 及 $\bar{\bar{h}}^{-1}$ 仅具有适度大小. 应用式 (7.3.7a) 及 (7.3.7b) 便可推出

$$\|y_{n+1} - z_{n+1}\| \leqslant (1 + \bar{\bar{c}}\, h_n)\|\bar{y}_{n+1} - \bar{z}_{n+1}\|$$

$$\leqslant (1 + \bar{\bar{c}}\, h_n)(1 + \bar{c}\, h_n)\|y_n - z_n\|$$

$$\leqslant (1 + c\, h_n)\|y_n - z_n\|, \quad h_n \leqslant H_0,$$

这里 $H_0 = \min\{\bar{\bar{h}}, \bar{h}, 1\}$, $c = \bar{\bar{c}} + \bar{c} + \bar{\bar{c}}\, \bar{c}$, 从式 (7.3.7a) 及 (7.3.7b) 容易看出这里的常数 H_0 及 c 仅依赖于 α_1, $(\alpha_2)_+$ 及方法, 而且 c 及 H_0^{-1} 仅具有适度大小. 定理 7.3.1 证毕.

定理 7.3.2 以 $\{y_n\}$ 和 $\{z_n\}$ 表示用 $\mathrm{GCS}(\mathcal{M}_1, \mathcal{M}_2)$ 方法分别从初值 y_0 和初值 z_0 出发, 在同样的时间网格 Δ_h 上求解同一个严格非线性复合刚性问题 (7.3.1) 时所得到的两个逼近序列, 那么我们有

$$\|y_n - z_n\| \leqslant \exp(c\, t_n)\|y_0 - z_0\|, \quad \max_{0 \leqslant i \leqslant n-1} h_i \leqslant H_0, \tag{7.3.8}$$

这里 $0 < n \leqslant N$, 常数 $c \geqslant 0$ 及 $H_0 > 0$ 仅依赖于 α_1, $(\alpha_2)_+$ 和方法, 且 c 及 H_0^{-1} 仅具有适度大小. 不等式 (7.3.8) 表征着 $\mathrm{GCS}(\mathcal{M}_1, \mathcal{M}_2)$ 方法关于初值是定量稳定的.

证 由于不等式 (7.3.6) 对于所有的 $0 \leqslant n < N$ 成立, 用简单归纳法易推出

$$\|y_n - z_n\| \leqslant (1 + c\, h_{n-1})\|y_{n-1} - z_{n-1}\|$$

$$\leqslant \prod_{i=0}^{n-1}(1 + c\, h_i)\|y_0 - z_0\| \leqslant \prod_{i=0}^{n-1} \exp(c\, h_i)\|y_0 - z_0\|$$

$$= \exp(c\, t_n)\|y_0 - z_0\|, \quad \max_{0 \leqslant i \leqslant n-1} h_i \leqslant H_0.$$

定理 7.3.2 证毕.

7.3.4　广义正则分裂方法相容性与收敛性分析

定理 7.3.3　广义正则分裂方法 $\mathrm{GCS}(\mathcal{M}_1, \mathcal{M}_2)$ 至少是一阶定量相容的. 详言之, 当用 $\mathrm{GCS}(\mathcal{M}_1, \mathcal{M}_2)$ 方法求解任给的带有严格刚性分解 (f_1, f_2) 的严格非线性复合刚性 ODE 问题 (7.3.1) 时, 对于从任给时刻 $t_n \in [0, T)$ 出发的任一虚拟积分步

$$(t_n, y(t_n)) \longrightarrow (t_{n+1}, \widehat{y}_{n+1}), \tag{7.3.9}$$

我们有

$$\|\widehat{y}_{n+1} - y(t_{n+1})\| \leqslant \widehat{c}\, h_n^2, \quad h_n \leqslant \widehat{h}, \tag{7.3.10}$$

这里 $y(t)$ 表示问题 (7.3.1) 的真解, $h_n > 0$ 表示积分步长, $t_{n+1} = t_n + h_n \leqslant T$, 常数 $\widehat{c} > 0$ 仅依赖于方法, α_1, $(\alpha_2)_+$ 和原问题与子问题的真解的某些导数界 $M_i, \widetilde{M}_i, \overline{M}_i$ 以及某些 $\overline{\kappa}_{ij}$, 常数 $\widehat{h} > 0$ 仅依赖于 α_1, $(\alpha_2)_+$ 和方法, 且 $\widehat{c}$ 及 $\widehat{h}^{-1}$ 仅具有适度大小.

证　将问题 (7.3.1) 分解成形如 (7.3.3a) 和 (7.3.3b) 的两个子问题, 并以问题 (7.3.1) 的真解的值 $y(t_n)$ 去取代第一个子问题 (7.3.3a) 中的初值 y_n.

首先, 分别用方法 $\mathcal{M}_1$、广义显式 Euler 法及隐式 Euler 法从 $(t_n, y(t_n))$ 出发按步长 h_n 求解以 $\overline{y}(t_n) = y(t_n)$ 为初值的第一个子问题, 所获数值结果依次分别记为 $\overline{y}_{n+1}$, $\overline{\overline{y}}_{n+1}$ 及 $\overline{\overline{\overline{y}}}_{n+1}$. 由于方法 $\mathcal{M}_1$ 的经典相容阶 $p_1 \geqslant 1$, 该方法至少是一阶经典相容的, 故有 (参见 [5,13])

$$\|\overline{y}_{n+1} - \overline{y}(t_{n+1})\| \leqslant \overline{c}\, h_n^2, \quad h_n \leqslant \overline{h}, \tag{7.3.11}$$

这里 $\overline{y}(t)$ 表示第一个子问题的真解, 常数 $\overline{c}$ 仅依赖于方法, α_1 和第一个子问题的真解的某些导数界 $\overline{M}_i$ 及其右函数 f_1 的某些导数界 $\overline{\kappa}_{ij}$, 常数 $\overline{h}$ 仅依赖于 α_1 和方法, 且 $\overline{c}$ 及 $\overline{h}^{-1}$ 仅具有适度大小. 由于隐式 Euler 法是一阶经典相容的, 故有

$$\|\overline{\overline{y}}_{n+1} - \overline{y}(t_{n+1})\| \leqslant \overline{\overline{c}}\, h_n^2, \quad h_n \leqslant \overline{\overline{h}}, \tag{7.3.12}$$

这里常数 $\overline{\overline{c}}$ 仅依赖于 α_1 和第一个子问题的真解的某些导数界 $\overline{M}_i$ 及其右函数 f_1 的某些导数界 $\overline{\kappa}_{ij}$, 常数 $\overline{\overline{h}}$ 仅依赖于 α_1, 且 $\overline{\overline{c}}$ 及 $\overline{\overline{h}}^{-1}$ 仅具有适度大小. 此外应用经典 Lipschitz 条件 (7.3.2b) 及式 (7.3.12) 易推出

$$\|\overline{\overline{y}}_{n+1} - \overline{y}_{n+1}\| = \|y(t_n) + h_n f_1(t_{n+1}, \overline{\overline{y}}_{n+1}) - (y(t_n) + h_n f_1(t_{n+1}, y(t_n)))\|$$

$$= h_n \|f_1(t_{n+1}, \overline{\overline{y}}_{n+1}) - f_1(t_{n+1}, y(t_n))\| \leqslant h_n \alpha_1 \|\overline{\overline{y}}_{n+1} - y(t_n)\|$$

$$= h_n \alpha_1 \|\overline{\overline{y}}_{n+1} - \overline{y}(t_{n+1}) + \overline{y}(t_{n+1}) - \overline{y}(t_n)\|$$

$$\leqslant h_n\,\alpha_1\,(\bar{\bar{\bar{c}}}\,h_n^2 + \overline{M}_1\,h_n) \leqslant c_0\,h_n^2, \quad h_n \leqslant \min\{\bar{\bar{\bar{h}}},\,1\}, \qquad (7.3.13)$$

这里常数 $c_0 = \alpha_1\,(\bar{\bar{\bar{c}}} + \overline{M}_1)$ 仅依赖于 α_1 和第一个子问题的真解的某些导数界 $\overline{M}_i$ 及其右函数 f_1 的某些偏导数界 $\overline{\kappa}_{ij}$, 且 c_0 仅具有适度大小. 从式 (7.3.11), (7.3.12) 及 (7.3.13) 立得

$$\begin{aligned}
\|\overline{y}_{n+1} - \bar{\bar{y}}_{n+1}\| &= \|\overline{y}_{n+1} - \overline{y}(t_{n+1}) + \overline{y}(t_{n+1}) - \bar{\bar{\bar{y}}}_{n+1} + \bar{\bar{\bar{y}}}_{n+1} - \bar{\bar{y}}_{n+1}\| \\
&\leqslant \|\overline{y}_{n+1} - \overline{y}(t_{n+1})\| + \|\overline{y}(t_{n+1}) - \bar{\bar{\bar{y}}}_{n+1}\| + \|\bar{\bar{\bar{y}}}_{n+1} - \bar{\bar{y}}_{n+1}\| \\
&\leqslant (\bar{c} + \bar{\bar{c}} + c_0)\,h_n^2, \quad h_n \leqslant \min\{\bar{h},\,\bar{\bar{h}},\,1\},
\end{aligned}$$
$$(7.3.14)$$

其次, 用方法 $\mathcal{M}_2$ 从 $(t_n, \overline{y}_{n+1})$ 出发按步长 h_n 求解以 $\widetilde{y}(t_n) = \overline{y}_{n+1}$ 为初值的第二个子问题, 按照定义 7.3.2, 所获数值结果就是用 $\mathrm{GCS}(\mathcal{M}_1, \mathcal{M}_2)$ 方法求解问题 (7.3.1) 时, 从问题 (7.3.1) 的真解值 $y(t_n)$ 出发的一个虚拟积分步 (7.3.9) 的计算结果 $\widehat{y}_{n+1}$. 同时 $\widehat{y}_{n+1}$ 也是用方法 $\mathcal{M}_2$ 求解第二个子问题时, 从第二个子问题的真解值 $\widetilde{y}(t_n)$ 出发的一个虚拟积分步的计算结果, 由于方法 $\mathcal{M}_2$ 至少是一阶 B-相容的, 我们有

$$\|\widehat{y}_{n+1} - \widetilde{y}(t_{n+1})\| \leqslant \widetilde{c}\,h_n^2, \quad h_n \leqslant \widetilde{h}, \qquad (7.3.15)$$

这里 $\widetilde{y}(t)$ 表示第二个子问题的真解, 常数 $\widetilde{c} > 0$ 仅依赖于方法, $(\alpha_2)_+$ 和第二个子问题的真解的某些导数界 $\widetilde{M}_i$, 常数 $\widetilde{h} > 0$ 仅依赖于 $(\alpha_2)_+$ 和方法, 且 $\widetilde{c}$ 及 $\widetilde{h}^{-1}$ 仅具有适度大小.

类似地, 我们用隐式 Euler 法从 $(t_n, \bar{\bar{y}}_{n+1})$ 出发按步长 h_n 求解以 $\widetilde{y}(t_n) = \bar{\bar{y}}_{n+1}$ 为初值的第二个子问题, 所获数值结果记为 $\widehat{\bar{\bar{y}}}_{n+1}$, 按照 CES 方法的定义, 所获数值结果 $\widehat{\bar{\bar{y}}}_{n+1}$ 就是用 CES 方法求解问题 (7.3.1) 时, 从问题 (7.3.1) 的真解值 $y(t_n)$ 出发的一个虚拟积分步的计算结果. 由于 CES 方法是一阶定量相容的, 因而有

$$\|\widehat{\bar{\bar{y}}}_{n+1} - y(t_{n+1})\| \leqslant \widehat{c}\,h_n^2, \quad h_n \leqslant \widehat{h}, \qquad (7.3.16)$$

这里 $y(t)$ 表示问题 (7.3.1) 的真解, 常数 $\widehat{c} > 0$ 仅依赖于 α_1, $(\alpha_2)_+$ 和问题 (7.3.1) 的真解的某些导数界 M_i, 常数 $\widehat{h} > 0$ 仅依赖于 $(\alpha_2)_+$, 且 $\widehat{c}$ 及 $\widehat{h}^{-1}$ 仅具有适度大小.

为了进行比较, 我们同时用隐式 Euler 法从 $(t_n, \overline{y}_{n+1})$ 出发按步长 h_n 求解以 $\widetilde{y}(t_n) = \overline{y}_{n+1}$ 为初值的第二个子问题, 所获数值结果记为 $\widehat{\widetilde{y}}_{n+1}$. 由于隐式 Euler 法是一阶 B-相容的, 故有

$$\|\widehat{\widetilde{y}}_{n+1} - \widetilde{y}(t_{n+1})\| \leqslant \widetilde{\widetilde{c}}\,h_n^2, \quad h_n \leqslant \widetilde{\widetilde{h}}, \qquad (7.3.17)$$

这里 $\widetilde{y}(t)$ 表示第二个子问题的真解, 常数 $\widetilde{\widetilde{c}} > 0$ 仅依赖于 $(\alpha_2)_+$ 和第二个子问题的真解的某些导数界 $\widetilde{M_i}$, 常数 $\widetilde{\widetilde{h}} > 0$ 仅依赖于 $(\alpha_2)_+$, 且 $\widetilde{\widetilde{c}}$ 及 $\widetilde{\widetilde{h}}^{-1}$ 仅具有适度大小. 由于隐式 Euler 法是 B-稳定的, 我们有

$$\|\widehat{\widehat{y}}_{n+1} - \widehat{\widehat{\widetilde{y}}}_{n+1}\| \leqslant (1 + \bar{\bar{c}}\, h_n)\|\overline{\overline{y}}_{n+1} - \overline{y}_{n+1}\|, \quad h_n \leqslant \bar{\bar{h}}, \tag{7.3.18}$$

这里常数 $\bar{\bar{c}} \geqslant 0$ 及 $\bar{\bar{h}} > 0$ 仅依赖于 $(\alpha_2)_+$, 且 $\bar{\bar{c}}$ 及 $\bar{\bar{h}}^{-1}$ 仅具有适度大小.

从式 (7.3.14), (7.3.15), (7.3.16), (7.3.17) 及 (7.3.18) 可推出

$$\begin{aligned}
&\|\widehat{y}_{n+1} - y(t_{n+1})\| \\
&= \|\widehat{y}_{n+1} - \widetilde{y}(t_{n+1}) + \widetilde{y}(t_{n+1}) - \widehat{\widehat{\widetilde{y}}}_{n+1} + \widehat{\widehat{\widetilde{y}}}_{n+1} - \widehat{\widehat{y}}_{n+1} + \widehat{\widehat{y}}_{n+1} - y(t_{n+1})\| \\
&\leqslant \|\widehat{y}_{n+1} - \widetilde{y}(t_{n+1})\| + \|\widetilde{y}(t_{n+1}) - \widehat{\widehat{\widetilde{y}}}_{n+1}\| + \|\widehat{\widehat{\widetilde{y}}}_{n+1} - \widehat{\widehat{y}}_{n+1}\| + \|\widehat{\widehat{y}}_{n+1} - y(t_{n+1})\| \\
&\leqslant \widetilde{c}\, h_n^2 + \widetilde{\widetilde{c}}\, h_n^2 + (1 + \bar{\bar{c}}\, h_n)\|\overline{\overline{y}}_{n+1} - \overline{y}_{n+1}\| + \widehat{\widehat{c}}\, h_n^2 \\
&\leqslant \widetilde{c}\, h_n^2 + \widetilde{\widetilde{c}}\, h_n^2 + (1 + \bar{\bar{c}}\, h_n)(\bar{c} + \bar{\bar{c}} + c_0)\, h_n^2 + \widehat{\widehat{c}}\, h_n^2 \\
&\leqslant \widetilde{c}\, h_n^2 + \widetilde{\widetilde{c}}\, h_n^2 + (1 + \bar{\bar{c}})(\bar{c} + \bar{\bar{c}} + c_0)\, h_n^2 + \widehat{\widehat{c}}\, h_n^2 \\
&= [\widetilde{c} + \widetilde{\widetilde{c}} + (1 + \bar{\bar{c}})(\bar{c} + \bar{\bar{c}} + c_0) + \widehat{\widehat{c}}]\, h_n^2, \quad h_n \leqslant \min\{\bar{h}, \bar{\bar{h}}, \bar{\bar{h}}, \widetilde{h}, \widetilde{\widetilde{h}}, \widehat{\widehat{h}}, 1\}.
\end{aligned}$$

或即

$$\|\widehat{y}_{n+1} - y(t_{n+1})\| \leqslant \widehat{c}\, h_n^2, \quad h_n \leqslant \widehat{h}, \tag{7.3.19a}$$

其中

$$\begin{cases} \widehat{c} = \widetilde{c} + \widetilde{\widetilde{c}} + (1 + \bar{\bar{c}})(\bar{c} + \bar{\bar{c}} + c_0) + \widehat{\widehat{c}}, \\ \widehat{h} = \min\{\bar{h}, \bar{\bar{h}}, \bar{\bar{h}}, \widetilde{h}, \widetilde{\widetilde{h}}, \widehat{\widehat{h}}, 1\}, \end{cases} \tag{7.3.19b}$$

从以上各式后面的说明容易看出这里的常数 $\widehat{c} > 0$ 仅依赖于方法, α_1, $(\alpha_2)_+$ 和原问题及两个子问题的真解的某些导数界 $M_i, \widetilde{M_i}, \overline{M_i}$ 以及某些 κ_{ij}, 常数 $\widehat{h} > 0$ 仅依赖于 α_1, $(\alpha_2)_+$ 和方法, 且 $\widehat{c}$ 及 $\widehat{h}^{-1}$ 仅具有适度大小. 定理 7.3.3 证毕.

注 7.3.3　当我们需要同时使用不同时间区间上的任意有限多个形如 (7.3.9) 的虚拟积分步时, 由于不同时间区间上相关的两个子问题可能有差异, 因而相应的多个形如 (7.3.10) 的相容性不等式中的常数 $\widehat{c}$ 和 $\widehat{h}^{-1}$ 也可能是有差异的. 为简单计, 此情形下我们可使用其中最大的 $\widehat{c}$ 和 $\widehat{h}^{-1}$ 作为这有限多个相容性不等式公用的 $\widehat{c}$ 和 $\widehat{h}^{-1}$, 显然, 公用的常数 $\widehat{c}$ 和 $\widehat{h}^{-1}$ 仍然仅具有适度大小.

定理 7.3.4　广义正则分裂方法 $\mathrm{GCS}(\mathcal{M}_1, \mathcal{M}_2)$ 至少是一阶定量收敛的. 详言之, 当用 $\mathrm{GCS}(\mathcal{M}_1, \mathcal{M}_2)$ 方法从任给起始值 $\psi_0 \in \mathbf{R}^m$ 出发, 在任给网格 Δ_h 上求解任给的带有严格刚性分解 (f_1, f_2) 的严格非线性复合刚性 ODE 问题 (7.3.1)

时, 所获得的逼近序列 $\{y_n\}$ 满足定量收敛性不等式

$$\|y_n - y(t_n)\| \leqslant C_0(t_n)\|\psi_0 - \varphi_0\| + C(t_n) \max_{0 \leqslant i \leqslant n-1} h_i, \quad \max_{0 \leqslant i \leqslant n-1} h_i \leqslant \widehat{H}_0, \quad (7.3.20)$$

这里 $n = 1, 2, \cdots, N$, $y(t)$ 表示问题 (7.3.1) 的真解, $h_i = t_{i+1} - t_i$ 表示积分步长, 连续函数 $C(t)$ 仅依赖于方法, α_1, $(\alpha_2)_+$ 和原问题与子问题的真解的某些导数界 M_i, $\widetilde{M}_i$, $\overline{M}_i$ 以及某些 $\overline{\kappa}_{ij}$, 连续函数 $C_0(t)$ 及最大容许步长 $\widehat{H}_0 > 0$ 仅依赖于 α_1, $(\alpha_2)_+$ 和方法, 且 $C(t)$, $C_0(t)$ 和 $\widehat{H}_0^{-1}$ 均仅具有适当大小.

证 从定理 7.3.3 知 GCS$(\mathcal{M}_1,\mathcal{M}_2)$ 方法至少是一阶定量相容的, 因而对于任一虚拟积分步 $(t_n, y(t_n)) \longrightarrow (t_{n+1}, \widehat{y}_{n+1})$, 相容性不等式 (7.3.10) 成立. 另一方面, 应用定理 7.3.1 可得

$$\|\widehat{y}_{n+1} - y_{n+1}\| \leqslant (1 + c\,h_n)\|y(t_n) - y_n\|, \quad h_n \leqslant H_0,$$

由此及式 (7.3.10) 易推出

$$\|y(t_{n+1}) - y_{n+1}\| \leqslant \|y(t_{n+1}) - \widehat{y}_{n+1}\| + \|\widehat{y}_{n+1} - y_{n+1}\|$$

$$\leqslant \widehat{c}\,h_n^2 + (1 + c\,h_n)\|y(t_n) - y_n\|, \quad h_n \leqslant \widehat{H}_0, \quad 0 \leqslant n < N, \quad (7.3.21)$$

这里

$$\widehat{H}_0 = \min\{H_0, \widehat{h}\}.$$

由此及简单归纳法立得

$$\|y(t_n) - y_n\| \leqslant \widehat{c}\,h_{n-1}^2 + \exp(ch_{n-1})\,\|y(t_{n-1}) - y_{n-1}\|$$

$$\leqslant \exp(ch_{n-1})\left[\widehat{c}\,h_{n-1}^2 + \|y(t_{n-1}) - y_{n-1}\|\right]$$

$$\leqslant \exp(c\,(h_{n-1} + h_{n-2}))\left[\widehat{c}\,(h_{n-1}^2 + h_{n-2}^2) + \|y(t_{n-2}) - y_{n-2}\|\right]$$

$$\leqslant \cdots$$

$$\leqslant \exp\left(c\sum_{i=0}^{n-1} h_i\right)\left[\widehat{c}\,(\max_{0 \leqslant i \leqslant n-1} h_i)\sum_{i=0}^{n-1} h_i + \|y(t_0) - y_0\|\right]$$

$$= \exp(c\,t_n)\left[\widehat{c}\,t_n\,(\max_{0 \leqslant i \leqslant n-1} h_i) + \|\varphi_0 - \psi_0\|\right]$$

$$= C_0(t_n)\|\varphi_0 - \psi_0\| + C(t_n)\max_{0 \leqslant i \leqslant n-1} h_i,$$

$$\max_{0 \leqslant i \leqslant n-1} h_i \leqslant \widehat{H}_0, \quad n = 1, 2, \cdots, N,$$

这里

$$C_0(t) = \exp(ct), \quad C(t) = \widehat{c}\, t \exp(ct).$$

从定理 7.3.1 和定理 7.3.3 容易看出, 这里的函数 $C(t)$, $C_0(t)$ 及常数 $\widehat{H}_0 > 0$ 所依赖的参数与本定理中所述完全一致, 且 $C(t)$, $C_0(t)$ 及 $\widehat{H}_0^{-1}$ 均仅具有适度大小. 定理 7.3.4 证毕.

注 7.3.4　从定理 7.3.3 和定理 7.3.4 的证明过程可以看出: 由于 CES 方法是一阶定量相容且一阶定量收敛的, 在此基础上才有可能推出 GCS 方法同样是一阶定量相容且一阶定量收敛的. 由此可见, GCS 方法可视为 CES 方法的大幅度推广, CES 方法可视为 GCS 方法的最原始的特例.

注 7.3.5　完全类似地可建立严格非线性复合刚性 VFDE 问题的概念, 构造求解这类问题的 GCS 方法, 并建立其严格理论.

7.4　广义正则分裂方法数值试验与应用

为了验证我们于本章所构造的广义正则分裂方法 GCS 是否真正有效及其理论是否正确无误, 很有必要进行数值试验. 本节进行数值试验时所用到的计算方法有广义显式 Euler 方法, 广义显式中点方法, 嵌入中点方法, 显式 Euler 方法, 隐式 Euler 方法, 显式中点方法, 隐式中点方法, 常用的 3,4,5 阶显式 Runge-Kutta 方法, 2 阶及 3 阶 TVD Runge-Kutta 方法以及 s-阶最佳 B-收敛的 s-级 Radau IIA 型 Runge-Kutta 方法, 这里 $s = 2, 3, 4, 5$, 为简单计, 下文中依次分别用符号 GExEul, GExMid, EmbMid, ExEulr, ImEulr, ExMid, ImMid, ExRK3, ExRK4, ExRK5, TVDRK2, TVDRK3, Radau2, Radau3, Radau4 以及 Radau5 来表示它们.

7.4.1　GCS 方法至少可达到一阶定量收敛精度的数值试验

例 7.4.1　考虑曾于例 5.3.1 中求解的非线性 ODE 初值问题

$$\begin{cases} y_1'(t) = -y_1^2(t)y_2(t) - y_2^3(t), & (7.4.1a) \\ y_2'(t) = y_1(t) - 10^8 \left(2\cos t\, y_2(t) - \sin 2t\right), & (7.4.1b) \\ y_1(0) = 1, \quad y_2(0) = 0, & (7.4.1c) \end{cases}$$

这里设 $0 \leqslant t \leqslant 1$. 该问题有唯一真解 $y_1(t) = \cos t$, $y_2(t) = \sin t$.

为了推进任一时间积分步

$$(t_n, y_{n1}, y_{n2}) \to (t_{n+1}, y_{n+1,1}, y_{n+1,2}),$$

将问题 (7.4.1) 分解成两个子问题

$$\begin{cases} \overline{y}_1'(t) = -\overline{y}_1^2(t)\,\overline{y}_2(t) - \overline{y}_2^3(t), \\ \overline{y}_2'(t) = \overline{y}_1(t) - \cos t, \quad t \in [t_n, t_{n+1}], \\ \overline{y}_1(t_n) = y_{n1}, \quad \overline{y}_2(t_n) = y_{n2} \end{cases} \tag{7.4.2a}$$

及

$$\begin{cases} \widetilde{y}_1'(t) = 0, \\ \widetilde{y}_2'(t) = \cos t - 10^8\left(2\cos t\,\widetilde{y}_2(t) - \sin 2t\right), \quad t \in [t_n, t_{n+1}], \\ \widetilde{y}_1(t_n) = \overline{y}_{n+1,1}, \quad \widetilde{y}_2(t_n) = \overline{y}_{n+1,2}, \end{cases} \tag{7.4.2b}$$

这里 $\overline{y}_{n+1,1}$, $\overline{y}_{n+1,2}$ 表示求解以第一个子问题所获得的计算结果. 容易看出, 这是严格刚性分解, 与其相应的问题 (7.4.1) 是严格非线性复合刚性问题.

首先, 我们依次以 ExEulr, ExMid, ExRK3, ExRK4, ExRK5, TVDRK2 及 TVDRK3 作为第一个子方法 $\mathcal{M}_1$, 并固定第二个子方法 $\mathcal{M}_2$ 为 ImEulr, 分别用这些不同的 $GCS(\mathcal{M}_1, \mathcal{M}_2)$ 方法按均匀时间步长 $h = 10^{-2}$ 来求解带有严格刚性分解 (7.4.2) 的严格非线性复合刚性问题 (7.4.1), 从初始时刻 $t = 0$ 出发算至最终时刻 $t_N = 1$, 所获数值结果及其最大整体误差和观测阶列于表 7.4.1a.

其次, 我们恒以 ExEulr 作为第一个子方法 $\mathcal{M}_1$, 并依次分别以 ImEulr, Radau2, Radau3, Radau4 及 Radau5 作为第二个子方法 $\mathcal{M}_2$, 分别用这些不同的 $GCS(\mathcal{M}_1, \mathcal{M}_2)$ 方法同样按均匀时间步长 $h = 10^{-2}$ 来求解问题 7.4.1, 从初始时刻 $t = 0$ 出发算至最终时刻 $t_N = 1$, 所获数值结果及其最大整体误差和观测阶列于表 7.4.1b.

表 7.4.1a 按第一种方案选择子方法, 所获数值结果 (y_{N1}, y_{N2}) 及其最大整体误差 $E_{\max}$ 和观测阶 p

广义正则分裂方法	y_{N1}	y_{N2}	$E_{\max}$	p
GCS(ExEulr,ImEulr)	0.5430000	0.8414679	2.697667×10^{-3}	1.003177
GCS(ExMid,ImEulr)	0.5445115	0.8414605	4.209188×10^{-3}	1.000306
GCS(ExRK3,ImEulr)	0.5445057	0.8414605	4.203430×10^{-3}	0.999331
GCS(ExRK4,ImEulr)	0.5445057	0.8414605	4.203405×10^{-3}	0.999324
GCS(ExRK5,ImEulr)	0.5445057	0.8414605	4.203406×10^{-3}	0.999324
GCS(TVDRK2,ImEulr)	0.5445079	0.8414606	4.205617×10^{-3}	0.999702
GCS(TVDRK3,ImEulr)	0.5445057	0.8414605	4.203384×10^{-3}	0.999319

表 7.4.1b　按第二种方案选择子方法, 所获数值结果 (y_{N1}, y_{N2}) 及其最大整体误差 $E_{\max}$ 和观测阶 p

广义正则分裂方法	y_{N1}	y_{N2}	$E_{\max}$	p
GCS(ExEulr,ImEulr)	0.5429961	0.8414710	2.693803×10^{-3}	1.002145
GCS(ExEulr,Radau2)	0.5429961	0.8414710	2.693803×10^{-3}	1.002145
GCS(ExEulr,Radau3)	0.5429961	0.8414710	2.693803×10^{-3}	1.002145
GCS(ExEulr,Radau4)	0.5429961	0.8414710	2.693803×10^{-3}	1.002145
GCS(ExEulr,Radau5)	0.5429961	0.8414710	2.693803×10^{-3}	1.002145

　　从表 7.4.1a 和表 7.4.1b 容易看出, 当用以上所有各种不同的 $\mathrm{GCS}(\mathcal{M}_1, \mathcal{M}_2)$ 方法求解 ODE 初值问题 (7.4.1) 时, 所算出的数值结果的整体误差均为 10^{-3} 的量级, 这些方法的观测阶均近似地为 1, 由此证实了这些方法都是一阶定量收敛的. 而且仅能达到一阶定量收敛精度. 关于数值方法的 "观测阶", 请参见文献 [2, 13, 14].

　　例 7.4.2　考虑直角坐标下的三维抛物型方程初边值问题

$$
\begin{cases}
\dfrac{\partial T}{\partial t} = \dfrac{\partial}{\partial x}\left(T^6 \dfrac{\partial T}{\partial x}\right) + \dfrac{\partial}{\partial y}\left(T^6 \dfrac{\partial T}{\partial y}\right) + \dfrac{\partial}{\partial z}\left(T^6 \dfrac{\partial T}{\partial z}\right) + \varphi, & (x,y,z) \in \Omega, 0 \leqslant t \leqslant 1/2, \\[2mm]
T(x,y,z,0) = 0, & (x,y,z) \in \Omega, \\[2mm]
T(x,y,z,t) = q \sin(x) \sin(y/100) \sin(z/100) \sin(t), & (x,y,z) \in \partial\Omega, 0 \leqslant t \leqslant 1/2,
\end{cases}
$$

$$(7.4.3)$$

这里函数

$$
\varphi = \varphi(q,x,y,z,t,T)
$$

$$
= q \sin x \sin\left(\frac{y}{100}\right) \sin\left(\frac{z}{100}\right) \cos t + \frac{5001}{5000} T^7 - 6T^5 q^2 \sin^2 t \left[\cos^2 x \sin^2 \frac{y}{100} \sin^2 \frac{z}{100}\right.
$$

$$
\left. + \frac{\sin^2 x}{10000}\left(\sin^2\left(\frac{y}{100}\right)\cos^2\left(\frac{z}{100}\right) + \cos^2\left(\frac{y}{100}\right)\sin^2\left(\frac{z}{100}\right)\right)\right], \qquad (7.4.4)
$$

其中 $q > 0$ 是待定的参数. $\Omega = \{(x,y,z) \mid 0 \leqslant x \leqslant \pi, 49\pi \leqslant y \leqslant 50\pi, 4\pi \leqslant z \leqslant 5\pi\}$ 表示空间积分区域, $\partial\Omega$ 表示区域 Ω 的边界.

　　易验证该问题的真解为

$$
T = T(q,x,y,z,t) = q \sin(x) \sin(y/100) \sin(z/100) \sin(t). \qquad (7.4.5)
$$

在均匀空间网格

$$
\{(x_i, y_j, z_k) \mid x_i = (i - 0.5)h_1, \ y_j = 49\pi + (j - 0.5)h_2,
$$

$$z_k = 4\pi + (k - 0.5)h_3\}$$

(这里 $i = 1, 2, \cdots, M, j = 1, 2, \cdots, N, k = 1, 2, \cdots, L$, $M = 300$, $N = L = 32$, $h_1 = \pi/M$, $h_2 = \pi/N$, $h_3 = \pi/L$) 上用有限差分法对问题 (7.4.3) 进行空间离散, 便得到形如式 (6.3.3) 的半离散问题

$$\begin{cases} \dfrac{\mathrm{d}T_{ijk}}{\mathrm{d}t} = (C_1)_{ijk} \left(A_{ijk} + B_{ijk} + C_{ijk}\right) + (C_2)_{ijk}, & t \in [0, 1/2], \\ T_{ijk}(0) = 0, \end{cases} \tag{7.4.6}$$

其中 $i = 1|M$, $j = 1|N$, $k = 1|L$, $T_{ijk}(t)$ 是原问题真解的值 $T(q, x_i, y_j, z_k, t)$ 的逼近,

$$(C_1)_{ijk} \equiv 1, \quad (C_2)_{ijk} = \varphi(q, x_i, y_j, z_k, t, T_{ijk}(t)),$$

A_{ijk}, B_{ijk} 及 C_{ijk} 可由式 (6.3.3b) 中的相关公式确定.

将半离散问题 (7.4.6) 按方向分解为两个子问题

$$\frac{\mathrm{d}T_{ijk}}{\mathrm{d}t} = (C_1)_{ijk} \left(B_{ijk} + C_{ijk}\right) \tag{7.4.7a}$$

及

$$\frac{\mathrm{d}T_{ijk}}{\mathrm{d}t} = (C_1)_{ijk} \, A_{ijk} + (C_2)_{ijk}, \tag{7.4.7b}$$

为简单计, 我们不再写出子问题的初值.

本例中令参数 $q = 1$. 于是容易看出第一个子问题是非刚性的, 第二个子问题是刚性的, 这里的分解是严格刚性分解, 因而相应的半离散问题是严格非线性复合刚性问题.

现在分别用方法 GCS(GExEul, ImEulr), GCS(ExEulr, ImEulr), GCS(TVDRK2, ImEulr), GCS(TVDRK3, ImEulr) 及 GCS(ExMid, ImEulr), 按固定时间步长 $\tau = 10^{-2}$ 来求解本例中的严格非线性复合刚性半离散问题 (7.4.6), 从初始时刻 $t = 0$ 出发算至时刻 $t = 0.5$, 所获数值结果的最大整体误差 $E_{\max}$, 方法的观测阶 p 以及计算所花费的时间 t_{cpu} 列于表 7.4.2. 从该表容易看出: 当用以上各种不同的 GCS 方法来求解本例中的半离散 PDE 问题时, 所算出的数值结果的整体误差几乎没有差别, 均为 10^{-5} 的量级, 这些方法的观测阶均近似地为 1, 由此证实了对于求解半离散 PDE 问题, 这些方法同样都是一阶定量收敛的. 而且仅能达到一阶定量收敛精度. 此外请注意 GCS(GExEul, ImEulr) 方法也就是 CES 方法.

表 7.4.2　用上述 GCS 方法按步长 $\tau = 10^{-2}$ 求解本例中的半离散问题, 所获数值解的最大整体误差 $E_{\max}$, 观测阶 p 及计算花费的时间 t_{cpu}

广义正则分裂方法	$E_{\max}$	p	t_{cpu}
CES	9.607705×10^{-5}	1.004677	$38.7''$
GCS(ExEulr,ImEulr)	9.607705×10^{-5}	1.004677	$38.7''$
GCS(TVDRK2,ImEulr)	9.607705×10^{-5}	1.004677	$38.7''$
GCS(TVDRK3,ImEulr)	9.607705×10^{-5}	1.004677	$38.7''$
GCS(ExMid,ImEulr)	9.607701×10^{-5}	1.004677	$40.6''$

以上数值试验表明, 我们于 7.3 节所建立的 GCS 方法的稳定性, 相容性与收敛性理论是完全正确的. 用任何 GCS 方法求解任何严格非线性复合刚性问题时, 的确都可确保数值解达到一阶定量收敛精度.

在以上两例所使用的各种 GCS 方法的两个子方法中都至少有一个子方法仅具有一阶经典收敛精度或一阶最佳 B-收敛精度. 人们自然要问: 如果两个子方法都选择为高阶方法, 能否使得与其相应的 GCS 方法达到高阶定量收敛精度呢? 为了弄清这个问题, 试看下例.

例 7.4.3　现在我们选取第一个子方法 $\mathcal{M}_1$ 为各种经典稳定而且不低于二阶经典收敛精度的方法, 选取第二个子方法 $\mathcal{M}_2$ 为各种 B-稳定而且不低于二阶最佳 B-收敛精度的方法, 分别用这些不同的 $\mathrm{GCS}(\mathcal{M}_1, \mathcal{M}_2)$ 方法按均匀时间步长 $h = 10^{-2}$ 来求解带有严格刚性分解 (7.4.2) 的严格非线性复合刚性问题 (7.4.1), 从初始时刻 $t = 0$ 出发算至最终时刻 $t_N = 1$, 所获数值结果及其最大整体误差和观测阶列于表 7.4.3.

表 7.4.3　用本例中选择的各种 GCS 方法求解问题 (7.4.1), 所获数值结果 (y_{N1}, y_{N2}) 及其最大整体误差 $E_{\max}$ 和观测阶 p

广义正则分裂方法	y_{N1}	y_{N2}	$E_{\max}$	p
GCS(ExMid,Radau2)	0.5445038	0.8414710	4.201484×10^{-3}	0.999004
GCS(ExRK3,Radau3)	0.5444980	0.8414710	4.195674×10^{-3}	0.998012
GCS(ExRK4,Radau4)	0.5444980	0.8414710	4.195650×10^{-3}	0.998006
GCS(ExRK5,Radau5)	0.5444980	0.8414710	4.195650×10^{-3}	0.998006
GCS(Radau2,Radau2)	0.5444980	0.8414710	4.195702×10^{-3}	0.997993
GCS(Radau3,Radau3)	0.5444980	0.8414710	4.195696×10^{-3}	0.997991
GCS(Radau4,Radau4)	0.5444980	0.8414710	4.195697×10^{-3}	0.997987
GCS(Radau5,Radau5)	0.5444980	0.8414710	4.195677×10^{-3}	0.997995

从表 7.4.3 我们清楚地看到, 在通常情形下, 即使将子方法 $\mathcal{M}_1$ 和 $\mathcal{M}_2$ 都选择为任意高阶方法, 例如都选择为五级五阶最佳 B-收敛的 Radau IIA 型 Runge-Kutta 方法, 但广义正则分裂方法 $\mathrm{GCS}(\mathcal{M}_1, \mathcal{M}_2)$ 仍然仅能达到一阶定量收敛精度, 而且由于两个子问题都用高阶方法求解, 会导致计算所花费的时间增长, 带来

负面效果.

人们可能要进一步追问: 尽管将两个子方法 $\mathcal{M}_1$ 和 $\mathcal{M}_2$ 都随意地选择为高阶方法时未必能提高广义正则分裂方法的计算精度, 但能否精心设计一些特殊的广义正则分裂方法, 使其达到二阶或二阶以上的定量收敛精度呢? 答案是肯定的. 事实上, 我们在第 5 章已设计了多种可达到任意高阶定量收敛精度的正则分裂方法. 试看下例.

例 7.4.4 分别用广义正则分裂方法 GCS(GExMid,ImMid), GCS(EmbMid, ImMid) 以及 GCS(TVDRK3,ImMid) 按固定时间步长 $\tau = 10^{-2}$ 来求解刚才我们已于例 7.4.2 中求解过的与 PDE 问题 (7.4.3) 相应的带有严格刚性分解 (7.4.7) 的严格非线性复合刚性半离散 PDE 问题 (7.4.6), 但本例中我们令该问题的参数 $q = 1.2$. 从初始时刻 $t = 0$ 出发算至时刻 $t = 0.5$, 所获数值结果的最大整体误差 $E_{\max}$, 方法的观测阶 p 以及计算所花费的时间 t_{cpu} 列于表 7.4.4. 从该表我们看到本例中所使用的三种特殊的 GCS 方法所算出的数值结果的整体误差几乎没有差别, 均为 10^{-7} 的量级, 这些方法的观测阶均近似地为 2, 由此证实了对于求解本例中的问题, 这些 GCS 方法都是二阶定量收敛的. 注意 GCS(GExMid,ImMid) 方法和 GCS(EmbMid,ImMid) 方法也就是我们于本书第 5 章所构造和研究的正则中点分裂方法 CMS 和正则嵌入方法 CES-CMS. 此外, 本例中问题曾于例 6.3.1 中用 CMS 方法和 CES-CMS 方法求解过, 同样获得了高精度数值结果, 但在例 6.3.1 中没有测量方法的精度阶.

表 **7.4.4** 用本例中选择的 GCS 方法求解例 7.4.2 中参数 $q = 1.2$ 的半离散 PDE 问题, 所获数值解的最大整体误差 $E_{\max}$, 观测阶 p 及计算花费的时间 t_{cpu}

广义正则分裂方法	$E_{\max}$	p	t_{cpu}
CMS	3.717868×10^{-7}	2.001099	40.9″
CES-CMS	3.717878×10^{-7}	2.001103	1′18.7″
GCS(TVDRK3,ImMid)	3.717868×10^{-7}	2.001099	39.9″

7.4.2 可用于辐射驱动内爆压缩过程数值模拟的 GCS 方法

现在再回过头来一看, 不难发现我们以往专用于辐射驱动内爆压缩过程数值模拟的 "解耦算法" (参见 7.1 节) 其实就是我们在例 7.4.1 和例 7.4.2 中所使用的 GCS(TVDRK3,ImEulr) 方法. 于是我们终于为 "解耦算法" 找到了严格理论依据, 我们于 7.3 节所建立的严格理论表明该方法的确是定量稳定, 一阶定量相容且一阶定量收敛的. 这的确是一件值得庆祝的大喜事. 另一方面, 也发现了我们以往在没有严格理论依据的情况下, 盲目使用 "解耦算法" 进行计算时所带来的许多不足之处, 例如当时在使用牛顿迭代法求解与子问题 (1.1.3) 相关的非线性代数方程组时, 使用了错误的迭代起始值 (参见注 7.3.1), 导致多花费了好几天的计算时间, 等等. 因此更加严格地说, GCS(TVDRK3,ImEulr) 方法是从实质上改进了的 "解耦算法".

必须强调指出, 仿照 7.1 节中所述的专用于辐射驱动内爆压缩过程数值模拟的 "解耦算法" 的计算流程, 我们于例 7.4.4 中所使用的 GCS(TVDRK3,ImMid) 方法同样可用于辐射驱动内爆压缩过程数值模拟. 容易看出, 对于辐射驱动内爆压缩过程数值模拟, GCS(TVDRK3,ImMid) 方法比 GCS(TVDRK3,ImEulr) 方法更为优越, 这是因为前者的第 2 个子方法比后者的第 2 个子方法的最佳 B-收敛阶高一阶, 但二者的计算速度没有明显差别 (参见例 7.4.2 及例 7.4.4). 特别是对于求解例 7.4.4 中的问题, 前者可达到二阶定量收敛精度, 而后者仅能达到一阶定量收敛精度. 因此我们十分盼望当用 GCS(TVDRK3,ImMid) 方法数值模拟辐射驱动内爆压缩过程时也能达到二阶定量收敛精度. 但目前这仅仅是美好的盼望而已, 尚无严格的理论证明, 这是一个正在研究的十分重要的课题.

由于 p-阶 $(p \geqslant 1)$ 正则分裂方法是定量稳定、p-阶定量相容且 p-阶定量收敛的, 而这些概念与 B-稳定、p-阶 B-相容及 p-阶最佳 B-收敛概念无实质差别 (参见定义 5.4.1 及其后说明), 由此及定义 7.3.2 可见, 任何一个 p-阶正则分裂方法, 例如一阶 CES 方法及二阶 CES-CMS 方法等等, 都可以用作 GCS 方法中的第二个子方法. 试看下例:

例 7.4.5　将例 7.4.2 中与 PDE 问题 (7.4.3) 相应的半离散问题 (7.4.6) 按方向分解为两个子问题

$$\frac{\mathrm{d}T_{ijk}}{\mathrm{d}t} = (C_1)_{ijk} \, B_{ijk} \tag{7.4.8}$$

及

$$\frac{\mathrm{d}\,T_{ijk}}{\mathrm{d}\,t} = (C_1)_{ijk} \, (A_{ijk} + C_{ijk}) + (C_2)_{ijk}, \tag{7.4.9}$$

并令该问题的参数 $q = 1.2$. 容易看出子问题 (7.4.8) 是非刚性的, 子问题 (7.4.9) 是刚性的, 这是严格刚性分解. 其次, 再对子问题 (7.4.9) 进行刚性分解, 将其分解为两个子问题

$$\frac{\mathrm{d}T_{ijk}}{\mathrm{d}t} = (C_1)_{ijk} \, C_{ijk} \tag{7.4.10a}$$

及

$$\frac{\mathrm{d}\,T_{ijk}}{\mathrm{d}\,t} = (C_1)_{ijk} \, A_{ijk} + (C_2)_{ijk}, \tag{7.4.10b}$$

容易看出子问题 (7.4.10a) 是非刚性的, 子问题 (7.4.10b) 是刚性的. 现在令 $\tau = 5 \times 10^{-3}$, 我们分别用 GCS(TVDRK3,CES) 方法及 GCS(TVDRK3,CES-CMS) 方法依次按时间步长 τ, 2τ, 4τ, 8τ, 16τ 来求解带有上述刚性分解方案的半离散

问题 (7.4.6), 从时刻 $t = 0$ 出发, 算至时刻 $t = 0.8$, 所获数值结果的最大整体误差 E_{max}, 方法的观测阶 p 以及计算所花费的时间 t_{cpu} 分别列于表 7.4.5 及表 7.4.6. 我们于 7.3 节所建立的 GCS 方法的稳定性与收敛性理论以及这两个表中的计算结果分别从理论及实践两个层面表明: 当用 GCS(TVDRK3,CES) 方法或 GCS(TVDRK3,CES-CMS) 方法来求解严格非线性复合刚性问题 (7.4.6) 时, 的确都可以保证数值解至少达到一阶定量收敛精度.

表 7.4.5 用 **GCS(TVDRK3,CES)** 方法按不同时间步长求解半离散问题 (7.4.6), 所获数值解的最大整体误差 E_{max}, 观测阶 p 及计算花费的时间 t_{cpu}

时间步长	E_{max}	p	t_{cpu}
5×10^{-3}	1.422323×10^{-4}		$2'32.0''$
1×10^{-2}	2.849633×10^{-4}	1.002526	$1'20.5''$
2×10^{-2}	5.721034×10^{-4}	1.005500	$41.9''$
4×10^{-2}	1.153096×10^{-3}	1.011165	$21.6''$
8×10^{-2}	2.341939×10^{-3}	1.022190	$11.8''$

表 7.4.6 用 **GCS(TVDRK3,CES-CMS)** 方法按不同时间步长求解半离散问题 (7.4.6), 所获数值解的最大整体误差 E_{max}, 观测阶 p 及计算花费的时间 t_{cpu}

时间步长	E_{max}	p	t_{cpu}
5×10^{-3}	1.391687×10^{-7}		$4'15.8''$
1×10^{-2}	5.558460×10^{-7}	1.997850	$2'16.8''$
2×10^{-2}	2.223434×10^{-6}	2.000032	$1'12.9''$
4×10^{-2}	8.894290×10^{-6}	2.000090	$38.2''$
8×10^{-2}	3.575453×10^{-5}	2.007175	$19.6''$

必须强调指出, 仿照 7.1 节中所述的专用于辐射驱动内爆压缩过程数值模拟的 "解耦算法" 的计算流程, GCS(TVDRK3,CES) 方法和 GCS(TVDRK3,CES-CMS) 方法均可用于辐射驱动内爆压缩过程数值模拟, 与 "解耦算法" 的不同之处仅在于每一时间步求解第二个子问题时, 分别使用 CES 方法和 CES-CMS 方法而不是 ImEulr 方法.

必须强调指出, GCS(TVDRK3,CES-CMS) 方法比 GCS(TVDRK3,CES) 方法更为优越, 这是由于前者的第二个子方法 CES-CMS 具有二阶定量收敛精度, 而后者的第二个子方法 CES 仅具有一阶定量收敛精度, 特别是对于求解例 7.4.5 中的问题, 前者的确达到了二阶定量收敛精度 (参见表 7.4.6). 因此我们十分盼望当用 GCS(TVDRK3,CES-CMS) 方法数值模拟辐射驱动内爆压缩过程时也能达到二阶定量收敛精度. 但目前这仅仅是美好的盼望而已, 尚无严格的理论证明, 这是又一个正在研究的十分重要的课题.

7.4.3　更一般情形下的数值试验

严格非线性复合刚性问题要求问题的真解是慢变的, 并要求通过进行严格刚性分解后所获得的两个子问题的真解也都是慢变的, 但这在实际计算中很难做到. 对于高新技术研究及辐射流体动力学研究中所遇到的各种非线性复合刚性问题, 其真解通常都具有瞬态快变现象, 正如我们在本书 6.3 节中所指出的, 此情形下我们必须为 GCS 方法添加自适应功能, 使用自适应广义正则分裂方法 (简记为 AGCS) 来求解具有瞬态快变现象的严格非线性复合刚性问题是唯一可行的正确选择 (参见定义 6.3.1 及其后说明). 试看下例.

例 7.4.6　考虑曾于例 6.3.2 中求解的三维热传导问题 (6.3.19), 所有数据及空间积分区域和时间积分区间均保持与该例中完全一致, 这里不再重述. 这是一个沿 X-轴方向热传导系数非常大, 且温度沿 X-轴方向以极快速度变化到接近于定常状态的瞬态快变问题, 易验证该问题的真解可由式 (6.3.20) 表示.

在均匀空间网格上用有限差分法对该问题进行空间离散, 便得到半离散问题

$$
\begin{cases}
\dfrac{\mathrm{d}T_{ijk}}{\mathrm{d}t} = 10000\dfrac{T_{i-1,j,k} - 2T_{ijk} + T_{i+1,j,k}}{h_1^2} + \dfrac{T_{i,j-1,k} - 2T_{ijk} + T_{i,j+1,k}}{h_2^2} \\
\qquad + \dfrac{T_{i,j,k-1} - 2T_{ijk} + T_{i,j,k+1}}{h_3^2} + (\cos(2y_j) + \cos(2z_k))/100, \quad 0 \leqslant t \leqslant 1, \\
T_{ijk}(0) = \cos(2x_i) + \dfrac{1}{400}(\cos(2y_j) + \cos(2z_k)) + 2,
\end{cases}
$$

$$(7.4.11)$$

其中 $h_1 = \pi/M$, $h_2 = \pi/N$, $h_3 = \pi/L$, $M = 1000$, $N = L = 32$, M, N 和 L 分别表示空间积分区域沿 X-轴、Y-轴及 Z-轴方向的等分数, 越出空间网格的节点上的温度值由边值条件确定.

我们将半离散问题 (7.4.11) 按方向分解为两个子问题

$$
\begin{aligned}
\frac{\mathrm{d}T_{ijk}}{\mathrm{d}t} = {} & \frac{T_{i,j-1,k} - 2T_{ijk} + T_{i,j+1,k}}{h_2^2} + \frac{T_{i,j,k-1} - 2T_{ijk} + T_{i,j,k+1}}{h_3^2} \\
& + \frac{\cos(2y_j) + \cos(2z_k)}{100}
\end{aligned}
$$

$$(7.4.12a)$$

及

$$
\frac{\mathrm{d}T_{ijk}}{\mathrm{d}t} = 10000\frac{T_{i-1,j,k} - 2T_{ijk} + T_{i+1,j,k}}{h_1^2}.
$$

$$(7.4.12b)$$

容易验证, 除了问题真解的瞬态快变阶段以外, 其中第一个子问题 (7.4.12a) 是非刚性的, 第二个子问题 (7.4.12b) 是强刚性的, 这是严格刚性分解.

现在我们分别用带有用外推法估计局部截断误差功能的 (并取局部截断误差容限为 10^{-6}) 自适应广义正则分裂方法 AGCS(TVDRK3,ImEulr) 及 AGCS(TVDRK3,ImMid), 从时刻 $t = 0$ 出发, 按自适应时间步长来求解问题 (7.4.11), 算至时刻 $t = 1$, 所获数值解于时刻 t_n 的整体误差 E_n 的最大范数及 L_2 范数在整个时间网格上的最大值 $\max_n \|E_n\|_\infty$ 及 $\max_n \|E_n\|_{L_2}$, 以及计算所花费的时间 t_{cpu} 列于表 7.4.7.

表 7.4.7 用 AGCS 方法求解带有刚性分解 (7.4.12) 的半离散问题 (7.4.11), 所获数值解的整体误差 $\max_n \|E_n\|_\infty$ 及 $\max_n \|E_n\|_{L_2}$ 以及计算花费的时间 t_{cpu}

自适应广义正则分裂方法	$\max_n \|E_n\|_\infty$	$\max_n \|E_n\|_{L_2}$	t_{cpu}
AGCS(TVDRK3,ImEulr)	1.326819×10^{-4}	8.201366×10^{-5}	2 小时 $45'56.3''$
AGCS(TVDRK3,ImMid)	8.423214×10^{-6}	3.949078×10^{-6}	$47'9.0''$

严格刚性分解要求第一个子问题是非刚性的, 这在实际计算中同样很难做到. 有时候由于问题的复杂性, 为了使实际计算效果更好, 我们不得不违背刚性分解的要求, 把欲求解的问题分解为都具有刚性的两个子问题, 仅要求第一个子问题的刚性不是很强而且比第二个子问题的刚性低一个数量级. 此情形下必须应用基于线性稳定性理论而建立的实用稳定性条件来严格地控制时间步长, 才有可能确保数值解的稳定性 (参见注 5.3.8 及第 6 章中相关内容). 由此可见, 对于求解第一个子问题也具有刚性而且真解具有瞬态快变现象的严格非线性复合刚性问题, 使用带有实用稳定性条件的 AGCS 方法是唯一正确的选择. 试看下例.

例 7.4.7 仍考虑于例 7.4.6 中求解的三维热传导问题 (6.3.19) 经空间离散以后所获得的带有刚性分解 (7.4.12a)-(7.4.12b) 的半离散问题 (7.4.11), 但本例中我们将空间积分区域沿 Y-轴及 Z-轴方向的等分数 $N = L = 32$ 增大为 $N = L = 160$, 从而导致第一个子问题 (7.4.12a) 具有轻度刚性, 导致本例中欲求解的问题 (7.4.11) 是一个真解具有瞬态快变现象而且第一个子问题具有轻度刚性的严格非线性复合刚性问题. 由于本例所讨论的是直角坐标下的高维热传导问题, 可使用实用稳定性条件 (6.3.13) 来严格控制时间步长. 于是我们分别使用带有实用稳定性条件 (6.3.13) 的自适应广义正则分裂方法 AGCS(TVDRK3,ImEulr) 及 AGCS(TVDRK3,ImMid) 来求解本例中的问题 (7.4.11), 并取局部截断误差容限为 10^{-6}, 从时刻 $t = 0$ 算至 $t = 1$, 所获数值解于时刻 t_n 的整体误差 E_n 的最大范数及 L_2 范数在整个时间网格上的最大值 $\max_n \|E_n\|_\infty$ 及 $\max_n \|E_n\|_{L_2}$, 以及计算所花费的时间 t_{cpu} 列于表 7.4.8.

表 7.4.8　用带有实用稳定性条件的 **AGCS** 方法求解本例中的半离散问题 **(7.4.11)**，所获数值解的整体误差 $\max\limits_{n}\|E_n\|_\infty$ 及 $\max\limits_{n}\|E_n\|_{L_2}$ 以及计算花费的时间 $t_{\rm cpu}$

自适应广义正则分裂方法	$\max\limits_{n}\|E_n\|_\infty$	$\max\limits_{n}\|E_n\|_{L_2}$	$t_{\rm cpu}$
AGCS(TVDRK3,ImEulr)	2.041460×10^{-4}	1.241697×10^{-4}	6 小时 $7'43.1''$
AGCS(TVDRK3,ImMid)	7.342294×10^{-5}	4.257603×10^{-5}	4 小时 $17'16.3''$

注 7.4.1　通过本小节的讨论及例 7.4.7 容易看出，我们的专用于辐射驱动内爆压缩过程数值模拟的 "解耦算法" 其实是带有 CFL 稳定性条件的 GCS (TVDRK3,ImEuler) 方法.

由于高新技术数值模拟研究及辐射驱动内爆压缩过程数值模拟研究中所遇到的各种非线性复合刚性问题的刚性通常都是随着时间变量 t 而激烈变化的, 任何固定的刚性分解方案都不可能适用于整个时间积分区间, 因此当我们试图使用带有实用稳定性条件的 AGCS 方法来求解这类问题时, 便必须设计适用于各种不同时段的多种不同的严格刚性分解方案, 并仿照我们于第 6 章中的做法, 研究和构造可在整个计算过程中自动优选严格刚性分解方案的带有实用稳定性条件的 AGCS 方法, 简记为 AAGCS.

7.4.4　可用于辐射驱动内爆压缩过程数值模拟的 AAGCS 方法

在我们于 7.4.2 小节所构造的四种可用于辐射驱动内爆压缩过程数值模拟的 GCS 方法的基础上, 相应地可构造四种带有实用稳定性条件的 AAGCS 方法, 即 AAGCS(TVDRK3, ImEulr), AAGCS(TVDRK3, ImMid), AAGCS(TVDRK3, CES) 以及 AAGCS(TVDRK3, CES-CMS).

这四种 AAGCS 方法都可用于高维辐射驱动内爆压缩过程数值模拟, 而且具有如下一系列 "解耦算法" 无法相比的突出优点.

(1) 由于这些方法都是带有自适应功能的正则分裂方法, 因而在整个计算过程中可确保数值解达到预期计算精度.

(2) 由于这些方法都是自动优选严格刚性分解方案的正则分裂方法, 因而能大幅度提高计算速度.

(3) 还可以采取下列措施, 以期进一步提高计算速度:

(a) 在使用牛顿迭代法求解与第二个子问题相关的非线性代数方程组时, 严格按照注 7.3.1 的要求来选择迭代起始值, 以期大幅度提高迭代收敛速度.

(b) 当需要计算流体界面时, 一律使用 4.6 节中所构造的 IVOF 方法, 从而使界面不仅比以往算得更好, 而且不需要花费任何额外计算时间, 可进一步提高整个计算的速度.

(c) 由于正则分裂方法本身特别适合于并行计算, 可达到很高的并行效率, 使用并行 AAGCS 方法进行计算, 可进一步成倍地大幅度提高计算速度.

(d) 使用各种快速算法 (例如多重网格法等) 进行计算, 以期进一步提高计算速度.

此外, 当选用 AAGCS(TVDRK3, CES-CMS) 或 AAGCS(TVDRK3, ImMid) 方法时, 均有可能进一步提高内爆压缩过程数值模拟的精度阶. 当选用 AAGCS(TVDRK3, CES-CMS) 方法时, 还可使用自适应正则嵌入分裂方法 ACES-CMS(参见第 5 章及第 6 章) 来求解第二个子问题, 以期进一步提高计算速度.

注 7.4.2 当用带有实用稳定性条件的自适应广义正则分裂方法来求解真解具有瞬态快变现象而且第一个子问题具有轻度刚性的严格非线性复合刚性问题时, 我们应当同时为保证数值稳定性和保证预期计算精度而控制时间步长, 换言之, 必须在保证数值稳定性的最大可允许时间步长及保证预期计算精度的最大可允许时间步长二者中, 选择其中较小者作为实际计算所使用的时间步长. 此外应当注意: 当在某个时间区段上, 数值稳定性对时间步长的限制明显地比计算精度对时间步长的限制更为苛刻时, 则在该时间区段上便可仅使用实用稳定性条件来控制时间步长, 而不必使用自适应方法; 反之, 若在某个时间区段上, 计算精度对时间步长的限制比数值稳定性对时间步长的限制更为苛刻, 则在该时间区段上便可仅使用自适应技术来控制时间步长, 而不必使用稳定性条件.

注 7.4.3 如所熟知, 守恒型理想流体方程组的弱解具有接触间断和激波间断. 然而理想流体是指粘性小到可以忽略不计的流体, 辐射驱动内爆压缩过程所涉及的多介质流体也不是没有粘性的, 只是在高温高压下其粘性已变得十分微小, 因此我们才将这种十分微小的粘性忽略不计, 将其视为理想流体来进行计算; 而且当用五阶 WENO-FMT 方法来进行计算时, 由于存在格式粘性, 算出来的接触间断和强激波也都只是近似地间断的. 由此可见, 从实践的层面来看, 这里的接触间断和激波间断仍然都可以视为瞬态快变现象. 另一方面, 长期的实践经验及本书第 2, 3 两章中所进行的大量数值试验均已表明, 当用五阶 FD-WENO 方法来求解通常的单介质理想流体问题时, 或者当用五阶 FD-WENO-FMT 方法来求解通常的多介质理想流体问题时, 只要时间步长满足 CFL 稳定性条件, 接触间断和激波间断便都可以算得很好, 由此可见此情形下无须使用自适技术.

必须强调指出, 对于辐射驱动内爆压缩过程数值模拟这一十分复杂的多介质流体问题来说, 问题真解除了存在可视为瞬态快变现象的接触间断和激波间断之外, 还存在一种十分特殊的变化极速的瞬态快变现象, 那就是指当氘氚气体已被极度压缩, 能量已高度集中到靶心附近, 导致靶心处离子温度以极快的速度大幅度升高时的这一瞬间的快变现象. 毋庸置疑, 在这十分特殊的一瞬间, 计算精度对时间步长的限制已经比数值稳定性对时间步长的限制更为苛刻, 故在这一瞬间进行计算时, 必须使用自适应技术来严格地控制时间步长.

令人遗憾的是我们以往研究 "解耦算法" 时, 都是把这十分特殊而又十分重要的一瞬间暂时搁置未予考虑的, 正因为如此, 已有的 "解耦算法" 不能很好地反映这一瞬间的真实物理过程, 以致用 "解耦算法" 对内爆压缩过程进行数值模拟时, 靶心处离子温度无法上升到应有的高度 (参见 7.2 节). 今后我们将改用 7.4.4 小节中所述的 AAGCS 方法, 我们打算用时空自适应技术来研究和完成这项被暂时搁置的十分重要的科研任务.

7.5　热传导方程的一类无网格方法

在 Lagrange 坐标下使用四边形网格进行二维辐射流体力学数值计算时会不断出现不规则网格, 这对数值计算的精度和效率影响很大, 如何较好地消除这种影响一直是个难题. 解决该难题的重要途径之一是构造在不规则四边形网格上仍能获得较好计算精度的数值格式, 其中核心问题是求解二维辐射扩散与电子、离子热传导耦合方程组初边值问题时需要构造在不规则四边形网格上仍能较好地逼近热传导项 $\mathrm{div}(K\,\mathrm{grad}T)$ 的数值格式, 这里 $T = T(x, y, t)$ 表示绝对温度, $K = K(T, x, y, t)$ 表示热传导系数. 为解决该问题人们已提出多种方法, 如积分内插法和基于变分原理的方法, 五点差分格式和使用较广的九点差分格式等 (参见 [1, 3, 4, 6—8, 17]).

在下文中, 对于任给的自然数 q, 我们恒定义与其相应的自然数

$$\hat{q} = (q + 3)\,\%\,4 + 1, \quad \bar{q} = ((q + 7)\,\%\,8) + 1. \tag{7.5.1}$$

对于任给时刻 t, 在右旋直角坐标系 OXY 中考虑由九个不规则四边形网格组成的集合 (图 7.5.1). 图中诸网格节点 P_i 的坐标记为 (x_i, y_i) $(i = 1, 2, \cdots, 16)$, 诸网格中心点 Q_i 的坐标记为 (X_i, Y_i) $(i = 0, 1, \cdots, 8)$, 于时刻 t 逼近热传导

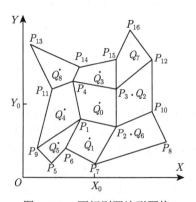

图 7.5.1　不规则四边形网格

项 $\mathrm{div}(K\,\mathrm{grad}T)$ 在点 $Q_0(X_0, Y_0)$ 处的值的上述九点差分格式可表示为

$$\mathrm{div}(K\,\mathrm{grad}T)\big|_{Q_0} \approx \frac{1}{M_0}\sum_{i=1}^{4}\breve{K}_i[(T_i - T_0)L_i + (T_{P_i} - T_{P_{\widehat{i+1}}})D_i], \qquad (7.5.2)$$

其中 T_i 表示于时刻 t 在网格中心点 $Q_i(X_i, Y_i)$ 处的温度, T_{P_i} 表示于时刻 t 在网格节点 $P_i(x_i, y_i)$ 处的温度, T_{P_i} 可由与网格节点 P_i 邻近的诸网格中心点处的温度通过插值而得到, 式中其余符号的意义可参见文献 [3, 4, 17]. 值得注意的是九点差分格式 (7.5.2) 除依赖于函数 T 和 K 在图 7.5.1 中的九个网格中心点 $Q_0, Q_1, \cdots, Q_8$ 处的值以外, 还依赖于该图中标出的诸网格节点的坐标, 换言之, 还依赖于网格的形状和大小. 文献 [17] 中的测试结果表明: 五点差分格式仅在均匀矩形网格上具有二阶逼近精度, 九点差分格式仅在均匀矩形网格及均匀平行四边形网格上具有二阶逼近精度, 但当网格愈来愈不均匀或者愈来愈不规则时, 这两种差分格式的误差均会迅速增长, 甚至有可能淹没真解.

为了克服上述五点差分格式及九点差分格式的缺点, 我们于 2000 年以前在 Lagrange 坐标下研究二维柱对称辐射驱动内爆压缩过程数值模拟时, 构造了逼近热传导项的一类无网格方法, 特简介于下, 以供相关研究人员参考.

为简单计. 我们仅考虑平面问题, 它与二维柱对称问题在计算上仅有微小差别. 在右旋直角坐标系 OXY 中考虑任给的节点 $Q_0(X_0, Y_0)$ 及按图 7.5.2 中顺序编号的与之相邻的另外 8 个节点 $Q_1(X_1, Y_1), Q_2(X_2, Y_2), \cdots, Q_8(X_8, Y_8)$. 坐标由公式

$$\breve{x}_i = \frac{1}{4}(X_0 + X_{2i-1} + X_{2i} + X_{\overline{2i+1}}),$$

$$\breve{y}_i = \frac{1}{4}(Y_0 + Y_{2i-1} + Y_{2i} + Y_{\overline{2i+1}}), \quad i = 1, 2, 3, 4 \qquad (7.5.3)$$

确定的四个点 $P_i(\breve{x}_i, \breve{y}_i)(\ i = 1, 2, 3, 4)$ 构成一个辅助四边形网格 $P_1P_2P_3P_4$ (图 7.5.2), 为方便计, 称它为点 Q_0 处的虚拟网格, 集合 $U(P_i\widehat{P_{i+1}}) := \{Q_{2i-1}, Q_{2i},$

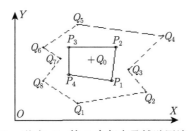

图 7.5.2 节点 Q_0 的 8 个邻点及辅助四边形网格

$Q_0, Q_{\overline{2i+1}}, Q_{\overline{2i+3}}, Q_{\overline{2i+2}}\}$ 称为虚拟网格的第 i 条边 $P_iP_{\widehat{i+1}}$ 的邻点集合, 集合 $U(Q_0) := \{ Q_i : i = 0, 1, \cdots, 8\}$ 称为点 Q_0 的邻点集合, 其直径记为 $h_0 = \mathrm{diam}\, U(Q_0)$. 当点 Q_0 跑遍节点集合中所有的节点时, 其邻点集合 $U(Q_0)$ 的直径 h_0 的最大者记为 $h = \max\{h_0\}$. 我们所构造的于任给时刻 t 逼近热传导项 $\mathrm{div}(K\mathrm{grad}T)$ 在点 $Q_0(X_0, Y_0)$ 处的值的无网格方法可表示为

$$\mathrm{div}(K\mathrm{grad}T)\big|_{Q_0} \approx \frac{1}{A_0} \sum_{i=1}^{4} \kappa_i (D_n T)_i l_i, \tag{7.5.4}$$

这里

$$l_i = \sqrt{(\breve{x}_{\widehat{i+1}} - \breve{x}_i)^2 + (\breve{y}_{\widehat{i+1}} - \breve{y}_i)^2} \tag{7.5.5}$$

是虚拟网格的第 i 条边 $P_iP_{\widehat{i+1}}$ 的长度 $(i = 1, 2, 3, 4)$, 虚拟网格的面积为

$$A_0 = \frac{1}{2}[(\breve{x}_2 - \breve{x}_1)(\breve{y}_3 - \breve{y}_1) - (\breve{x}_3 - \breve{x}_1)(\breve{y}_2 - \breve{y}_1) + (\breve{x}_3 - \breve{x}_1)(\breve{y}_4 - \breve{y}_1) - (\breve{x}_4 - \breve{x}_1)(\breve{y}_3 - \breve{y}_1)], \tag{7.5.6}$$

κ_i 是虚拟网格第 i 条边 $P_iP_{\widehat{i+1}}$ 的中点 $(\breve{X}_i, \breve{Y}_i)$ 处的热传导系数的近似, 可用具有二阶精度的公式

$$\kappa_i = \frac{1}{8}(K_{2i-1} + K_{2i} + 2K_0 + 2K_{\overline{2i+1}} + K_{\overline{2i+3}} + K_{\overline{2i+2}}), \quad i = 1, 2, 3, 4 \tag{7.5.7}$$

进行计算, 在这里及下文中, $K_j = K(T_j, X_j, Y_j, t)$, T_j 表示于时刻 t 在点 Q_j 处的温度, $j = 0, 1, \cdots, 8$, 我们恒设函数 K 和 T 充分光滑, 而且是慢变的; $(D_n T)_i$ 是温度 T 在虚拟网格的第 i 条边 $P_iP_{\widehat{i+1}}$ 的中点 $(\breve{X}_i, \breve{Y}_i)$ 处的外法向导数 $\dfrac{\partial T}{\partial n}\bigg|_{(\breve{X}_i, \breve{Y}_i)}$ 的近似, 可用公式

$$(D_n T)_i = \frac{1}{h_0} \sum_{j=1}^{6} \alpha_{ij} T_{\gamma_{ij}}, \quad i = 1, 2, 3, 4 \tag{7.5.8}$$

进行计算, 这里

$$\gamma_{ij} = \begin{cases} 2i-1, & j = 1, \\ 2i, & j = 2, \\ 0, & j = 3, \\ \overline{2i+1}, & j = 4, \\ \overline{2i+3}, & j = 5, \\ \overline{2i+2}, & j = 6, \end{cases} \quad i = 1, 2, 3, 4, \tag{7.5.9}$$

诸 α_{ij} 由方程组

$$
\begin{bmatrix}
a_1^{(i)} & a_2^{(i)} & a_3^{(i)} & a_4^{(i)} & a_5^{(i)} & a_6^{(i)} \\
b_1^{(i)} & b_2^{(i)} & b_3^{(i)} & b_4^{(i)} & b_5^{(i)} & b_6^{(i)} \\
(a_1^{(i)})^2 & (a_2^{(i)})^2 & (a_3^{(i)})^2 & (a_4^{(i)})^2 & (a_5^{(i)})^2 & (a_6^{(i)})^2 \\
(b_1^{(i)})^2 & (b_2^{(i)})^2 & (b_3^{(i)})^2 & (b_4^{(i)})^2 & (b_5^{(i)})^2 & (b_6^{(i)})^2 \\
a_1^{(i)}b_1^{(i)} & a_2^{(i)}b_2^{(i)} & a_3^{(i)}b_3^{(i)} & a_4^{(i)}b_4^{(i)} & a_5^{(i)}b_5^{(i)} & a_6^{(i)}b_6^{(i)} \\
1 & 1 & 1 & 1 & 1 & 1
\end{bmatrix}
\begin{bmatrix}
\alpha_{i1} \\ \alpha_{i2} \\ \alpha_{i3} \\ \alpha_{i4} \\ \alpha_{i5} \\ \alpha_{i6}
\end{bmatrix}
=
\begin{bmatrix}
(\widecheck{y_{i+1}} - \widecheck{y_i})/l_i \\
(\widecheck{x_i} - \widecheck{x_{i+1}})/l_i \\
0 \\ 0 \\ 0 \\ 0
\end{bmatrix}
$$

$$(7.5.10)$$

确定, 其中

$$
a_j^{(i)} = \frac{X_{\gamma_{ij}} - \widecheck{X}_i}{h_0}, \quad b_j^{(i)} = \frac{Y_{\gamma_{ij}} - \widecheck{Y}_i}{h_0}, \quad i = 1,2,3,4, \; j = 1,2,3,4,5,6, \quad (7.5.11)
$$

注意在这里及下文中, 我们恒设节点 Q_0 的 8 个邻点选择恰当, 使得方程组 (7.5.10) 的系数矩阵是非奇的.

直接应用 Taylor 公式容易证明由式 (7.5.8), (7.5.9), (7.5.10), (7.5.11) 确定的外法向导数的逼近值 $(D_n T)_i$ 具有二阶精度. 事实上, 我们有

$$
\begin{aligned}
T_{\gamma_{ij}} &= T(X_{\gamma_{ij}}, Y_{\gamma_{ij}}, t) \\
&= T(\widecheck{X}_i, \widecheck{Y}_i, t) + T_x'(\widecheck{X}_i, \widecheck{Y}_i, t)(X_{\gamma_{ij}} - \widecheck{X}_i) + T_y'(\widecheck{X}_i, \widecheck{Y}_i, t)(Y_{\gamma_{ij}} - \widecheck{Y}_i) \\
&\quad + \frac{1}{2}\Big[T_{xx}''(\widecheck{X}_i, \widecheck{Y}_i, t)(X_{\gamma_{ij}} - \widecheck{X}_i)^2 + 2T_{xy}''(\widecheck{X}_i, \widecheck{Y}_i, t)(X_{\gamma_{ij}} - \widecheck{X}_i)(Y_{\gamma_{ij}} - \widecheck{Y}_i) \\
&\quad + T_{yy}''(\widecheck{X}_i, \widecheck{Y}_i, t)(Y_{\gamma_{ij}} - \widecheck{Y}_i)^2 \Big] + O(h_0^3),
\end{aligned}
$$

由此及式 (7.5.11) 可推出

$$
\begin{aligned}
\sum_{j=1}^{6} \alpha_{ij} T_{\gamma_{ij}} &= \sum_{j=1}^{6} \alpha_{ij} T(X_{\gamma_{ij}}, Y_{\gamma_{ij}}, t) \\
&= \left(\sum_{j=1}^{6} \alpha_{ij} \right) T(\widecheck{X}_i, \widecheck{Y}_i, t) + h_0 \left(\sum_{j=1}^{6} a_j^{(i)} \alpha_{ij} \right) T_x'(\widecheck{X}_i, \widecheck{Y}_i, t) \\
&\quad + h_0 \left(\sum_{j=1}^{6} b_j^{(i)} \alpha_{ij} \right) T_y'(\widecheck{X}_i, \widecheck{Y}_i, t) \\
&\quad + \frac{h_0^2}{2} \left(\sum_{j=1}^{6} (a_j^{(i)})^2 \alpha_{ij} \right) T_{xx}''(\widecheck{X}_i, \widecheck{Y}_i, t)
\end{aligned}
$$

$$+ h_0^2 \left(\sum_{j=1}^{6} a_j^{(i)} b_j^{(i)} \alpha_{ij} \right) T''_{xy}(\check{X}_i, \check{Y}_i, t)$$

$$+ \frac{h_0^2}{2} \left(\sum_{j=1}^{6} (b_j^{(i)})^2 \alpha_{ij} \right) T''_{yy}(\check{X}_i, \check{Y}_i, t) + O(h_0^3). \tag{7.5.12}$$

由 (7.5.10),(7.5.12) 立得

$$\sum_{j=1}^{6} \alpha_{ij} T_{\gamma_{ij}} = h_0 \left[(\check{y}_{\widehat{i+1}} - \check{y}_i) T'_x(\check{X}_i, \check{Y}_i, t) + (\check{x}_i - \check{x}_{\widehat{i+1}}) T'_y(\check{X}_i, \check{Y}_i, t) \right] \Big/ l_i + O(h_0^3)$$

$$= h_0 \frac{\partial T}{\partial n} \bigg|_{(\check{X}_i, \check{Y}_i)} + O(h_0^3),$$

故有

$$\frac{\partial T}{\partial n} \bigg|_{(\check{X}_i, \check{Y}_i)} = \frac{1}{h_0} \sum_{j=1}^{6} \alpha_{ij} T_{\gamma_{ij}} + O(h_0^2) = (D_n T)_i + O(h_0^2), \quad i = 1, 2, 3, 4.$$

注意由式 (7.5.7) 确定的热传导系数的逼近值 κ_i 及由式 (7.5.8), (7.5.9), (7.5.10), (7.5.11) 确定的外法向导数的逼近值 $(D_n T)_i$ 均具有二阶精度, 由式 (7.5.5) 确定的 l_i 是一阶小量, 由式 (7.5.6) 确定的 A_0 是二阶小量. 由此可见, 用无网格方法所提供的由式 (7.5.4) 表示的热传导项在点 Q_0 处的值的逼近值至少具有一阶精度.

文献 [9] 中指出: 上述无网格方法是十分灵活方便的, 例如节点 Q_0 的 8 个邻点可以由用户根据实际需要而恰当地选择, 因而用户可以随时废弃不恰当的邻点而代之以恰当的邻点; 又如虚拟网格不必一定是四边形, 也可以是三角形或其他任何 N 条边的多边形, 只要能保证其每条边有一个适当的邻点集合便可; 特别是上述无网格方法也可用于在各种不规则四边形网格、不规则三角形网格或不规则四边形与三角形混合网格上进行计算, 但须注意此情形下只需要将原有网格中的所有网格中心点的集合视为无网格方法中所需要用到的节点集合便可顺利计算. 无须用到原有网格中的任何网格节点, 因而在任何情形下, 计算精度都不会受到原有网格形状的不规则性的直接影响. 该文中的理论分析与数值试验均表明: 无网格方法至少具有一阶精度; 特别, 当上述无网格方法用于对热传导方程初边值问题进行空间离散时, 在均匀平行四边形网格上具有二阶空间离散精度, 在各种不规则四边形、三角形或四边形与三角形的混合网格上至少具有一阶空间离散精度.

文献 [10] 中的数值试验表明: 当在各种越来越不规则的四边形网格上进行计算时, 尽管九点差分格式因误差太大已不能使用, 但上述无网格方法却始终保

持具有不低于一阶的空间离散精度. 该文中详细讲述了我们使用上述无网格方法 (并与自适应技术相结合) 所研制的在 Lagrange 坐标下数值模拟二维柱对称辐射驱动内爆压缩过程的实用程序, 使用该程序对 Lagrange 坐标下的一维球对称及二维柱对称内爆压缩过程进行数值模拟, 均获得了比较理想的数值结果. 我们仅画出使用该程序对一维球对称内爆压缩过程进行数值模拟所获数值结果的两个图形于下 (图 7.5.3 和图 7.5.4), 以供参考.

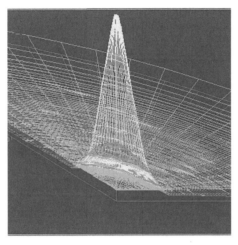

图 7.5.3　算至时刻 $t = 10.82$ 的温度, 在坐标原点附近自上至下依次为离子、电子及光子温度, 离子温度的最大值为 28.57

图 7.5.4　算至时刻 $t = 11.52$ 的网格

参 考 文 献

[1] Chen G N, Zhang Y H. Difference scheme based on variational principle for two dimensional thermal conduction equation. Chinese J. Comput. Phys., 2002, 19: 229-304.

[2] Dekker K, Verwer J G. Stability of Runge-Kutta Methods for Stiff Nonlinear Differential Equations. Amsterdam: North Holland, 1984.

[3] Fu S W, Fu H Q, Shen L J, et al. A nine point difference scheme and iteration solving method for two dimensional energy equation with three temperatures. Chinese J. Comput. Phys., 1998, 15: 489-496.

[4] 符尚武, 付汉清, 沈隆钧. 二维三温热导方程组的九点差分格式. 数值计算与计算机应用, 1999, 3: 237-240.

[5] Hairer E, Wanner G. Solving Ordinary Differential Equations II. Berlin, Heidelberg: Springer-Verlag, 1991.

[6] 李德元, 徐国荣, 水鸿寿, 何高玉, 陈光南, 袁国兴. 二维非定常流体力学数值方法. 北京: 科学出版社, 1998.

[7] 李德元, 水鸿寿, 汤敏君. 关于非矩形网格上的二维抛物型方程的差分格式. 数值计算与计算机应用, 1980, 1: 217-224.

[8] 李德元, 陈光南. 抛物型方程差分方法引论. 北京: 科学出版社, 1998.

[9] 李寿佛, 张瑗, 刘玉珍. 热传导方程的一类无网格方法. 计算物理, 2007, 24: 573-580.

[10] 李寿佛, 张瑗. 二维三温辐射热传导方程高效数值方法及自适应技术. 国家 863 高技术惯性约束聚变主题研究报告, 2003 年 11 月.

[11] 李寿佛. 高温高密度多介质大变形流体 Euler 数值模拟方法研究. 国家 NSAF 联合基金资助项目结题报告, 2009 年 11 月.

[12] 李寿佛. 非守恒多介质流体方程组的 FD-WENO-FMT-B 格式. 国家 863 高技术惯性约束聚变主题研究报告, 2011 年 7 月.

[13] 李寿佛. 刚性常微分方程及刚性泛函微分方程数值分析. 湘潭: 湘潭大学出版社, 2019.

[14] Li S F. Classical theory of Runge-Kutta methods for Volterra functional differential equations. Applied Mathematics and Computation, 2014, 230: 78-95.

[15] Li S F. An overview of canonical Euler splitting methods for nonlinear composite stiff evolution equations. Proceedings of 16th International Conference on Computational and Mathematical Methods in Science and Engineering, CMMSE 2016: 4-8.

[16] Li S F. Generalized canonical Euler splitting methods for nonlinear composite stiff evolution equations. Report at Huazhong University of Science and Technology, Wuhan, PR China, 2016.

[17] 张瑗, 李寿佛. 不规则四边形网格上逼近扩散算子的五点及九点差分格式的测试. 湘潭大学自然科学学报, 2002, 24: 12-17.

青年有志比天高，誓教荒原着锦袍．

安宁岂能忘过去，埋头苦干造明朝．

吃喝玩乐非吾愿，俭朴勤劳敢自夸．

培养高才千百万，振兴华夏逞英豪．

李寿佛与青年学生共勉

《信息与计算科学丛书》已出版书目